高等学校网络空间安全专业系列教材

信息安全工程与管理

（第二版）

唐成华 ■ 主编

西安电子科技大学出版社

内 容 简 介

本书全面、系统地阐述了信息安全工程与管理的基本框架、体系结构、相关标准、控制规范等相关知识，为读者展示了成熟的分析方法和解决方案，同时提供了可参考的相关思政元素。

本书主要内容包括信息安全工程概述、信息系统安全工程(ISSE)过程、系统安全工程能力成熟度模型(SSE-CMM)工程、信息安全工程与等级保护、信息安全管理概述、信息安全管理控制规范、信息安全管理体系、信息安全风险评估和信息安全策略。

本书可作为高等院校信息安全、网络空间安全、软件工程、网络工程、信息管理与信息系统等专业本科生及研究生的教材，也可作为相关专业技术人员的参考书目或培训教材。

图书在版编目(CIP)数据

信息安全工程与管理 / 唐成华主编. --2 版. --西安：西安电子科技大学出版社，2023.8
ISBN 978-7-5606-6951-9

Ⅰ. ①信…　Ⅱ. ①唐…　Ⅲ. ①信息安全—高等学校—教材　Ⅳ. ①TP309

中国国家版本馆 CIP 数据核字(2023)第 138693 号

策　　划　陈　婷
责任编辑　陈　婷
出版发行　西安电子科技大学出版社(西安市太白南路 2 号)
电　　话　(029)88202421　88201467　　　邮　　编　710071
网　　址　www.xduph.com　　　　　　电子邮箱　xdupfxb001@163.com
经　　销　新华书店
印刷单位　咸阳华盛印务有限责任公司
版　　次　2023 年 8 月第 2 版　　2023 年 8 月第 1 次印刷
开　　本　787 毫米×1092 毫米　1/16　印　张　21
字　　数　497 千字
印　　数　1～3000 册
定　　价　54.00 元
ISBN 978-7-5606-6951-9 / TP
XDUP 7253002-1
如有印装问题可调换

前　言

　　信息化进程的不断深入，带来了云计算、物联网、三网融合、大数据等新技术的兴起和产业变革，一些新的信息安全问题也摆在现实面前，如云计算带来的存储数据的安全、黑客攻击损失以及隐私保护的法律风险，物联网设备的本地安全问题和在传输过程中端到端的安全问题等，信息安全正在告别传统的病毒感染、网站被黑及资源滥用等阶段，迈进了一个复杂多元、综合交互的新时期。目前我国在信息保障方面虽然已取得了长足进步，但在核心技术、管理措施、控制规范、防范意识等方面与西方发达国家相比尚存在不小距离，网络信息安全状况仍令人担忧。

　　21 世纪，信息安全已经成为国家安全、社会安全和人民生活安全的重要组成部分。信息安全问题单凭技术是无法得到彻底解决的，这涉及相关政策法规、标准、管理、技术等方方面面，需要提供多层次、全方位的保护。由于信息安全的社会性、全面性、动态性、层次性等特点，从系统工程的角度来看，进行信息安全保障建设，并重视信息安全管理，是信息安全发展的必然趋势，且正在被社会各界所接受。近几年，信息安全工程与管理的相关模型、过程和方法发展迅速，相关的标准和法规也纷纷推出，整个信息安全工程与管理体系越来越完善。

　　信息安全工程要求对信息系统的各个环节进行综合考虑、规划和构架，遵循国内外相关信息安全标准与规范，考虑组织对信息安全的各个层面上的实际需求，在风险分析的基础上引入适当的控制，建立合理的信息安全管理体系，以确保信息资产的保密性、完整性和可用性等。同时，要时时兼顾组织内外不断发生的变化，适时改进信息安全工程的过程，不断完善信息安全管理体系。因此，实现信息安全是一个需要完整体系来保障的持续过程，这也是组织需要信息安全工程与管理的基本出发点。

　　信息安全保障建设离不开信息安全工程与管理，尤其目前我国实施的网络安全等级保护工作，正是以工程化建设为主导思想，从相关法律法规和政策、相关标准体系、管理体系和技术体系等方面进行的全方位的信息安全建设。本书正是以此需求为出发点，在保证知识点讲解精练的基础上，参考了最新的信息安全工程与管理相关标准和规范，并吸纳了国内外信息安全工程与管理的理论与方法的最新成果和要求，全书内容涉及信息安全工程与管理的方方面面。

　　全书共分 9 章，各章的内容既独立又有联系。第 1 章是信息安全工程概述；第 2 章和

第 3 章分别介绍了信息系统安全工程(ISSE)过程和系统安全工程能力成熟度模型(SSE-CMM)工程；第 4 章详细阐述了我国基于等级保护制度的信息安全工程实施原理、方法及过程；第 5 章是信息安全管理的相关概述；第 6 章详细描述了信息安全管理的控制规范；第 7 章分析了信息安全管理体系的模型过程；第 8 章和第 9 章分别讨论了信息安全风险评估方法和信息安全策略的制定过程与要求。

本书以信息系统安全工程与管理的问题与要求为方向，以所在团队多年来在信息安全工程与管理方面的教学与研究工作为基础，参考了最新的信息安全工程与管理相关标准和规范内容，体现了国内外信息安全工程与管理领域的最新成果。

本书由桂林电子科技大学唐成华主编，在第一版的基础上，第二版主要增加了网络安全等级保护 2.0，修改了信息安全管理控制规范、风险评估方法及安全策略分类方法等，并且加入了相关案例、章节学习目标与思政元素，同时，根据情况对书中有关的国家战略、相关标准、发展状况等进行了更新。在编写过程中，除笔者自己的一些研究内容和成果之外，还参考了大量国内外优秀论文、书籍以及众多的与信息安全工程与管理相关的标准和规范等，在此对这些资料的作者或编著机构表示由衷的感谢。本书得到了国家自然科学基金(No.62062028)、广西研究生教育创新计划项目(No.JGY2021078)、广西可信软件重点实验室基金项目(No.kx201918)和广西高等教育本科教学改革工程项目(No.2023JGB194)的资助。

信息安全工程与管理是信息安全相关理论与技术的实践，是信息安全工程应用与实践发展的趋势。本书对此领域的理论和方法进行了初步归纳，以期有益于读者。由于作者水平有限，书中不足在所难免，恳请广大同行和读者批评指正。

编　者

2022 年 12 月

目　录

第 1 章

信息安全工程概述

　　当今社会是信息社会，信息成为与物质和能源同等重要的资源。谁掌握了信息并占据了信息优势，实现了自己的信息安全，谁就掌握了商机、控制了战场。在信息时代，信息安全正随着全球信息化步伐的加快而变得越来越重要。信息安全已成为国家安全、社会安全和人民生活安全的重要组成部分。

　　本章对信息安全工程进行整体的介绍。1.1 节阐述信息安全的相关概念，解释信息安全的基本范畴，从三个实例来体现信息安全工程的本质。1.2 节从信息保障是信息安全新发展阶段的认识入手，介绍信息保障技术框架(IATF)深度防御战略、信息安全保障模型、信息安全保障体系的架构，以及国内外信息安全保障体系建设的情况。1.3 节主要说明实施信息安全工程的必要性。

学习目标

- 掌握信息安全及信息安全工程的相关概念。
- 深入理解信息安全保障体系，包括 PDRR 模型、IATF 深度防御战略、信息安全保障模型及体系建设。
- 了解信息安全工程的发展，认识实施信息安全工程的必要性。

思政元素

　　把握时代发展，从国家战略高度认识存在的问题，引导学生重视信息安全，坚定理想信念，培养家国情怀与担当意识。

1.1　信息安全的相关概念

　　1948 年，美国贝尔实验室数学研究员、信息论的奠基人克劳德·艾尔伍德·香农(Claude Elwood Shannon，1916—2001)，在题为《通信的数学理论》的一篇论文中，给出了信息的数学定义，认为"信息是能够用来消除随机不确定性的东西"。同年，美国著名数学家、控制论的创始人诺伯特·维纳(Norbert Wiener，1894—1964)在《控制论》一书中指出"信息就是信息，既非物质，也非能量"。信息的实质是通过信号、指令等实现对物质和能量的调节与控制。

当今社会，信息已成为与物质、能源同样重要的国家主要财富和重要战略资源，对信息优势的夺取，是衡量一个国家综合实力的重要参数，对信息的开发、利用和控制也已经成为国家利益争夺的重要目标。而对信息优势的夺取，直接表现为信息安全与对抗。能否有效地保护好已有的信息资源并争夺更优势的信息资源，保证信息化进程健康、有序、可持续发展，直接关乎国家安危、民族兴亡。

信息安全，亦可称信息网络安全。信息安全是信息化进程的必然产物，没有信息化就没有信息安全问题。随着信息化发展涉及的领域越来越广泛和深入，信息安全问题也越来越复杂和多样。信息网络安全问题是一个关系到国家与社会的基础性、战略性、全局性和现实性的重大问题。没有信息化，就没有现代化。

1.1.1　信息安全的基本范畴

信息安全的基本范畴包括信息资源、信息价值、信息作用、信息损失、信息载体、信息环境、信息优势等。

信息资源即信息的资源化或资源化的信息，是经过主观处理或加工，能够传输或传播，可对社会生活发挥作用的信息总和。按照该作用的促进方向，信息资源可分为有价值信息和中性信息。

信息价值是信息资源优势的反映，可分为积极价值和消极价值。信息安全的基本范畴建立在信息资源优势改变或信息价值损失的基础上，即信息作用是以对信息价值的影响来衡量，信息损失是以信息价值的损失为量度。

信息作用是指信息资源在实现信息价值过程中所发生的对周围环境或自身的影响或改变，这些影响或改变与人的主观意愿无关，但可以为人的主观意愿服务，可以被敌我双方利用，实现积极作用或消极作用。

信息损失是指信息价值的损失，是在消极信息作用影响下的信息资源的价值降低的量度。信息损失是信息安全范畴里的重要负面计算指标，以定量、定性或概率的方式来评估主体活动与信息安全的影响与程度。

信息载体是指信息在传输或传播中携带信息的媒介，即用于记录、传输和保存信息的软、硬件实体，包括以能源和介质为特征，运用声、光、电等传递信息的无形载体和以实物形态记录为特征，运用纸张、胶片、磁带和磁盘等传递和储存信息的有形载体。

信息环境是与信息活动有关的外部环境的集合，包括机房的电压、温度、湿度以及机房的防火、防水、防震、防辐射措施等硬环境，也包括国家法律法规、部门规章、政治经济形势、社会文化、教育培训、人员素质、监督管理等软环境。美国国防部将信息环境描述为"收集、处理、传播或对信息采取行动的个人、组织和系统的集合"，其内涵包括了信息、心理和整个网络空间、电磁频谱空间在内的广阔领域。

信息优势是指利用信息作出更明智、更及时的决策并领先于对手，是围绕信息环境作战的状态。其核心在于，在信息传播之前收集、处理大量数据并将其融合为可操作的情报。目前，美国陆军提出"信息优势"的五项核心任务分别是：实现决策、保护友好信息、通知和教育国内受众、告知和影响国际受众、进行信息战。

1.1.2　信息安全工程的概念

信息安全工程是从工程的角度，将系统工程的概念、原理、技术和方法应用于研究、设计、开发、实施、管理、维护和评估信息系统安全的过程，是把经过时间考验并证明是正确的工程实践流程、管理技术和当前能够得到的最好技术方法相结合的过程。通过实施信息安全工程过程，可以建立能够面对错误、攻击和灾难的可靠信息系统。

许多信息系统都有严格的安全保障要求，否则，一旦发生安全问题或处理不当，会产生严重的甚至灾难性的后果。例如，核安全控制系统失败，会危及人类生存和环境；航空安全系统失败，会严重影响机组安全；ATM 系统失败，会破坏经济生活秩序；股票交易系统失败，会损害用户权利；网上支付系统失败，会阻碍网络经济的发展；财务报账系统失败，会扰乱经费管理体系。

一般认为，软件工程是要保证某些事情能够发生(如"能提供 pdf 格式文档的报表输出功能")，而安全工程是确保某些事情不能发生(如"要提供 pdf 格式文档的防拷贝功能")。不同的系统工程建设与不同的设计目标和要求有关，其中安全工程的建设尤其复杂。对于信息安全工程，需要考虑到特定信息系统的安全保护需求、可能存在的安全隐患以及相应的解决方法。

为了更好地理解信息系统安全工程的需求、隐患、方法及其工程化概念，首先来了解以下三个领域的信息系统实例：银行、机场、家庭。

例一：银行

2021 年 10 月 29 日至 30 日，巴基斯坦国家银行遭受抹除数据的恶意软件攻击，银行的后端系统(包括用于连接该行分支机构的服务器、控制该行 ATM 网络的后端基础设施以及移动应用程序)受到影响，导致银行系统运营陷入瘫痪，幸运的是没有造成客户资金丢失。2021 年 10 月，因遭遇网络攻击，厄瓜多尔最大私营银行皮钦查银行关闭了部分网络和系统，导致该银行业务大面积被迫中断，ATM、网上银行、移动客户端、数字渠道和自助服务、电子邮件均无法运行。2022 年 6 月，位于密歇根州特洛伊的美国星旗银行称，银行在2021 年底发生了一次重大数据泄露事件，客户数据被泄露，受影响人数达到 154 万人，这是该银行发生的第二次数据泄露事件。

长期以来，金融服务业一直是网络犯罪分子追逐巨额利润的主要目标。在全球，信息网络安全已贯穿到金融机构规划、设计、开发、测试、运维等业务运营的全生命周期。因为业务的需要，银行金融机构需要运行大量的对安全要求很苛刻的计算机与网络系统。

银行信息系统包括银行综合业务系统、银行渠道系统、网上银行系统、跨行支持系统、中国银联支持系统等。在中国，通过中国国家金融通信网络(CNFN，China National Financial Network)将中央银行、各商业银行和其他金融机构连接在一起，构成全国性的金融专用网络系统。

(1) 银行业务的核心是记账系统。它保存客户的主账目信息和记录每日业务的分类账目。由于该系统一般由银行员工进行操作，要求遵守相应的法律、规章制度和操作程序等，因此，对该系统的威胁主要来自银行内部员工利用职务便利和系统漏洞进行的违法犯罪行为。例如，冒用客户身份的信用卡诈骗、伪造并使用伪造的银行票据等；当然也包括银行员工无意的操作失误、违反规定的越权操作行为等，例如每次借贷记录的正负数字不匹配、大额转账的私自认可等。所以，对于银行记账系统，要求有账户及操作权限控制策略、异常交易监控及报警系统、严格的银行内部网络访问控制规章制度等。

(2) 银行 ATM 是安全与方便的"博弈"。不管是在行式，还是离行式，ATM 都大大方便了客户自行进行账户资金的处理，但同时也经常出现漏洞和异常，例如，账户信息被偷窃、异常吞卡或吐钞、网络故障造成的服务异常中断、网络通信中的信息泄露等。因此，这就要求有高强度的 ATM 与银行的通信信息加密系统、客户身份认证系统、服务异常的应急响应系统、客户行为记录与取证系统等的安全支持。

(3) 大部分银行都有保险箱的金融保障服务，但也存在一些突出的安全问题，如在硬件老化、设备配备不足、软硬件功能存在缺陷的情况下，可能诱发内部员工产生作案动机或使外部盗窃有机可乘，导致客户财物失窃、毁损，同时银行还可能面临商业信誉下降、客户提出巨额赔偿等。因此，应该整体规划，优化保险箱系统，加强报警系统安全防护能力，加密监控信息防伪造功能，增加系统稽核功能和预警功能，提高安保人员素质，增加异地监控等。

(4) 由于技术发展和扩展业务的需要，目前"网上银行"发展迅速，客户足不出户就能够便捷地管理存款、支票、信用卡及进行个人投资等非现金交易。网上银行使银行内部网络向互联网敞开了大门。网上银行系统的安全关系到银行内部整个金融网络的安全，应当防止黑客攻击网络或修改记账系统，设立防火墙来隔离相关网络，采用高安全级的 Web 应用服务器，建立 24 小时实时安全监控，进行有身份识别的 CA 认证，实施网络通信的安全加密，进行用户证书的安全管理和网络银行个人认证介质的管理等。

例二：机场

2018 年 8 月 10 日，一名美国地平线航空公司的地勤人员在西雅图塔科马国际机场偷了一架阿拉斯加航空旗下子公司的冲 8-Q400 型支线飞机，起飞后 1 小时在距离机场约 40 公里的钱伯斯湾高尔夫球场附近坠毁。调查显示，该员工在进入飞机前"不可思议地"穿越了多个安全检查环节，表明该机场安保存在重大漏洞，很显然，这些漏洞对于熟悉机场业务的人而言，是可以被利用的。当地时间 2022 年 9 月 7 日晚上 9 点 01 分，澳洲航空公司 QF487 航班从悉尼飞抵墨尔本，因出现重大安全漏洞，一名乘客在悉尼机场未经检查便进入了客舱，致使 225 名乘客和机组人员在机上接受持枪警察的安全检查。

近年来，全球有关机场的安全漏洞事件频登新闻头条，新的机场安全威胁不断涌现，不论是全球不断升级的恐袭形势，还是各地机场增长的旅客吞吐量，都在为机场信息系统安全不断带来挑战。

(1) 安检与旅客隐私的冲突。很多安全漏洞是安检时没有执行系统扫描或扫描错误等造成的。采用"全身扫描安检技术"，如果使用得当，可以提高机场的安检水平，但同时该技术会显露旅客的身体轮廓，过于侵犯个人隐私。因此，人们都在期待第二代"人体扫描仪"，该信息检测系统平时只显示黑屏，只在发现可疑物品时才发出警报并显示可疑部位，另外，扩大安全半径，例如以色列在通往特拉维夫本·古里安国际机场的主要道路上就开始设置安检站，使安检系统真正发挥作用，而不是成为摆设，从制度和技术上建立了一套

"综合检查机制"。

(2) 航空指挥系统是保证航空安全的重要技术手段。航空运输时间紧、任务急、航线多、部门多、层次多，需要建立各级指挥职能系统，同时，在指挥调度室内按指挥区域可分为航行指挥、客机坪现场指挥以及各有关业务部门的调度室或值机组，这些不同层次和级别的指挥系统间的信息传输与执行，要求信息的准确性、保密性和实时性，这涉及信息系统的通信协议安全技术、数字加密技术、数字签名与认证技术、数据优化技术等。

(3) 航班信息管理与显示系统是机场保障旅客正常流程的重要环节，是机场直接面向旅客提供公众服务的重要手段，同时又是机场与旅客进行沟通的窗口，主要以多种显示设备为载体，显示面向公众发布的航班信息、公告信息、服务信息等，为旅客、楼内工作人员和航空公司地面代理提供及时、准确、友好的信息服务。因此，对航班数据的准确性提出了较高的要求，要求有实时动态数据的防篡改功能，同时对众多显示设备运行状况要进行严格监控，要有设备监测与故障诊断能力，保证系统的高效、稳定和安全运行。

例三：家庭

网络购物在为消费者提供便捷购物体验的同时，也为互联网犯罪提供了便利。风险防范和解决方案公司 ClearSale Fraud Map 的最新研究数据显示，2022 年上半年，巴西电商市场的欺诈订单数量达到 280 万，涉及身份盗用、拒付、运输欺诈、账单欺诈和退货欺诈等，总金额超过 29 亿雷亚尔，这一数据同比增长了 9%。此外，将日常家用物品连接到互联网可能带来风险。2019 年 9 月 7 日，美国威斯康星州密尔沃基市的一对夫妇发现家里的智能恒温器调到了华氏 90 度(摄氏 32 度)，他们当时觉得这只是一个小故障，于是将恒温器调节到了室温，但温度却仍在上升。不久之后，家里的 Nest 智能家居摄像头突然对他们说话，无论是重启电源还是修改密码都没有作用，最后，他们联系运营商修改了网络 ID 才恢复正常。

现在，越来越多的普通家庭都应用了广泛的分布式信息系统服务，智能家居、智慧家庭等应运而生，万物互联的时代已拉开帷幕，但与此同时，家庭网络及各种智能设备对公网开放导致的安全问题已是全世界共同面临的重要挑战。

(1) 家庭可以通过电子商务系统进行网上购物、通过网上银行进行水、电、气、电话等费用的在线支付。另外，很多家庭使用了汽车 GPS、汽车遥控防盗系统、手机智能汽车控制信息系统、卫星及数字电视接收系统等。只要使用了这些系统，安全问题就会随之而来，诸如网上诈骗、支付失败、遥控信息被劫持、系统链接数据异常等都能导致用户的财物损失或人身伤害。因此，需要采用严格的网络信息存储、传送、加密、认证等方法，同时要求用户进行正确的操作，并完善相应的法律法规，来规避或约束这些风险。

(2) 许多家庭开始使用家庭理财管理信息系统，统计家庭的房产、家居、电器等实物财产，统计家庭每月的薪资、租金等现金或银行存款收入，以及统计家庭的还贷、保险、教育、疾病、水、电、气、通信、交通、汽油、油、米、菜、盐、牛奶、水果等支出，由此来培养珍惜自己劳动成果的好习惯，享受积累财富的乐趣。家庭理财管理信息系统甚至可以与网上消费系统进行无缝连接，因此，在使用家庭理财管理信息系统时，要考虑这些信息在互联网上的数据保密性、完整性和可控性等要求。

(3) 智能家居控制系统可扮演家庭的信息家电控制中心的角色，把诸如电子门禁、电视机、空调、冰箱、音箱、室内监控器甚至窗帘、热水器、电饭煲等多种家用设备的控制功能分门别类地储存起来，在需要的时候随时调用，实现多种设备在相同或不同的时间段分别自动运行，极大地提升了生活质量。这种数字化家庭信息系统是一个智能家庭综合监、控、管平台，对整合的各个相关设备信息处理要有较高的保密性、准确性和可控性等。在数据统一协调过程中容易受到攻击是系统的弱点，要避免设备运行或联动时产生失败、紊乱、被劫持等后果。

从以上三个实例可以看出，各领域的信息系统安全都与安全需求、安全隐患、解决方法紧密相关。根据信息论的基本论点，系统是载体，信息是内涵，信息不能脱离它的载体而孤立存在。因此，不能脱离信息系统而孤立地谈论信息安全，而应当从信息系统安全的视角来审视和处理信息安全问题。解决信息安全问题，不能依靠纯粹的技术，也不是安全产品的堆砌，而是要依赖于复杂的系统安全工程——信息安全工程。

在工程上，信息安全是与风险相联系的概念，通过风险管理与控制来实现。信息安全风险是信息价值、系统脆弱性和系统威胁这三个变量的函数，如图 1-1 所示。

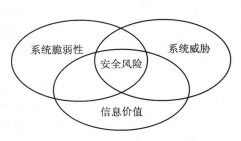

图 1-1   信息安全风险

系统脆弱性是指可以被用来获取、利用、损坏、颠覆信息资源的方式。系统威胁是指利用系统脆弱性，可能造成某个有害结果的事件或对系统造成危害的潜在事实。而安全风险就是某种威胁利用系统脆弱性对组织或机构的信息价值造成损失的潜在可能性。信息安全风险管理与控制是一个信息风险的测量、识别、控制及其最小化的过程，即在给定的信息损失约束下，协调信息价值、系统脆弱性和系统威胁之间关系的过程。

信息安全工程有明确的研究范畴，包括其实现目标、原理和适用范围，以及所采用的风险管理与控制方法、安全体系结构的构建、安全方案的实施等。同时，由于信息安全工程是系统工程，就必须用系统工程的态度及方法来对待和处理信息安全问题。

目前信息安全工程广泛存在于信息系统的应用中。对于任何一个应用，考虑和确定安全需求、找出安全隐患或系统脆弱性、制定并执行面对系统威胁的安全策略、评估其所承受的安全风险等，都是很有必要的。信息安全工程正在变成一个日益重要的学科，它不仅用于信息系统和应用程序的设计、开发、集成、操作、管理、维护和评估，也适用于企业和商业信息产品的开发、发布和评估，因此，信息安全工程可应用于一个信息系统、一个信息产品或者一种信息服务中。

1.2　信息安全保障体系

1.2.1　信息保障是信息安全的新发展

信息安全始终伴随着信息技术的发展而发展，其先后经历了"通信保密"(COMSEC)、"信息系统安全"(INFOSEC)和目前的"信息保障"(IA)三个阶段。每个阶段虽然在满足的需求、关注的目标以及发展的技术等方面各不相同，但其根本出发点都是要保护信息，确保其能为己所用。

20 世纪 40～70 年代，信息安全以通信保密为主体，要求实现信息的保密性，其时代标志有 1949 年香农发表的《保密系统的信息理论》、1976 年 Diffie 与 Hellman 在 "New Directions in Cryptography" 一文中提出的公钥密码体制、1977 年美国国家标准局(NBS，National Bureau of Standards，NIST 的前身)公布的数据加密标准(DES)。这一时期的信息安全所面临的主要威胁是搭线窃听和密码学分析，信息安全需求基本来自军政指挥体系方面的 "通信保密" 要求，主要目的是使信息即使在被截获的情况下也无法被敌人使用，因此其技术主要体现在加密和解密设备上。

20 世纪 70～80 年代，随着由小规模计算机组成的简单网络系统的出现，网络中多点传输、处理以及存储的保密性、完整性、可用性问题成为关注焦点，其时代标志是 1985 年美国国防部(DoD，United States Department of Defense)公布的《可信计算机系统评估准则》(TCSEC，Trusted Computer System Evaluation Criteria)，将操作系统的安全级别分为 4 类 7 个级别。这一时期的主要安全威胁扩展到非法访问、恶意代码、脆弱口令等方面。计算机之间的信息交互，要求人们必须在信息存储、处理、传输过程中采取措施，保护信息和信息系统不被非法访问或修改，同时不能拒绝合法用户的服务请求，其技术发展主要体现在访问控制上。这时，人们开始将 "通信安全" 与 "计算机安全" 合并考虑，"信息系统安全" 成为研究热点。

进入 20 世纪 90 年代，随着网络技术的进一步发展，超大型网络迫使人们必须从整体安全的角度去考虑信息安全问题。网络的开放性、广域性等特征把人们对信息安全的需求延展到可用性、完整性、真实性、保密性和不可否认性等更全面的范畴。同时，随着网络黑客、病毒等技术层出不穷且变化多端，人们发现任何信息安全技术和手段都存在弱点，传统的 "防火墙＋补丁" 这样的纯技术方案无法完全抵御来自各方的威胁，必须寻找一种可持续的保护机制，对信息和信息系统进行全方位的、动态的保护。1995 年，美国国防部发现其计算机网络系统遭受了 725 万余次的外来袭击，当时国防部认为，其计算机系统防御能力相当低下，对袭击的发现概率仅为 12%，能作出反应的还不到 1%，这种紧迫形势引起了美军方高度重视。1996 年 11 月，美国国防部的国防科学委员会(DSB，Defense Science Board)的一份关于信息战防御能力的评估报告再次指出，国防部网络、信息系统存在很多漏洞和薄弱环节，而且未来还会面临更加严峻的挑战，要求国防部必须采取特别行动来提高国防部应对现有和不断出现的威胁的能力。为此，1996 年在美国国防部令 S-3600.1 中首次给出了 "信息安全保障" 的概念，即 "保护和防御信息及信息系统，确保其可用性、完整性、保密性、可追究性、抗否认性等特性。这包括在信息系统中融入保护、检测、响应功能，并提供信息系统的恢复功能"，并在《联合设想 2010》中，正式把 "信息保障" 确定为信息优势能力的重要组成，在此指导之下，提出了 "信息保障战略计划"，旨在构建一种动态、可持续、全方位的信息保障机制。

信息资源已成为重要战略资源，信息力已成为重要的战斗力，信息优势主导作战优势，信息作战是信息时代联合作战必不可少的作战样式。而信息保障是防御范畴的信息作战，信息保障在联合作战中的重要作用越来越突出。联合作战信息保障是指为谋取信息优势、服务联合作战指挥和部队作战行动，综合运用各种信息保障力量、技术手段和信息资源，开展的信息网络、信息系统、数据信息保障和信息应用服务、信息安全防护等活动的统称。

信息资源已成为作战双方致力争夺的重点。作战中，信息保障成为一方获胜的重要一环，作战力量的有效行动源自信息的精确保障，信息精确保障是夺取信息优势的基础，是实现人流、物流和信息流最佳结合的关键，谁能在关键的时间、地点，对作战力量提供所需的信息精确保障，谁将在可能的作战行动中赢得主动。

1.2.2　信息保障的构成及其空间特性

信息保障强调信息安全的保护能力，同时重视提高系统的入侵检测能力、事件响应能力和快速恢复能力，它关注的是信息系统整个生命周期的保护、检测、响应和恢复等安全机制，即 PDRR(Protection/Detection/Response/Recovery)安全模型，其构成如图 1-2 所示。

图 1-2　信息保障的构成

就本质而言，信息保障是一种确保信息和信息系统能够安全运行的防护性行为，是信息安全在当前信息时代的新发展。信息保障的对象是信息以及处理、管理、存储、传输信息的信息系统，目的是采取技术、管理等综合性手段，使信息和信息系统具备保密性、完整性、可用性、可认证性、不可否认性以及遭受攻击后的可恢复性。与以前的信息安全概念相比，信息保障概念的范围更加广泛。从理念上看，以前信息安全强调的是"规避风险"，即防止发生破坏并提供保护，但破坏发生时无法挽回；而信息保障强调的是"风险管理"，即综合运用保护、检测、响应和恢复等多种措施，使得信息在攻击突破某层防御后，仍能确保一定级别的可用性、完整性、真实性、保密性和不可否认性，并能及时对破坏进行修复。再者，以前的信息安全通常是单一或多种技术手段的简单累加，而信息保障则是对加密、访问控制、防火墙、安全路由等技术的综合运用，更注重入侵检测和灾难恢复等技术。

从 1998 年开始，美国国家安全局(NSA，National Security Agency)在《信息保障技术框架》(IATF，Information Assurance Technical Framework)中不断完善其"深度防御"(Defense-in-Depth)的核心战略，并在 2002 年 9 月将 IATF 更新为 3.1 版本。信息保障技术框架是由美国国家安全局指定的描述信息保障的指导性文件。2002 年 IATF3.0 版被引进国内后，对我国信息安全工作的发展和信息安全保证体系的建设起到了参考和指导作用。

IATF"深度防御"的基本思想就是要对攻击者和目标之间的信息环境进行分层，然后在每一层都"搭建"由技术手段和管理策略等综合措施构成的一道道"屏障"，形成连续的、层次化的多重防御机制，保障用户信息及信息系统的安全，消除给攻击网络的企图提供的"缺口"。IATF 框架的深度防御战略如图 1-3 所示。

"深度防御"的信息保障战略强调人、技术和操作三个核心的原则，三者缺一不可，对技术和信息基础设施的管理也离不开这三个要素。

(1) 人(People)：人是信息体系的主体，是信息系统的拥有者、管理者和使用者，是信息保障体系的核心，是第一位的要素，同时也是最脆弱的要素。正因为如此，关于人的安全管理在安全保障体系中非常重要，可以说，信息安全保障体系，实质上就是一个安全管理的体系，其中包括意识培训、组织管理、技术管理和操作管理等多个方面。技术是安全的基础，管理是安全的灵魂，所以应当在重视安全技术应用的同时，加强安全管理。

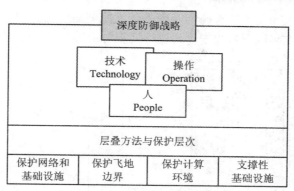

图 1-3　IATF 框架的深度防御战略

(2) 技术(Technology)：技术是实现信息保障的重要手段，信息保障体系所应具备的各项安全服务就是通过技术机制来实现的。当然，这里所说的技术，已经不单是以防护为主的静态技术体系，而是防护、检测、响应和恢复并重的动态的技术体系。

(3) 操作(Operation)：或者叫运行，它构成了安全保障的主动防御体系，如果说技术的构成是被动的，那么操作及其流程就是将各方面技术紧密结合在一起的主动的过程，其中包括风险评估、安全监控、安全审计、跟踪告警、入侵检测、响应恢复等内容。

"深度防御"的信息保障战略将安全空间划分为 4 个纵深防御焦点域：保护网络和基础设施、保护飞地(区域)边界、保护计算环境以及支撑性基础设施。基于"深度防御"的信息保障战略的空间特性来建设信息安全保障体系，需要解决支撑性基础设施、内部网络、网络边界、网络通信基础设施和主机计算等环境的安全防御问题，其技术准则的分析模型如图 1-4 所示。

(1) 保护网络和基础设施：网络及其基础设施是各种信息系统中枢，为用户信息存储与获取提供了一个传输机制，它的安全是整个信息系统安全的基础。网络和基础设施的防御包括维护信息服务、防止拒绝服务攻击(DoS)、保护数据流分析和在整个广域网上交换的公共的、私人的或保密的信息，并避免这些信息在无意中泄露给未授权访问者或发生更改、延时、发送失败等。

(2) 保护飞地边界：根据业务的重要性、管理等级和安全等级的不同，一个信息系统通常可以划分为多个飞地，每个飞地是在单一安全机制控制下的物理区域环境，具有逻辑和物理的安全措施。这些飞地大多具有和其他区域或网络相连接的外部连接。飞地边界防御关注的是如何对进出这些飞地边界的数据流进行有效的控制与监视，例如在飞地边界安装防火墙、隔离器等基础设施来实施保护。

(3) 保护计算环境：在计算环境中的安全防护对象包括用户应用环境中的服务器、客户机以及所安装的操作系统和应用系统，这些应用能够提供包括信息访问、存储、传输、录入等服务。计算环境防御就是要利用识别与认证(I&A)、访问控制、VPN 等技术确保进出内部系统数据的保密性、完整性和不可否认性等。这些是信息系统安全保护的最后一道防线。

(4) 支撑性基础设施建设：支撑性基础设施是一套相关联的活动与能够提供安全服务的基础设施相结合的综合体。目前深度防御策略定义了两种支撑性基础设施：密钥管理基础设施(KMI)/公钥基础设施(PKI)、检测与响应基础设施。KMI/PKI 涉及网络环境的各个环节，是密码服务的基础，其中本地 KMI/PKI 提供本地授权，广域网 KMI/PKI 提供证书、目录以及密钥产生和发布功能。检测与响应基础设施则提供用户预警、检测、识别可能的网络攻击、作出有效响应以及对攻击行为进行调查分析等功能。

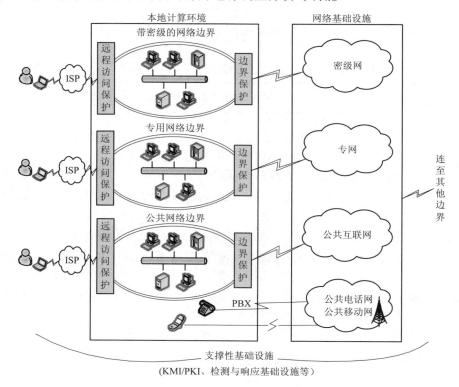

图 1-4 信息保障空间技术准则分析模型

1.2.3 信息安全保障模型

信息安全保障模型如图 1-5 所示。

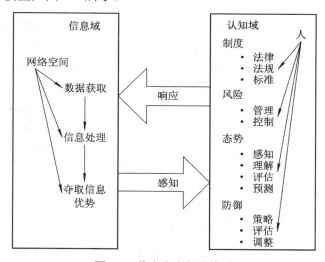

图 1-5 信息安全保障模型

为了实现信息安全保障，首先要在信息域对网络空间进行数据获取、收集、保护、协同处理等，同时基于该过程取得相对于攻击者的信息有利地位，建立信息优势，并为认知域所感知。其次，作为同步与响应，要在认知域进行推理和决策，在相关法律法规及标准指导下，实现高质量的风险管理与控制，增强态势感知与理解、态势评估与预测等能力，并且基于风险和态势实现防御过程的实时自我调整。

信息安全保障体系主要是通过改善防御空间的同步效果、提高感知能力、加快响应速度、增强防御能力和生存能力等，提升系统整体的信息保障效能。

1.2.4　信息安全保障体系的架构

信息安全保障体系是实施信息安全保障的法律法规、组织管理、安全技术和安全设施等的有机结合，是信息社会国家安全的基本组成部分，是保证国家信息化顺利进行的基础。信息安全保障体系由管理控制、运行控制和技术控制组合而成，包括三种基本要素：组织要素、内容要素和技术要素。

组织要素包括信息安全保障思想理论基础、信息安全保障主/客体、信息安全保障法律基础和信息安全保障体系的管理协调机构。

内容要素包括所有与信息域相关的现实支撑和潜在的风险，以及对应的具体安全形态。

技术要素是在信息安全体系中保障信息安全、实现风险描述、管理与控制的所有技术手段及其影响因素的总和。

信息安全保障体系是一个复杂的社会信息系统，基于其组成要素，完整的信息安全保障体系的架构如图 1-6 所示。

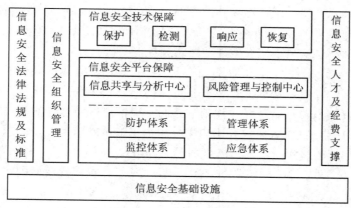

图 1-6　信息安全保障体系的架构

(1) 法律法规是组织从事各种政务、商务活动所处社会环境的重要组成部分，它能为信息安全提供制度保障。没有法律法规的保障，商务、政务活动将无章可循，信息安全的技术和管理人员将失去约束。

在我国，现行的信息安全法律法规主要包括相关的法律(如《中华人民共和国保守国家秘密法》《中华人民共和国网络安全法》等)、行政法规(如《中华人民共和国计算机信息系统安全保护条例》《商用密码管理条例》等)、司法解释(如《关于审理扰乱电信市场秩序案件具体应用法律若干问题的解释》等)、规章(如《计算机病毒防治管理办法》《计算机信息系统保密管理暂行规定》等)等。

目前，世界各国、国际组织等纷纷推出相关的信息安全标准，用以指导信息安全风险管理的实践，如国际标准化组织(ISO)制定了 ISO/IEC 13335、ISO/IEC 17799、ISO/IEC 27001 等，英国标准协会(BSI，British Standards Institution)制定了 BS 7799-1、BS 7799-2 等，美国国家标准技术局(NIST，The National Institute of Standards and Technology)制定了 SP 800 系列标准、FIPS 199《联邦信息和信息系统的安全分类标准》等，我国也制定了《信息安全技术　信息系统安全保障评估框架》(GB/T 20274.1—2023)、《信息安全技术—信息安全风险评估方法》(GB/T 20984—2022)等标准。

(2) 信息安全组织是实施信息安全工程与管理的动力源泉，有效的信息安全组织管理要明确信息安全相关工作的组织方式、机构设置、职权划分、信息安全工作如何开展等。

根据我国有关法律法规的规定，我国有权参与信息安全管理相关工作的行政部门包括公安部、国家安全部、国家保密局、工业和信息化部等机构及其下属机构。

此外，工商管理部门、文化管理部门、海关等国家机关对各自职权范围内的信息安全相关工作也有不同程度和不同方面的职权。

对于独立的组织而言，其组织结构管理效能与人员安全管理，是有效落实信息安全相关工作的基础。

(3) 信息安全技术保障主要是采用先进技术手段，通过实施保护、检测、响应和恢复等安全机制，确保信息系统安全。

(4) 信息安全平台保障是建立信息共享与分析、风险管理与控制两个中心，以及防护、管理、监控和应急四个体系。基于这两个中心和四个体系，来确保信息安全技术的顺利实施。

(5) 信息安全基础设施是指确保信息安全工程与管理正常工作而必需的信息安全相关设施，包括基础性、支撑性、服务性和公益性的设施，如基于数字证书的信任体系(PKI/CA)、密钥管理基础设施(KMI)、信息安全测评与认证体系(CC/TCSEC/IATF)等。信息安全基础设施是国家层面保障信息安全工作权威性、可实施性的基础。

(6) 人是信息安全中最活跃的因素，信息安全工作需要由具有相当水平的信息安全专业技术人才来承担，同时，这项工作也需要专门的信息安全经费来支持。通过实施广泛的信息安全人才教育体系和科研等经费计划，共同完成信息保障体系的建设。在高校专业人才建设方面，2001 年，武汉大学设置国内第一个信息安全本科专业，标志着我国进入了信息网络安全人才培养的起步阶段。2015 年 6 月，国务院学位委员会、教育部决定在"工学"门类下增设"网络空间安全"一级学科。2016 年，29 所高校获批新增列网络空间安全一级学科博士学位授权点。截至 2021 年，国内有 73 所院校开设网络空间安全专业一级硕士点。同时，还建立了一大批国家级和省部级的信息安全相关的重点实验室、工程中心等，各种职业教育、培训班更是热火朝天，不少信息安全研究单位和企业也与高校开展了多种层次的合作，直接或间接地提供了经费支持，参与到信息安全工程科技人才培养中来。另外，我国 863、973、国家自然科学基金、国防科技计划等也有相当比例的经费用于支持信息安全理论与技术的研究与开发，信息安全得到了相当程度的重视。

1.2.5　信息安全保障体系的建设

在信息化社会里，没有信息安全的保障，国家就没有安全的屏障。

就目前而言，实施信息安全保障是世界各国谋求的战略性制高点。由于信息安全保障体系建设的艰巨性和复杂性，近几年人们对其规律性也未充分把握，所以信息安全保障建设现状依然十分严峻。在我国，信息安全保障工作更是需要花费时间和实践来积累经验，当然，国外的一些先进经验是值得我们借鉴的。

1. 国外信息安全保障的建设

1）以美国为例

美国政府将信息网络安全上升至国家安全战略层面，制定独立的国家网络战略是一个逐步发展的过程。美国信息安全保障体系的建设，主要体现在较早就开始制定颁布涉及信息网络安全的相关政策与法规，并逐步完善国家网络安全战略。

由于计算机和互联网都源于美国，并在美国等西方国家快速发展，促进了美国政府加强包括互联网在内的电信政策与法律法规的制定与完善，相继颁布了涵盖电信、计算机和互联网管理的多项政策和法规，包括行业准入、电话通信、数据保护、消费者保护、版权保护等，如 1979 年 53 号总统令《国家安全通信政策》、1982 年 12356 号总统行政令《国家信息安全》、1984 年 145 号总统决策令《远程通信和自动化信息系统安全国家政策》、1995 年 12958 号总统行政令《国家安全信息保密》，以及 1966 年《信息自由法》、1974 年《隐私法》、1977 年《联邦计算机系统保护法》、1984 年《伪装进入设施和计算机欺诈及滥用法》、1986 年《电子通信隐私法》、1986 年《计算机欺诈和滥用法》、1987 年《计算机安全法》、1990 年《电子通信秘密法》等。

美国国家网络安全战略的形成，是一个逐步从"政策""计划"不断调整、完善，并上升为国家战略的过程，其发展演变如表 1-1 所示。

表 1-1 美国国家网络安全战略发展演变

序号	时期	授权发布	战略标志	特征	主要内容
1	萌芽期	克林顿总统 美国白宫	2000 年 1 月，《保护美国的网络空间：国家信息系统保护计划 v1.0》	第一个针对关键信息基础设施的保护计划，维护网络安全的第一份纲领性文件	确定 2 项总目标，制定联邦政府关键基础设施保护计划，以及私营部门、州和地方政府的关键基础设施保障框架
2	形成期	小布什总统 美国白宫	2003 年 2 月，《确保网络空间安全的国家战略》	强调发动社会力量参与信息网络安全保障，重视人才的培养和公民的网络安全意识教育	突出国家层面的战略任务，进一步明确网络安全的 3 项总体战略目标和 5 项重点、优先建设任务
3	成熟期	奥巴马总统 美国白宫	2009 年 5 月，《网络空间政策评估——保障可信和强健的信息和通信基础设施》	强调美国 21 世纪的经济繁荣将依赖于网络空间安全，数字基础设施被视为国家战略资产	对信息基础设施有关的任务和活动进行评估，就未来如何实现拥有可靠、有韧性和值得信赖的数字基础设施进行说明

续表

序号	时期	授权发布	战略标志	特征	主要内容
4	发展期	特朗普总统 美国白宫	2018 年 9 月，《国家网络战略》	首份全面阐述美国国家网络战略的顶层战略，"美国优先""网络威慑"的新思路，以"泛网络安全化"服务"大国竞争"	从保卫美国人民、国土和美国生活方式，促进美国繁荣，以实力维护和平，提升美国影响力等方面，提出美国国家网络战略的四大核心支柱及措施
5	完善期	拜登总统 美国白宫	2021 年 5 月，《改善国家网络安全的行政令》	打造"全政府"网络安全模式，是美国网络安全管理的一个里程碑，也将成为美国网络安全保障体系发展的风向标	通过保护联邦网络、改善政府与私营部门间信息共享以及增强美国对事件的响应能力，提高美国国家网络安全防御能力
			2022 年 10 月，新版《国家安全战略》	美国国家安全战略植根于其国家利益，创新盟友和伙伴关系，构筑"太空网络安全"新举措	利用"决定性的十年"促进美国重要利益，在战略上制胜美方想定的地缘政治竞争对手

（1）萌芽期。

早在 1996 年 5 月，美国克林顿总统签发 13010 号行政令《关键基础设施防护》(E.O. 13010)，成立了总统关键基础设施保护委员会。

1998 年 5 月，克林顿政府发布第 63 号总统令(PDD63)《克林顿政府对关键基础设施保护的政策》，首次提出"信息安全"概念和意义，要求"采取所有必要措施，迅速消除致使关键基础设施面临物理和网络攻击的明显弱点"，同时，作为政府建设网络空间的指导性文件，阐述了拥有最关键系统的政府部门被指定为第一批实施信息安全保护计划的要害部门，包括中央情报局、商务部、国防部、能源部、司法部、联邦调查局、交通部、财政部、联邦紧急事务处理局、国家安全局等。

2000 年 1 月，克林顿政府发布了《保护美国的网络空间：国家信息系统保护计划 v1.0》，这是美国政府颁布的用于维护网络安全的第一份纲领性文件，提出了美国政府在 21 世纪初若干年网络空间安全的发展规划，明确指出了两项总目标：首先要使美国政府成为信息安全的模范，其次是建立公私合作伙伴关系，保卫关键基础设施。具体内容包括：加强联邦政府信息技术和信息安全的竞争能力以及相关的培训和发证工作；建立 IT 优秀人才中心，对联邦政府的 IT 工作人员的业务水平加以评定，并提高政府信息安全的技术水平；设立服务奖学金计划，招聘和培养新一代的联邦政府 IT 管理人才，获得奖学金的学生必须承诺为联邦政府工作一段时间，该计划也适用于信息安全专业的师资培训；设立高中生人才招聘和培训计划，吸收有培养前途的高中生参加暑期打工，目标是使他们能达到联邦政府 IT 工作人员的标准和满足未来的就业需求；制订和实施联邦政府信息安全宣传计划，使全体联邦政府工作人员都有计算机安全意识等。

（2）形成期。

2001 年 10 月 16 日，小布什政府意识到"9·11"之后信息安全面临的严峻形势，发布了第 13231 号行政令《信息时代的关键基础设施保护》，宣布成立"总统关键基础设施保护委员会(PCIPB，President's Critical Infrastructure Protection Board)"，代表政府全面负责国家的网络空间安全工作。

2003 年 2 月 14 日，PCIPB 在广泛征求国民意见的基础上，发布了《确保网络空间安全的国家战略》正式版，这是小布什政府对《美国国土安全的国家战略》(2002 年 7 月公布)的补充，重点突出了国家政府层面上的战略任务。该战略进一步明确了信息安全保障的三项总体战略目标，即阻止针对美国至关重要的基础设施的网络攻击；降低美国面对网络攻击时的脆弱性；以及在确实发生网络攻击时，使损害程度最小化且恢复时间最短。报告同时给出了五项重点优先建设任务：建立国家网络空间安全响应系统；建立减少网络空间威胁和脆弱性的国家项目；建立网络空间安全意识和培训的国家项目；确保国家及政府网络空间安全；维护国家安全，加强网络空间国际合作。

2005 年 4 月 14 日，美国政府公布了美国总统信息技术顾问委员会(PITAC，President's Information Technology Advisory Committee)2 月 14 日向总统小布什提交的《网络空间安全：迫在眉睫的危机》的紧急报告，对美国 2003 年的信息安全战略提出不同看法，指出在过去十年里美国保护国家信息技术基础建设工作是失败的，短期弥补修复解决不了根本问题，并提出了四个问题和建议：政府对民间网络空间安全研究的资助不够，建议每年拨给国家科学基金(NSF)9000 万美元；网络空间安全基础性研究团体规模小，建议用七年时间扩大一倍；安全研究成果的成功转化不够，政府应加强在技术转让方面与企业的合作；缺乏政府部门间协作与监管是安全对策无重点和无效率的根源，建议成立"重要信息基础设施保护跨部门工作组"。

2006 年 2 月 6 日至 10 日，美国国土安全部下属的国家网络安全局举行了美国历史上最大规模的网络战演习——"网络风暴"(Cyber Storm)，用来检验各部门应对全球激进主义者、黑客等发起的破坏性网络攻击的能力。英、美等 4 个国家参与了该演习，其中美国有国家安全委员会、国防部、国务院、司法部、财政部、国家安全局以及联邦调查局、中央情报局等机构参与。

2006 年 4 月，美国信息安全研究委员会发布的《联邦网络空间安全及信息保护研究与发展计划(CSIA)》制定了全面、协调并面向新一代技术的研发框架，确定了 14 个技术优先研究领域、13 个重要投入领域。为改变无穷无尽打补丁的封堵防御策略，从体系整体上解决问题，提出了 10 个优先研究项目，包括认证、协议、安全软件、整体系统、监控检测、恢复、网络执法、模型和测试、评价标准和非技术原因。

2007 年 2 月 4 日，美国国防部公布的《四年一度防务评审》报告非常关注网络空间安全，提出把加强网络空间安全研究作为未来重点发展的作战力量之一。报告指出，网络不仅是一种企业资产，还应作为一种武装系统加以保护，像国家其他的关键基础设施那样受到保护。针对当前和未来可能的网络攻击，报告重点提出了"设计、运行和保护网络"，确保联合作战的需求。

虽然小布什政府为网络安全付出了巨大努力，但是并没有解决网络安全问题，只能寄希望于下一届总统。因此，2007 年 8 月，政府成立了"第 44 届总统网络空间安全委员会"，旨在为制定和维持一个全面的网络安全战略提供指导和建议，专门研究美国怎么维护好网络空间的安全。

2008 年 1 月 8 日，美国总统签署了一项扩大情报机构监控因特网通信范围的联合保密指令，以防御对联邦政府计算机系统日益增多的攻击，这项指令授权以国家安全局为首的情报部门监控整个联邦机构计算机网络。国家安全局将收集和监控入侵的数据，配置防御攻击和加密数据的技术，另外，还将致力于把政府因特网端口从 2000 个减少至 50 个。同时，为了进一步加强对政府核心机构的保护，发布了 54 号国家安全总统令，提出了综合性国家网络安全计划，还拓展了国家安全局对政府信息系统安全的主管权力。

2008 年 3 月 10 日至 14 日，美国国土安全部举行代号为"网络风暴 II"(Cyber Storm II)的网络战争演习，耗资超过 600 万美元，内容涉及政府机构和信息技术、通信、化学、交通运输等重要行业的网络系统遭受模拟联合攻击导致如能源、运输和医疗系统瘫，网络银行和销售系统出错，软件公司发售光盘染毒等危险时的应对能力。国土安全部官员罗伯特·贾米森提及，举行这次演习的原因是美国计算机和通信网络正面临"真正的、不断加剧的威胁"，连"总统最近也对此予以更多关注"。这是美国继 2006 年"网络风暴"后又一次全面检验国家网络安全和应急能力的演习，共有 18 个联邦机构、9 个州、40 家公司(陶氏化学公司、ABB 公司、思科系统公司、美联银行、微软等)及 5 个国家(美国、英国、澳大利亚、加拿大和新西兰)参与，规模堪称史无前例。国土安全部负责网络安全与通信事务的官员格雷格·加西亚说："确保网络空间安全对维护美国的战略利益、公共安全和经济繁荣意义重大。像'网络风暴 II'这样的演习能帮助政府和企业作好准备，有效应对针对我们重要系统和网络的袭击"。

(3) 成熟期。

2008 年 12 月 8 日，在美国国会上由"第 44 届总统网络空间安全委员会"向当选总统奥巴马提交了一份名为《提交第 44 届总统的保护网络空间安全的报告》。该报告认为，过去 20 年来，美国一直在努力设计一种战略来应对这些新型威胁和保护自身利益，但始终都不算成功。无效的网络安全以及信息基础设施在激烈竞争中受到攻击，削弱了美国的力量，使国家处于风险之中。报告分别从制定战略、设立部门、制定法律法规、身份管理、技术研发等方面进行了阐述，建议设定一条基本原则，即网络空间是国家的一项关键资产，美国将动用国家力量的所有工具对其施以保护，以确保国家和公众安全、经济繁荣以及关键服务对美国公众的顺畅提供。他们认为仅仅靠自愿采取行动是远远不够的，美国必须评估风险并按重要性对各种风险进行等级划分，在此基础上制定出保护网络空间的最低标准，以确保网络空间的关键服务即便在遭受攻击的情况下也能不间断地工作。同月，为了加深奥巴马政府对信息安全现状的认识，美国开展了为期两天的"模拟网络战"，总计有 230 名来自军方、政府和企业的代表参与了这次演习活动。演习结果表明，美国在网络攻击下抵抗能力很差，这为奥巴马政府敲响了警钟。

2009 年 2 月 9 日，奥巴马指示美国国家安全委员会和国土安全委员会负责网络空间事务的代理主管梅利萨·哈撒韦主持组织对美国的网络安全状况展开为期 60 天的全面评估，以检查联邦政府部门保护机密信息和数据的措施。

2009 年 5 月 26 日，发布了《总统关于白宫国土安全和反恐组织的声明》，宣布了一种增强国家安全和国家保障的新方法，决定重点解决机构问题，对白宫官员进行全面整合，以保护国家和国土安全。成立"国家安全参谋部"(NSS，National Security Staff)，由国家安全协调官领导，统一支持国家安全委员会(NSC，National Security Council)和国土安全委员会(Homeland Security Council)；在国家安全参谋部中新增人员和职务，这些人员和职务具有对事件进行预防和响应的职能，用以处理 21 世纪所面临的新挑战，包括网络安全、大规模杀伤性武器、恐怖主义、跨国界安全、信息共享和弹性政策。

2009 年 5 月 29 日，奥巴马在白宫东厅公布了名为《网络空间政策评估——保障可信和强健的信息和通信基础设施》的报告，并发表重要讲话，强调美国 21 世纪的经济繁荣将依赖于网络空间安全，他将网络空间安全威胁定位为"我们举国面临的最严重的国家经济和国家安全挑战之一"，并宣布"从现在起，我们的数字基础设施将被视为国家战略资产。保护这一基础设施将成为国家安全的优先事项"。

2009 年 10 月 30 日，美国国土安全部下属的"国家网络空间安全和通信集成中心"(NCCIC，National Cybersecurity and Communications Integration Center)在弗吉尼亚州阿灵顿成立。该中心总投资约 900 万美元，24 小时全天候监控涉及基础网络架构和美国国家安全的网络威胁。NCCIC 的主要职责是联络美国国家通信协调中心(NCC，National Coordinating Center)和美国计算机紧急情况反应小组(USCERT，United States Computer Emergency Readiness Team)，帮助他们实现协同工作。其中前者是美国政府的通信网络管理机构，后者则是政府和网络企业间的紧急情况应对机关。NCCIC 还将协调美国国家计算机安全中心(NCSC，National Computer Security Center)下属六大数字安全中心的工作。有国会议员还在听证会上提出，美国在打击计算机犯罪的问题上已经落后了，呼吁建立一个防范数字风险的最高机关，统筹各种事务，该机构将由直属于总统的网络安全主管负责。这一提案获得了奥巴马总统的首肯。

2009 年 11 月，由美国国防部举办、白狼安全防务公司(White Wolf Security and Defense Company)协办展开了为期两天的"网络拂晓"(Network Daybreak)电子战演习，堪称美国最大的"电子战争游戏"。演习模拟网络系统遭到一切有可能的攻击，对各种信息技术和网络手段作出检验，保障网络系统依然能够工作，为发动与应对全球网络战作准备。

2010 年 2 月初，美国国土安全部公布了自组建以来制订的第一份《四年国土安全评估报告》，明确提出了五项核心任务，其中强调了网络安全对国家的重要性。

2010 年 5 月 27 日，奥巴马政府发布《2010 年国家安全战略》，强调了互联网对国家安全的影响，认为网络安全威胁是对美国国家安全、公共安全以及经济安全最严重的威胁之一。在应对网络安全问题上提出三项措施。首先，必须高度重视人才培养及科技创新。加强政府与私营部门的合作，开发更为安全的技术，促进尖端技术的研究与运用，加大创新与探索力度，以更好地应对网络安全威胁；在全国范围内开展旨在提高网络安全意识、普及数字知识的教育活动，让网络安全及数字知识进企业、进教室、进脑袋，为培养 21 世纪的数字安全人才打下基础。其次，要加强合作。无论是政府，还是私营部门，还是个体公民，均无法单独应对网络安全挑战，因此，必须扩大合作途径，要在更广泛议题内加强和巩固国际合作关系，包括制定和完善网络行为规范，完善打击网络犯罪的法律，保障信息及数据存储安全及个人隐私安全，扩大增强网络防务及应对网络袭击的途径，加强同所有关键参与者(各级政府、私营部门及各国政府)的合作，加强对网络入侵的调查，确保有组织地应对未来网络事件。另外，必须制定恰当合理的预案，确保有充足资源和力量应对网络安全袭击。

2010 年 9 月 27 日至 29 日，一场多国、跨部门 "网络风暴 III"(Cyber Storm III)演习在美国展开，由美国国土安全部负责，会同商务部、国防部、能源部、司法部、交通部和财政部，联合 11 个州和 60 家私营企业，有 12 个伙伴国(澳大利亚、英国、加拿大、法国、德国、匈牙利、日本、意大利、荷兰、新西兰、瑞典及瑞士)参与，并且首次通过真实的国际互联网实施演习，目的在于当重大网络事件发生时，为政府机构、私营企业和国际伙伴提供一个框架，使他们具有有效的事件反应能力，实施有效的协调。这次演习也是 NCCIC 成立以来经历的首次重要检验。国土安全部长珍妮特·纳波利塔诺在声明中说："为保证美国网络安全，联邦、州、国际和私营部门需要紧密协同。'网络风暴 III'这样的演习能使我们利用已取得的重大进展，应对不断演变的网络威胁"。美国国土安全部国家网络安全局长鲍比·斯坦普弗莱强调，从过去的演习情况来看，虽然政府机构和私人企业都具有防范网络攻击的力量，但他们之间缺乏协调与合作，在遭到攻击时十分慌乱，缺乏应急机制，令网络攻击更加难以遏止。斯坦普弗莱称，这次 "网络风暴 III" 演习就是验证美国是否为这些威胁做好了准备。

2011 年 5 月 16 日，美国司法部、国土安全部等 6 大部门在白宫发布《网络空间国际战略(International Strategy for Cyberspace)》。在政策重点部分，列出了 7 大政策，涵盖了政治、军事、经济等各方面，其中 6 条与网络安全相关，即维护网络安全，确保互联网安全、可靠及灵活；在执法领域加强网络立法和执行力度，提高全球打击网络犯罪的能力；同军方合作以帮助各联盟采取更多措施共同应对网络威胁，同时确保军队的网络安全；在互联网管理方面保障全球网络系统包括域名系统的稳定和安全；帮助其他国家制定数字基础设施和建设抵御网络威胁的能力，通过发展支持新生合作伙伴；最重要的是，在军事领域与盟友通力合作，应付 21 世纪网络所面对的威胁。该战略明确指出，如果网络空间遭到严重威胁，美国将动用一切可用手段，包括军事手段。这充分证明了美国在维护网络利益上的强硬态度。

2011 年 12 月 12 日，美国国土安全部网站发表 2011 年网络安全战略报告，题为《确保未来网络安全的蓝图》。该报告在《四年国土安全评估报告》基础上撰写，为建设可靠、安全及具有恢复能力的网络提供了一个明确方案。列出了两大行动领域：保护当前的关键信息基础设施，建设未来的网络生态系统。报告旨在保护最为关键的系统和资产，并推动人机协同方式的根本转变，以确保网络安全。

2012 年 9 月 10 日，美国国防部发布《顶层作战概念：联合部队 2020》报告，提出了 "全球一体化作战" 的联合作战新概念，即美国各军种以及与伙伴国军事力量之间进行快速组合，将各作战领域、作战层次、地理范围和组织层次的作战能力统和到一起，形成顺畅的一体化力量，进而实施作战。其核心是以新的作战与结盟方式集成新的作战能力，特别是网络空间、特种作战，以及情报、监视与侦察能力，以提高军事效能。

2012 年 12 月 19 日，以《2010 年国家安全战略》为基础，奥巴马政府发布《2012 年信息共享与安全保障国家战略》，要求美国政府机构间加强情报交流，建立数据共享机制，重点加强涉密和敏感非密信息保护。该战略认为重要信息是国家资产，必须受到保护并加以适当共享。美国的国家安全所面临的威胁不断发展变化，因此，相关政策也应相应作出调整，确保重要信息得到有效使用与保护。同时，该战略明确指出，美国人士的个人隐私、公民权利与公民自由必须而且应该得到保护。

2013 年 2 月 12 日，奥巴马签署《增强关键基础设施网络安全》(第 13636 号行政令)，扩大联邦政府与私营企业的合作深度与广度，以加强"关键基础设施"部门的网络安全管理与风险应对能力，提出政府将与私营机构共享针对美国境内特定目标的网络威胁信息；美国国防部也在试点，尝试建立有效机制实现与国防工业企业共享威胁信息。2013 年 3 月 12 日，美国国家情报总监詹姆斯·克拉克在美国参议院情报委员会听证会上公布了《美国情报界全球威胁评估报告》，意在从宏观层面上为美国情报工作的发展确立方向性的指标。该报告与 2012 年的《顶层作战概念：联合部队 2020》相呼应，是网络中心战理念在情报界的具体实施，也凸现出信息安全威胁严重性、多样性以及相互关联性的趋势。

2013 年 6 月 6 日，美国"棱镜门"事件被曝光。当天，英国《卫报》和美国《华盛顿邮报》报道，美国国家安全局(NSA)和联邦调查局(FBI)自 2007 年小布什时期起开始启动了一个代号为"棱镜"的绝密电子监听计划，直接进入微软、谷歌、苹果、雅虎等九家网络巨头的中心服务器里挖掘数据、收集情报。

2014 年 2 月 12 日，美国国家标准技术局(NIST)发布《关键基础设施网络安全改进框架》1.0 版本。同一天，奥巴马宣布启动美国《网络安全框架》，旨在加强电力、运输和电信等所谓"关键基础设施"部门的网络安全，同时，加快网络安全立法，强化网络监管。2014 年 7 月 10 日，美国参议院提出《网络安全信息共享法案》(已于 2015 年 10 月 27 日在参议院获得通过)，其目标是通过加强有关网络安全威胁的信息共享以来改善美国的网络安全，允许美国政府与技术和制造公司之间共享互联网流量信息。该法案将对全球互联网治理与产业生态产生巨大影响，"引发了隐私和公民自由的问题"。同年 12 月 18 日，美国联邦政府出台《网络安全加强法案》，它提供了一个持续的、自愿的公私合作伙伴关系，以改善网络安全并加强网络安全的研究和发展、劳动力的发展和教育以及公众的意识和准备。

2015 年，美国在网络和信息安全方面推出了一系列新政策、新举措，如《云计算安全采办指南(SRG)》《数据汇总参考框架(DARA)》《保护计算机网络法案(PCNA)》《国家网络安全保护促进法案》《国防部网络战略》《移动应用开发通用评估和验证标准》《联邦民用网络安全战略》《网络安全信息共享法案》《美国国家反间谍战略 2016》《电邮隐私法案》等。2015 年 12 月 18 日，奥巴马与国会一起发布了《网络安全法》，该法提供必要的网络安全工具，尤其是使私营企业与政府间可以更轻松地共享网络威胁信息。该法的颁布，进一步推动了美国网络安全法律的发展进程，意味着美国政府在网络空间防控的优化升级与信息资源整合上，迈出了重要一步。该法在网络信息共享机制的设计、网络人事制度的筹划等方面，不仅体现了其网络空间治理的精细化，还体现了对网络空间本身的尊重。

2016 年 2 月 9 日，奥巴马签署发布《网络安全国家行动计划》(CNAP)，从加强网络基础设施建设、加强专业人才队伍建设、加强与企业的合作、加强民众网络安全意识宣传以及寻求长期解决方案 5 个方面入手，全面提高美国数字空间的安全性。该行动计划有许多决策值得关注，如：为支持这一行动计划，提出在 2017 财政年度预算中拿出 190 亿美元用于加强网络安全，比 2016 年上浮 35%；仿照美国公司的运行模式，首次设立联邦首席信息安全官(CISO)；在加强专业人才队伍建设方面，通过提供奖学金以及免除学生贷款等方式招募最好的人才为政府服务；美国内政部将把民用网络防御团队数量扩大至 48 支，美国军方的网络司令部组建 133 支共计 6200 人的网络部队；在长期解决方案方面，成立由国会、企业界和学术界代表组成的"国家网络安全促进委员会"；为负责制定并落实各个联邦机构的隐私保护政策，设立"联邦隐私委员会"等。

2016 年 7 月，美国白宫印发了第 41 号总统政策令《美国网络事件协调》，从中建立了整套跨机构事件协调处置流程。12 月，美国国土安全部又印发了《国家网络事件响应计划》。至此，基本构建了比较成熟的网络安全相关的战略政策、法律法规和制度体系。

2016 年 12 月 29 日，奥巴马宣布，因俄罗斯涉嫌通过网络袭击干预美国总统选举而对俄进行制裁，美国国务院也宣布驱逐 35 名俄外交人员。

(4) 发展期。

2017 年特朗普执政之初，基本沿袭了奥巴马政府时期的网络政策，如加快联邦政府网络系统升级、加强关键基础设施保护以及国家网络安全综合能力等。然而，保守主义思想的回归引领了美国网络安全战略的转向。"美国优先"和传统共和党保守主义两种思想自上而下的调整与"黑客干预大选"事件自下而上的驱动共同推动形成了保守主义网络安全战略。特朗普执政以后，先后通过总统行政令、战略文件、国防预算法案等政策文件对美国的网络空间战略进行重塑和调整。这是美国国家网络安全战略的发展期。

2017 年 5 月，特朗普签署 13800 号总统行政令《增强联邦政府网络与关键基础设施网络安全》，提出从关键基础设施网络安全、联邦政府信息系统安全和国家安全三个层面来制定相应的网络安全政策，要求美国各个政府机构都必须有效管理网络安全风险并对自身的网络安全工作负责，此外，强调要通过实现信息技术的现代化来加强联邦计算机系统的安全。自此，拉开了美国全政府范围内的网络安全风险评估和政策部署的序幕。

2017 年 9 月 18 日，美国国会参议院通过了《2018 财年国防授权法案》，明确要求特朗普政府加强网络和信息作战、威慑和防御能力，并要求在网络空间、太空和电子战等信息领域发展全面的网络威慑战略。由此，美国在网络空间的行动方式开始发生激进转变。

2017 年 12 月 18 日，特朗普政府发布新版《国家安全战略》，为维持美国在世界的优势，推动美国建设发展制定战略方向。该战略报告充分体现出特朗普"美国优先"的治国思想，标榜"现实主义"和"原则性"，明确界定美国的国家利益，更加关注美国国内安全与发展。

2018 年 8 月，特朗普签署关于"美国网络行动政策"的《第 13 号国家安全总统备忘录》，旨在简化国防部发起进攻性网络行动的审批程序，使国防部部长有权在紧急情况下立即发起网络空间军事行动。

2018 年 9 月 18 日，美国国防部对外公开《国防部网络战略》，强调军方应当"在威胁到达攻击目标之前"将其遏止，甚至可以采用"前置防御"的战术来摧毁美国境外的"恶意网络活动源头"，进一步松绑了对他国的网络攻击。

2018 年 9 月 20 日，特朗普政府发布美国《国家网络战略》，将维护美国在网络空间中的优势与在科技生态中的影响力摆在更突出的位置，并在"美国优先"与"大国竞争"思想引导下对网络空间政策进行了全面调整。这是自 2003 年以来首份完整阐述美国国家网络战略的顶层战略，阐述了美国网络安全的 4 项支柱、10 项重点任务和 42 项优先行动，体现了特朗普政府治理网络安全的新思路，标志着新一届美国政府已完成网络安全战略制定工作。

上述 2018 年的三部政策文件扭转了奥巴马时期相对"克制"的网络行动纲领，美国网络力量的行动策略从主动防御转变为"前置防御"，即通过先发制人的网络攻击来威慑对手，并让其他国家对美国的报复性网络力量感到惧怕。

2018 年 11 月 16 日，特朗普签署《网络安全与基础设施安全局法案》(H.R.3359 号决议)，这是一个具有里程碑意义的法案，将国土安全部内的前国家保护和计划局(NPPD)重组为网络安全与基础设施安全局(CISA)，把网络安全事务的管理提升到联邦层级。CISA 专门负责保护美国本土基础设施免受物理和网络威胁，并协调各政府部门和私营部门之间的交流与合作。2019 年 9 月公布的 CISA 首份《战略愿景》报告，强调该机构将领导和协调全国公私部门开展包括风险评估、应急处置、复原力建设和长期风险管理等方面的工作。自此，美国国内的网络安全事务，包括由私营部门负责和运营的关键基础设施网络安全都由国土安全部统一领导和部署，形成自上而下、从联邦到地方、从政府机构到私营部门的全面覆盖。值得一提的是，该机构还将"中国、供应链与 5G"作为当前的工作重点，称"中国以及中国公司在包括 5G 技术在内的供应链中对美国构成持续威胁"。

2019 年 5 月，特朗普签发 13873 号总统行政令《确保信息通信技术与服务供应链安全》，该行政令授权商务部对特定国家和外国供应商的电信产品及服务的交易活动实施禁止、暂缓或取消的措施。2020 年 3 月，特朗普签署通过的《安全可信通信网络法案》明确禁止联邦资金用于采购华为、中兴等被认为"对美国国家安全构成威胁"的企业生产的设备，以此保护美国的通信基础设施。美国以基础设施安全为由出台各种制裁和限制措施，打击竞争对手的领军企业和实体。网络安全不仅仅是大国竞争的一个领域，更成为美国在政治、经济、科技等其他领域开展大国竞争的手段。美国正通过将其他问题"泛网络安全化"服务于"大国竞争"。

2020 年 3 月 11 日，美国网络空间日光浴委员会发布《网络空间未来警示》报告，呼吁美国政府"提高速度和敏捷性"，改善美国的网络空间防御能力，建议美国政府加强与私营部门合作，共享网络威胁信息。该报告首次提出了"分层网络威慑"的构想，并且由六项政策支柱以及超过 75 条政策建议加以支撑，进一步细化了在应对包括中国、俄罗斯及伊朗等战略竞争对手和其他挑战时应采取的威慑手段。

2020 年底以来，国外多家知名媒体先后对发生在美国的重大网络安全攻击事件进行了报道，其中影响较大的包括"Solar winds"(太阳风供应链攻击事件)、"Colonial Pipeline"(科洛尼尔输油管攻击事件)、微软 Exchange 网络攻击事件等。尤其是 2020 年 12 月发生的"Solar Winds"事件中，基础网络管理软件供应商 SolarWinds 的 Orion 软件更新包被黑客植入后门，致使包括政府部门、关键基础设施以及多家全球 500 强企业在内的机构受到波及，损失巨大。而发生在 2021 年 5 月的"Colonial Pipeline"事件，则是因黑客通过勒索软件攻击了美国最大的成品油管道系统"Colonial Pipeline"，几乎切断了美国东海岸 45% 的燃料供给。

(5) 完善期。

接连发生网络攻击事件使得拜登几乎从上任第一天起就被要求"重振国家网络工作"。为此，拜登在上任的头 100 天内开展了对"Solar winds"网络攻击事件的调查，发布《确保供应链安全行政令》，启动《确保电网免受网络威胁的 100 天计划》等，速度之快、举措之多使得外界评价拜登政府在"短短四个月内所做的工作远胜过前总统的四年"。

2021 年 5 月 12 日，拜登政府发布 14028 号总统行政令《改善国家网络安全的行政令》，重申"网络安全为联邦事务优先项""保护网络安全是国家和经济安全的首要任务和必要条件"，并围绕改善联邦政府网络安全，提出了识别、阻止、防范、发现和应对网络事件的具体"方法集"和"工具箱"，该行政令建立了一套完善的机构协调机制，确定了各项任务的主责部门和配合部门，协调形成合力共同应对网络安全问题，打造"全政府"网络安全模式。这项措施回应了外界对于拜登政府网络安全"百日新政"的期待，同时也正式开启了拜登"治网"的新篇章。

2022 年 1 月 19 日，拜登签署《关于改善国家安全、国防部和情报界系统网络安全的备忘录》，落实《改善国家网络安全的行政令》，提出国家安全系统的多项网络安全新要求，旨在强化美国家安全局、国防部、情报机构和其他联邦机构的网络安全保护能力，推进新形势下美国网络安全防御现代化。Cloudera 公司现任总裁凯里对此《备忘录》评价为"将联邦政府的网络安全标准提高到一个与国家安全机构及其系统一致且更高的水平，并利用国家安全局卓越的网络安全专业知识，扩大其在保卫国家方面的作用"，而美国国家情报局局长办公室前网络国家情报经理吉姆·里奇伯格指出，"这标志着美国政府在网络攻击方面迈出了重要一步"。美国国家网络安全战略不断完善。

2022 年 9 月 13 日，CISA 发布《2023 年至 2025 年战略规划》。该规划与美国国土安全部 2020—2024 财年战略规划保持一致，是 CISA 自 2018 年成立以来发布的首个综合性战略规划，为未来 3 年美国网络和基础设施安全工作指明了方向，分别聚焦网络防御、网络攻防、业务协作和机构统一 4 个目标，同时提出了具体举措，以确保 CISA 战略规划能够顺利实施。

2022 年 10 月 12 日，美国白宫发布新版《2022 年国家安全战略》，在阐述未来竞争环境，明确保持竞争优势，规划全球优先事项，布局各地区战略方向的同时，强调了拜登政府将如何利用"决定性的十年"促进美国重要利益，在战略上制胜美方想定的地缘政治竞争对手。该战略再次明确了美国国家安全战略植根于其国家利益，美国拟建立最强大和最广泛的国家联盟，加强与盟友和合作伙伴(例如印太四国)的密切合作，并启动创新的伙伴关系，在加强合作的同时，挫败其想定竞争对手的威胁。特别是在太空领域，美国明确将保持作为世界太空领域领导者的地位，致力于外层空间治理和建立空间交通协调系统，谋求太空规范和军备控制规则制定者地位，构筑"太空网络安全"新举措。与以往的美国国家安全战略相比，此次《战略》重点已将中国明确列为其"首要竞争对手"及"最大地缘政治挑战"。

2) 以俄罗斯为例

俄罗斯作为世界大国和传统军事强国，其网络空间安全的战略部署对自身网络空间发展和全球网络空间多极化格局演变都具有重要影响。尽管俄罗斯接入互联网时间较晚，但在国家安全观指引下，从顶层设计、重点举措和组织保障等方面展开了体系化建设，形成了比较完善的网络空间安全整体部署。

俄罗斯通过一系列国家战略规划文件和法律法规的颁布和实施，形成了具有俄罗斯特色的网络空间安全战略，反映出俄罗斯在国家层面维护信息网络安全的整体布局和基本思路。俄罗斯国家信息网络安全体系建设包括持续完善战略规划、建设主权互联网、发展信息战能力、加强网络治理、实现国产化替代、积极开展网络外交等，如表 1-2 所示。

表 1-2　俄罗斯国家信息网络安全体系建设

序号	领域	重点	主要内容	主要措施	时间
1	持续完善战略规划	保障国家安全	俄联邦的国家安全很大程度上取决于信息安全，形成整体国家安全观，不断丰富和延展网络空间战略规划体系	《俄罗斯联邦国家安全战略》	2021 年 7 月
				《2017—2030 年俄联邦信息社会发展战略》	2017 年 5 月
				新版《俄罗斯联邦信息安全学说》	2016 年 12 月
				《网络安全战略构想(草案)》	2014 年 1 月
				《俄罗斯联邦信息安全学说》	2000 年 6 月
2	建设主权互联网	对抗美国钳制	保证俄互联网在遭受外部断网、敌方攻击时持续运行，强化俄在全球网络空间的自主互联和主动防御能力	建成主权互联网系统 RuNet	2019 年 12 月
				《俄罗斯联邦互联网主权法》	2019 年 11 月
				《断网演习条例》	2019 年 11 月
				《俄罗斯虚拟专用网(VPN)禁令》	2017 年 11 月
				《亚洛瓦亚(Yarovaya)法》	2016 年 7 月
3	发展信息战能力	构建主动防御	面对来自国际舆论、经济制裁和攻击的压力，统一进行网络作战行动和管理、搜索和消除网络威胁	组建一支反黑客任务的特种部队	2018 年 8 月
				组建信息作战部队(约 1000 人)	2017 年 2 月
				宣布建立信息战部队，并编入俄联邦武装力量总参谋部	2014 年 1 月
				《联邦信息安全学说》	2000 年 6 月
4	加强网络治理	维护社会稳定	加大处罚力度，禁止传播可能造成社会危害的不正确信息，捍卫俄传统文化和价值观	《个人数据法》修正案	2021 年 3 月
				《俄 2025 年前打击极端主义战略》	2020 年 5 月
				《外媒-外国代理人》法案修正案	2019 年 12 月
				《知名博主管理法案》	2014 年 5 月
				《网络黑名单法》	2012 年 7 月
5	实现国产化替代	独立信息技术	支持俄国产化核心关键技术自主创新，提升网络关键基础设施的自主可控水平，确保国家的技术独立性和竞争力，以实现国家发展目标并实施国家战略优先事项	12 个国家的 70 家银行接入 SPFS	2022 年 6 月
				移动操作系统 Aurora OS 4.0 发布	2021 年 11 月
				发布 48 核芯片"Baikal-S"(贝加尔湖)，主频 2.5 GHz，16 nm 工艺	2020 年 11 月
				发布 16 核芯片"Elbrus-16C"(厄尔布鲁士)，主频 2.0 GHz，16 nm 工艺	2020 年 10 月
				新版《俄联邦国家科技发展纲要》	2019 年 3 月
				俄军采用国产操作系统 AstraLinux	2019 年 1 月
				《联邦关键信息基础设施安全法》	2018 年 1 月
				提出"独立互联网计划"	2017 年 10 月
				《俄联邦数字经济规划》	2017 年 7 月
				搜索引擎 Sputnik.ru 上线	2014 年 5 月
				建立俄金融信息传输系统 SPFS	2014 年
6	积极开展网络外交	争夺领导权力	借助双边合作、多边合作以及在联合国框架下积极开展网络外交，塑造俄自身形象，并争夺网络空间全球事务的领导权	分别与中国、巴西、古巴、白俄罗斯、印度、南非、越南、伊朗、土库曼斯坦、吉尔吉斯斯坦等国签订了网络安全领域相关协议	
				在上合组织(SCO)、集体安全条约组织(CSTO)、东南亚国家联盟(ASEAN)等组织中发挥作用	
				参与联合国政府专家组(UNGGE)工作，推动《打击网络犯罪公约》《信息安全国际行为准则》	

3) 以日本为例

日本是世界上信息网络技术研发水平和信息化建设程度双高的国家之一，对信息网络安全与防御能力建设极为重视，在"IT立国战略"背景下，一直强调"信息安全保障是日本综合安全保障体系的核心"。进入21世纪之后，日本制定了全面的信息网络安全战略计划，积极推进广泛的国际合作，建立了一整套颇具特色的信息网络安全保障与治理体系。

纵观近十年日本政府出台的信息网络空间安全战略文件，其网络安全理念与国家安全的特殊环境密切相关，在积极借鉴美国网络空间安全模式的同时，又服务于日本谋求不断拓展军事空间、国际政治的国家战略需要，日本国家信息网络安全体系已实现由单纯防御向积极防御和进取扩张模式的转变。

日本国家信息网络安全保障与治理体系建设，也是随着对信息安全、网络安全认识的不断加深而发展的过程，其发展演进可分为"战略萌芽""战略确立""战略发展"和"战略深化"四个阶段，如表1-3所示。

表1-3　日本信息网络安全体系建设

序号	时期	主要特征	主要措施、*标志	时间
1	战略萌芽	出台信息安全战略，信息安全政策从日本IT战略中独立出来	《信息安全政策指导方针》	2000年7月
			在内阁成立"IT战略本部"，全面推进"IT立国"	2000年7月
			《IT国家基本战略》	2000年11月
			《IT基本法》	2001年1月
			《信息安全总体战略》，将信息安全提至国家安全层面	2003年10月
			"IT战略本部"下成立信息安全政策委员会(ISPC)	2005年5月
			ISPC发布首个《国家信息安全战略——创建一个值得信赖的社会》，旨在为日本的信息安全制定一个系统的中长期计划，强调预防措施	2006年2月
			ISPC发布《第二版国家信息安全战略——在IT时代建立强大的"个人"和社会》，提出要建立一套稳定可靠的快速反应机制来应对网络威胁	2009年2月
			*《保护国家信息安全战略》，强调现有信息安全政策，特别是确保物联网(IoT)设备安全、医疗和教育领域信息安全的必要性，推广隐私保护技术等	2010年5月
2	战略确立	制订网络安全战略，网络安全政策从信息安全政策中独立出来	*《网络安全战略》第一版，目标是建设世界领先的、有韧性的、充满活力的网络空间，强调外交和国防	2013年6月
			《国家安全保障战略》，鼓吹日本将把基于国际合作主义的积极和平主义作为国家安全保障的基本理念；在亚太安保方面，公开将矛头指向朝鲜与中国	2013年12月
			《网络安全基本法》，首次从法律上定义了"网络安全"，明确了网络安全战略的法律地位	2014年11月

续表

序号	时期	主要特征	主要措施、*标志	时间
3	战略发展	网络安全战略及组织机构的双升级发展	*将信息安全政策委员会升级为获得法律授权的"网络安全战略本部",将内阁官房信息安全中心升级成"内阁网络安全中心"(NISC)	2015 年 1 月
			*《网络安全战略》第二版,明确建立自由、公平和安全的网络空间,以有利于增强社会经济活力和可持续发展,有利于建设人民安居乐业的社会,有利于维护国际社会和平稳定和国家安全的战略目标	2015 年 9 月
			《网络安全战略》第三版,分别在威胁环境、新兴技术、政策方法等方面提出了相关计划与措施	2018 年 7 月
			为筹备 2021 年东京奥运会和残奥会,修订《网络安全基本法》	2018 年 12 月
4	战略深化	实施"积极网络防御"	《网络安全战略》第四版(草案),为实现提高经济社会活力与持续性发展、实现国民安心生活的数字社会、为国际社会的和平稳定及日本的安全保障作出贡献等目标,制定了三项横向措施;首次明确称中国、俄罗斯和朝鲜构成所谓"网络威胁"	2021 年 7 月
			*《国家安全保障战略》修订版(草案),包括 5 年内把防卫费的 GDP 占比从约 1%提高至 2%以上、放宽"防卫装备转移三原则"以能够向受到"军事入侵的国家及地区"提供弹药物资、将中国上调为"重大威胁"、把俄罗斯上调为"现实性威胁"等内容;建立所谓"积极网络防御"体系,授权日本政府在非战争状态下实施网络入侵、解析可疑通信内容等	2022 年 4 月
			以"合作伙伴"的身份正式加入北约网络防御中心,日本防卫省与北约之间已经建立起"网络防御相关职员会谈"机制,围绕各种网络安全议题进行情报共享和意见交换,实现同北约在网络安全领域的利益捆绑	2022 年 11 月

　　欧美等发达国家在信息安全保障建设过程中所展开的工作,可以折射出信息安全保障的一些本质特点,它需要突出重点,分阶段、分步骤实施这项人们还未充分掌握其规律的艰巨任务。例如,经过几十年的发展,美国已将网络空间信息安全保障建设由"政策""计划"提升到国家战略层面,信息安全保障是国内所有公民的工作,公私合作是解决国家信息安全保障问题的必由之路,举国参与的体制是信息安全保障工作成败的关键,信息安全保障工作的基本层面也逐渐清晰:降低系统脆弱性、建立事件响应机制、加强信息共享、

保护隐私权和自由权、加大技术研究的资金投入、强化信息安全保障教育与培训等始终列于联邦政府工作的重点。

这些工作和取得的成果，都可以作为我国信息安全保障建设的重要参考。

2. 我国信息安全保障的建设

从战略的角度来看，信息网络安全不是简单的技术问题，必须要从组织保障、法律法规、管理规范、技术保障、政策措施、产业支撑及基础设施建设等出发全面构建国家信息安全保障体系。

从 20 世纪 80 年代开始，党中央就非常重视国家信息安全保障工作，积极探索适合我国国情的国家信息安全保障体制，在信息安全标准化、计算机信息等级保护等方面取得了一定成果。党的十五届五中全会提出了大力推进国民经济和社会信息化的战略举措——"以信息化带动工业化，发挥后发优势，实现社会生产力的跨越式发展"，同时，要求强化信息网络安全保障体系。

首先，进入 21 世纪以来，我国先后组建或改革了一系列应对信息网络安全的组织或机构，如表 1-4 和表 1-5 所示，有力支撑了国家信息安全保障体系建设工作的开展，为高质量的信息安全保障体系建设提供坚强的组织保障和动力源泉。

表 1-4　我国信息网络安全的顶层组织或机构

时间	组织/机构	组建、构成或职能
1993 年 12 月	中央保密委员会办公室(中央保密办)	一个机构两块牌子，中共中央直属机关的下属机构
	国家保密局	
2001 年 8 月	国家信息化领导小组	由中共中央、国务院重新组建
	国家信息化专家咨询委员会	负责就我国信息化发展中的重大问题向国家信息化领导小组提出建议
2001 年 12 月	国务院信息化工作办公室	信息化领导小组的办事机构
2008 年 3 月	国家工业和信息化部(工信部)	国家大部制改革，信息化工作办公室纳入，是信息化领导小组的新的办事机构
2013 年 11 月	中央国家安全委员会	统筹协调涉及国家安全的重大事项和重要工作，加强对国家安全工作的领导
2014 年 2 月	中央网络安全和信息化领导小组	统筹协调涉及经济、政治、文化、社会及军事等各个领域的网络安全和信息化重大问题，研究制定网络安全和信息化发展战略、宏观规划和重大政策
2018 年 3 月	中央网络安全和信息化委员会	由中央网络安全和信息化领导小组改组而成
	中央网络安全和信息化委员会办公室	一个机构两块牌子，中央网络安全和信息化委员会的办事机构
	国家互联网信息办公室(国家网信办)	

表 1-5　我国信息网络安全的其他国家级组织或机构(部分)

组织/机构	组建、构成或职能
中国互联网络信息中心(CNNIC)	工信部直属单位，行使国家互联网络信息中心职责
国家计算机网络应急技术处理协调中心(或称国家互联网应急中心)(CNCERT/CC)	非政府、非盈利的网络安全技术协调组织
国家计算机病毒应急处理中心(CVERC)	原国信办于 2001 年批复成立，中国唯一负责计算机病毒应急处理的专门机构
中央密码工作领导小组办公室	一个机构两块牌子，中共中央直属机关的下属机构
国家密码管理局	
中国国家信息安全漏洞库(CNNVD)	由 CNITSEC 建设运维的国家信息安全漏洞库
国家信息安全漏洞共享平台(CNVD)	由 CNCERT/CC 联合国内重要信息系统单位、厂商等建立的信息安全漏洞信息共享知识库
工业和信息化部网络安全威胁和漏洞信息共享平台(CSTIS 平台)	由中国信息通信研究院会同国家工业信息安全发展研究中心、中国软件评测中心、中国汽车技术研究中心等国家网络安全专业机构共同建设
中国信息安全测评中心(CNITSEC)	中央批准成立的国家信息安全权威测评机构
中国网络安全审查技术与认证中心(CCRC)(原中国信息安全认证中心 ISCCC)	国家认证认可监督管理委员会批准的对提供信息安全服务机构的信息安全服务资质进行评价
国家保密科技测评中心	中央保密办、国家保密局直属单位，检测涉密系统产品
公安部第三研究所	主要从事网络安全与智慧警务科研创新与技术支撑
国家信息技术安全研究中心	中央网信办所属单位，履行信息保障和科研攻关职能
国家信息安全工程技术研究中心	受科技部领导，从事信息安全工程技术研究的机构
国家工业信息安全发展研究中心	工信部直属单位，工业领域信息安全研究与推进机构
全国信息安全标准化技术委员会	组织开展国内信息安全有关的标准化技术工作

其次，我国制定实施了信息安全保障相关的一系列法律、法规、规章制度等，如表 1-6 所示。我国已完成了信息安全立法的理论研究、宏观规划、体系设计和实施工作，已初步形成了涉及国家安全、网络安全、信息安全、等级保护等方面的包括法律、管理政策和指导文件在内的较完善的信息安全法律法规保障体系，能够有效处理国家安全、信息安全、个人信息及隐私保护等之间的矛盾。这些法律和政策，在科技、信息产业发展中长期规划、科技攻关、产业化发展支持方面都对信息安全技术、产业化发展予以了较大支持。

表 1-6 我国信息安全相关的法律法规及政策(部分)

时 间	法 律 法 规
1988 年 9 月 5 日	《保守国家秘密法》,2010 年 4 月 29 日修订
1994 年 2 月 18 日	《计算机信息系统安全保护条例》
2003 年 9 月 7 日	《国家信息化领导小组关于加强信息安全保障工作的意见(中办发〔2003〕27 号)》
2004 年 8 月 10 日	《关于建立健全基础信息网络和重要信息系统应急协调机制的意见》
2005 年 4 月 1 日	《电子签名法》,首部"真正意义上的信息化法律",2019 年 4 月 23 日第二次修正
2006 年 5 月 18 日	《信息网络传播权保护条例》,2013 年 1 月 30 日修订
2007 年 6 月 22 日	《信息安全等级保护管理办法(公通字〔2007〕43 号)》
2009 年 12 月 26 日	《侵权责任法》,2020 年 5 月 28 日通过《民法典》,同时废止《侵权责任法》
2012 年 5 月 5 日	《"十二五"国家政务信息化工程建设规划(发改高技〔2012〕1202 号)》
2013 年 2 月 1 日	《信息安全技术公共及商用服务信息系统个人信息保护指南》
2014 年 8 月 28 日	《加强电信和互联网行业网络安全工作的指导意见(工信部保〔2014〕368 号)》
2015 年 7 月 1 日	《国家安全法》
2015 年 7 月 1 日	《关于运用大数据加强对市场主体服务和监管的若干意见(国办发〔2015〕51 号)》
2016 年 6 月 28 日	《移动互联网应用程序信息服务管理规定》,2022 年 6 月 14 日修订
2016 年 11 月 7 日	《网络安全法》
2016 年 12 月 27 日	《国家网络空间安全战略》
2017 年 3 月 1 日	《国家网络空间国际合作战略》
2017 年 12 月 12 日	《工业控制系统信息安全行动计划(2018—2020 年)》
2019 年 10 月 26 日	《密码法》
2019 年 12 月 15 日	《网络信息内容生态治理规定》
2021 年 3 月 12 日	《国民经济和社会发展第十四个五年规划和 2035 年远景目标纲要》
2021 年 6 月 10 日	《数据安全法》
2021 年 8 月 17 日	《关键信息基础设施安全保护条例》
2021 年 8 月 20 日	《个人信息保护法》
2021 年 12 月 27 日	《"十四五"国家信息化规划》
2022 年 1 月 12 日	《"十四五"数字经济发展规划》
2022 年 9 月 2 日	《反电信网络诈骗法》

　　2020 年,国家计算机病毒应急处理中心(CVERC)发布的《第十九次全国计算机病毒和移动终端病毒疫情调查分析报告》称"信息安全问题日趋复杂",不法分子利用钓鱼网站瞄准手机支付用户群体,通过仿冒移动应用、移动互联网恶意程序等手段,在境内外对移动客户进行欺骗和攻击,移动安全已经成为金融重点防范的领域。

　　2021 年 7 月,国家互联网应急中心(CNCERT/CC)发布《2021 年上半年我国互联网网络安全检测数据分析报告》,全面反映 2021 年上半年我国互联网在恶意程序传播、漏洞风险、DDoS 攻击、网站安全、云平台安全、工业控制系统安全等方面的情况。报告显示,我国仍面临诸多严峻的安全问题:(1) 2021 年上半年,共捕获恶意程序样本约 2307 万个,涉及恶意程序家族约 20.8 万个，我国境内感染恶意程序的主机数量约 446 万台，同比增长 46.8%，位于境外的约 4.9 万个计算机恶意程序控制服务器控制我国境内约 410 万台主机；(2) 国家信息安全漏洞共享平台(CNVD)收录通用型安全漏洞 13 083 个，同比增长 18.2%；(3) 攻击时长不超过 30 分钟的大流量 DDoS 攻击事件占比高达 96.6%，比例进一步上升，表明攻击者越来越倾向于利用大流量攻击，瞬间打瘫攻击目标；(4) 监测发现针对我国境内网站的仿冒页面约 1.3 万余个，2 月份以来，针对地方农信社的仿冒页面呈爆发趋势，而境内外 8289 个 IP 地址对我国境内约 1.4 万个网站植入后门；(5) 发生在我国云平台上的各类网络安全事件数量占比仍然较高，其中云平台上遭受大流量 DDoS 攻击的事件数量占境内目标遭受大流量 DDoS 攻击事件数的 71.2%，被植入后门网站数量占境内全部被植入后门网站数量的 87.1%，被篡改网站数量占境内全部被篡改网站数量的 89.1%；(6) 监测发现境内大量暴露于互联网的工业控制设备和系统。存在高危漏洞的系统涉及煤炭、石油、电力、城市轨道交通等重点行业，覆盖企业生产管理、企业经营管理、政府监管、工业云平台等。

2022 年 8 月，中国互联网络信息中心(CNNIC)发布《第 50 次中国互联网络发展状况统计报告》，力图通过核心数据反映我国制造强国和网络强国建设历程。报告显示：(1) 截至 2022 年 6 月，21.8%的网民遭遇个人信息泄露，遭遇网络诈骗的网民比例为 17.8%，通过对遭遇网络诈骗网民的进一步调查发现，除冒充好友诈骗、钓鱼网站诈骗和利用虚假招工信息诈骗外，网民遭遇其他网络诈骗的比例均有所下降，其中，虚拟中奖信息诈骗仍是网民最常遭遇的网络诈骗类型，占比为 37.5%，较 2021 年 12 月下降 3.2 个百分点，如图 1-7 和图 1-8 所示；(2) 2022 年上半年，中国电信、中国移动和中国联通总计监测发现分布式拒绝服务(DDoS)攻击 316 542 起，较 2021 年同期(368 374 起)下降 14.1%；(3) 2022 年上半年，CSTIS 总计接报网络安全事件 15 654 件，较 2021 年同期(49 605 件)下降 68.4%，同时，全国各级网络举报部门共受理举报 86 014 万件，较 2021 年同期增长 14.3%。

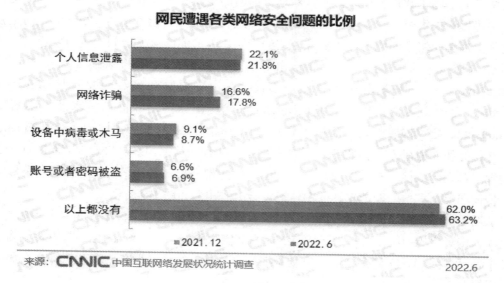

图 1-7　网民遭遇各类网络安全问题的比例

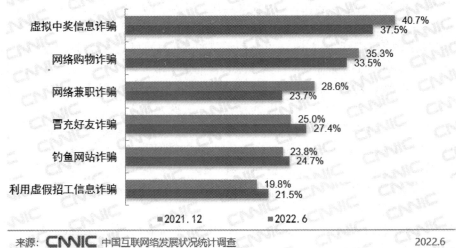

图 1-8　网民遭遇各类网络诈骗问题的比例

互联网安全诚信问题受到来自科技、社会、法制等多方面因素制约，因此需要政府相关管理部门、互联网相关企业和全体网民共同行动起来，从完善域名安全保障机制、加强企业网络安全防护体系、提升网民辨别网络安全诚信能力等各环节出发，才能真正建立起各类综合防范机制，实现安全可信的互联网环境。

2022 年 9 月，哈佛大学贝尔弗科学与国际事务中心(Belfer Center)发布了《国家网络空间能力指数 2022》(*National Cyber Power Index* 2022)报告。这是该中心自 2020 年出版第一份网络空间能力指数报告以来再一次对这个问题的更新和出版。报告对 30 个国家进行研究，并将目标扩大至 8 个，从而对选择的国家进行网络空间能力排名。报告的目的是强调从整体上理解网络空间能力的重要性，它的影响比当前的国家安全问题更为广泛。该报告通过结合监视和监测国内群体(Surveillance)、摧毁或使对手的基础设施和能力失效(Destructive)、加强和增强国家网络防御(Defense)、控制和操纵信息环境(Information Control)、为国家安全收集外国情报(Intelligence)、国家网络和商业技术能力不断提升(Commerce)、定义国际网络规范和技术标准(Norms)、积累财富和提取加密货币(Financial)等 8 个目标和能力得分，得到"综合网络空间能力排名"。其中，攻击性网络力量(Destructive)是衡量指标之一，但同样重要的还有一个国家的防御力量，其网络安全产业的复杂性，以及其传播和反击宣传的能力(Defense)。报告给出的排名如图 1-9 所示。

从图 1-9 可以看出，综合网络空间能力仅次于美国，而且经常被不少西方人污蔑为"网络空间入侵者"的中国，自身的网络防御能力其实很脆弱，仅排第 21 位，其主要原因是信息安全保障体系尚存在诸多缺陷，特别是在安全监管、组织协调、安全意识等方面还需要进一步提升。

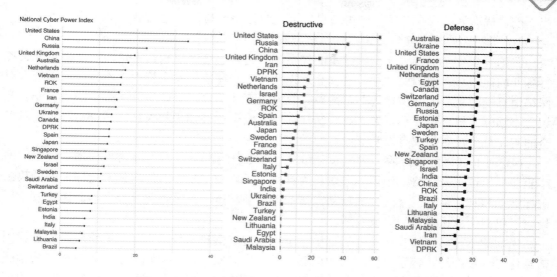

图 1-9　Belfer Center 2022 国家网络空间能力指数情况

3. 我国信息安全保障工作存在的问题

近年来在党中央国务院的领导下，我国信息安全保障工作取得了一定的成效，建设了一批信息安全基础设施，加强了互联网信息内容安全管理，为维护国家安全与社会稳定、保障和促进信息化建设健康发展发挥了重要作用。不过必须看到，我国信息安全和相关产业虽然取得了长足的进步和发展，并且潜力巨大，但是我国信息安全产业基础薄弱、起步较晚、面临挑战大也是事实。与发达国家相比，我国信息安全产业缺乏顶层设计和国家战略、安全管理及部门协调能力不强、技术体系不健全、财政投入不足、相关人才匮乏，形势依然严峻。我国信息安全保障工作仍存在一些亟待解决的问题：

(1) 信息安全保障监管工作存在缺陷，组织管理与运行体制缺乏统一协调。

目前中央层面上主要是由承担国家信息化领导小组办公室职能的工业和信息化部负责协调，政府监管部门、公安执法部门等业务部门履行各自的职责，但至今网络系统、业务应用与信息内容之间的行政监督管理权尚未严格分界，信息安全监督管理的行政架构重复、冲突。随着互联网技术的迅猛发展和我国信息化进程的加快，传统的管理方式越来越不适应，表现为在一定程度上存在条块分割、各行其是、执法主体不集中、多头管理、对重要性不同的信息网络的管理要求无差异无标准等，导致管理混乱。同时，对信息网络的安全监督检查，也多数停留在对安全管理制度、人员等进行的一般性技术检查，缺乏有效的技术检查标准和检测工具，工作难以深入。这些都极大地妨碍了国家有关法规的贯彻执行，与信息系统的统一性、开放性、交互性不适应。

(2) 网络与信息系统的防护技术水平不高，依赖国外进口，存在安全隐患。

国家信息安全必须建立在自主、可信、可控和产业化的基础上，否则就没有安全可言。我国信息技术领域工作起步较晚，导致相关产业基础薄弱，信息安全技术相对落后，核心技术匮乏，尤其是先进芯片核心技术和智能操作系统软件被国外垄断，关键零部件、重要原材料和专用设备、相当部分的软硬件等依赖进口的局面没有得到根本改变，并且对引进的信息技术和设备缺乏相关的技术和有效的安全管理，存在安全隐患，而国产的安全产品尚不能构成有效的安全防护，国内信息安全产业化发展与需求也极不相适应。

(3) 全社会的信息安全意识不强，信息安全专业人才匮乏。

我国信息安全专业人才培养建设的体系还不完善，培养出来的人也还无法满足社会各行各业的需求。普通国民网络信息安全意识薄弱，轻视信息安全管理，不少单位或个人对网络信息安全采取的防护措施非常简单，容易遭受非法攻击，政府公务人员的信息安全意识也不够强，缺乏一支真正熟悉相关法律和信息安全业务知识的执法队伍，对破坏信息安全的犯罪分子没有形成有效威慑。

(4) 网上有害信息传播、病毒入侵和网络攻击日趋严重，网络泄密事件屡有发生，网络犯罪呈快速上升趋势，境内外敌对势力针对广播电视卫星、有线电视和地面网络的攻击破坏活动和利用信息网络进行的反动宣传活动日益猖獗，严重危害公众利益和国家安全，影响了我国信息化建设的健康发展。

当前的信息与网络安全研究，处于忙于封堵现有信息系统安全漏洞的阶段。随着我国信息化的逐步推进，特别是互联网的广泛应用，信息安全还将面临更多新的挑战。要彻底解决这些迫在眉睫的问题，无论是从应对复杂多变的国际形势、增强国家信息安全的角度考虑，还是从我国信息安全产业发展的新的增长点考虑，建立有效的信息安全保障体系，实现自主可控的信息安全产业都是未来重中之重。

4. 信息安全保障建设工作的要求

目前，我们迫切需要根据国情，从安全体系整体着手，在建立全方位的防护体系的同时，完善法律法规及标准体系，加强管理体系，重视专业人才培养和全民安全素质提升。只有这样，才能保证国家信息化和现代化的健康发展，确保国家安全和社会稳定，维护公众利益，促进信息化和现代化建设健康发展。

信息安全保障体系建设是一个复杂的社会系统工程。根据信息安全保障体系架构，以及我国现状，在建设信息安全保障体系过程中，要充分认识信息安全的国家战略地位，各地区各部门要根据科学的网络安全观和《国民经济和社会发展第十四个五年规划和2035年远景目标纲要》的要求，结合实际制定实施计划，加快并全面落实信息安全保障体系建设的各项工作。

(1) 健全国家信息网络安全法律法规和制度标准，加强对重要领域数据资源、重要网络和信息系统的保护。特别是对于涉及国家安全和国计民生的关键基础设施和重要信息资源的安全保障，要制定专门的法律法规，完善信息安全法律体系，做到有法可依，有法必依。

(2) 加强网络安全基础设施建设，建立关键信息基础设施保护体系。强化跨领域网络安全信息共享和工作协同，提升网络安全威胁发现、监测预警、应急指挥、攻击溯源的能力。

(3) 构建和完善信息安全组织管理体制，强化管理职能。建立高效的、权责分明的信息安全行政管理和业务组织体系，建立信息安全领域准入制度，重视并加强对于信息安全等级为三级以上的信息系统的监管力度，另外，把安全漏洞信息作为国家战略资源加以管控。

(4) 加强网络安全关键技术研发，加快人工智能安全技术创新，提升网络安全产业综合竞争力。强化国家信息安全技术防护体系，大力发展信息网络安全技术，以先进技术和平台为支持，确保网络电信传输、区域边界、应用环境以及信息基础设施建设的安全，加强网络安全风险评估和审查，推进我国重要信息系统基础装备、技术国产化和先进化进程。

(5) 加强网络安全宣传教育和人才培养。从国家战略高度来看待信息安全人才的培养，确立和完善信息安全人才教育体系，重视网络空间安全学科建设和学历教育，重点关注和培养管理与技术"双全"的信息安全高、精、尖人才，同时开展广泛的社会化的网络安全宣传和教育培训，提高全民信息安全意识与素质。

1.3 信息安全保障与信息安全工程

1.3.1 实施信息安全工程的必要性

根据上节可知，信息安全保障体系包含多子目、多层次、多方面的内容，国家、企业信息化建设是一个复杂的系统安全工程——信息安全工程。没有总体规划，只会造成信息孤岛，无法建成整合系统。重视信息安全保障工作，就要将其作为信息安全的系统工程来看待。因为系统工程的本质是为了实现系统的最优化，信息安全本身就是系统化的安全问题，有相当强的社会性、全面性、必然性、过程性、动态性、相对性和层次性等特性，只有通过系统安全工程的方法才能保证信息安全的这些性质。因此，应该利用各方的力量展开合作，进行信息安全保障体系的总体规划，以降低信息安全保障工作实施的风险，获得最佳效益。

(1) 信息安全具有社会性。

以系统论的观点来看，整个社会就是一个复杂的巨系统，每个人、每个信息系统都是这个巨系统中的一部分，都可能会受到这个巨系统的制约。信息安全保障的过程，涉及管理体制、组织结构、管理方法、技术进步、人员素质等一系列问题，这些问题都与系统环境和社会关系紧密相关。为了实现信息安全保障，信息安全工程就必然要在社会中解决这些问题。因此，基于信息安全工程学思想，建设信息安全保障体系，要在实施过程中注意其社会性关系，在对待每一个信息系统时，都要把它放在社会大环境中考虑，注意系统内部、系统与系统之间，以及系统与其他非技术社会要素的相互关系。

(2) 信息安全具有全面性。

信息安全问题需要全面考虑。根据"木桶原理""链条理论"等，系统安全程度取决于系统最薄弱的环节。信息安全保障中"深度防御"就是采取多层次、多角度的控制措施，构成一道道"木桶"屏障，保障用户信息及信息系统的安全，以消除方便攻击的"缺口"。因此，信息安全工程要全面考虑系统安全的各个环节，制定全面、严谨的安全控制规范，从系统的每个部分(数据、服务、应用程序、操作系统、主机、网络等)、每个过程(策划、实施、检查、处置等)出发，全面、认真、细致地考察安全问题，提出系统化的解决办法，在整体上全面考虑信息系统的安全性。

(3) 信息安全具有必然性。

信息安全是信息系统发展的历史必然要求，系统发展中面临的威胁导致安全问题的必然产生。归根结底，信息系统面临安全威胁是因为三个方面：信息系统的复杂性、信息系统的开放性以及人的因素。在自然因素或人为因素影响下，信息系统面临着恶意攻击、安全缺陷、软件漏洞和结构隐患等威胁。在建设信息安全保障体系过程中，必须要面对这些威胁，解决这些问题，而信息安全工程就是分析安全需求，找到安全隐患并提供解决办法的过程。

(4) 信息安全具有过程性。

一个完整的信息安全过程，包括系统安全目标(范围)和原则的确定、需求分析、风险分析、标准规范指导、安全策略制定、安全体系研究、安全产品设计开发与测试、安全工程实施、实施监理及稽核检查、安全教育与技术培训、安全评估与应急响应等步骤，这个过程也反映了信息安全保障过程中的"保护、检测、响应、恢复"的完整生命周期。经过安全评估与应急响应后，重新对过程进行调整，又形成一个新的生命周期。这是一个不断往复、螺旋式上升的过程，以达到确保信息安全的目的。

(5) 信息安全具有动态性。

安全是变化和发展的，安全本身是一个过程，信息安全的过程性即反映了信息安全的动态性。信息技术在发展，黑客水平也在提高，安全策略、安全体系、安全技术也必须动态地调整，使整个安全系统处于不断更新、不断完善、不断进步的动态过程中。信息安全保障中的动态安全观是信息安全领域人员必须具备的安全理念。今天的系统安全，不代表明天的系统安全，没有一劳永逸的安全策略、安全体系和安全技术。

(6) 信息安全具有相对性。

安全是相对的，没有绝对的安全。一方面，信息安全具有过程性和动态性，安全性在系统的不同部件之间可以转移，信息安全也只能是相对于某个时刻而言，因此，实施信息安全得到的是一系列的历史和当前安全状态，必要时可以利用这些规律得到未来一段时间的安全状态发展趋势。另一方面，资源毕竟是有限的，不可能无限制地用在安全上，安全措施应该与被保护的信息与网络系统的价值相称。因此，实施信息安全工程更应充分权衡风险威胁与防御措施的利弊与得失，在安全级别与投资代价之间取得一个企业相对能够接受的平衡点，讲究成本与效率。

(7) 信息安全具有层次性。

信息系统的构成本身就具有层次性，符合 OSI 参考模型，单个信息系统的安全包括物理层安全(物理环境的安全性)、系统层安全(操作系统的安全性)、网络层安全(网络的安全性)、应用层安全(应用的安全性)和管理层安全(管理的安全性)等层面。信息系统的层次性，决定了信息安全工程在技术、策略和管理上也是层次性的，需要用多层次的安全技术、方法与手段，分层次地化解安全风险。

1.3.2　信息安全工程的发展

"工程"一词，很早就有。18 世纪，欧洲创造了"工程"一词，其本来含义是兵器制造、军事目的的各项劳作，并扩展到许多领域，如建筑屋宇、制造机器、架桥修路等。

目前的"工程"概念已应用到很多领域，它是将自然科学原理应用到工农业生产等部门中去而形成各学科的总称。在现代社会中，"工程"一词有广义和狭义之分。就狭义而言，

"工程"定义为"以某组设想的目标为依据，应用有关的科学知识和技术手段，通过一群人的有组织活动将某个(或某些)现有实体(自然的或人造的)转化为具有预期使用价值的人造产品过程"。就广义而言，"工程"则定义为一群人为达到某种目的，在一个较长时间周期内进行协作活动的过程。工程是一种过程，各种工程都具有各自生命周期过程的规律。

作为一种特殊的工程，将"信息安全"采用"工程的方法"来看待，对信息系统的各个环节进行统一的综合考虑、规划和架构，并时时兼顾组织内外不断发生的环境因素的变化，任何环节上的安全缺陷都可能会对系统构成威胁。

在很久以前，人们根据长期实践的经验把各种保密方法用于战争、商业情报等方面来保证信息的安全性，形成了原始的信息安全工程思想。但信息安全工程作为一门现代化的学科还是从 20 世纪 90 年代后开始，并随着系统工程和系统科学的兴起而蓬勃发展。由于信息安全的特性，信息安全工程方法用来满足各方面的安全要求，与系统工程方法紧密相关。早期的信息安全工程方法理论来自系统工程(SE，Systems Engineering)过程的方法，如图 1-10 所示。

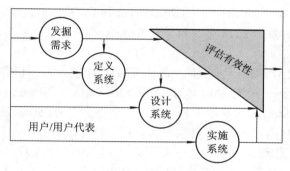

图 1-10　系统工程的实施过程

利用该系统工程过程的方法是，首先从"方案空间"中分离出"问题空间"。问题空间表示"解决方案"这一概念的约束条件、风险、策略和一些界限(值)，例如环境限制、风险、策略和其他对问题解决方案的限制。方案空间则代表了为满足用户的需求而进行的各种行为和生产的产品。方案空间的内容在被执行的过程中，必须不断地接受有效性评估和修正，保持与问题空间的一致性，不能违背问题空间所形成的条件。

从解决方案空间分离出问题空间的这一原则，允许创造并且定义与现有法律和人为制定的政策保持一致的有效解决方案，可以利用该机制来建立信息安全工程的过程实施方法。

在系统工程的基础上，美国军方提出了信息系统安全工程(ISSE，Information System Security Engineering)，在 1994 年 2 月 28 日发布了《信息系统安全工程手册 v1.0》，这是一种用来在设计和实现信息系统的过程中，为信息系统提供安全保障的系统工程方法，其目的是使信息系统安全成为系统工程和系统获取过程的必要部分，将信息系统安全集成到系统工程中，以获得最优的信息系统安全解决方案。ISSE 后来成为 IATF 的重要组成部分，在 2002 年 9 月发布的《信息保障技术框架 v3.1》(IATF v3.1)中定义了开发安全系统的 ISSE 过程，该过程定义了原则、活动以及与其他过程的关系，正是应用这些原则产生多层保护，统称为"深度防御"战略。

ISSE 由系统工程过程发展而来，所以沿袭了按一维(时间维)划定工程元素的方法，但信息安全工程过程与内容极其庞杂，有些领域的时间性并不明显，如用户域，用 ISSE 方法难以反映全面的信息安全工程过程。

于是，探求以另外一种思路来研究信息安全工程是其发展的要求。

1987 年，美国卡内基·梅隆大学软件研究所(SEI，Software Engineering Institute)受美国国防部的委托，率先在软件行业从软件过程能力的角度提出了软件过程能力成熟度模型(CMM，Capability Maturity Model for Software，缩写为 SW-CMM，简称 CMM)，这是一种随后在全世界推广实施的软件评估标准，用于评价软件承包能力并帮助其改善软件质量，主要用于软件开发过程和软件开发能力的评价和改进，侧重于软件开发过程的管理及工程能力的提高与评估。21 世纪初期，软件过程技术成熟、面向对象技术成熟以及软件集成开发方式成了构件技术时代的特征。1991 年 8 月，SEI 总结了自 1987 年以来对成熟度框架和初版成熟度问卷的实践经验，推出了 CMM v1.0。1993 年，CMM 研讨会召开之后，正式推出了 CMM v1.1。1999 年，推迟 CMM2.0 研究，投入软件能力成熟度模型集成(CMMI，Capability Maturity Model Integration)的研究。2000 年、2002 年、2006 年和 2011 年，SEI 分别发布了 CMMI v1.0、CMMI v1.1、CMMI v1.2 和 CMMI v1.3。2016 年 3 月，CMMI 研究所从 SEI 剥离出来，并于 2018 年 3 月发布 CMMI v2.0，2018 年 7 月发布 CMMI v2.0 中文版。

1993 年 5 月，美国国家安全局(NSA)采用 CMM 的方法学，针对安全方面的特殊需求，首次提出了系统安全工程能力成熟度模型(SSE-CMM，Systems Security Engineering Capability Maturity Model)。1995 年 1 月，信息安全协会作为成员被邀请参加首次公共系统安全工程(FPSSE)CMM 工作组，该组织中的 60 多个代表重新确认了这一模型的重要性。为此，成立了专门的工作组进行前期的开发工作，并于 1995 年 3 月召开了第一次工作会议。经过工作组的不懈努力，于 1996 年 8 月公布了 SSE-CMM 的第一个版本，1997 年 4 月公布了 SSE-CMM 的评估方法。

为使 SSE-CMM 模型及其评估方法更加有效，从 1996 年 6 月到 1997 年 6 月工作组做了大量的试验，根据试验结果对模型进行了修改和补充，形成了 SSE-CMM 和评估方法的 v1.1。1997 年 7 月，第二次公共系统安全工程(SPSSE)CMM 工作组成立，它是公共安全工程能力成熟度模型开发团队，主要致力于模型的应用研究，尤其在获取、过程改进、产品与系统保证等领域，其目标是使模型实用化。此后，召开了多次公共会议和工作组会议，经过多次试验和修订，1999 年 4 月形成了 SSE-CMM v2.0 和 SSE-CMM 评定方法 v2.0。

SSE-CMM v2.0 制定后，对信息安全工程建设起到了积极作用，其生命力在于能实现工程实施能力的自我改进评估。不同于 ISSE 的时间维描述信息安全工程过程，SSE-CMM 是以工程域维和能力维为线索来描述信息安全工程的能力成熟度，不局限于只指导军方的信息安全工程实践，而是通过对系统安全工程能力成熟度的标准化、公开化的自我评估，获得社会各方面工程的安全保证。2002 年 3 月 SSE-CMM v2.0 得到了 ISO 的承认，并被接受为 ISO/IEC 21827:2002《信息技术　系统安全工程　能力成熟度模型》，2008 年 10 月，替换为 ISO/IEC 21827:2008《信息技术　系统安全工程　能力成熟度模型》。

在我国，信息安全工程的实施是基于等级保护制度。

1994 年 2 月 18 日国务院颁布的《中华人民共和国计算机信息系统安全保护条例》(147 号令)规定："计算机信息系统实行安全等级保护，安全等级的划分标准和安全等级保护的具体办法，由公安部会同有关部门制定”。1999 年 9 月 13 日国家质量技术监督局(2001 年调整为国家质量监督检验检疫总局)发布了强制性国家标准《计算机信息系统　安全保护等级划分准则》(GB 17859—1999)，将我国计算机信息系统安全保护划分为 5 个等级。中办发〔2003〕27 号文件也明确指出，“要重点保护基础信息网络和关系国家安全、经济命脉、社会稳定等方面的重要信息系统，抓紧建立信息安全等级保护制度，制定信息安全等级保护的管理办法和技术指南”。2004 年 9 月 15 日，公安部、国家保密局、国家密码管理局和国信办联合下发《关于信息安全等级保护工作的实施意见》(66 号文件)，明确了实施等级保护的基本做法。2007 年 6 月 22 日又由四单位联合下发《信息安全等级保护管理办法》(43 号文件)，规范了信息安全等级保护的管理。2007 年 7 月 20 日，公安部、国家保密局、国家密码管理局和国务院信息化工作办公室 4 部门在北京联合召开“全国重要信息系统安全等级保护定级工作电视电话会议”，开始部署在全国范围内开展重要信息系统安全等级保护定级工作。自此，我国信息安全工程建设工作步入标准化、法制化的轨道。

2006 年 3 月，我国在 ISO/IEC 21827:2002《信息技术　系统安全工程　能力成熟度模型》的基础上，发布了《信息技术　系统安全工程　能力成熟度模型》(GB/T 20261—2006)。随着国内信息安全形势的发展，该标准已经不完全适用于我国信息安全行业，与国内信息安全服务存在诸多不适应之处。2020 年 11 月，我国在参考 ISO/IEC 21827:2008《信息技术　系统安全工程　能力成熟度模型》基础上，结合《信息技术　系统安全工程　能力成熟度模型》(GB/T 20261—2006)，修订发布了《信息技术　系统安全工程　能力成熟度模型》(GB/T 20261—2020)，并于 2021 年 6 月开始实施。

本 章 小 结

信息安全的基本范畴包括信息资源、信息价值、信息作用、信息损失、信息载体、信息环境、信息优势等。

信息安全工程是从工程的角度，将系统工程的概念、原理、技术和方法应用于研究、设计、开发、实施、管理、维护和评估信息系统安全的过程，是将经过时间考验证明是正确的工程实践流程、管理技术和当前能够得到的最好技术方法与最佳实务相结合的过程。通过实施信息安全工程过程，可以建立能够面对错误、攻击和灾难的可靠信息系统。

信息保障是一种确保信息和信息系统能够安全运行的防护性行为，强调信息安全的保护能力，同时重视提高系统的入侵检测能力、事件响应能力和快速恢复能力，它关注的是信息系统整个生命周期的保护、检测、响应和恢复等安全机制。信息安全保障的“深度防御”就是要对攻击者和目标之间的信息环境构建连续的、层次化的多重防御机制，保障用户信息及信息系统的安全。

信息安全保障体系主要是通过改善防御空间的同步效果、提高感知能力、加快响应速度、增强防御能力和生存能力等行为，提升系统整体的信息保障效能，是实施信息安全保障的法律法规、组织管理、安全技术和安全设施等有机结合的整体，是信息社会国家安全的基本组成部分，是保证国家信息化顺利进行的基础。

实施信息安全保障是世界各国谋求的战略性制高点。重视信息安全保障工作，就要将其作为信息安全的系统工程来看待。

典型的信息安全工程实施方法包括 ISSE 过程和 SSE-CMM 工程。在我国，信息安全工程的实施是基于等级保护制度。

思　考　题

1. 如何认识信息安全的基本范畴？
2. 什么是信息安全工程？
3. 信息保障技术框架(IATF)的深度防御战略的构成是什么？各部分有什么作用？
4. 信息安全保障模型有怎样的空间特性？
5. 信息安全保障体系的架构包括哪些部分？
6. 了解国内外信息安全保障建设的相关经验。
7. 当前我国信息安全保障工作存在哪些问题？如何处理好这些问题？
8. 为什么需要信息安全工程？

ISSE 过程

很显然，在现代信息化社会，解决信息安全问题既不能只依靠纯粹的技术，也不是依靠简单的安全产品的堆砌，而是要依赖于系统工程(SE)的方法。信息安全本身是系统化的安全问题，有相当强的全面性，只有通过系统工程的方法才能保证信息安全的全面性。信息安全的建设是一个系统工程，它需要对信息系统的各个环节进行统一的综合考虑、规划和架构，并要时时兼顾组织内外不断发生的环境因素变化，任何环节上的安全缺陷都会对系统构成威胁。

按照系统工程的方法解决信息安全问题，首先设立信息安全总体设计部，进行全局性的需求分析、系统定义和总体设计，并加强监督执行与反馈；其次从模块划分与构建、边界定义与整合、系统测试与管理等多个方面，同时加强技术管理和评估。

本章详细介绍信息安全工程实施方法之一——信息系统安全工程(ISSE)。2.1 节说明 ISSE 与 SE 的对应关系，概述 ISSE 的主要活动内容。2.2～2.6 节阐述 ISSE 的具体过程及其要点。2.7 节在了解具体过程的基础上，总结 ISSE 的基本功能。2.8 节强调 ISSE 的实施是以信息系统安全保障工程的实施为载体，描述 ISSE 过程的阶段实现。2.9 节以一个具体的实例展现 ISSE 的实施过程。

学习目标

- 掌握 ISSE 的相关概念与模型，包括发掘信息安全需求、定义信息安全系统、设计信息安全系统、实施信息安全系统和评估信息安全系统。
- 了解 ISSE 的基本功能、实施框架中各阶段的要点。
- 通过实例，理解 ISSE 过程的应用。

思政元素

分析系统与要素(模块、部件等)的关系，认识信息系统生命周期，引导着眼全面和长远发展，培养大局意识和耐心细致的作风。

2.1 概 述

　　信息系统安全工程(ISSE)是对信息系统建设中涉及的多种要素按照系统论的科学方法来进行操作的一种安全工程理论，是系统工程学、系统采购、风险管理、认证和鉴定以及生命周期的支持过程的一部分，是系统工程过程的一个自然扩展。

　　ISSE 目前已成为信息保障技术框架(IATF)的重要组成部分。IATF v3.1 中说明了开发安全系统的 ISSE 过程，该过程定义了相关原则、活动以及与其他过程的关系。

　　作为一种系统工程技术，ISSE 不仅可以用来设计、实现独立的软硬件系统，还可以为集成的计算机系统的设计和重构提供服务。它可以与设计者和工程人员提供的设计要素，以及面向开发者、管理者、用户的接口相结合，在投资额度和成本的限制下，使整体系统获得最大的安全性能。这也反映了对待 ISSE 的实施方法，即总的指导思想是将安全工程与信息系统开发集成起来。

　　ISSE 是系统工程(SE)的一个子部分。通常 SE 可以分为发掘需求、定义系统、设计系统和实施系统 4 个阶段，以及贯穿于各阶段的评估有效性部分，如图 1-10 所示，而 ISSE 过程也分为发掘信息安全需求、定义信息安全系统、设计信息安全系统、实施信息安全系统和评估信息安全系统等阶段。ISSE 与 SE 的关系如图 2-1 所示。

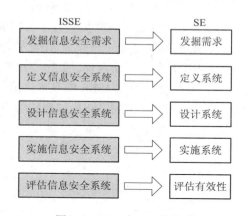

图 2-1　ISSE 与 SE 的关系

　　ISSE 贯穿于系统工程的全过程，这些过程都具有公共的要素：发现需求、定义系统功能、设计系统元素、开发和安装系统、评估系统有效性等。ISSE 的主要活动包括：

　　(1) 分析并描述信息保障的用户愿望。

　　(2) 在系统工程过程的早期，基于愿望产生信息保障的需求。

　　(3) 确定信息保护的级别，以一个可接受的信息保障的风险水准来满足要求。

　　(4) 根据需求，构建一个功能上的信息保障体系结构。

　　(5) 根据物理体系结构和逻辑体系结构分配信息保障的具体功能。

　　(6) 设计信息系统，实现信息保障的功能构架。

　　(7) 考虑成本、规划、进度和操作的适宜性及有效性等因素，平衡信息保障风险与其他的 ISSE 问题。

(8) 研究与其他的信息保障和系统工程原则如何进行权衡。

(9) 将 ISSE 过程与系统工程和采购过程集成。

(10) 测试与评估系统，验证是否达到设计保护的要求和信息保障的需求。

(11) 创建并保留标准化的文档。

(12) 为用户部署系统，并根据其需要调整系统，继续进行生命周期内的安全支持。

为确保信息保障能顺利地被纳入到整个系统，应该从设计系统工程之初便考虑 ISSE，应当随着系统工程的每一个步骤，考虑信息保护的对象、保护需求、功能、构架、设计、实现以及测试等各方面技术和非技术的因素，使信息保障能够在特定系统中得到最好的优化。

ISSE 的体系采用顺序结构，前一项的结果是后一项的输入，具有严格的顺序性，是按照时间维发展。违背这种顺序性将导致系统建设的盲目性，最终会导致信息系统安全工程建设的失败。

2.2 发掘信息安全需求

ISSE 首先要了解用户的工作任务需求、相关政策、法规、标准、惯例，以及在使用环境中受到的威胁，然后确认系统的用户、他们的行为特点以及在信息保护生命周期各阶段的角色、责任和权力等。信息保护的需求应该来自用户的角度，并且不能对系统的设计和实施有过度的限制。一般是通过了解任务的信息保护需求、掌握对信息系统的威胁和考虑信息安全策略等过程来发掘信息安全需求，如图 2-2 所示。

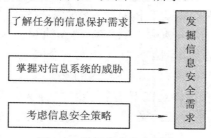

图 2-2　发掘信息安全需求

2.2.1　了解任务的信息保护需求

ISSE 首先需要考虑系统任务可能受到的各方面的影响(包括人的因素和系统的因素)，以及可能造成的各方面的损失，例如泄密、数据被篡改、服务不可用、操作抵赖等。

用户通常都明白信息的重要性，但在确定这些信息需要何种保护，以及达到怎样的保护级别时，可能会一筹莫展。为了科学地了解任务的信息保护需求，需要帮助用户弄清楚什么信息在受到了何种破坏时会对系统的任务造成危害。在这种要求下，ISSE 需要做的是：① 帮助用户对信息处理的过程建模；② 帮助用户定义对信息的各种威胁；③ 帮助用户确定信息的保护次序和等级；④ 制定信息保护策略；⑤ 与用户协调、达成一致。

与用户进行交互是 ISSE 的必不可少的环节，在参考用户意见的基础上，评估信息和系统对任务的重要性，并确保任务需求中包含了信息保护的需求、系统功能中包含了信息保护的功能。这个环节要达到的目标是：搭建一个满足用户在资金、安全、性能、时间等各方面要求的信息系统保护框架，其中至少要包含以下几个方面。

(1) 被处理的信息是什么？属于何种类型(涉密信息、金融信息、个人隐私信息等)？

(2) 谁有权处理(初始化、查看、修改、删除等)这些信息？

(3) 授权用户如何履行其职责？

(4) 授权用户使用何种工具(硬件、软件、固件、文档等)进行处理？

(5) 用户行为是否需要监督(不可否认)？

在这个环节，ISSE 的工作需要用户的全程参与，共同研究信息系统的角色，使信息系统更好地满足用户的任务要求。

2.2.2 掌握信息系统面临的威胁

威胁，是指利用信息系统的脆弱性，可能造成某个有害结果的事件或对信息系统造成危害的潜在事实。ISSE 需要在用户的帮助下，准确、详尽地定义信息系统在设计、生产、使用、维护以及销毁过程中可能受到的威胁。

通过分析信息系统的安全需求，找到安全隐患，应该从以下几个方面入手：

(1) 检测恶意攻击。指检测人为的、有目的性的破坏行为，这些破坏行为分为主动和被动两种。主动攻击是指以各种方式有选择性地破坏信息，例如修改、删除、伪造、乱序等；被动攻击是指在不干扰系统正常工作情况下，进行侦听、截获、窃取、破译等。

(2) 了解安全缺陷。指了解信息系统本身存在的一些安全缺陷，包括网络硬件、通信链路、人员素质、安全标准等原因引起的安全缺陷。

(3) 掌握软件漏洞。软件的复杂性和编程方法的多样性，导致软件中有意或无意会留下一些漏洞，例如操作系统的安全漏洞、TCP/IP 协议的漏洞、网络服务的漏洞等。

(4) 分析结构隐患。主要是指网络拓扑结构的安全隐患，因为诸如总线形、星形、环形、树形等结构都有各自的优缺点，都存在相应的安全隐患。

掌握信息的威胁主体，应该涉及以下几个方面：① 威胁主体的动机或意图；② 威胁主体的能力；③ 威胁或攻击的途径；④ 主体及威胁存在的可能性；⑤ 影响或后果。

2.2.3 考虑信息安全的策略

在了解了信息保护需求并掌握了系统面临的威胁之后，ISSE 需要制定出信息安全策略。信息安全策略需要定义出：要保护什么，用什么保护方法，如何保护。

制定策略的时候需要全面考虑相关的国家政策、法规、标准和惯例等。为达成这个目标，策略制定小组不仅需要系统工程师、ISSE 工程师、用户代表，还需要信用机构、认证机构、设计专家甚至是政府机构的参与。

信息安全的策略要包含以下几方面内容：

(1) 法律和法规。所要遵循的相关法律和法规的要求。

(2) 信息保护的内容和目标。确定要保护的所有信息资源，以及它们的重要性、所面临的主要威胁和需要达到的保护等级。

(3) 信息保护的职责落实办法。明确各组织、机构或部门的信息安全保护的责任和义务。

(4) 实施信息保护的方法。确定保护信息系统中的各种信息资源的具体方法。

(5) 事故的处理。包括应急响应、数据恢复等措施，以及相应的奖惩条款、监督机制等。

信息安全策略是分层的，一旦制定，高层的策略一般是不会改变的，而下层的局部策略可以根据具体情况而定，但不能与更高层的信息安全策略及其他有关政策相违背。

信息安全策略必须由高层管理机构批准并颁布，在策略的贯彻过程中，应该使每个参与者都能够理解策略，并且理解为相同的含义。如果策略在某些地方不能得到贯彻，则一定要让其他参与者都知道这样做的后果。

2.3 定义信息安全系统

定义信息安全系统，就是确定信息安全系统将要保护什么，如何实现其功能，以及描述信息安全系统的边界和与环境的联系情况。任务的信息保护需求和信息系统环境在这里被细化为信息安全保护的对象、需求和功能集合。一般是通过确定信息保护目标、描述系统联系、检查信息保护需求和功能分析等来定义信息安全系统，如图 2-3 所示。

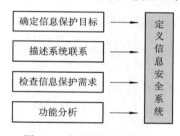

图 2-3 定义信息安全系统

2.3.1 确定信息保护目标

信息保护目标与通常的系统对象具有相同的特性，例如对于信息保护需求的明确性、可测量性、可验证性、可追踪性等。确定信息保护对象，要保证它们的这些有效性度量(MoE, Measure of Effectiveness)性质，在描述每个对象时需要说明以下这些内容。

(1) 信息保护目标支持系统中的什么任务对象？

(2) 有哪些与信息保护目标和任务相关的威胁？

(3) 失去目标会有什么后果？

(4) 受什么样的信息保护策略或方针的支持？

2.3.2 描述系统联系

系统联系是信息安全系统的边界和环境，即系统与外界交互的功能和接口。在信息安全工程中，系统联系对于确定系统边界并实施保护是很重要的，任务目标、任务信息处理系统、威胁、信息安全策略、设备等都极大地影响着系统边界与环境。描述系统联系需要做以下工作。

(1) 在任务信息处理系统与其他系统环境之间确定物理的和逻辑的边界。

(2) 描述信息的输入和输出、系统与环境之间或与其他系统之间的信号与能量的双向流动情况。

2.3.3　检查信息保护需求

ISSE 的系统信息保护需求检查任务是对此前过程中的分析(包括目标、任务、威胁、系统联系等)进行特征检查。当信息保护需求从最初的用户愿望演变为一系列系统保护规范时，信息保护的需求能力可能出现缺失，因此，需要检查信息保护需求的正确性、完整性、一致性、依赖性、无冲突和可测试性等特征。

2.3.4　功能分析

ISSE 使用许多系统工程工具来理解信息保护功能，并将功能分配给系统中各种信息保护的配置项。在定义信息安全系统时，必须分析备选系统体系结构、信息保护配置项，以及信息保护子系统如何成为整个系统的一部分，这些功能是否能达到原设定的目标，并理解它们如何才能与整个系统协调工作。

2.4　设计信息安全系统

明确目标系统后，将构造信息系统的体系结构，详细说明信息保护系统的设计方案，这时 ISSE 工程师要进行功能分配、信息保护预设计和详细信息保护设计等工作，如图 2-4 所示。

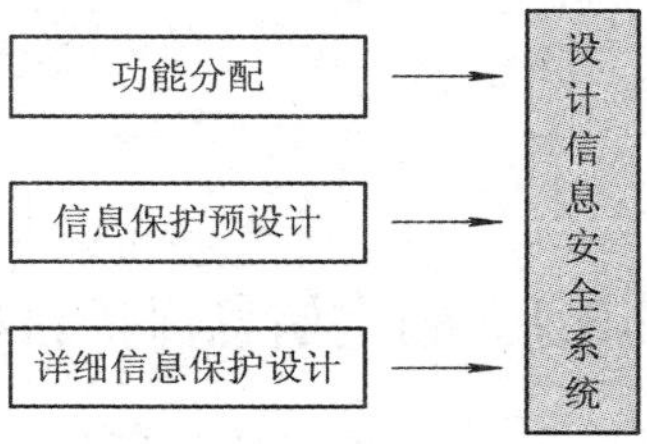

2.4.1　功能分配

当某种系统功能被分配给人、软件、硬件或固件后，同时也就附上了相对应的信息保护功能。ISSE 应该为系统制定一个理论和实践上都可行的、协调一致的信息保护系统体系构架。功能分配过程包括以下内容：

图 2-4　设计信息安全系统

(1) 提炼、验证并检查安全要求与威胁评估的技术原理。

(2) 确保一系列的低层要求能够满足系统级的要求。

(3) 完成系统级体系结构、配置项和接口定义。

2.4.2　信息保护预设计

在需求和构架已经确定的前提下，ISSE 进入了信息保护的预设计阶段。在这一阶段，ISSE 工程师将制定出系统建造的规范，其中至少包括：

(1) 检查、细化并改进前期需求和定义的成果，特别是配置项的定义和接口规范。

(2) 从现有解决方案中找到与配置项一致的方案，并验证是否满足高层信息保护要求。

(3) 加入系统工程过程，并支持认证/认可(C/A)和管理决策，提出风险分析结果。

2.4.3 详细信息保护设计

进一步完善配置级方案，细化底层产品规范，检查每个细节规范的完整性、兼容性、可验证性、安全风险和可追踪性等。详细设计包括以下内容：

(1) 检查、细化并改进预设计阶段的成果。

(2) 对解决方案提供细节设计资料以支持系统层和配置层的设计。

(3) 检查关键设计的原理和合理性。

(4) 设计信息保护测试与评估程序。

(5) 实施并追踪信息保护的保障机制。

(6) 检验配置顶层设计与上层方案的一致性。

(7) 提供各种测试数据。

(8) 检查和更新信息保护的风险和威胁计划。

(9) 加入系统工程过程，并支持认证/认可(C/A)和管理决策，提出风险分析结果。

2.5 实施信息安全系统

这一阶段的目标是，将满足信息安全需求的信息保护子系统中的各配置项购买或建造出来，然后组装、集成、检验、认证和评估其结果，如图 2-5 所示。

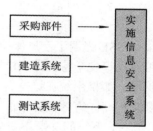

图 2-5 实施信息安全系统

2.5.1 采购部件

一般来说，要根据市场产品的研究、偏好和最终的效果，来决定是购买还是自行生产部件。作出购买/生产的决定时应该通盘考虑安全因素、可操作性、性能、成本、进度、风险等的影响。在购买时，对于大量生产且相对低成本的商业现货 COTS(Commercial- off-the-Shelf)和由政府机构创建的技术团体开发的政府现货 GOTS(Government off-the-Shelf)等都可纳入部件采购的考虑范围。在作出采购决策时，要注意考虑以下因素：

(1) 确保考虑了全部相关的安全因素。

(2) 察看现有产品是否能满足系统部件的需求，最好有多种产品可供选择。

(3) 验证一系列潜在的可行性选项。

(4) 考虑将来技术的发展，将新技术和新产品运用到系统中去。

2.5.2 建造系统

建造系统的过程，是确保已设计出必要的保护机制，并使该机制在系统实施中得以实现。与许多系统一样，信息保护系统也会受到许多能够加强或削弱其效果的因素的影响，这些因素决定了信息保护对系统的适宜程度。所以，在建造系统时，要重视以下内容：

(1) 部件的集成是否满足系统安全规范？

(2) 部件的配置是否保证了必要的安全特性？安全参数能否正确配置以便提供所要求的安全服务？

(3) 对设备、部件是否有物理安全保护措施？

(4) 组装、建造系统的人员是否对工作流程有足够的知识和权限？

2.5.3 测试系统

ISSE 要给出一些与信息保护相关的测试计划和工作流程，还要给出相关的测试实例、工具、软硬件等。ISSE 测试系统的工作包括：

(1) 检查、细化并改进"设计信息安全系统"阶段的结果。

(2) 检验解决方案的信息保护需求和约束限制等条件，并实施相关的系统验证和确认机制。

(3) 跟踪实施与系统实施和测试相关的系统保障机制。

(4) 鉴别测试数据的可用性。

(5) 提供安全支持计划，包括维护和培训等方面的。

(6) 加入系统工程过程，并支持认证/认可(C/A)和管理决策，提出风险分析结果。

2.6 评估信息安全系统

ISSE 强调了信息保护系统的有效性，主要是指系统在保密性、完整性、可用性、不可否认性等安全特性方面的有效性。针对这些有效性的评估活动贯穿于整个 ISSE 过程的每个阶段。如果系统在这些有效性方面达不到要求，信息系统安全工程的任务很难达到用户的满意程度。有效性评估的重点包括：

(1) 系统的互操作安全性，即系统是否通过外部接口正确地保护了信息？

(2) 系统的可用性，即系统是否能给用户提供信息资源与信息保护？

(3) 用户需要接受什么样的培训，才能正确地操作和维护信息保护系统？

(4) 人机界面或接口是否有缺陷，从而导致出错？

(5) 建造和维护信息系统的成本是否可以接受？

(6) 确定风险和可能的任务影响，并提供报告。

2.7 ISSE 的基本功能

在系统的整个生命周期内，ISSE 具有以下六个基本功能。

(1) 安全规划与控制。系统和安全项目的管理与规划活动从一个机构作出商业决策来承担特定工程的时候就开始了。规划活动做得越好，就越能够为把安全要求系统地变换为有效的设计和实现提供坚实的控制基础。规划和准备活动为建立要求的可跟踪性、基准程序和客户确认提供了平台。

(2) 确定安全需求。系统特有的需求和定义一般是在两个级别上给出：从用户角度给出高级操作的安全要求定义；从系统开发者或集成者的工程观点出发，提出更正式的安全要求的规范式定义。

(3) 支持安全设计。通过安全设计，一个被选择的系统体系结构可以被形式化，然后转换为稳定的、可生产的和有好的经济效益的系统设计。对信息系统而言，这种转换通常包括软件开发和软件设计，还可能包括信息数据库或知识库的安全设计。

(4) 分析安全操作。它将影响信息系统产品，特别是产品安全生产过程和产品本身的安全要求的解决方案。通过这一功能的反复应用与安全设计支持功能相组合，将确认"过程"安全解决方案。安全操作概念的分析和定义是系统工程和 ISSE 过程的集成的部分，是对安全认证/认可(C/A)的关键输入。

(5) 支持安全生命周期。SPO(系统项目办公室)将一直监督系统整个生命周期各阶段的计划，包括开发、生产、现场工作、维护、培训和处理等。在操作和维护期间，对于过程设计、操作确认等都可以用充分准备的生命周期支持计划及其实现来完成。

(6) 管理安全风险。在系统工程过程中，风险是对达到属于技术性能、成本和进度方面的目的和目标的不确定性的一种量度。风险等级用事件和事件结果的概率来分类。对获取程度、系统在产品和过程方面进行风险评价。风险源包括技术方面的(例如可行性、可操作性、生产性、测试性和系统的有效性等)、成本和计划表方面的(例如预算、目标、里程碑等)以及规划方面的(例如资源、合同等)。ISSE 通过系统风险管理来测定和评价有关的风险，并对识别出的风险按适当的手段进行有组织的控制。

2.8　ISSE 实施框架

ISSE 规定了在各个阶段中应该达到的目的，即输入输出关系，没有规定具体的工具和方法，只是从系统论的角度指明了一个框架和范围，实施的细节依赖于已有的经验和积累。

ISSE 过程存在于完整的系统开发生命周期(SDLC，System Development Life Cycle)中，ISSE 的实施是以信息系统安全保障工程的实施为载体，指导信息系统安全保障体系的建设，就是在系统生命周期内，对 ISSE 过程计划的具体实现。

系统生命周期的调查/分析/立项阶段、开发/采购/设计阶段、实施阶段和运行/维护阶段，分别对应 ISSE 的发掘信息安全需求、定义与设计信息安全系统、实施信息安全系统和评估信息安全系统过程，它们与信息系统安全保障工程实施的关系如图 2-6 所示。

调查/分析/立项阶段是发掘信息安全需求阶段。此阶段要完成工程规划、需求分析和风险评估过程，要完成规划报告、需求分析报告、风险评估报告、可行性报告等，并综合形成最终的立项报告并进行评审。决策者可以基于相应结果和相关的法律法规、政策标准批准立项，进入下一阶段。

开发/采购/设计阶段是定义和设计信息安全系统阶段。此阶段需要进行系统安全保障方案及安全保障工程实施设计，并分别完成安全保障方案、安全保障工程实施方案、安全监理方案、项目管理方案等。在方案预设计和详细设计过程中，必要时可进行模型仿真环境测试。在完成相关测试、评审和合同授予工作后，决策者可以基于相应结果和相关的法律法规、政策标准批准进入工程实施阶段。

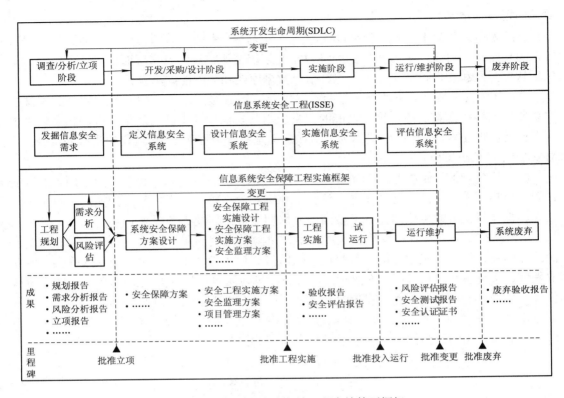

图 2-6　信息系统安全保障工程实施简要框架

实施阶段是对信息安全系统进行工程实施和试运行的阶段。此阶段需要完成验收报告、安全评估报告等。完成系统验收和系统评估后，决策者可以基于相应结果和相关的法律法规、政策标准批准系统投入运行。

运行/维护阶段是在系统运行过程中评估信息安全系统的有效性。此阶段需要完成风险评估报告、安全测试报告、安全认证证书等，或者说，在运行阶段，可根据需要进行安全测试等安全服务，定期进行风险评估和系统评估，并进行系统认证。当系统发生变更时，重复相应生命周期阶段，并根据实际情况批准系统废弃，进入废弃阶段。

在废弃阶段，系统的生命周期终结。此阶段需要完成废弃验收报告，决策者可以基于相应结果和相关的法律法规、政策标准批准进行废弃并进行相应废弃处理工作。

2.9 ISSE 实施的案例

近年来，随着我国电子商务、电子政务工程的大量建设，信息安全问题越来越突出，如何设计、建设与维护这些系统？如何评估系统资产？如何分析风险？如何选择安全产品？一系列问题摆在人们面前。当前人们也越来越认识到，一个中型或大型的安全保障系统并不是安全产品的简单堆砌，而是一个信息保障体系，是一个信息安全工程，需要综合考虑系统中存在的人、管理、技术和运行等因素和环节，以系统工程的理念来建设，必须在 ISSE 的理论基础上进行实施。

本节以某省—市—县级电子政务信息系统安全保障工程建设为例，简要阐述 ISSE 的原理和方法的实施过程。

2.9.1　某省—市—县级电子政务网络基本情况

某省—市—县级电子政务网络由省—市—县二级骨干网和三级横向网组成，其主要业务是一些非涉密的公文流转信息、门户网站、业务数据，其中业务数据是重点。

在省—市一级骨干网上，采用了 SDH(Synchronous Digital Hierarchy，同步数字体系)光纤专线，带宽是 100 M；在市—县二级骨干网上，采用了 DDN(Digital Data Network，数字数据网)、PSTN(Public Switched Telephone Network，公共交换电话网络)等公共信道，部分市—县甚至利用了 Internet 线路；在横向连接处，省、市、县均采用 PSTN 拨号连接，如图 2-7 所示。经初步分析可知，该网络是一个综合了各种接入的网络，由于采用了公共信道、Internet，存在较大的信息安全风险，需要信息安全保障工程支持。

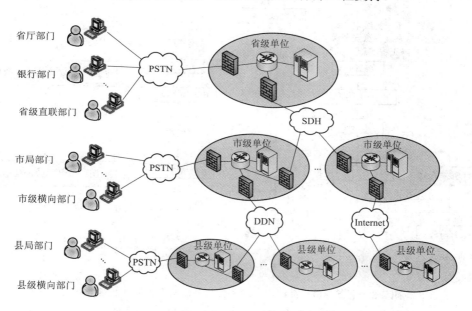

图 2-7　某省—市—县级电子政务网络基本情况

2.9.2　某省—市—县级电子政务信息系统安全保障工程建设过程

某省—市—县级电子政务信息系统安全保障工程建设过程如图 2-8 所示。图中显示，经过前期准备和定义设计与开发阶段后，信息系统安全保障工程需要先进行试点实施，在经过相关评估之后，再按要求在规定的范围内开展全面实施和运行/维护的工作。在这个信息安全保障工程建设过程中，包含以下公共要素：发掘信息安全需求、定义系统功能、设计系统元素、实施信息系统、评估系统有效性等。因此，在建设该电子政务信息系统时，可以按照 ISSE 过程的思想，充分考虑这些公共元素来对信息系统进行安全需求分析、设计、开发和维护，保障全生命周期的安全服务。

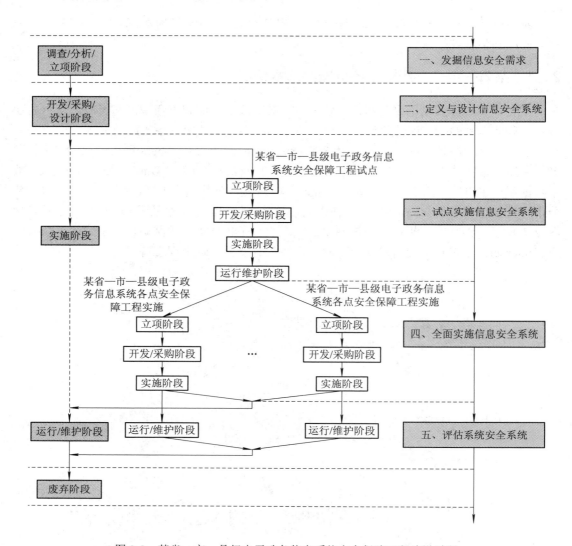

图 2-8 某省—市—县级电子政务信息系统安全保障工程建设过程

　　在发掘该电子政务信息系统安全保障工程安全需求时，要确立系统业务对信息安全的总体等级保护要求，识别各类安全要求及其正确性，了解系统所面临的威胁，并提供相关的安全策略。因此，要与相关人员一起仔细分析系统的网络情况(例如网络拓扑结构、网络边界等)和应用系统(例如程序、数据应用等)情况，充分讨论，完全挖掘系统的信息安全需求，例如：需要保护所有在广域网上传输的信息，需要对局域网上的重要服务器实施物理和逻辑上的隔离保护，需要对重要信息资源实施细粒度的访问控制(例如 RBAC 基于角色的访问控制)，需要对一些重要的机密或敏感数据进行应用层的加密保护(例如加密存储和加密传输)，需要配置漏洞扫描系统以发现系统的脆弱点，需要部署主动防御或入侵检测系统以及时发现来此网络的各种攻击，需要设立一套病毒防范系统以抵御病毒或木马的威胁，需要一套专门的、集中的密钥管理体系，需要建设整个信息安全系统的具体保障政策和制度等。

　　在定义与设计该电子政务信息系统安全保障工程时，要确定系统设计的目标，处理好系统的边界与环境安全要求，对系统的功能进行分配，并保证系统的优化设计。在这里，需要定义好信息保障的目标，充分考虑系统与现在内部网络和外部网络之间的联系、用户特别关注的信息保障要求，检查所有安全要求和设计的合理性，结合系统设计进行功能与操作上的分配，支持系统级的架构、企业形象识别 CI(Corporate Identity)和接口设计(例如分层设计、由粗到细的设计策略等)，对数据进行输入/输出校验设计，对数据处理进行过程控制设计、系统加密方法设计，设计系统资源的安全保护策略(例如系统软件安装控制、系统测试数据的保护、应用程序源代码保护等)等。

　　在实施该电子政务信息系统安全保障工程时，根据采购的系统部件构建系统，并提供相应的测试能力。因此，应该根据系统对安全的不同要求，由点到面，分步实施，持续跟踪和细化信息保障相关采购和工程管理计划及策略，定义信息保障核实和验证的程序与策略，考虑信息保障运作和生命周期的支持问题，持续系统细节的信息保障风险检查与评估，支持认证与管理决策，对设计方案进行多次专家评审并按照意见进行系统完善，必要时送第三方组织或机构进行测评认证。在实施过程中，根据系统实际情况和评估结果，对工程项目进行变更管理，要建立严格清晰的变更程序，对变更原因和变更的影响进行评估，必要时在测试系统中进行测试，形成相关的文档记录。

　　在评估该电子政务信息系统安全保障工程时，要评估系统信息保障的威胁和系统运行的安全情况，核实系统保障要求以及实施解决方案的限制，考查系统在生命周期内的进展情况，提供一套正式的信息保障评估系统，进行集体的、多学科、多角度的综合系统信息安全综合检查，充分考虑电子政务系统的互操作性、可用性、用户知识要求、用户操作界面、成本等系统的有效性和可行性。

本 章 小 结

　　ISSE 是对信息系统建设中涉及的多种要素按照系统论的科学方法来进行操作的一种安全工程理论。为确保信息保障能顺利地被纳入整个系统，应该从设计系统工程之初便考虑 ISSE，应该随着系统工程的每一个步骤，考虑信息保护的对象、保护需求、功能、构架、设计、实现以及测试等各方面因素，使信息保障能够成功实施。

　　ISSE 过程分为发掘信息安全需求、定义信息安全系统、设计信息安全系统、实施信息安全系统和评估信息安全系统等阶段。ISSE 过程存在于完整的系统开发生命周期中，ISSE 的实施是以信息系统安全保障工程的实施为载体，指导信息系统安全保障体系的建设，就是在系统生命周期内，对 ISSE 过程完整计划的具体实现。

　　在建设该电子政务信息系统时，可以按照 ISSE 过程的思想，充分考虑对信息系统进行安全需求分析、设计、开发和维护，保障系统在全生命周期内的安全服务。

　　ISSE 的许多思想目前已经被纳入 IATF 的体系中，它是一种十分有效的工程方法，对信息安全系统的建设具有独到的指导意义，能够对系统提供全方位的安全保护，使用户对安全具有更大的信心。

思 考 题

1. ISSE 的含义是什么？它与系统工程有什么关系？
2. ISSE 的主要活动包括哪些？
3. 如何发掘信息系统的安全需求？
4. 应该从哪些方面定义信息安全系统？
5. 设计信息安全系统要经历哪些过程？
6. 实施信息安全系统时要注意哪些问题？
7. ISSE 的基本功能有哪些？每个功能具有哪些作用？
8. 如何理解 ISSE 的实施框架及其过程？

第3章

SSE-CMM 工程

通常，人们更加信任那些成熟的组织生产出来的产品，而越成熟的组织，拥有越强大的工程能力，一个组织或企业实施工程的能力将直接关系到工程的质量。能力成熟度模型(CMM)最初是一种用于评价软件开发能力以改善软件质量的方法，侧重于软件开发过程的管理及工程能力的提高与评估。国际上通常采用 CMM 来评估一个组织的工程能力。

为了将 CMM 引入信息安全工程领域，1993 年 5 月，美国国家安全局(NSA)首次提出了系统安全工程能力成熟度模型(SSE-CMM)。该模型在 CMM 的基础上，通过对安全工程进行过程改进、能力评估和信任度评价等，将信息安全工程转变为一个具有良好定义的、成熟的、可度量的先进工程学科。

本章详细介绍信息安全工程实施方法之一——系统安全工程能力成熟度模型(SSE-CMM)。3.1 节概述 SSE-CMM 的基本内容。3.2 节详细介绍风险、工程和信任度三类过程域，并从"域"和"能力"两个维度描述一个组织的安全工程结构及其基本特征。3.3 节具体描述 SSE-CMM 在过程改进、能力评估和信任度评价等领域的应用。3.4 节对 SSE-CMM 与 ISSE 进行全面比较。

学习目标

- 了解 SSE-CMM 的适用范围、用途和应用优势。
- 理解 SSE-CMM 的体系结构，尤其是从"域"和"能力"两个维度进行学习。
- 掌握 SSE-CMM 在过程改进、能力评估和信任度评价三个领域的应用过程。
- 了解 SSE-CMM 与 ISSE 的异同。

思政元素

突出能力评估，提高自己的综合能力，珍惜个人信用，能够诚信服务和理性消费。

3.1 概　述

系统安全工程能力成熟度模型(SSE-CMM)是一种衡量信息安全工程实施能力的方法，

主要用于指导信息安全工程的完善和改进，使信息安全工程成为一个清晰定义的、成熟的、可管理的、可控制的、有效的和可度量的学科。SSE-CMM 描述了一个组织的安全工程过程必须包含的本质特征，或者叫基本安全实施。这些特征是完善的安全工程保证，也是系统安全工程实施的度量标准，同时还是一个易于理解的评估系统安全工程实施的框架。

我国目前采用的，是在 ISO/IEC 21827:2008《信息技术 系统安全工程 能力成熟度模型》基础上，结合《信息技术 系统安全工程 能力成熟度模型》(GB/T 20261—2006)，修订发布的《信息技术 系统安全工程 能力成熟度模型》(GB/T 20261—2020)。

SSE-CMM 由工程实现中所观察到的经验抽象而成，并没有规定一个特定的过程或顺序，这与 ISSE 基于时间维而规定特定的工程过程与步骤有很大不同，它的用途主要体现在对信息安全工程能力进行评估。该模型是信息安全工程实施的通用评估标准，包含以下内容：

(1) 工程的整个生命周期，包括系统开发、实施、运行、维护及淘汰等。

(2) 整个组织机构的管理、组织和工程活动等。

(3) 与其他学科和领域的紧密联系和作用，包括系统、软硬件、人类活动、测试工程，以及系统管理、运行和维护等。

(4) 与其他组织机构的相互作用，包括信息获取、系统管理、产品认证与认可、可信度评估等。

通常，用户和安全产品的提供商都非常关注和重视安全产品、安全系统及安全服务的改进，并将其作为一项工程来实施。在安全工程领域中，已经有一些约定俗成的被广泛接受的准则，但这些准则缺少对产品、系统和服务的评估标准与方法，缺少一个能够全面评估安全工程实施的框架。SSE-CMM 提供了这种框架，可以作为衡量系统安全性的标准，以提高安全工程准则应用的性能。SSE-CMM 的目标就是把安全工程发展成为一种有完整定义的、成熟的和可测量的工程学科。

3.1.1 SSE-CMM 的适用范围

SSE-CMM 规定了整个可信产品或安全系统生命周期的工程活动，包括概念定义、需求分析、设计、开发、集成、安装、运行、维护及淘汰。SSE-CMM 可应用于安全产品开发商、安全系统开发商和集成商，以及提供安全服务和安全工程的组织机构，如金融、政府、学术等机构。

尽管 SSE-CMM 是一个明确的信息安全工程模型，能够明显提升安全工程的能力，但并不意味着它独立于其他工程准则之外，相反，SSE-CMM 提供了一种集成的观念。在工程准则中，安全问题无处不在，信息安全需要综合所有可行的工程过程，如系统、软硬件、人为因素等，通过定义相应的模型组件来适应这些情况，例如"基本实践"组件定义了安全工程活动中的协调对象和机制，能够将安全和其他工程准则与一个工程组织内的工作组整合起来。所以，SSE-CMM 是开放性的。

3.1.2 SSE-CMM 的用户

SSE-CMM 的用户涉及安全工程的各类组织或机构，包括产品开发商、服务提供商、系统集成商、系统管理员、安全专家等。这些 SSE-CMM 用户负责不同的工程事务，有的负责处理一些高级事务(例如系统的体系结构或系统的操作运行)，有的负责处理一些低级事务(例如安全产品的选型与设计)，还有的这两级事务都做。这些组织能够根据特定的形式或特殊的联系来区分不同的用户，并能根据需要进行重新组合。

根据不同组织的实际情况，模型所定义的某些安全工程实践将会起作用，但不是全部，并且这些组织需要从模型不同的实践之间的联系来决定他们的应用。以下是 SSE-CMM 在各种组织中的应用说明：

(1) 安全服务提供商。在这里，SSE-CMM 可用来衡量组织的信息安全工程过程能力，即测量服务提供商执行风险评估的过程能力。在系统的开发和集成时，要对该组织发现和分析安全脆弱性的能力，以及对操作的影响进行评估。在操作过程中，还要对该组织的系统安全监控能力、系统脆弱性发现和分析的能力进行评估。

(2) 安全策略制定者。SSE-CMM 模型包含了如何决定和分析安全脆弱性、评估操作影响、为其他组织或人员提供输入和指南等安全工程实践元素，对于安全策略制定者而言，制定安全策略的能力就是通过对 SSE-CMM 中各项工程实践元素的掌握能力来体现。因此，安全策略制定者应该理解和掌握这些实践之间的关系。

(3) 产品开发商。SSE-CMM 包含了许多如何理解客户安全需求的实践元素，这有助于产品开发商通过使用 SSE-CMM 来了解客户的需求。因为对于产品开发的一系列过程虽然有一些普适的安全要求，但有时产品之外的客户特定使用环境和使用方法会直接影响产品设计、开发、发布和维护等过程。

(4) 特定工业部门。每一个工业部门都有独特的任务和文化风格。通过最大程度地减少部门角色的独特性、依赖性和组织结构的关联性，SSE-CMM 可以容易地解释或转化各行业和部门自己特定的语言及文化，方便不同行业和部门之间的沟通与交流。

3.1.3　SSE-CMM 的用途

SSE-CMM 及其评估方法有以下用途：
(1) 被工程组织作为评估他们的安全工程实践和提出改进意见的工具。
(2) 被安全工程评估组织利用并作为建立基于组织能力信任度的基础。
(3) 用户使用 SSE-CMM 评估方法来评估产品提供商安全工程能力的标准机制。

3.1.4　使用 SSE-CMM 的好处

目前，信息安全产品、服务等在市场上一般以两种方式出现：已评估的产品和未经过评估的产品。由于产品评估的周期漫长且费用昂贵，因此，已评估的产品往往因进入市场缓慢而落后于安全需求，不能解决当前面临的威胁。对于未评估的产品，购买者和用户只能依赖于产品的安全说明，在参考其他用户对该产品评估的基础上作出判断和选择，具有购买方自己负责的特点。

在这种情况下，要求各组织以更成熟的方式来实施安全工程、使用安全产品，尤其要注意以下因素。
- 持久性：未来的应用需要利用以前获得的知识。
- 可重复性：确保工程能够安全地重复操作的方法。

- 效率性：保证开发商和评估组织的工作效率。
- 可信性：对安全需求已获得满足所具有的信心。

为了达到以上目标，需要一种机制能够引导组织理解和改进他们的安全工程实践。为了满足这种机制的要求，SSE-CMM 被设计成安全工程实践的形式，并且以提高安全系统、可信任产品以及安全工程服务的质量和可用性，降低发布成本为目标。特别地，SSE-CMM 对以下组织很有好处。

(1) 工程组织。工程组织包括系统集成商、应用开发商、产品销售商以及服务提供商，SSE-CMM 给这些组织带来的好处是：

① 减少可重复、可预测过程和实践所带来的重复性劳动。

② 获得公众对其真正的工程实施能力的认可，尤其是在资源选择方面。

③ 关注于提升组织的资质(成熟度)和改进能力。

(2) 采办组织。采办组织包括来自内部/外部资源的采办系统、产品和服务的组织以及最终用户。SSE-CMM 对这些组织带来的好处是：

① 可重复使用的建议语言和评估方法的标准文本。

② 降低选择不合格产品的风险。

③ 减少对基于工业标准的统一评估的异议。

④ 在产品和服务中实现可预测、可重复的可信度。

(3) 评估组织。评估组织包括认证机构、系统认可机构、产品评估机构、产品估价机构。SSE-CMM 给这些组织带来的好处是：

① 过程评估结果的可重复性，系统或产品改进的独立性。

② 在安全工程以及与其他学科集成中获得信任度。

③ 基于对能力的信任，可以减少安全评估的工作量。

3.2 SSE-CMM 体系结构

3.2.1 基本概念

1. 安全工程的定义

SSE-CMM 认为安全工程是一个不断发展的学科领域，当前还没有一个准确的、公认的安全工程定义，然而，可以对它进行一些概括性地描述来达到对安全工程的全方位的刻画。

(1) 获取与企业相关的安全风险的理解。

(2) 建立一套与标识出的安全风险相平衡的安全需求集。

(3) 将安全需求转变为安全指导，并将它集成到一个项目的多个方法域的行为中，以及一个系统配置或操作的描述中。

(4) 建立对安全机制的正确性和有效性的信心或信任度。

(5) 判断系统中残存的安全弱点对系统运行的影响是否可以容忍(即风险是否可以接受)。

(6) 集成所有工程学科和专业中的成果，从而形成对一个系统可信任的综合理解。

2. 安全工程组织

安全工程组织是一个笼统的概念，泛指对安全工程活动进行实践的各类组织单位，包括开发商、产品销售商、集成商、购买方(例如采购机构或最终用户)、安全评估机构(例如系统认证、产品测评、使用授权机构等)、系统管理员、可信第三方(例如 CA)、咨询/服务机构等。

3. 安全工程与其他学科

在实施中，安全工程必须始终与很多的其他学科发生联系，如企业计划工程、系统工程、软件工程、人的因素工程、通信工程、硬件工程、测试工程、系统管理等。

4. 安全工程专业领域

安全工程和信息安全是当前安全和商业环境中的推动性学科，其他一些更加传统的安全学科，如物理安全和人身安全也不应被忽视。要想得到更加有效的实施结果，安全工程就必须从这些传统的安全领域以及其他安全相关领域汲取营养。以下是可能需要的安全专业相关领域：

(1) 运行安全：以运行环境的安全以及维护一种安全运行状态为目标。

(2) 信息安全：涉及信息及其在操作和处理过程中的安全。

(3) 网络安全：涉及网络硬件、软件和协议的保护，包括对网络上所传输信息的保护。

(4) 物理安全：重点是对建筑物和物理场所的保护。

(5) 人身安全：与人以及人的可信度和安全意识相关。

(6) 管理安全：涉及安全的管理因素和管理系统的安全。

(7) 通信安全：与安全域之间的信息通信有关，尤其是信息在传输介质上的传输保护。

(8) 辐射安全：处理机器设备产生的可能会将信息泄露到外部的非预期电磁信号。

(9) 计算机安全：涉及各类计算设备的安全。

3.2.2　SSE-CMM 的过程域

与基于时间维的 ISSE 过程不同，SSE-CMM 将通用的安全工程过程分为三个不同的基本单元：风险、工程和信任度。尽管这些单元之间不可能相互独立，但有必要将它们分开考虑，它们体现了这样一种层次关系：首先，风险过程标识出所开发的产品或系统中存在的危险，并对这些危险进行优先级排序；其次，工程过程利用所有工程方法确定并实施针对危险可能导致的问题的解决方案；最后，信任度过程为解决方案建立起信任度，并将这种信任度传达给客户，如图 3-1 所示。

SSE-CMM 的三个基本单元协同工作，共同确保安全工程能够达到安全目标。

1. 风险

安全工程的主要目标之一就是减轻风险，风险评估是识别尚未发生的潜在问题的过程，应通过检查威胁和脆弱性发生的可能性及有害事件发生的潜在影响来进行评估。一般来说，可能性中必然包含不确定的因素，而这个不确定因素又随环境变化而变化，这就意味着可能性只能在某种特定的条件下才能预测，此外，对特定风险影响的评估也是不确定的，因为有害事件可能不会像预测的那样发生。因为这些因素具有很大的不确定性，所以与之相关的准确预测和安全设计及证明都非常困难。

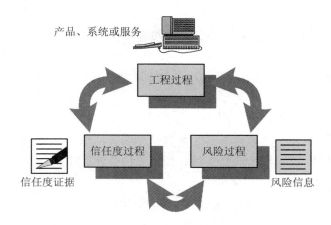

图 3-1　安全工程过程的三个基本单元

　　一个有害事件通常由 3 个部分组成：威胁、脆弱性和负面影响。脆弱性是资源本身的属性，它可以被一种威胁所利用。威胁和脆弱性缺少其中任何一个，就可以避免有害事件，风险也就不存在了。风险管理是处理和控制风险的过程，并为系统建立一个可接受的风险水平，它是安全管理的一个重要组成部分。安全风险包含了威胁、脆弱性和负面影响，如图 3-2 所示，图中 SSE-CMM 的几个过程域(如 PA04、PA05、PA02 等)可以用来分析系统受到的威胁、脆弱性、影响和相关的风险。

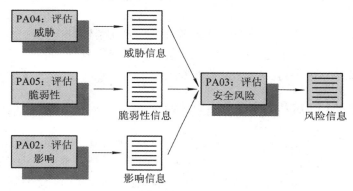

图 3-2　风险过程包含了威胁、脆弱性和影响

　　实施安全措施可以减轻风险，还可以处理威胁、降低脆弱性和减少负面影响，但不可能消除所有的风险或者完全消除某种特定的风险，这是因为消除风险要付出巨大的代价，且不能排除相关的不确定性。因此，系统残留某些风险是不可避免的。在高度不确定的环境中，接受风险会带来诸多的问题，这也使得判断是否接受风险成为一个非常专业的问题。

　　2. 工程

　　虽然 SSE-CMM 没有按照时间顺序阐述安全工程的过程，但仍在"工程"部分中涵盖了工程的各个阶段，这也体现了对 ISSE 的继承。SSE-CMM 认为安全工程跟其他学科一样，都要经历概念、设计、实现、测试、配置、操作、维护和淘汰等过程。在这个过程之中，安全工程师必须和其他的系统工程组密切合作，需要与其他领域的工程师的活动保持协调。

这一过程强调安全工程师是一个大团队中的一员，这样有助于确保将安全整合到一个大过程中，而不是将它变成一个单独的、不相干的活动。SSE-CMM 中与工程相关的过程域如图 3-3 所示。

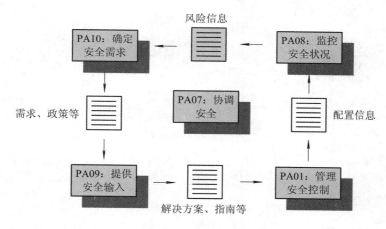

图 3-3　安全是工程过程的集成体

利用安全风险过程信息，以及系统需求、相关法律、政策等信息，安全工程师和客户一起合作确定安全需求。然后，安全工程师便可进一步识别和跟踪特定的安全需求。

为安全问题提供解决方案的过程通常涉及提供并识别所有的备选方案，并对它们进行评估，以确定哪个是最合适的方案。把这个活动与其他工程过程相整合的难度在于，解决方案不能只考虑安全问题，还要考虑许多其他的因素，如成本、性能、技术风险和易用性等，这些决策方案应当将再次出现问题的可能性降低到最低程度，所产生的分析结果也成为信任度工作的重要基础。

在生命周期的后期，安全工程师应当确保产品和系统按已知的风险进行了正确地配置，并保证不让新的风险影响系统的安全运行。

3. 信任度

信任度是指满足安全需求的信心程度，它是安全工程中的一个非常重要的概念。SSE-CMM 中的信任度是众多信任度中的一种，即在安全工程过程中可产生的可重复性信心。这种信心的基点是，成熟的组织比不成熟的组织更有可能产生可重复的工程结果。

当然，信任度并不为控制安全风险添加额外的措施，但已经实现的控制将为减少预期风险提供一定程度的信心。信任度也可以被看作对安全措施的信心，这个信心来源于安全措施的正确性和有效性。正确性保证了安全措施设计得以正确实现，有效性则保证了所提供的安全措施能够充分满足客户的需要。另外，安全机制的强度也会对这种信心起作用，但要受到保护级别和所追求的信任度级别的限制。

信任度通常是以论据的形式进行交流，这种论据包括关于系统属性的一系列声明。这些声明都要有相关证据来支持。一般来说，证据都以在安全工程活动期间所开发的文档形式存在。SSE-CMM 中的信任度过程如图 3-4 所示。

SSE-CMM 活动的本身就涉及了产生信任度的相关实例。例如，过程文档就能够说明开发遵循了一个定义良好、成熟、不断改进的工程过程。安全认证和确认在建立产品或系统的可信度上发挥着重要的作用。

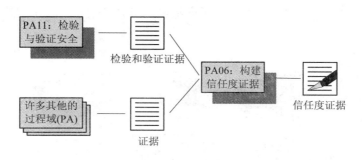

图 3-4   信任度过程

此外，在过程域中还有许多典型的工作范例可成为证据或证据的一部分。现代统计过程控制表明，只要注重生产产品所采用的过程，则能够以较好的成本效益比重复地生产出高质量、高信任度的产品。

3.2.3   SSE-CMM 的结构描述

SSE-CMM 的体系结构是为了便于确定一个安全工程组织在整个安全工程中的过程成熟度而设计的。这个体系结构的目标是为了清晰地从管理和制度化特征中分离出安全工程的基本特征。为了确保这种分离，SSE-CMM 模型设计成具有两个维数，分别称为"域"和"能力"。

需要指出的是，SSE-CMM 并不要求组织中的项目组或成员必须实施模型中所规定的全部过程，也不要求使用最新和最好的安全工程技术和方法，但是，SSE-CMM 要求：所有的组织一定要有一个包含模型所描述的基本安全实施过程，当然，组织具有以任何方式产生满足其业务目标的过程和组织结构。

1. 基本模型

SSE-CMM 包括"域"和"能力"两个维数。其中域维包含了共同定义安全工程的实施活动，这些实施在 SSE-CMM 模型中称为"基本实践"(BP，Base Practice)组件。能力维表示的实践代表了组织对过程的管理和制度化能力，称为"通用实践"(GP，Generic Practice)。通用实践是基本实践过程中必须要完成的活动。

图 3-5 描述了基本实践与通用实践之间的关系。图中显示某安全工程组织正在实施"识别系统安全脆弱性"的活动，这是一个基本实践过程，在 SSE-CMM 中的编号为 05.02。那么，在判断该组织实施该活动的能力时，需要察看组织是否为这一活动分配了资源，通用实践列表 2.1.1 "分配资源"对此作出了要求，或者说，成熟的组织应当通过一个专门的过程为他们所从事的活动分配资源，从而确保该活动有效进行。

于是，通过把基本实践和通用实践放在两个维上综合考察，便可以检验一个组织执行某项特定活动能力的方法。当一个组织被询问到："你们的组织是否为识别系统的安全脆弱性分配了资源"，如果回答是肯定的，提问者便可得知该组织识别系统安全脆弱性的能力。在回答了所有交叉点的问题后，便可掌握该组织的总体安全工程能力。

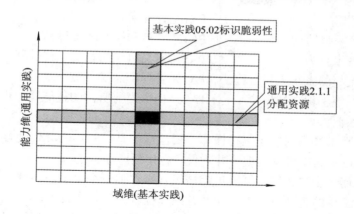

图 3-5 基本实践与通用实践之间的关系

2. 基本实践与过程域

SSE-CMM 包含了 61 个基本实践，归类成 11 种覆盖安全工程主要领域的过程域(PA，Process Area)。这些基本实践来源于大量的文献资料、实践经验和专家知识，它们都代表了最佳的经过检验的安全工程团体的实践。

确定这些基本实践的内容是很复杂的一项工作。由于许多本质上相同的实践活动有着不同的名字，而且这些实践活动在系统生命周期中的出现阶段、抽象水平、执行角色各不相同。如果一个组织仅仅在设计阶段或者在一个单一的抽象水平上执行，则不能看作该组织获得了一个基本实践。因此，SSE-CMM 避开了这些差异，所确定的基本实践都是本质上良好的、重要的安全工程的实践。

基本实践具有如下特性：① 在企业的生命周期内应用；② 不与其他的基本实践相重叠；③ 代表了安全团体的"最佳实践"；④ 不只是简单地反映最新技术；⑤ 可适用于多种业务环境并以多种方法运行；⑥ 不规定一种特定的方法或工具。

过程域具有如下特性：① 汇集了一个域中的相关活动，便于使用；② 与有价值的安全工程服务相关；③ 在企业的整个生命周期内应用；④ 能够在多个组织和产品范围内实现；⑤ 能够作为一个独立的过程加以改进；⑥ 能够被有类似兴趣的工程组改进；⑦ 包括了为达到过程域目标所需的所有基本实践。

将 61 个基本实践划分为 11 个过程域的方法很多。一种方法就是将真实世界模型化，创建能匹配实际安全工程服务的过程域。还有其他的一些方法，例如努力识别出形成基本安全工程架构的概念域等。SSE-CMM 综合这些方法的优势构成了现行的 11 种过程域。

以下列出 SSE-CMM 的 11 种过程域，它们侧重于安全工程：

PA01 管理安全控制　　　PA02 评估影响　　　　PA03 评估安全风险
PA04 评估威胁　　　　　PA05 评估脆弱性　　　PA06 构建信任度证据
PA07 协调安全　　　　　PA08 监控安全状况　　PA09 提供安全输入
PA10 确定安全需求　　　PA11 检验与验证安全

除上述的过程域外，SSE-CMM 还包括了侧重于工程项目和组织实践的其他 11 类过程域(PA12-PA22)，它们来自系统工程能力成熟度模型(SE-CMM)。这些过程域并不与安全工程直接相关，但它们会对安全工程造成影响，因此也常常会受到安全工程组织的青睐。

PA12 保证质量   PA13 管理配置
PA14 管理项目风险   PA15 监控和控制技术行为
PA16 规划技术行为   PA17 定义组织的系统工程过程
PA18 改进组织的系统工程过程   PA19 管理产品线升级
PA20 管理系统工程支持环境   PA21 提供当前所需的技能和知识
PA22 与提供商协调

基本实践着眼于基本的安全工程操作。要注意的是，SSE-CMM 没有规定一种特定的过程或顺序，即以上这些过程的编号并不代表特定的顺序。

可以采用任何一个单一过程域或过程域组合来评估一个组织。将这些过程域放在一起是为了覆盖安全工程的全部基本实践，并且在过程域之间存在许多内在的联系。

图 3-6 给出了过程域的一般格式。其中，概述是对该过程域的简短概括。每个过程域都有一组目标，它们代表了一个成功执行过程域的组织所期望的结果。每个过程域包含一系列的基本实践。各过程域中的基本实践是该过程域中的强制性项目，即一旦选择了该过程域，则其中的基本实践必须成功实现，只有这样才能完成该过程域的目标。在过程域概述之后，详细介绍了其中的每个基本实践。

图 3-7 描述了域维中过程域与基本实践的关系。

```
PA01：过程域名(动词-名词格式)

  概述：该过程域的概括介绍
  目标：实现该过程域所期望结果的列表
  基本实践列表：每个基本实践的编号和名字的列表
  过程域说明：关于该过程域的任何其他说明

BP01.01：基本实践名
  描述名：该基本实践的描述名
  描述：对该基本实践的概括
  工作结果示例：列出一些可能输出的实例表
  说明：关于该基本实践的任何其他说明
BP01.02：…
```

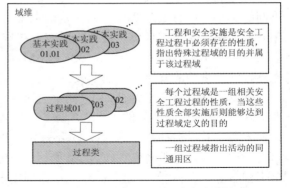

图 3-6　过程域的一般格式　　　　图 3-7　域维中过程域与基本实践的关系

3. 通用实践与能力级别

通用实践是应用于所有过程域中的活动，它们强调过程的管理、度量和制度化。通常，使用通用实践来评估一个组织执行一个过程的能力。

如同基本实践被归类成 11 种过程域一样，通用实践也被归类成 12 个称为"公共特征"(CF，Common Feature)的逻辑域。这 12 个公共特征被分为 5 个能力级别，代表了不断增长的安全工程能力。但它与域维中的基本实践不同的是，能力维中的通用实践是依据成熟度来排序的，因此，具有较高过程能力的通用实践处于能力维的顶部。

公共特征用来描述一个组织执行工作过程的特征风格的变化。每个公共特征包含了一个或多个通用实践。最底层的公共特征执行了 1.1 基本实践，它只用来检查一个组织是否在一个过程域中执行了所有的基本实践。其余的公共特征包含了一些通用实践，这些通用实践有助于从整体上确定一个工程是如何有效地管理和改进每个过程域。

表 3-1 给出了过程能力描述结构，其中公共特征表示为获得某级别的成熟度而需要满

足的安全工程属性。需要注意的是，只有满足某能力级别里的所有公共特征，才能达到该能力级别。

表 3-1　过程能力描述结构

能力级别(Level)	公共特征(Common Feature)	通用实践(Generic Practice)
Level 1：非正式执行过程	CF 1.1：执行基本实施	GP 1.1.1：执行过程
Level 2：计划和跟踪过程	CF 2.1：计划执行	GP 2.1.1：分配资源
		GP 2.1.2：指派责任
		GP 2.1.3：描述过程
		GP 2.1.4：提供工具
		GP 2.1.5：确保培训
		GP 2.1.6：计划过程
	CF 2.2：训练执行	GP 2.2.1：使用计划、标准和程序
		GP 2.2.2：执行配置管理
	CF 2.3：检验执行	GP 2.3.1：检验过程顺应性
		GP 2.3.2：审核工作产品
	CF 2.4：跟踪执行	GP 2.4.1：跟踪与测量
		GP 2.4.2：采取校正行为
Level 3：良好定义过程	CF 3.1：定义一个标准过程	GP 3.1.1：过程标准化
		GP 3.1.2：裁减标准过程
	CF 3.2：执行所定义的过程	GP 3.2.1：使用一个良好定义的过程
		GP 3.2.2：执行缺陷评价
		GP 3.2.3：使用良好定义的数据
	CF 3.3：协调安全实践	GP 3.3.1：执行组内协调
		GP 3.3.2：执行组间协调
		GP 3.3.3：执行外部协调
Level 4：量化控制过程	CF 4.1：建立可测量的质量目标	GP 4.1.1：建立质量目标
	CF 4.2：客观管理执行	GP 4.2.1：确定过程能力
		GP 4.2.2：使用过程能力
Level 5：持续改进过程	CF 5.1：改进组织能力	GP 5.1.1：建立过程有效性目标
		GP 5.1.2：持续改进标准过程
	CF 5.2：改进过程有效性	GP 5.2.1：执行因果分析
		GP 5.2.2：消除缺陷原因
		GP 5.2.3：持续改进所定义的过程

通用实践适用于所有的过程。在过程评估中，通用实践根据共同特征和能力级别来分组，用于确定任何过程的能力。

图 3-8 给出了能力级别的一般格式。其中，概述是对该能力级别的简短概括。每个级别用一组公共特征来标识，每个公共特征则通过一组确定的通用实践来描述。

图 3-9 描述了能力维中公共特征与通用实践的关系。

```
能力级别1：能力级别名称
    概述：该能力级别的概括介绍
    公共特征列表：每个公共特征的编号和名称列表
    公共特征1.1：公共特征名称
        概述：该公共特征的概括介绍
        通用实践列表：每个通用实践的编号和名称列表
        GP1.1.1：通用实践名称
            描述：该通用实践的概括介绍
            说明：关于该通用实践的其他说明
            关联：与模型其他部分(如某些过程域)的关系
        GP1.1.2：……
```

图 3-8　能力级别的一般格式

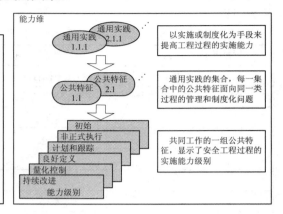

图 3-9　能力维中公共特征与通用实践的关系

SSE-CMM 并未规定执行通用实践的必备条件。通常，一个组织可以自由地选择任何方法或顺序来计划、跟踪、定义、控制和完善他们的过程。但是，由于有一些高级别的通用实践依赖于低级别的通用实践，因此，一个组织应当在达到高级别之前执行低级别的通用实践。

4．能力级别

有很多方法可以将实践根据公共特征进行分类，也有很多方法将公共特征划分到多个能力级别中。在分析 SSE-CMM 能力级别前，有必要深入探讨 SSE-CMM 的公共特征。

公共特征的排序来源于对一些已经存在的过程的实现和制度化的观察。对于一些定义良好的过程，这一点尤其正确。在一个组织能够定义、制作和使用一个过程之前，个别项目应该已经具备一些管理这个过程能力的经验。例如，一个组织首先应该对一个项目进行评价，然后才能为整个组织的评价过程进行规范。当然，在有些方面，过程的实施和制度化应该放在一起考虑以提高工程能力时，可以不考虑前后次序。

在评估和改进一个组织的过程能力的过程中，公共特征和能力级别都是很重要的。对于在一个特定的能力级别上为一个特定的过程实现部分公共特征而非全部的组织，这个组织通常是在最低层的已经完成的能力级别上操作那个过程。例如，如果一个组织为一些过程域执行了能力级别 2 上除个别通用实践外的所有实践，则应当将该组织评定为能力级别 1。如果一个公共特征不属于一个低能力级别上的所有公共特征，则一个组织可能不会获得实现该公共特征的全部好处。一个评估机构在评估一个组织的个别过程时应该考虑这个因素。

当一个组织希望通过 SSE-CMM 改进其过程能力时，该组织可以依次执行各级别中的通用实践行为，这相当于 SSE-CMM 为组织提供了一个"能力改进路线图"。因此，SSE-CMM 的通用实践应当按照公共特征进行归类，并按级别进行排序。

执行评估的目的是确定每个过程域的能力级别，这表明不同的过程域能够且可能存在于不同的能力级别上。因此，组织也可以使用这些过程的特定信息作为一种改进其过程的手段，组织改进过程活动的顺序和优先级应当考虑它的商业目标，商业目标是 SSE-CMM 的主要推动力。但是，必须有一个根本的活动顺序和基本原理推动着改进工作的逻辑顺序。

这个活动顺序表现在 SSE-CMM 能力级别的公共特征和通用实践上。

表 3-1 已经给出了 SSE-CMM 包含的五个能力级别，以下进行简要说明。

(1) Level 1：非正式执行过程。

该级别关注一个组织或工程是否执行了包含基本实践的过程，即"你必须先做它，然后再管理它"。

(2) Level 2：计划和跟踪过程。

该级别强调一个项目级的定义、计划和执行问题，即"在定义组织范围内的过程之前应当理解项目的相关事项"。

(3) Level 3：良好定义过程。

该级别着重从组织级上所定义的过程提取学科技术，即"使用从项目中所学到的最好东西来创建组织范围内的过程"。

(4) Level 4：量化控制过程。

该级别重点在于与组织的商业目标相联系的度量方法。尽管一个组织可能很早就开始了采集和使用基本项目测量，但是在达到较高等级之前，并不主张去测量和使用数据，即"在知道它是什么之前你不能测量它""只有测量了正确的东西，你的管理和测量才有意义"。

(5) Level 5：持续改进过程。

该级别将从此前各级的所有管理活动中获得最大的收益，并强调组织的文化，以保持所取得的成果，即"一个不断改进的文化需要一个坚实的管理实践、定义的过程和可衡量的目标作为基础"。

3.3　SSE–CMM 应用

3.3.1　模型使用

SSE-CMM 包含的各项工程实践(基本实践和通用实践)涵盖了很广泛的安全内容，适用于所有以某种形式实践安全工程的组织，而不管生命周期、范围、环境或者专业。通常，SSE-CMM 可用于以下三种场合：

(1) 过程改进：使从事安全工程的组织能够了解他们的安全工程过程等级，设计所要改进的安全工程过程，改进他们的安全工程过程能力。

(2) 能力评估：使消费者能够了解产品、系统或者服务提供商组织的安全工程过程能力。

(3) 信任度评价：通过证据来说明已经使用了成熟的过程，以此来增加对一个产品、系统或服务可信度的信心。

为了理解 SSE-CMM 的模型使用，可以按以下步骤来考察一个组织如何对 SSE-CMM 中的过程域进行测量：

(1) 根据组织业务或任务的内容，从 11 个安全工程类的过程域(PA01～PA11)、11 个项目与组织实践类的行为过程域(PA12～PA22)中选择一个合适的过程域。

(2) 对于所选择的过程域，考察其摘要描述、目标和基本实践。

(3) 询问组织中是否有人正在执行每一个基本实践，当然，没必要亲自参加所有的基本实践，也不要求把过程做得很好，只要有人完成即可。

(4) 察看该过程域的目标是否得到了满足，如果所有的基本实践都被执行了，则该过程域的目标已达到。

(5) 如果过程域的目标已达到，则可以在公共特征 1.1"执行基本实施"列上作标记(即"执行基本实施"的目的已达到，在所选择的 PA 上已具备第一级能力)。

(6) 考察公共特征 2.1"计划执行"中的描述和所包含的通用实践。

(7) 对照公共特征 2.1"计划执行"中的通用实践，询问组织是否计划执行所选择的过程域。

(8) 如果步骤(7)得到的回复是肯定的，则在公共特征 2.1"计划执行"列上作标记。

(9) 对于其他的每个公共特征，重复步骤(6)～(8)。这样，对该组织执行所选择的过程域的能力就有了一个清楚的了解。

(10) 对于其他的每个过程域，重复步骤(2)～(9)。这样，最终可得出组织的安全工程的能力。

如图 3-10 所示，一种可能的针对 11 个安全工程类的过程域(PA01～PA11)，对应 12 个公共特征的测量结果示例。

通用实践 ● 能力维		公共特征	PA01—管理安全控制	PA02—评估影响	PA03—评估安全风险	PA04—评估威胁	PA05—评估脆弱性	PA06—构建信任度证据	PA07—协调安全	PA08—监控安全状况	PA09—提供安全输入	PA10—确定安全需求	PA11—检验与验证安全
	Level 5	CF5.2 改进过程有效性											
		CF5.1 改进组织能力											
	Level 4	CF4.2 客观管理执行											
		CF4.1 建立可测量的质量目标								○			
	Level 3	CF3.3 协调安全实践	○							○			
		CF3.2 执行所定义的过程	○							○			○
		CF3.1 定义一个标准过程	○					○					○
	Level 2	CF2.4 跟踪执行	○	○				○	○	○			
		CF2.3 检验执行	○	○				○	○	○			
		CF2.2 训练执行	○	○			○	○					○
		CF2.1 计划执行	○	○				○	○			○	○
	Level 1	CF1.1 执行基本实施	○	○	○			○	○	○	○	○	○
			安全工程过程域											
			基本实践 ● 域维											

图 3-10　一种可能的过程域与能力级别对应的测量结果

上述步骤描述了 SSE-CMM 的简单使用方法。一般来说，由独立评估者和多个评估参与者作出的评估结论会更加全面和正确。经过上述步骤之后，对应于图 3-10，从域维和能力维模型中便可能得到图 3-11 中的结果，图中每个过程域可确定能力级别为 0 至 5。

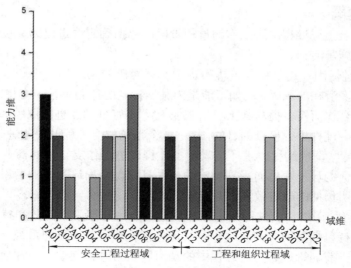

图 3-11　确定过程能力

3.3.2　过程改进

SSE-CMM 可用于组织的安全工程过程改进，它推荐 IDEAL 方法——初始化 (Initiating)、诊断(Diagnosing)、建立(Establishing)、执行(Acting)和学习(Learning)。该方法由卡内基·梅隆大学的软件工程研究所开发，目的是周期性地评估系统的安全状态，不断改进组织的安全工程过程。

IDEAL 方法描述如下：

(1) 初始化：为安全工程过程的成功改进奠定基础。

(2) 诊断：判断当前的工程过程能力状况。

(3) 建立：为实现目标建立详细的行动计划。

(4) 执行：根据计划展开行动。

(5) 学习：吸取经验，改进过程能力。

在上述五个阶段中，各阶段又包含若干不同的活动。所有这些活动构成了完整的、符合生命周期概念的过程改进方法，如图 3-12 所示。

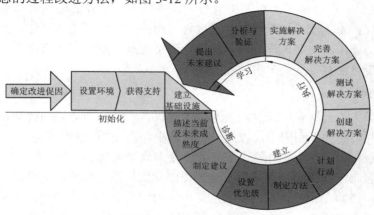

图 3-12　IDEAL 方法模型

1. 初始化阶段

这是一个安全工程过程改进工作的最初阶段，包括确定改进促因、设置环境、获得支持和建立基础设施等活动。

(1) 确定改进促因。这是任何过程改进中必须经历的第一步。推动一个组织去理解和改进其过程有很多潜在的原因，比如可能是为某一特定的计划执行一个特定的过程(如要与涉密项目承包商合作而需要提高其工程实施能力)。不管推动改进的原因如何，应当从安全角度来理解对现有过程进行检查的目的，这是一个系统安全工程过程改进工作成功的关键。

(2) 设置环境。设置过程改进环境表明了过程改进工作支持现有商业战略和特殊商业目标的努力是如何因环境变化而受到影响的，并且明确给出这种影响后果。作为一种努力的结果，应当证明预期的改进效果，并暗示其他的主动性和当前工作。

(3) 获得支持。在成功的过程改进工作的整个生命周期内，有效和持续的支持是非常重要的。这种支持包括赞助者的财政资源，还包括管理层对项目的重视。在缺乏管理支持时，可以主动对当前的管理、努力过程中的动力和阻力进行周期性的评估，从而提供加强改进的证据和支持过程改进所获得的预期效益，这在很大程度上有助于获得支持。

(4) 建立基础设施。在工作建议、业务目标、关键支持问题解决之后，还必须建立工程改进的实现机制，即必须有基础设施，特别是项目管理基础设施的支撑。例如至少要选择一个对 SSE-CMM 和该组织都很熟悉的人来管理项目，必须将资源和特权赋予项目管理组，以执行过程改进任务，这是整个改进过程中的关键。

2. 诊断阶段

为了执行过程开发和改进活动，有必要了解一个组织工程过程成熟度的当前及未来期望的状态，这为后续的工作规划提供了重要的信息，包括描述当前及未来成熟度和制定建议等过程。

(1) 描述当前及未来成熟度。在某种程度上说，这个步骤是初始化阶段改进促因阶段的一个扩展。推动过程改进工作的商业动力可以理解为改进一个组织的过程质量能够带来很大的利益。改进工作必须建立在深刻理解实际所采用的过程以及这些过程的当前状态与期望状态的差异的基础上，这样组织能更好地标识近期与长期的改进目标、所需要的努力程度以及达到目标的可能性。

(2) 制定建议。在分析了组织的当前与未来成熟度的差异之后，可以形成如何改进该组织过程的建议。为了使建议能够对开发过程中所涉及的组织进行评估，不仅要对组织本身进行深入的了解，还要对过程改进方法进行透彻理解。这一点非常重要，因为如何进行改进的管理决策通常直接反映改进过程的建议。

3. 建立阶段

该阶段基于工作目标和诊断阶段所形成的建议，开发一个详细的行动计划，这个计划要充分考虑各种限制和不利因素，以及与特定输出和责任相关的优先级。

(1) 设置优先级。由于时间限制、可用资源、政策及其他一些因素，不可能同时实现所有的目标，因此，组织必须为过程改进工作建立优先级，显然，优先级会对过程施加重要的直接影响。例如，若在诊断阶段确定了组织的配置管理域比较弱，并且它是客户感兴趣的一个域，那么选择将资源集中于该域应该比改进员工的培训有更高的优先级。

(2) 制定方法。经过进一步的调查和分析之后，组织可能会发现其初始化阶段的很多认识需要调整。"制定方法"需要将重新定义的目标和建议映射到完成所期望目标的策略上。这些策略包括特定的资源(技术的和非技术的)标识和它们的输入，例如特定的技巧和背景条件。当然，也必须考虑那些不与改进工作直接相关的但可能影响到改进实现的因素。

(3) 计划行动。将所有的数据、方法、建议和优先级都整合到一个详细的行动计划中，该计划除了包含责任分配、可用资源、特定任务、所使用的追踪工具、工作进度和完成时间之外，还应包括针对任何可能发生问题的应急计划和替代策略等。

4. 执行阶段

与其他阶段相比，执行阶段不论从资源上还是在时间上都要付出最大程度的努力。执行阶段包括创建解决方案、测试解决方案、完善解决方案和实施解决方案等步骤。

(1) 创建解决方案。每一个改进步骤和解决方案都是在可用信息、实际资源、前期工作的基础上建立的。解决方案是一个技术工作组"最好设想"的工作成果，反映出对组织的工作能力，以及相互影响的有关问题等因素的全部理解，涉及工具、过程、知识、技能等因素。在创建解决方案时，要仔细考察组织结构、组织业务、任务分配、安全工程工作产品等背景信息，并回答如下一些问题：

- 在组织中是如何实施安全工程的？
- 用哪种生命周期模型作为过程的框架来使用？
- 组织结构是如何支持项目的？
- 如何处理支持功能(例如由项目处理还是由组织处理)？
- 组织中的管理者、实施者是如何发挥作用的？
- 待改进的过程对于组织的成功有多大的重要性？

(2) 测试解决方案。通常，解决方案的第一次尝试是很少成功的。因此，所有的解决方案在应用于一个组织之前必须经过测试。测试的方法依赖于问题的性质、组织的资源等因素，测试过程中可能要将所提议的改进介绍给组织中的多个小组，并确认假设。

(3) 完善解决方案。经过测试之后，解决方案可能需要进一步优化完善，以改正所发现的问题，并补充合理的新内容。这是一个权衡和取舍的过程，由于时间和资源的限制，不可能提出十分完美的解决方案，即优秀的可能不实用。

(4) 实施解决方案。一旦完善后的解决方案被接受，并且时间和资源得到保证，解决方案便可以被正式实施。实施可能发生在由组织的各种目标所决定的方法中。

5. 学习阶段

学习阶段既是一次过程改进工作的终结，又是下一个过程改进工作的初始阶段。这个阶段与贯穿于整个过程的记录细节和参与提出建议的能力一样富有建设性。

(1) 分析与验证。与此前建立的目标相比较，检验过程改进的效果，确定过程改进工作是否成功。有时还要对过程改进的效率进行评价，并判断是否需要进一步改进该过程。最后，收集、总结和证明所学习的内容。

(2) 提出未来建议。分析与验证的重要目的之一，就要根据对改进工作的分析，将所学习的内容转换成完善下一步改进工作的行动建议。这些行动建议将为其他改进工作提供宝贵的资料和经验。

3.3.3　能力评估

SSE-CMM 是为了广泛地支持各种改进活动而构建的，包括自我管理评估，或由组织内部和外部专家进行的内部评估。虽然主要是用于内部过程改进，但 SSE-CMM 还可用于评价一个潜在的厂家执行安全工程过程的能力。对于能力评估，推荐使用 SSE-CMM 模型。

1. SSE-CMM 评估说明

SSE-CMM 是伴随着对安全的理解而发展的，即安全通常是在系统工程环境中进行实践的，安全系统工程服务提供商可能作为单独的行为来执行安全工程，并且与系统工程、软件工程或其他工程工作相协调的活动来实施。对于 SSE-CMM 评估有以下要求：

(1) 当系统工程能力评估之后，SSE-CMM 评估可侧重于该组织内部的安全工程过程。

(2) 与系统工程能力评估相关联，SSE-CMM 评估可以与 SE-CMM 有机地结合。

(3) 当系统工程能力评估被独立执行时，SSE-CMM 的评估应当超越安全来检查组织中的有关项目和组织基础是否对安全工程过程提供支持。

2. SSE-CMM 评估方法

SSE-CMM 并不要求使用任何特殊的评估方法。然而，SSE-CMM 要求其评估方法能够最大限度地发挥模型的效用。SSE-CMM 专门设计了一个评估方法(SSAM，SSE-CMM Appraisal Method)文档用于指导评估，并给出了评估方法的基本前提，以提供如何将模型用于工程过程能力评估的环境信息。

为了更好地发挥 SSAM 在支持 SSE-CMM 能力评估方面的应用，SSE-CMM 应用组提出了许多方法，例如要求提供工程过程的能力证据等。

3. SSAM 的概述

SSAM 是一种组织级或项目级的评估方法。SSAM 可以被裁剪，以满足组织或项目的具体需要。它采用了多种数据收集方法，以获得待评估组织或项目的过程实施的能力信息。数据的收集由以下几个方面组成：

(1) 直接反映模型内容的调查问卷。

(2) 与关键人员的一系列有组织或随机的座谈。

(3) 审阅所产生的安全工程数据。

SSAM 评估的参与者分为以下三类：发起者组织、评估者组织和被评估者组织。

(1) 发起者组织：评估过程的发起者，其职责是定义评估的范围和目的，从被评估的组织中选择合适的项目，并且恰当地运用 SSE-CMM 来达到自己的目标。发起者组织可以为评估者组织提供资金，以保证评估的顺利进行。

(2) 评估者组织：他们执行实际的评估过程。在大多数情况下，评估者组织辅助发起者组织来选择合适的项目，并适当运用 SSE-CMM 来达到自己的目标。要注意的是，在整个评估过程中，执行评估的人员必须客观地对待被评估组织。

(3) 被评估者组织：被评估的实体可能是一个较大组织中的一个单位，也可能是整个组织。关于被评估者组织，通常是由发起者公布的评估需求来决定的，或者由评估竞标组织来决定，主要取决于该组织及其组成方式。

为了保证达到评估的目的，每一类参加者都是很重要的，他们都必须具有相应的资格，并符合职责要求。另外，一个组织中的个人可能会在评估中具有多种身份。

通常，SSAM 的评估类型分为两类：一类是用于资质考核或获准的评估，另一类是用于自我改进的评估。

(1) 资质考核或获准评估：其目标是使第三方评估更加方便，但同时也包含了解释自我评估方法的一些指南。根据评估发起者的需求不同，评估的目标会有很大的不同，这些目标会影响到被评估项目的选择和在评估工作产品上所表现的信息。

(2) 自我改进评估：其目标是为一个组织提供有关自我实践安全工程能力方面的有价值的参考。当然要把握好评估过程对被评估组织带来的干扰，讲究成本、效率和评估范围的选择，例如，如果一个评估的最基本的目标是为了改进组织提供信任度的能力，而不是为了总体过程的改进，则评估工作可以在证据的质量和完整性上下功夫，而没有必要评估所有的资源。

SSAM 评估涉及计划、准备、现场和报告等阶段。如表 3-2 所示。

表 3-2　SSAM 评估阶段过程

阶段	描　　述
计划	为引导评估建立一个框架，并为现场评估做好后勤准备工作
准备	为现场工作筹备工作小组，并通过调查问卷进行最初的数据(尤其是支持证据)采集和分析
现场	研究前期数据分析的结果，并为评估人员提供参与数据收集和确认过程的机会
报告	评估组对以上 3 阶段的所有数据进行最终分析，并将意见提交给评估发起者

SSAM 的每个阶段都包含多个步骤。在下一个阶段开始之前，前一个阶段的所有步骤都必须完成。图 3-13 显示了 SSAM 的 4 个阶段和每个阶段的基本步骤。

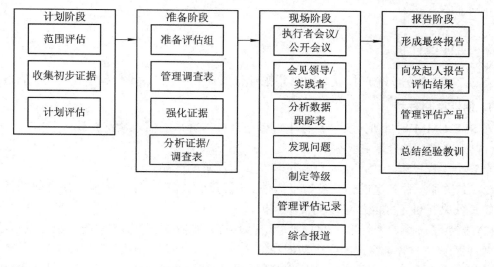

图 3-13　SSAM 评估方法的阶段

3.3.1 节中的图 3-11 显示了评估结果。每个过程域定义了 5 个能力级别，用简单的柱状统计图来表示。一个评估的实际结果包含了这个摘要和详细结论中每个域的有效细节。

4. 确定评估环境

评估工作首先就是要确定安全工程的实施环境。安全工程能够在任何一种工程环境中实践，特别是系统工程、软件工程和通信工程。SSE-CMM 的目标是适用于所有的环境。确定评估环境的主要目的是：

(1) 哪些过程域适用于该组织？

(2) 应该怎样解释过程域(例如开发环境与运行环境的比较)？

(3) 评估小组包括哪些人？

值得注意的是，SSE-CMM 并不只适用于独立的安全工程机构，它的目的是将注意力集中在一个组织中负责执行安全工程实践的人群，只要涉及安全工程的实施，SSE-CMM 便可涵盖。

5. 考虑基本实践和通用实践

评估一个组织的安全工程过程能力时，首先要判断该组织是否已实施了基本的安全工程过程(全部基本实践)，然后按照通用实践，考察这些基本实践如何得到了优秀的管理和制度化。通过考察基本实践和通用实践，便可知道该组织的过程能力，这有助于组织去改进安全工程过程中的不足。

一般地，评估应该包含对违反通用实践的每个过程域进行评价。一个基本实践应当看作对一个主题的基础性引导，相关的通用实践则涉及该项目的基本实践配置。

6. 注意执行序列问题

SSE-CMM 没有规定一种特定的过程或顺序，过程域的各种编号并不代表特定的顺序。或者说，过程域中的许多实践可能会在一个组织的过程执行中被重复多次，从而形成一个项目的生命周期。过程域被看作实践的来源。因此，SSE-CMM 一直强调没有固定的过程序列，即这些实践顺序并非严格规定，这种执行序列应当由组织或项目所选择的生命周期以及其他业务参数来决定。

3.3.4 信任度评价

SSE-CMM 的另一个应用就是可以用来评价或提高组织的系统或产品的安全信任度。

1. 信任度目标

在 SSE-CMM 项目所定义的目标中，以下目标与客户的需求紧密相连：

(1) 提供了一种度量和增强方法。通过这种方法，一个组织能够将客户安全需求转化成一个安全工程过程，生产出充分满足客户安全需求的产品。

(2) 提供了一种备选的信任度保证方法。因为某些客户可能并不需要由全面的评估、认证等工作来提供正式的信任度的安全保护。

(3) 提供了一个参考标准。客户可以获得他们的安全要求能够得到充分满足的信心。

要注意的是，对于客户的安全功能和信任度需求，应当准确地记录和理解，并转化为一种系统的安全和信任度需求。一旦生产出最终产品，客户必须能够看到产品是否反映和满足了他们的要求。SSE-CMM 中明确地包含了达到这些目标的过程。

2. 过程证据

在某些情况下，一个不成熟的组织可能生产出高信任度的产品，而一个非常成熟的组织也有可能生产出低信任度的产品。在安全工程中，不存在任何的承诺，相反，信任是建立在大量的声明和证据之上，这些声明和证据可以证明系统或产品能够充分满足客户的安全要求，即这些证据可以用来证明产品的可信度。

SSE-CMM 意识到，某些类型的证据较其他类型的证据更能反映它们所支持的要求。与其他类型证据相比，过程证据常常作为支撑角色或间接角色，但过程证据可用于广泛的声明之中，因此其重要性不可低估。另外，那些传统的证据与它们所支持的声明之间往往并非如其宣传的那样有说服力。因此，创建一个综合性的论据集是非常关键的，它可以使得人们相信系统或产品是完全可以信赖的。

3.4　SSE-CMM 与 ISSE 的比较

SSE-CMM 与 ISSE 都是信息系统安全保障的方法，它们都是将信息系统安全保障问题作为一个系统工程来考虑，即不是依靠单纯的技术，也不是依靠简单的安全产品的堆砌，而是将有效的管理职能、先进的技术方法和正确的工程操作相结合，达到全方位的信息安全保障的目的。

当然，SSE-CMM 与 ISSE 方法在来源、思路、作用等方面还是存在一定的差异，如表 3-3 所示。

表 3-3　ISSE 与 SSE-CMM 的比较

	ISSE	SSE-CMM
来源	系统工程	能力成熟度模型
思路	以时间维来描述信息安全工程过程	以域维和能力维描述信息安全工程的能力成熟度
作用	在生命周期中对系统的安全风险等问题不断作出审查、验证，并找到折中平衡的风险解决的方案，进而对系统作出调整。	改进安全工程实施的现状，实现提高安全系统、可信任产品、安全工程服务质量和可用性，并降低成本
过程结构	系统工程	风险、工程、信任度
体系结构	贯穿于系统工程的全过程，在特定系统开发的每个阶段都进行集成	组织可以以任何方式创建符合他们业务目标的过程和组织结构
缺陷	缺乏针对信息安全的可信保证要求，不适合反映时间过程不明显的领域	很难判断已定的过程域是否足够，如何添加过程域也未明确

ISSE 提供了开发信息安全系统的系统分析方法及子过程，SSE-CMM 则可以有效地评价这些分析方法和子过程的质量，这是因为 SSE-CMM 为信息安全工程实施的评估提供了框架，有一套完备的标准化评估准则。

ISSE 过程包括一系列与系统工程各个阶段和时间相对应的安全工程功能，它们是安全活动的规划和控制、安全需求的确定、安全设计支持、安全操作分析、生命周期安全支持和安全风险管理。SSE-CMM 将系统工程过程划分为风险过程、工程过程和信任度过程，相互独立又有着有机的联系。风险过程识别出所开发的产品或系统的危险，并对这些危险进行优先级排序。针对危险所面临的安全问题，系统安全工程过程要与其他工程一起来确定和实施解决方案。最后，由信任度过程建立起解决方案的可信性并向用户转达这种安全可信性。各个安全过程都得到相关过程域的支持。与风险有关的过程域为评估威胁、评估脆弱性、评估影响和评估安全风险；与工程有关的过程域为确定安全需求、提供安全输入、管理安全控制、监控安全状况和协调安全；与信任度有关的过程域为验证与验证安全和构建信任度证据。

ISSE 的功能过程与 SSE-CMM 的过程域存在着一定的对应关系，如表 3-4 所示。

表 3-4　ISSE 的功能过程与 SSE-CMM 的过程域的对应关系

ISSE 的功能过程	SSE-CMM 的过程域
安全活动的规划与控制	PA01　管理安全控制
安全需求的确定	PA10　确定安全需求
安全设计支持	PA09　提供安全输入
安全操作分析	PA11　检验与验证安全
	PA06　构建信任度证据
生命周期安全支持	PA07　协调安全
	PA08　监控安全状况
安全风险管理	PA02　评估影响
	PA03　评估安全风险
	PA04　评估威胁
	PA05　评估脆弱性

ISSE 的每一个功能相互协调、互相影响，并反复运用于系统的各个阶段，不同的项目中每一阶段所花的时间和精力不同。而 SSE-CMM 的过程域可以在整个项目的生命周期内应用，并作为一个独立的过程进行改进，其所包含的一系列强制性基本实践代表了安全业界"最好的实施"，在实现时不会受到特定方法和工具的约束。在实际的系统开发过程中，为完成每一个 ISSE 基本功能，可以结合 SSE-CMM 的过程域，执行相关过程域包含的基本实践，这些基本实践为系统功能提供了安全实施活动。

本 章 小 结

系统安全工程能力成熟度模型(SSE-CMM)描述了一个组织的安全工程过程的本质特征，其重要用途在于对信息安全工程能力进行评估，能够将安全和其他工程准则与一个工程组织内的工作组整合起来，是信息安全工程实施的通用评估标准。

SSE-CMM 被设计成安全工程实践的形式，并且以提高安全系统、可信任产品以及安全工程服务的质量和可用性，降低发布成本为目标。

与基于时间维的 ISSE 过程不同，SSE-CMM 将通用的安全工程过程分为三个不同的基本单元：风险、工程和信任度，这三个基本单元协同工作，共同确保安全工程能够达到一定的安全目标。

SSE-CMM 基本模型包括"域"和"能力"两个维数。其中域维包含了所有的共同定义安全工程的实施活动，这些实施在 SSE-CMM 模型中称为基本实践(BP)。能力维表示的实践代表了组织对过程的管理和制度化能力，被称为通用实践(GP)。通用实践是基本实践过程中必须要完成的活动。

SSE-CMM 包含了 61 个基本实践，归类成 11 种覆盖安全工程主要领域的过程域(PA)，而通用实践也被归类成 12 个公共特征(CF)。这 12 个公共特征被分为五个能力级别，代表了不断增长的安全工程能力。

SSE-CMM 包含的各项工程实践涵盖了很广泛的安全内容，适用于所有以某种形式实践安全工程的组织，而不管生命周期、范围、环境或者专业，很适合应用于过程改进、能力评估、信任度评价等场合。

思 考 题

1. SSE-CMM 是什么？使用 SSE-CMM 有什么好处？它适用于哪些场合？
2. SSE-CMM 的过程包含哪些部分，它们之间如何协同工作？
3. 域维中的过程域与基本实践有什么关系？
4. 能力维中的公共特征与通用实践有什么关系？
5. 简单描述应用 SSE-CMM 确定组织的安全工程过程能力的步骤。
6. 描述应用 SSE-CMM 对组织的安全工程过程进行改进的方法。
7. 如何评价一个厂家执行安全工程过程的能力？
8. 怎样提高组织的系统或产品的安全信任度？
9. ISSE 与 SSE-CMM 有什么异同？

第4章

信息安全工程与等级保护

通常，我们对信息系统中的重要资源会重点保护，在实施信息安全工程中也会讲究成本与效率，在安全级别与投资代价之间取得一个相对能够接受的平衡点，这体现了信息系统安全保护的等级性。信息系统安全的等级保护，是对信息和信息载体按照重要性等级分级别进行保护的一种工作，在中国、美国等很多国家都存在的一种信息安全领域的工作。

信息系统安全等级保护是国家在国民经济和社会信息化的发展过程中，提高信息安全保障能力和水平，维护国家安全、社会稳定和公共利益，保障和促进信息化建设健康发展的一项基本制度，也是国内外通行的做法。经过数十年的快速发展，我国已建立并不断完善网络安全等级保护测评制度，为各个领域的信息系统安全保障给予了强而有力的制度保障和执行检查指导，保证了重要信息系统的安全可靠、平稳运转。

本章详细介绍信息安全工程实施所基于的制度——等级保护。4.1节说明等级保护的概念、来源及其核心观念。4.2节从了解信息安全评估准则的国际发展情况出发，着重理解我国网络安全等级保护2.0的制度发展与内容变化。4.3节和4.4节分别介绍等级保护与信息保障各环节的关系以及实行等级保护的意义，旨在突出实施等级保护的必要性。4.5节和4.6节详细说明等级保护的基本原理、方法以及等级划分准则。4.7节给出等级保护工作实施的过程与要求。4.8节描述网络安全等级保护体系的结构和内容。4.9节展示我国有关部门等级保护工作的一些值得借鉴的经验。

学习目标

- 了解等级保护相关准则的国际发展情况，掌握 TCSEC 及 CC 中的安全级别。
- 深刻理解我国网络安全等级保护2.0制度以及相关标准及内容。
- 熟悉信息系统的等级及划分依据。
- 掌握网络安全等级保护工作具体实施的方法、过程及相关技术。
- 了解能借鉴的相关经验，熟悉等级保护体系建设中的相关环节，培养强烈的等级保护意识。

思政元素

了解国家制度、新法律和新标准，引导深入实践，关注现实，厚植爱国主义情怀，培育德法技兼修的高素质人才。

4.1　概　　述

　　信息系统安全等级保护(简称"等保")是指对国家秘密信息、法人和其他组织及公民的专有信息以及公开信息和存储、传输、处理这些信息的信息系统分等级实行安全保护，对信息系统中使用的信息安全产品实行按等级管理，对信息系统中发生的信息安全事件分等级响应、处置。

　　信息系统安全等级保护的核心观念是保护重点、适度安全，即分级别、按需要重点保护重要信息系统，综合平衡安全成本和风险，提高保护成效。信息安全等级保护是国际通行的做法，其思想源头可以追溯到美国的军事保密制度。自 20 世纪 60 年代以来，这一思想不断发展，日益完善。

　　等级保护原本是美军的文件保密制度，即著名的"多级安全"(MLS，Multi-Level Security)体系，即人员授权和文件都分为绝密、机密、秘密和公开 4 个从高到低的安全等级，低安全等级的操作人员不能获取高安全等级的文件。

　　20 世纪 60 年代，正在大力进行信息化的美军发现，使用计算机系统无法实现这一真实世界中的体系，当不同安全等级的数据存放于同一个计算机系统中时，低密级的人员总能找到办法获取高密级的文件。原因在于计算机系统的分时性(Time-Sharing)，因为从计算角度来看，使用多道程序(Multi-Programming)意味着多个作业同时驻留在计算机的内存中，而从存储方面看，各用户的数据都存储在同一个计算机中，因此一个用户的作业有可能会读取其他用户的信息。

　　1970 年，兰德公司 W.威尔(W. Ware)指出，要把真实世界的等级保护体系映射到计算机中，在计算机系统中建立等级保护体系，必须重新设计现有的计算机系统。1973 年，数学家 D.E.Bell 和 L.J.LaPadula 提出第一个形式化的安全模型——Bell-LaPadula 模型(简称 BLP 模型)，从数学上证明在计算机中实现等级保护是可行的。基于 BLP 模型，美国霍尼韦尔(Honeywell)公司开发出了第一个完全符合 BLP 模型的安全信息系统——SCOMP 多级保密系统。实践证明该系统可以建立起符合等级保护要求的工作环境。

　　自此以后，世界各国在信息安全等级保护方面投入了巨大的精力，并对信息安全技术的发展产生了深远的影响。作为信息安全领域的重要内容之一，信息安全工程同样置于等级保护制度的指导之下。等级保护与信息安全的评估，以及建立在此基础上的信息安全测评认证制度密切相关。等级保护首先在信息安全的测评、评估方面得到了快速发展。

4.2　等级保护的发展

4.2.1　信息安全评估准则的发展

1.《可信计算机系统评估准则》TCSEC

TCSEC 是计算机系统安全评估的第一个正式标准，它的制定确立了计算机安全的概念，对其后的信息安全的发展具有划时代的意义。该准则于 1970 年由美国国防科学委员会提出，并于 1985 年 12 月由美国国防部作为国防部标准(DoD5200.28)公布(由于采用了橘色封皮，人们通常称其为"橘皮书")。

TCSEC 将计算机系统的安全划分为 4 个等级、7 个级别，如表 4-1 所示，由低到高分别为 D、C1、C2、B1、B2、B3 和 A1。

表 4-1　TCSEC 的安全级别

类别	级别	名称	主 要 特 征
A	A1	验证设计	按正式的设计规范来分析系统,并有核对技术确保设计规范
B	B3	安全区域	很强的监视委托管理访问能力和抗干扰能力
	B2	结构化保护	可信任运算基础体制、面向安全的体系结构、隐通道约束
	B1	标记安全保护	强制访问控制,具有灵敏度安全标记
C	C2	受控访问控制	单独的可追究性、广泛的审计踪迹,加强了可调的审慎控制
	C1	自主安全保护	基本的自主访问控制,所有文档具有相同的保密性
D	D	低级保护	本地操作系统,或是一个完全没有保护的网络

随着安全等级的升高，系统要提供更多的安全功能，每个高等级的需求都是建立在低等级需求的基础上。在 7 个级别中，B1 级与 B1 级以下的安全测评级别，其安全策略模型是非形式化定义的，从 B2 级开始，则为更加严格的形式化定义，甚至引用形式化验证方法。

TCSEC 最初只是军用标准，后来延至民用领域。第一个通过 A1 级测评的信息系统是 SCOMP，此后有数十个信息系统通过测评。这些系统的开发，使得访问控制、身份鉴别、安全审计、可信路径、可信恢复和客体重用等安全机制的研究取得了巨大进展，结构化、层次化及信息隐藏等先进的软件工程设计理念也得到极大的推动，今天所使用的 Windows、Linux、Oracle 与 DB2 等软件都从中受益。但当时也存在限制 TCSEC 及其测评产品发展的一些因素，例如：

(1) 美国对信息安全产品出口的限制影响了这些产品的市场拓展。

(2) 为了达到高安全目标，这些系统不得不在性能、兼容性和易用性等方面作出牺牲。

(3) TCSEC 自身不够完备，它主要是从主机的需求出发，不针对网络安全要求。

尽管美国此后又推出了包括 TCSEC 面向可信网络解释(TNI，Trusted Network Interpretation)、可信数据库解释 (TDI，Trusted Database Interpretation)等 30 多个补充解释性文件，但仍不能很好地测评网络应用安全软件。此外，该标准偏重于测评安全功能，不重视安全保证。

2. 《信息技术安全评估准则》ITSEC

1990 年，由德国信息安全局(GISA，Germany Information Security Agency)发出号召，由英国、德国、法国和荷兰共同制定了欧洲统一的安全评估标准——《信息技术安全评估准则》(ITSEC，Information Technology Security Evaluation Criteria)，较美国军方制定的 TCSEC，在功能的灵活性和有关评估技术方面均有很大的进步。

ITSEC 是欧洲多国安全评价方法的综合产物，应用于军队、政府和商业等领域。该标准将安全概念分为功能与评估两部分。功能准则从 F1 至 F10 共分 10 级。1～5 级对应于

TCSEC 的 D 到 A。F6 至 F10 级分别对应数据和程序的完整性、系统的可用性、数据通信的完整性、数据通信的保密性以及网络安全的保密性和完整性。

与 TCSEC 不同，ITSEC 并不把保密措施直接与计算机功能相联系，而是只叙述技术安全的要求，把保密作为安全增强功能。另外，TCSEC 把保密作为安全的重点，而 ITSEC 则把完整性、可用性与保密性作为同等重要的因素。ITSEC 定义了从 E0 级(不满足品质)到 E6 级(形式化验证)的 7 个安全等级，对于每个系统，安全功能可分别定义。

在相同的时期，加拿大也制定了《加拿大可信计算机产品评估准则》(CTCPEC，Canadian Trusted Computer Product Evaluation Criteria)第一版，第三版于 1993 年公布，它吸取了 ITSEC 和 TCSEC 的长处。此外，美国政府也进一步发展了对评估标准的研究，于 1991 年公布了《信息技术安全性评价组合联邦准则》(FC)草案 1.0 版，其目的是提供 TCSEC 的升级版本，只是一个过渡标准。FC 的主要贡献是定义了保护框架(PP，Protection Profile)和安全目标(ST，Security Target)，用户负责书写保护框架，以详细说明其系统的保护需求，而产品厂商定义产品的安全目标，阐述产品安全功能及信任度，并与用户的保护框架相对比，以证明该产品满足用户的需要。于是在 FC 的架构下，安全目标成为评价的基础。安全目标必须用具体的语言和有力的证据来说明保护框架中的抽象描述是如何逐条地在所评价的产品中得到满足。

3. 《信息技术安全评价通用准则》CC

1993 年 6 月，美国政府同加拿大及欧共体共同起草单一的通用准则(CC 标准)并将其推到国际标准。制定 CC 标准的目的是建立一个各国都能接受的通用信息安全产品和系统的安全性评估准则。在美国的 TCSEC、欧洲的 ITSEC、加拿大的 CTCPEC、美国的 FC 等信息安全准则的基础上，由 6 个国家 7 方(美国国家安全局和国家技术标准研究所、加、英、法、德、荷)共同提出了《信息技术安全评价通用准则》(Common Criteria for Information Technology Security Evaluation)，它综合了已有的信息安全的准则和标准，形成了一个更全面的框架。

CC 标准是信息技术安全性评估的标准，主要用来评估信息系统、信息产品的安全性。CC 标准的评估分为两个方面：安全功能需求和安全保证需求，这两个方面分别继承了 TCSEC 和 ITSEC 的特征。CC 标准根据安全保证要求的不同，建立了从功能性测试到形式化验证设计和测试的评估体系，分为 EAL1～EAL7 共七个评估等级。

从等级保护的思想上来说，CC 标准比 TCSEC 更认同实现安全渠道的多样性，从而扩充了测评的范围。TCSEC 对各类信息系统规定统一的安全要求，认为必须具备若干功能的系统才算得上某个等级的可信系统，而 CC 标准则承认各类信息系统具有灵活多样的信息安全解决方案，安全产品无需具备很多的功能，只需证明自己确实能够提供某种功能即可。

1996 年 CC 标准 v1.0 出版，v2.0 在 1998 年正式公行。ISO 于 1999 年 12 月接受 CC 标准 v2.1 为国际标准，即第 1 版 ISO/IEC 15408:1999《信息技术　安全技术　信息技术安全性评估准则》，随后在 2005 年 10 月和 2008 年 8 月分别通过 CC 标准的 v2.3 和 v3.1 为国际标准的第 2 版 ISO/IEC 15408:2005 和第 3 版 ISO/IEC 15408:2008。值得注意的是，CC 标准 v3.1 有多个修订发布版。

随着技术的发展，ISO 将网络安全和隐私保护引入评估准则，并于 2022 年 8 月发布 ISO/IEC 15408:2022《信息安全　网络安全　隐私保护　信息技术安全性评估准则》。

　　2001 年，我国对 ISO/IEC 15408:1999 进行了翻译整理，形成了一个等同于 ISO/IEC 15408 的国家标准，即《信息技术　安全技术　信息技术安全性评估准则》(GB/T 18336—2001)。此后，根据 ISO/IEC 15408 的发展情况，于 2008 年在参考第 2 版 ISO/IEC 15408:2005 的基础上，对 GB/T 18336—2001 进行了第 1 次修订，形成了《信息技术　安全技术　信息技术安全性评估准则》(GB/T 18336—2008)，2015 年再次修订形成了《信息技术　安全技术　信息技术安全性评估准则》(GT/T 18336—2015)。目前，中国信息安全测评中心正在参考 ISO/IEC 15408:2022，开展向国家标准 GB/T 18336—202X 的修订转化工作。

　　图 4-1 是信息安全相关评估准则的国际发展情况的概括。

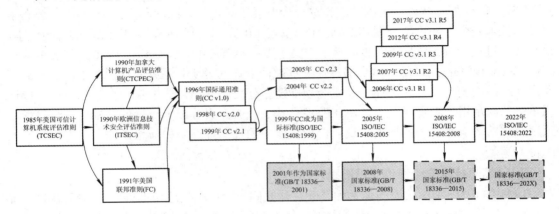

图 4-1　信息安全评估准则的国际发展情况

　　为了推进信息技术产品的安全性评估结果在国际间互认，减少重复检测认证，国际上成立了 CC 互认组织 CCRA(Common Criteria Recognition Arrangement)。截至 2022 年底，CCRA 成员国已发展到 31 个，其中已有 16 个国家的相关政府机构拥有自己的评估认证体系，可进行认证证书的颁发并接受互认(Certificate Authorizing)，而另外的 15 个国家可以接受和认可来自上述国家颁发的认证结果(Certificate Consuming)。根据协议要求，各 CCRA 成员国之间对 CC 的 EAL 等级的评估结果相互承认。我国目前尚未加入该互认协议。

4. 其他准则

　　2003 年 12 月，美国通过了《联邦信息和信息系统安全分类标准》(FIPS 199)，描述了如何确定一个信息系统的安全类别。这里安全类别就是一个等级保护概念，其定义建立在事件的发生对机构产生潜在影响的基础上，分为高、中、低 3 个影响等级，并按照系统所处理、传输和存储的信息的重要性确定系统的级别。为配合 FIPS 199 的实施，美国国家标准技术局(NIST)于 2004 年 6 月分别推出了 Special Publications(SP) 800-60 第一、第二部分：《将信息和信息系统映射到安全类别的指南》及其附件，详细介绍了联邦信息系统中可能运行的所有信息类型，针对每一种信息类型，介绍了如何去选择其影响级别，并给出了推荐采用的级别。

　　信息系统的保护等级确定后，需要有一整套的标准和指南规定如何为其选择相应的安全措施。NIST 的 SP 800-53《联邦信息系统推荐安全控制》是美国联邦信息系统安全的基石，在信息系统的安全控制方面已形成完整体系，为不同级别的系统推荐了不同强度的安全控制集(包括管理、技术和运行类)。SP 800-53 还提出了 3 类安全控制(包括管理、技术和运行),它汇集了美国各方面的控制措施的要求,包括 FISCAM《联邦信息系统控制审计手册》、SP 800-26《信息技术系统安全自评估指南》和 ISO 17799《信息系统安全管理实践准则》等。

SP800 是一系列关于"信息安全的指南"。在 NIST 的标准系列文件中,虽然 SP 并不作为正式法定标准,但在实际工作中,已经成为美国和国际安全界广泛认可的事实标准和权威指南。SP800 系列成了指导美国信息安全管理建设的主要标准和参考资料。无论从思想上、架构上还是行文上,SP 800 系列标准都对我国早期的诸如《信息安全技术—信息系统安全等级保护基本要求》(GB/T 22239—2008)等标准有直接的影响。

总之,在用户的安全需求、安全技术、管理安全及架构安全各方面不断发展和进步的推动下,信息安全相关评估准则不断完善,等级保护思想也不断丰富,等级保护体系迎来了一个新的时代。

4.2.2　中国等级保护的发展

表 4-2 给出了我国开展信息安全等级保护工作的简要历程。

表 4-2　开展信息安全等级保护工作的国家政策和依据(部分)

颁布时间	文件名称	文　号	颁布机构	内容或意义
1994 年 2 月 18 日	《中华人民共和国计算机信息系统安全保护条例》	国务院 147 号令	国务院	第一次提出信息系统要实行等级保护,并确定了等级保护的职责单位,成为等级保护的法律基础
1999 年 9 月 13 日	《计算机信息系统安全保护等级划分准则》	GB 17859—1999	国家质量技术监督局	将我国计算机信息系统安全保护划分为五个等级,这成为等级保护的技术基础和依据
2003 年 9 月 7 日	《国家信息化领导小组关于加强信息安全保障工作的意见》	中办发〔2003〕27 号	中共中央办公厅、国务院办公厅	明确指出"实行信息安全等级保护",并确定了信息安全等级保护制度的基本内容
2004 年 9 月 15 日	《关于信息安全等级保护工作的实施意见》	公通字〔2004〕66 号	公安部、国家保密局、国家密码管理委员会办公室、国务院信息化工作办公室	将等级保护从计算机信息系统安全保护的一项制度提升到国家信息安全保障的一项基本制度
2007 年 6 月 22 日	《信息安全等级保护管理办法》	公通字〔2007〕43 号		明确信息安全等级保护制度的基本内容、流程及工作要求,标志着"信息安全等级保护 1.0(等保1.0)"的正式启动
2009 年 10 月 27 日	《关于开展信息安全等级保护安全建设整改工作的指导意见》	公信安〔2009〕1429 号	公安部	指导各地区、部门在等级保护定级工作基础上,开展已定级系统(除涉国家机密)的安全整改工作
2010 年 3 月 12 日	《关于推动信息安全等级保护测评体系建设和开展等级测评工作的通知》	公信安〔2010〕303 号		结合全国等级保护工作的实际开展情况,对等级测评体系的建设工作提出了明确的要求

续表一

颁布时间	文件名称	文　号	颁布机构	内容或意义
2012 年 12 月 31 日	《信息安全技术 政府部门信息安全管理基本要求》	GB/T 29245—2012	国家质量监督检验检疫总局	规定了政府部门信息安全管理基本要求，保障政府机关各部门各单位信息和信息系统的安全
2014 年 10 月 13 日	《关于加强国家级重要信息系统安全保障工作有关事项的通知》	公信安〔2014〕2182 号	公安部、国家发改委、财政部	要求加强涉及 47 个行业主管部门、276 家单位、500 个国家级重要信息系统的安全监管和保障
2015 年 5 月 15 日	《信息安全技术 统一威胁管理产品技术要求和测试评价方法》	GB/T 31499—2015	国家质量监督检验检疫总局	规定了统一威胁管理产品的功能要求、性能指标、产品自身安全要求和产品保证要求，以及统一威胁管理产品的分级要求，并根据技术要求给出了测试评价方法
2016 年 8 月 29 日	《信息安全技术 政府联网计算机终端安全管理基本要求》	GB/T 32925—2016		中国在终端安全保障领域的重要里程碑，有效地弥补了政府终端安全保障工作中存在的短板
2016 年 11 月 7 日	《网络安全法》	中华人民共和国主席令(第五十三号)	全国人大常委会	规定了国家实行网络安全等级保护制度；对关键信息基础设施，在网络安全等级保护制度的基础上实行重点保护。2017 年 6 月 1 日开始实施，标志着"等保 2.0"的正式启动
2018 年 6 月 27 日	《网络安全等级保护条例(征求意见稿)》		公安部	启动网络安全等级保护条例立法程序
2019 年 5 月 10 日	《信息安全技术 网络安全等级保护基本要求》	GB/T 22239—2019	全国信息安全标准化技术委员会	网络安全等级保护制度 2.0 新标准，2019 年 12 月 1 日开始实施，正式进入"网络安全等级保护 2.0(等保 2.0)"时代，具有里程碑意义
	《信息安全技术 网络安全等级保护测评要求》	GB/T 28448—2019		
	《信息安全技术 网络安全等级保护安全设计技术要求》	GB/T 25070—2019		
2020 年 7 月 22 日	《贯彻落实网络安全等保制度和关键信息基础设施安全保护制度的指导意见》	公网安〔2020〕1960 号	公安部	指导重点行业、部门全面落实网络安全等级保护制度和关键信息基础设施安全保护制度，健全完善国家网络安全综合防控体系

续表二

颁布时间	文件名称	文　号	颁布机构	内容或意义
2021 年 1 月 13 日	《关于开展工业互联网企业网络安全分类分级管理试点工作的通知》	工信厅网安函〔2020〕302 号	工信部	通过试点，加快构建工业互联网企业网络安全分类分级管理制度，形成可复制可推广的工业互联网网络安全分类分级管理模式
2022 年 5 月 11 日	《工业和信息化部办公厅关于开展工业互联网安全深度行动的通知》	工信厅网安函〔2022〕97 号		推动在全国范围内贯彻工业互联网企业网络安全分类分级管理，指导督促企业落实网络安全主体责任，共同提升工业互联网安全保障能力

　　1994 年 2 月 18 日，国务院发布的《中华人民共和国计算机信息系统安全保护条例》(国务院 147 号令)规定，"计算机信息系统实行安全等级保护，安全等级的划分标准和安全等级保护的具体办法，由公安部会同有关部门制定"。这份条例被视为我国实施等级保护的法律基础，标志着我国的信息安全建设开始走上规范化、法制化的道路。

　　1999 年 9 月 13 日，国家质量技术监督局发布了强制性国家标准《计算机信息系统安全保护等级划分准则》(GB 17859—1999)，将我国计算机信息系统安全保护划分为 5 个等级。这是我国等级保护的技术基础和依据，它参照 TCSEC，取消了 D 级和 A1 级，保留 5 个定级，保留 TCSEC 的全部安全功能点，并增加了少量有关数据完整性和网络信息传输的要求。与 TCSEC 一样，GB 17859 用于对计算机信息系统安全保护技术能力等级的划分，安全保护能力随着安全保护等级的增高逐渐增强，构成金字塔结构，低等级要求是高等级要求的真子集。

　　如上节所述，2001 年我国引入 CC 2.0 的 ISO/IEC 15408，并作为国家标准，即《信息技术安全性评估准则》(GB/T 18336—2001)。已经有一些测评中心使用该标准测评信息系统。此外，一批参照国外安全管理标准制定的标准相继出台。

　　2003 年 9 月 7 日，中央办公厅、国务院办公厅转发的《国家信息化领导小组关于加强信息安全保障工作的意见》(中办发〔2003〕27 号)明确指出"实行信息安全等级保护""要重点保护基础信息网络和关系国家安全、经济命脉、社会稳定等方面的重要信息系统，抓紧建立信息安全等级保护制度，制定信息安全等级保护的管理办法和技术指南"。

　　2004 年 9 月 15 日，公安部、国家保密局、国家密码管理委员会办公室、国务院信息化工作办公室联合下发了《关于信息安全等级保护工作的实施意见》(公通字〔2004〕66 号)，明确了实施等级保护的基本做法。

　　2007 年 6 月 22 日，上述四单位联合正式发布《信息安全等级保护管理办法》(公通字〔2007〕43 号)，规范了信息安全等级保护的管理，标志着"信息安全等级保护 1.0(等保 1.0)"的正式启动。同年 7 月 20 日，四单位在北京联合召开"全国重要信息系统安全等级保护定级工作电视电话会议"，开始部署在全国范围内开展重要信息系统安全等级保护定级工作，中国信息安全等级保护建设进入一个新阶段。作为一个标志性的国标，2008 年 9 月 1 日《信息安全技术　信息系统安全等级保护基本要求》(GB/T 22239—2008)的发布为信息安全等级测评提供了具体的标尺，是等级保护的一个路标。该标准以信息安全的 5 个属性为基本内容，从实现信息安全的 5 个层面，按照信息安全 5 个等级的不同要求，分别对安全信息系统的构建过程、测评过程和运行过程进行控制和管理，实现对不同信息类别按不同要求进行分等级安全保护的总体目标。GB/T 22239 结构清晰，要点清楚，可操作性强，为标准的实施打下了良好基础。这也表明，中国的等级保护思想已经从信息产品的安全性和可信度测评转向信息系统的安全保护能力测评，这是一个包含物理环境、安全技术、安全管理和人员安全等各个方面的全面、综合、动态的测评。与 GB/T 22239 配套国家标准还有《信息安全技术　信息系统安全等级保护定级指南》(GB/T 22240—2008)、《信息安全技术　信息系统等级保护安全设计技术要求》(GB/T 25070—2010)、《信息安全技术　信息系统安全等级保护测评要求》(GB/T 28448—2012)等。经过多年的发展，中国的等级保护相关标准体系已蔚为大观。

2009 年 10 月 27 日，公安部发出了《关于开展信息安全等级保护安全建设整改工作的指导意见》的函件(公信安〔2009〕1429 号)，进一步贯彻落实了国家信息安全等级保护制度，指导各地区、各部门在信息安全等级保护定级工作基础上，开展已定级信息系统(不包括涉及国家秘密信息系统)安全建设整改工作。

2010 年 3 月 12 日，公安部出台了《关于推动信息安全等级保护测评体系建设和开展等级测评工作的通知》(公信安〔2010〕303 号)，要求 2010 年底前完成测评体系建设，并完成 30%第三级(含)以上信息系统的测评工作，2011 年底前完成第三级(含)以上信息系统的测评工作，2012 年底之前完成第三级(含)以上信息系统的安全建设整改工作。

2012 年 12 月 31 日，国家质量监督检验检疫总局发布《信息安全技术　政府部门信息安全管理基本要求》(GB/T 29245—2012)，从适用范围、信息安全组织管理、日常信息安全管理、信息安全防护管理、信息安全应急管理、信息安全教育培训、信息安全检查等 7 个方面规定了政府部门信息安全管理的基本要求。它用于指导各级政府部门的信息安全管理工作以及信息安全检查工作，保障政府机关各部门各单位信息和信息系统的安全。

2014 年 10 月 13 日，公安部、国家发改委、财政部联合颁布《关于加强国家级重要信息系统安全保障工作有关事项的通知》(公信安〔2014〕2182 号)，要求加强涉及能源、金融、电信、交通、广电、海关、税务、人力资源社会保障、教育、卫生计生等 47 个行业主管部门、276 家信息系统运营使用单位、500 个涉及国计民生的国家级重要信息系统的安全监管和保障。

2015 年和 2016 年，国家质量监督检验检疫总局分别发布《信息安全技术　统一威胁管理产品技术要求和测试评价方法》(GB/T 31499—2015)和《信息安全技术　政府联网计算机终端安全管理基本要求》(GB/T 32925—2016)。前者规定了统一威胁管理产品的功能要求、性能指标、产品自身安全要求和产品保证要求，以及统一威胁管理产品的分级要求，并根据技术要求给出了测试评价方法；后者创新性地定义了计算机终端安全的概念，并将政府计算机终端安全列为信息安全的一个重要方面，成为我国在终端安全保障领域的重要里程碑，有效地弥补了政府终端安全保障工作中存在的短板。

2017 年 6 月 1 日，正式实施的《网络安全法》将网络安全等级保护制度上升到法律层面，标志着等级保护 2.0 的正式启动。其中，第二十一条规定，国家实行网络安全等级保护制度；第三十一条规定，国家对公共通信和信息服务、能源、交通、水利、金融、公共服务、电子政务等重要行业和领域，以及其他一旦遭到破坏、丧失功能或者数据泄露，可能严重危害国家安全、国计民生、公共利益的关键信息基础设施，在网络安全等级保护制度的基础上，实行重点保护。

2018 年 6 月 27 日，公安部发布《网络安全等级保护条例(征求意见稿)》，启动了网络安全等级保护条例立法程序。作为《网络安全法》的重要配套法规，该条例对网络安全等级保护的适用范围、各监管部门的职责、网络运营者的安全保护义务以及网络安全等级保护建设提出了更加具体、操作性也更强的要求，为开展等级保护工作提供了重要的法律支撑。

2019 年 5 月 13 日，国家市场监督管理总局、国家标准化管理委员会召开新闻发布会，与"等保 2.0"相关的《信息安全技术　网络安全等级保护基本要求》(GB/T 22239—2019)、《信息安全技术　网络安全等级保护测评要求》(GB/T 28448—2019)、《信息安全技术　网络安全等级保护安全设计技术要求》(GB/T 25070—2019)、《信息安全技术　网络安全等级保护实施指南》(GB/T 25058—2019)等国家标准已于 2019 年 5 月 10 日正式发布，并于 2019 年 12 月 1 日开始实施。中国正式进入"网络安全等级保护 2.0(等保 2.0)"时代，具有里程碑意义。

2020 年 7 月 22 日，公安部印送《贯彻落实网络安全等保制度和关键信息基础设施安全保护制度的指导意见》函(公网安〔2020〕1960 号)，为深入贯彻落实网络安全等级保护制度和关键信息基础设施安全保护制度，健全完善国家网络安全综合防控体系，有效防范网络安全威胁，有力处置网络安全事件，严厉打击危害网络安全的违法犯罪活动，切实保障国家网络安全，制定了具体的指导意见。

2021 年 1 月 13 日，工信部发布《关于开展工业互联网企业网络安全分类分级管理试点工作的通知》(工信厅网安函〔2020〕302 号)指出，在首批进行试点工作的 15 个省市地区，开展工业互联网企业网络安全分类分级管理试点工作，旨在通过试点，进一步完善工业互联网企业网络安全分类分级规则标准、定级流程以及工业互联网安全系列防护规范的科学性、有效性和可操作性，加快构建工业互联网企业网络安全分类分级管理制度；进一步落实试点企业网络安全主体责任，形成可复制可推广的工业互联网网络安全分类分级管理模式。

2022 年 5 月 11 日，工信部发布《工业和信息化部办公厅关于开展工业互联网安全深度行活动的通知》(工信厅网安函〔2022〕97 号)，旨在深入宣传贯彻工业互联网安全相关政策标准，健全自主定级、定级核查、安全防护、风险评估等工作机制，推动在全国范围内深入实施工业互联网企业网络安全分类分级管理，指导督促企业落实网络安全主体责任，共同提升工业互联网安全保障能力。

目前，我国计算机信息系统安全等级保护建设工作已全面深入展开，得到了长足的发展，等级保护制度已确立，进入网络安全等级保护 2.0 时代。在立足本国国情，引进 CC 方法学，与国际先进标准接轨的过程中，中国正在加强理论研究，吸收 TCSEC、ITSEC 等方法学，大胆创新，走适合于中国国情的道路。

网络安全等级保护 2.0 的由来如图 4-2 所示。

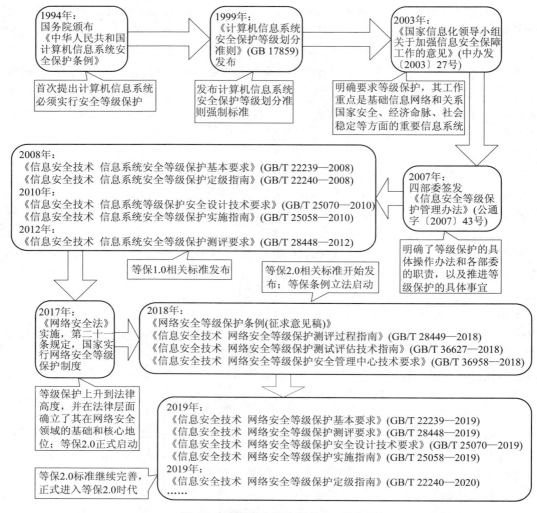

图 4-2　网络安全等级保护 2.0 的由来

4.2.3　网络安全等级保护 2.0

　　信息安全等级保护 1.0，指的是 2007 年的《信息安全等级保护管理办法》和 2008 年的《信息安全技术　信息系统安全等级保护基本要求》《信息安全技术　信息系统安全保护等级定级指南》等。

　　2017 年 6 月 1 日起施行的《网络安全法》规定，等级保护是我国信息安全保障的基本制度。《网络安全法》第二十一条规定，国家实行网络安全等级保护制度。网络运营者应当按照网络安全等级保护制度的要求，履行下列全保护义务：保障网络免受干扰、破坏或者未经授权的访问，防止网络数据泄露或者被窃取、篡改。

　　网络安全等级保护 2.0，指的是 2019 年从原来的标准《信息安全技术　信息系统安全等级保护基本要求》改为《信息安全技术　网络安全等级保护基本要求》开始，陆续对基本要求、测评要求、测评过程指南、安全设计要求、实施指南、定级指南等标准进行修订和完善，以满足新形势下等级保护工作的需要。

与信息安全等级保护 1.0 相比，网络安全等级保护 2.0 主要有以下变化。

1. 名称的变化

等保 2.0 将原来的标准名称《信息安全技术　信息系统安全等级保护×××》改为《信息安全技术　网络安全等级保护××××》，与《网络安全法》提出的"网络安全等级保护制度"保持一致。另外，在各标准的正文中，将等级保护目标的描述由"信息系统"调整为"等级保护对象"或"定级对象"。

2. 定级对象的变化

等保 1.0 的定级对象是信息系统，等保 2.0 的定级对象更为广泛，包括信息系统(包含基础信息网络、云计算平台/系统、大数据应用/平台/资源、物联网、工业控制系统以及采用移动互联技术的系统等泛行业类系统)、通信网络设施，以及可独立定级的数据资源，如图 4-3 所示。

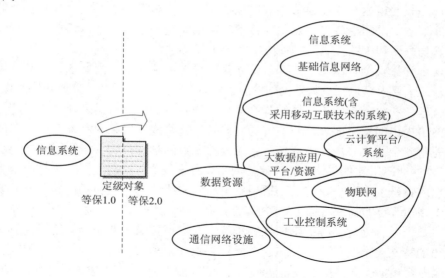

图 4-3　等级保护定级对象的变化

对于电信网、广播电视传输网等通信网络设施，宜根据安全责任主体、服务类型或服务地域等因素将其划分为不同的定级对象。另外，当安全责任主体相同时，大数据、大数据平台/系统宜作为一个整体对象定级；而当责任主体不同时，大数据应独立定级。

3. 安全基本要求的变化

等级保护的安全基本要求，由等保 1.0 中的直接针对各个级别的安全要求，改变为等保 2.0 中的"安全通用要求"和"安全扩展要求"两个部分，如图 4-4 所示。

安全通用要求针对共性化保护需求提出，等级保护对象无论以何种形式出现，必须根据安全保护等级实现相应级别的安全通用要求。安全通用要求针对安全物理环境、安全通信网络、安全区域边界、安全计算环境、安全管理中心、安全管理制度、安全管理机构、安全管理人员、安全建设管理和安全运维管理 10 个控制措施分类提出了安全控制要求。

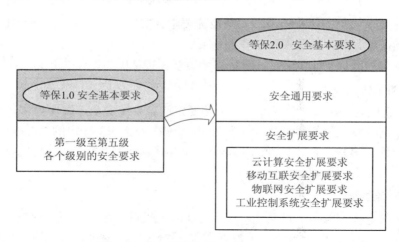

图 4-4   等级保护安全基本要求的变化

安全扩展要求针对个性化保护需求提出，需要根据安全保护等级和使用的特定技术或特定的应用场景实现安全扩展要求。等级保护对象的安全保护需要同时落实安全通用要求和安全扩展要求提出的措施。《信息安全技术　网络安全等级保护基本要求》针对含云计算、移动互联、物联网和工业控制系统提出了安全扩展要求。

其中，云计算安全扩展要求是针对云计算平台提出的安全通用要求之外额外需要实现的安全要求。主要内容包括"基础设施的位置""虚拟化安全保护""镜像和快照保护""云计算环境管理"和"云服务商选择"等；移动互联安全扩展要求是针对移动终端、移动应用和无线网络提出的安全要求，与安全通用要求一起构成针对采用移动互联技术的等级保护对象的完整安全要求，主要内容包括"无线接入点的物理位置""移动终端管控""移动应用管控""移动应用软件采购"和"移动应用软件开发"等；物联网安全扩展要求是针对感知层提出的特殊安全要求，与安全通用要求一起构成针对物联网的完整安全要求，主要内容包括"感知节点的物理防护""感知节点设备安全""网关节点设备安全""感知节点的管理"和"数据融合处理"等；工业控制系统安全扩展要求主要是针对现场控制层和现场设备层提出的特殊安全要求，它们与安全通用要求一起构成针对工业控制系统的完整安全要求，主要内容包括"室外控制设备防护""工业控制系统网络架构安全""拨号使用控制""无线使用控制"和"控制设备安全"等。

4. 控制措施分类结构的变化

等保 2.0 依旧保留技术和管理两个维度，在分类数量上与等保 1.0 保持一致，仍为 10 个分类，但描述上有所变化，它们的对应关系如图 4-5 所示。

各级技术要求修订为"安全物理环境""安全通信网络""安全区域边界""安全计算环境"和"安全管理中心"。其中"安全管理中心"是从二级以上开始增加的要求，主要是针对整个系统提出的安全管理方面的技术控制要求，通过技术手段实现集中管理，涉及"系统管理、审计管理"和"安全管理"等控制点要求。

各级管理要求修订为"安全管理制度""安全管理机构""人员安全管理""安全建设管理"和"安全运维管理"。

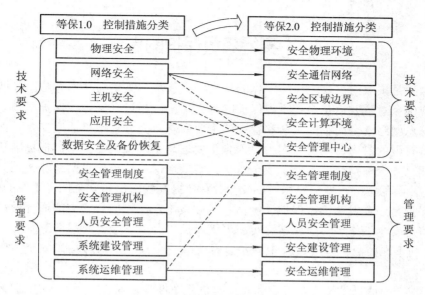

图 4-5　等级保护控制措施分类结构的变化

　　我国等保 2.0 将进一步提升关键信息基础设施安全。根据谁主管谁负责、谁运营谁负责、谁使用谁负责的原则，网络运营者成为等级保护的责任主体，如何快速高效地通过等级保护测评成为企业开展业务前必须思考的问题。

　　等保 2.0 的发布，是对除传统信息系统之外的新型网络系统安全防护能力提升的有效补充，是贯彻落实《网络安全法》、实现国家网络安全战略目标的基础。

4.3 等级保护与信息保障各环节的关系

　　等级保护，以及风险评估、应急处理和灾难恢复是信息安全保障的主要环节，对等于 PDRR 安全模型中的保护、检测、响应和恢复等要素。各环节前后连接、融为一体。

　　等级保护是以制度的方式确定保护对象的重要程度和要求，风险评估是检测评估是否达到保护要求的量度工具，应急处理是将剩余风险因突发事件引起的损失降低到可接受程度的对应手段，而灾难恢复是针对发生灾难性破坏时所采取的由备份进行恢复的措施。它们都是为使一个确定的保护对象的资产少受或不受损失所进行的各个保障环节，缺一不可，必须从总体进行统一部署和保障。

　　等级保护应根据信息系统的综合价值和综合能力保证的要求不同以及安全性破坏造成的损失大小来确定其相应的保护等级。等级保护并不是信息安全保障的唯一环节。等级保护、风险评估、应急处理和灾难恢复在信息安全保障的风险管理中一个都不能少，它们对确保信息安全都有至关重要的意义。科学合理地确定安全保护等级是实施全程的风险管理的需求和目标，而其他环节是为信息系统提供有效的风险管理手段。

　　等级保护不仅是对信息安全产品或系统的检测、评估以及定级，更重要的是，等级保护是围绕信息安全保障全过程的一项基础性的管理制度，是一项基础性和制度性的工作，它贯穿于信息安全保障各环节工作的全过程，而不是一个具体的措施。

4.4 实行等级保护的意义

　　等级保护是国家信息安全保障工作的基本制度、基本策略与基本方法。开展等级保护工作是实现国家对重要信息系统重点保护的重大措施。通过开展等级保护工作，可以有效解决我国信息网络安全面临的威胁和存在的主要问题，充分体现"适度安全、保护重点"的目的，将有限的财力、物力、人力投入到重要信息系统安全保护中，按标准建设安全保护措施，建立安全保护制度，落实安全责任，有效地保护基础信息网络和关系国家安全、经济命脉、社会稳定的重要信息系统的安全，有效提高我国信息安全保障工作的整体水平。

　　等级保护是当今发达国家保护关键信息基础设施，保障信息安全的通行做法，也是我国多年来信息安全工作经验的总结。实施等级保护，有以下重要的意义：

　　(1) 有利于在信息化建设过程中同步建设信息安全设施，保障信息安全与信息化建设相协调。

　　(2) 有利于为信息系统安全建设和管理提供系统性、针对性、可行性的指导和服务。

　　(3) 有利于优化信息安全资源的配置，对信息系统分级实施保护，重点保障基础信息网络和关系国家安全、经济命脉、社会稳定等方面的重要信息系统的安全。

　　(4) 有利于明确国家、法人和其他组织、公民的信息安全责任，加强信息安全管理。

　　(5) 有利于推动信息安全产业的发展，逐步探索出一条适应社会主义市场经济发展的信息安全模式。

4.5 等级保护的基本原理和方法

4.5.1 等级保护的基本原理

　　等级保护的基本原理是：根据等级保护对象所承载的业务应用的不同安全需求，采用不同的安全保护等级，对不同的等级保护对象或同一等级保护对象中的不同安全域进行不同程度的安全保护，以实现对等级保护对象及其所存储、传输和处理的数据信息的安全保护，达到确保重点、照顾一般、适度保护、合理共享的目标。

4.5.2 等级保护的基本方法

　　等级保护对象的安全防护一般按照分区域分等级安全保护、内部与边界保护、网络安全保护、主机安全保护和应用安全保护等层次性进行防护措施设计并开展工作。

1. 分区域分等级安全保护

　　对于一个庞大而复杂的等级保护对象，其所存储、传输和处理的数据信息会有不同的安全保护需求，因而不能采用单一等级的安全保护机制实现全系统的安全保护，应分区域分等级进行安全保护。分区域分等级保护体现了等级保护的核心思想。

　　分区域分等级安全保护的基本思想是：对于等级保护对象中具有不同安全保护需求的

信息，在对其实现按照保护要求相对集中地进行存储、传输和处理的基础上，通过划分保护区域，实现不同区域不同等级的安全保护。这些安全区域并存于一个等级保护对象之中，可以相互独立，也可以相互嵌套(较高等级的安全域嵌套于较低等级的安全域中)。每一个安全域是一个相对独立的运行和使用环境，同时又是等级保护对象的不可缺少的组成部分。安全域之间按照确定的规则实现互操作和信息交换。图 4-6 和图 4-7 分别给出了安全域之间相互嵌套关系的两种极端情况的表示。

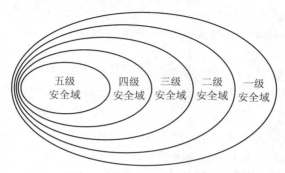

图 4-6　五级完全嵌套的安全域关系

图 4-6 是具有全嵌套关系安全域的极端情况。这只是一种理论上的表示，实际系统可能只有一层嵌套或两层嵌套，或者几个嵌套并存。比如在我国，因为当前安全技术发展的水平限制，还不能满足信息化发展需要的实际情况，在这样的条件下，对四级和五级安全域可采用与较低级安全域安全隔离的措施，以弥补技术措施的不足。

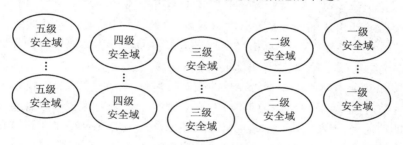

图 4-7　五级全不嵌套的完全并列的安全域关系

图 4-7 是具有全并列关系安全域的极端情况，是各个级别安全域不具有任何嵌套关系的示意图。实际系统可能只有其中的部分安全域。

在一个具体的等级保护对象中，实际情况可能千变万化，可能只有并列安全域，也可能只有嵌套安全域，或者既有嵌套安全域也有并列安全域。

2. 内部与边界保护

边界是一个十分宽泛的概念。

首先，每一个等级保护对象都有一个外部边界(也称为大边界)，其边界防护就是对经过该边界进/出该等级保护对象的信息进行控制。如果把我国国内的所有公共网络上运行的信息处理系统看成是一个庞大的信息系统，其边界就是对国外的网络连接接口。为了国家的利益，需要在这些边界上进行信息安全的控制，遵照我国有关法律和政策、法规的规定，允许某些信息的进/出，阻止某些信息的进/出。这种网络世界虚拟边界的控制与现实社会中海关的进/出口控制基本思想是完全一样的。

其次，在等级保护对象内部，每一个安全域都有一个需要进行保护的边界(也称为小边界)。其边界防护就是对经过该边界进/出该安全域的信息进行控制。按照所确定的安全需求，允许某些信息进/出该安全域，阻止某些信息进/出该安全域。

按照层层防护的思想，等级保护对象的安全包括内部安全和边界防护。边界防护又分为外部边界(大边界)防护和内部边界(小边界)防护。大/小边界通过必要的安全隔离和控制措施对连接部位进行安全防护。由于采用了必要的安全隔离和控制措施，这种边界可以认为是安全的。

内部保护和边界防护体现层层防护的思想。无论是整个等级保护对象还是其中的安全域，都可以从内部保护和边界防护两方面来考虑其安全保护问题。尽管许多安全机制既适用于内部保护也适用于边界防护，但由于内部和边界之间的相对关系，对于整个等级保护对象来讲是内部保护的机制，对于一个安全域来讲可能就是边界防护，例如：

(1) 典型的边界防护可采用防火墙、信息过滤、信息交换控制等。它们既可以用于等级保护对象的最外部边界防护，也可以用于等级保护对象内部各个安全域的边界防护。

(2) 入侵检测、病毒防杀既可以用于边界防护也可以用于内部保护。

(3) 身份鉴别、访问控制、安全审计、数据存储保护、数据传输保护等是内部保护常用的安全机制，也可用作对用户和信息进/出边界的安全控制。

3. 网络安全保护

网络安全保护是等级保护对象安全保护的重要组成部分。

在由多个服务器组成的安全局域计算环境和多个终端计算机连接组成的安全用户环境中，实现服务器之间连接/终端计算机之间连接的网络通常是称为局域网的计算机网络。这些局域网担负着服务器之间/端计算机之间数据交换的任务，其安全性对于确保相应的安全局域计算环境和安全用户环境达到所要求的安全性目标具有十分重要的作用。可以说，一个安全局域计算环境是由组成该计算环境的安全服务器及实现这些服务器连接的安全局域网共同组成的，而一个安全用户环境是由组成该用户环境的安全终端计算机及实现这些终端计算机连接的安全局域网共同组成的。按照安全域的安全一致性原理，由相同安全等级的服务器组成的安全局域计算环境需要相应安全等级的局域网实现连接，由相同安全等级的终端计算机组成的安全用户环境需要相应安全等级的局域网实现连接。

对于一个由多个安全局域计算环境和多个安全用户环境组成的安全系统，实现安全局域计算环境之间、安全局域计算环境与安全用户环境之间连接的网络通常是称为广域网的计算机网络。这些广域网担负着安全局域计算环境之间及安全局域计算环境与安全用户环境之间数据交换的任务，其安全性对于确保相应安全系统达到所要求的安全性目标具有十分重要的作用。因此，一个安全的等级保护对象由组成该等级保护对象的各个安全局域计算环境和安全用户环境及实现这些安全局域计算环境和安全用户环境连接的安全广域网共同组成。

一个等级保护对象可能会由多个不同安全等级的安全局域计算环境和安全用户环境组成，于是，实现其连接的广域网就需要提供不同的安全性支持。这种对同一网络环境的不同安全要求通常采用构建虚拟网络的形式来实现。

在具体的控制措施上，网络安全保护是针对网络设备、网络业务信息流等保护目标，制定并实施可靠的网络安全保护策略，例如：

(1) 物理安全策略，其目的是保护等级保护对象的计算机系统、网络服务器、打印机等硬件系统和通信系统免受自然灾害、人为破坏等各种破坏活动的攻击。

(2) 访问控制，是网络防范和保护的主要策略，其任务是保证网络资源不被非法使用和非法访问。它是保护网络资源安全的重要手段之一。

(3) 防火墙，是借助硬件和软件的作用，在保护等级保护对象内部和外部网络的环境间产生一种保护的屏障，阻断外部网络的入侵。

(4) 信息加密，其目的在于确保等级保护对象中的信息在整个通信的过程中不被截取或窃听，保证信息传输的安全。

(5) 网络安全管理策略，通过加强网络的安全管理，制定健全的有关规章制度，是网络安全、可靠运行的重要保证。

4. 主机安全保护

主机安全保护是指保证等级保护对象中的主机进行数据存储和处理的保密性、完整性、可用性，它包括硬件、固件和系统软件的自身安全，以及一系列附加的安全技术和安全管理措施，从而建立一个完整的主机安全保护环境。

从理论上讲，一旦主机连接到网络，它就面临着来自网络的安全威胁，例如非授权访问、信息泄露或丢失、破坏数据完整性、拒绝服务攻击和后门程序等。因此，主机安全防护的需求是显而易见的。主机安全主要研究 Windows、Linux、Micros 等系统的安全问题，需要研究如何保障电脑和服务器的安全。

主机网络安全是以被保护主机为中心构建的安全体系，它考虑的元素有 IP 地址、端口号、协议，甚至 MAC 地址等网络特性和用户资源权限，以及访问时间等操作系统特性。另外，考虑到网络传输过程中的安全性，主机网络安全系统还包括与用户和相邻服务器之间的安全传输，以及为防止身份欺骗的认证服务。主要涉及以下几个方面：

(1) 系统安全，依赖于防火墙、入侵检测系统和操作系统本身固有的安全特性。

(2) 文件安全，是指主机中的文件数据仅允许被授权的用户访问和处理，不能被非法访问和修改，文件具有保密性、完整性及可用性等属性。

(3) 网络安全，要求在主机的网络接口上有相应安全等级的保护措施，如防火墙、入侵检测系统、认证等。

5. 应用安全保护

应用安全保护的目标是从应用系统建设的全生命周期入手，通过安全需求、安全设计、安全开发、安全测试以及应用系统上线后的安全加固，尽量减少应用系统安全和风险暴露面，从而实现应用系统安全、稳定、可靠地运行。

应在安全事件发生前发现入侵企图或在安全事件发生后进行审计追踪。应用安全保护包括对于应用系统本身的防护、用户接口安全防护和对于数据间接口的安全防护。

4.5.3 关于安全域

安全域是从安全的角度对信息系统进行的划分。按照信息安全等级保护关于保护重点的基本思想，需要根据信息系统中信息和服务的不同安全需求，将信息系统进一步划分为安全域。安全域的基本特征是具有明确的边界。

安全域的划分可以是物理的，也可以是逻辑的，从而安全域的边界也可以是物理的或是逻辑的。一个复杂信息系统，根据其安全保护要求的不同，可以划分为多个不同的安全域。安全域是信息系统中实施相同安全保护策略的单元，域内不同的实体可以重新组合成子域或交叉域。一个网络系统的安全域划分示例如图 4-8 所示。

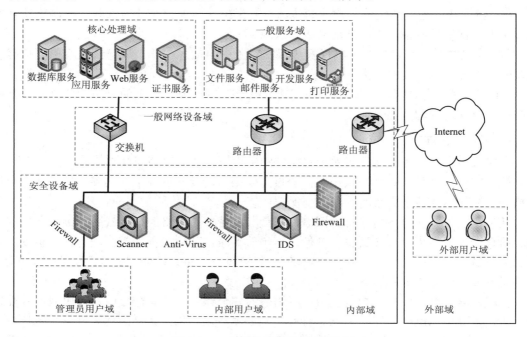

图 4-8 一个网络系统的安全域划分

安全域的划分以业务应用为基本依据，以数据信息保护为中心。一个业务信息系统/子系统如果具有相同的安全保护要求，则可以将其划分为一个安全域；如果具有不同的安全保护要求，则可以将其划分为多个安全域。例如，一个数据集中存储的事务处理系统中，往往集中存储和处理数据的中心主机/服务器具有比终端计算机更高的安全保护要求。这时，可以根据需要将这个系统划分为两个或多个进行不同安全保护的安全域。

根据以上安全域的概念和划分方法，一个信息系统可以是单一安全域(通常是小型的、简单的信息系统)，也可以是多安全域(通常是大型的、复杂的信息系统)。

本章以安全域为基础来描述等级保护对象的分等级安全保护。在实施等级保护的定级对象系统中，安全域可以映射为整个等级保护对象(整个等级保护对象是一个安全域)，也可以映射为等级保护对象的子系统(多个子系统构成多个安全域)。

4.6 计算机信息系统安全保护等级的划分

《计算机信息系统安全保护等级划分准则》(GB 17859—1999)规定了计算机信息系统安全保护能力的 5 个等级，即用户自主保护级、系统审计保护级、安全标记保护级、结构化保护级、访问验证保护级。计算机信息系统安全保护能力随着安全保护等级的提高而增强。

第一级：用户自主保护级（自主保护级）。

安全保护等级为一级的信息系统，一般是运行在单一计算机环境或网络平台上的信息系统，需要依照国家相关的管理规定和技术标准，自主进行适当的安全控制，重点防止来自外部的攻击。技术方面的安全控制重点保护系统和信息的完整性、可用性不受破坏，同时为用户提供基本的自主信息保护能力；管理方面的安全控制包括从人员、法规、机构、制度、规程等方面采用基本的管理措施，确保技术的安全控制达到预期的目标。

按照 GB 17859 中 4.1 的要求，从组成信息系统安全的五个方面对信息系统进行安全控制，既要保护系统的安全性，又要保护信息的安全性，采用"身份鉴别""自主访问控制"及"数据完整性"等安全技术，提供每一个用户具有对自身所创建的数据信息进行安全控制的能力。首先，用户自己应能以各种方式访问这些数据信息。其次，用户应有权将这些数据信息的访问权转让给别的用户，并阻止非授权的用户访问数据信息。

在系统安全方面，要求提供基本的系统安全运行保证，以提供必要的系统服务。在信息安全方面，重点是保护数据信息和系统信息的完整性不被破坏，同时为用户提供基本的自主信息保护能力。在安全性保证方面，要求安全机制具有基本的自身安全保护，以及安全功能的设计、实现及管理方面的基本功能。在安全管理方面，应进行基本的安全管理，建立必要的规章和制度，做到分工明确，责任落实，确保系统所设置的各种安全功能发挥其应有的作用。

根据公信安〔2009〕1429 号文件，第一级信息系统经过安全建设后，应具有抵御一般性攻击、防范常见计算机病毒和恶意代码危害的能力；系统遭到损害后，具有恢复系统主要功能的能力。

第二级：系统审计保护级（指导保护级）。

安全保护等级为二级的信息系统，一般是运行于计算机网络平台上的信息系统，需要在信息安全监管职能部门指导下，依照国家相关的管理规定和技术标准进行一定的安全保护，重点防止来自外部的攻击。技术方面的安全控制包括采用一定的信息安全技术，对信息系统的运行进行一定的控制，对信息系统中所存储、传输和处理的信息进行一定的安全控制，以保证系统和信息的保密性、完整性和可用性；管理方面的安全控制包括从人员、法规、机构、制度、规程等方面采取一定的管理措施，确保技术的安全控制达到预期的目标。

按照 GB 17859 中 4.2 的要求，从五个方面对信息系统进行安全控制，既要保护系统的安全性，又要保护信息的安全性。在第一级安全的基础上，该级增加了"审计"与"客体重用"等安全要求，要求在系统的整个生命周期进行身份鉴别，每一个用户具有唯一标识，用户要对自己的行为负责，具有可查性。同时，要求自主访问控制具有更细的访问控制粒度。

在系统安全方面，要求能提供一定程度的系统安全运行保证，以提供必要的系统服务。在信息安全方面，对数据信息和系统信息的保密性、完整性和可用性均有一定的安全保护。在安全性保证方面，要求安全机制具有一定的自身安全保护，对安全功能的设计、实现及管理也有一定要求。在安全管理方面，要求具有一定的安全管理措施，健全各项安全管理的规章制度，对各类人员进行不同层次要求的安全培训等，确保系统所设置的各种安全功能发挥其应有的作用。

根据公信安〔2009〕1429 号文件，第二级信息系统经过安全建设后，应具有抵御小规模、较弱强度恶意攻击的能力，抵抗一般的自然灾害的能力，防范一般性计算机病毒和恶意代码危害的能力；具有检测常见的攻击行为，并对安全事件进行记录的能力；系统遭到损害后，具有恢复系统正常运行状态的能力。

第三级：安全标记保护级（监督保护级）。

安全保护等级为三级的信息系统，一般是运行于计算机网络平台上的信息系统，需要依照国家相关的管理规定和技术标准，在信息安全监管职能部门的监督、检查、指导下进行较严格的安全控制，防止来自内部和外部的攻击。技术方面的安全控制包括采用必要的信息安全技术，对信息系统的运行进行较严格的控制，对信息系统中存储、传输和处理的信息进行较严格的安全控制，以保证系统和信息的较高强度保密性、完整性和可用性；管理方面的安全控制包括从人员、法规、机构、制度、规程等方面采取较严格的管理措施，确保技术的安全控制达到预期的目标。

按照 GB 17859 中 4.3 的要求，从组成信息系统安全的五个方面对信息系统进行安全控制，既要保护系统安全性，又要保护信息的安全性。在第二级安全的基础上，该级增加了"标记"和"强制访问控制"要求，从保密性保护和完整性保护两方面实施强制访问控制安全策略，增强了特权用户管理，要求对系统管理员、系统安全员和系统审计员的权限进行分离和限制。同时，对身份鉴别、审计、数据完整性、数据保密性和可用性等安全功能均有更进一步的要求。要求使用完整性敏感标记，确保信息在网络传输中的完整性。

在系统安全方面，要求有较高程度的系统安全运行保证，以提供必要的系统服务。在信息安全方面，对数据信息和系统信息在保密性、完整性和可用性方面均有较高的安全保护，应有较高强度的密码支持的保密性、完整性和可用性机制。在安全性保证方面，要求安全机制具有较高程度的自身安全保护，以及对安全功能的设计、实现及管理的较严格要求。在安全管理方面，要求具有较严格的安全管理措施，设置安全管理中心，建立必要的安全管理机构，按要求配备各类管理人员，健全各项安全管理的规章制度，对各类人员进行不同层次要求的安全培训等，确保系统所设置的各种安全功能发挥其应有的作用。

根据公信安〔2009〕1429 号文件，第三级信息系统经过安全建设后，应具有在统一的安全保护策略下抵御大规模、较强恶意攻击的能力，抵抗较为严重的自然灾害的能力，防范计算机病毒和恶意代码危害的能力；具有检测、发现、报警、记录入侵行为的能力；具有对安全事件进行响应处置，并能够追踪安全责任的能力；在系统遭到损害后，具有能够较快恢复正常运行状态的能力；对于服务保障性要求高的系统，应能快速恢复正常运行状态；具有对系统资源、用户、安全机制等进行集中控管的能力。

第四级：结构化保护级（强制保护级）。

安全保护等级为四级的信息系统，一般是运行在限定的计算机网络平台上的信息系统，应依照国家相关的管理规定和技术标准，在信息安全监管职能部门的强制监督、检查、指导下进行严格的安全控制，重点防止来自内部的越权访问等攻击。技术方面的安全控制包括采用有效的信息安全技术，对信息系统的运行进行严格的控制和对信息系统中存储、传输和处理的信息进行严格的安全控制，保证系统和信息具有高强度的保密性、完整性和可

第 4 章 信息安全工程与等级保护

用性；管理方面的安全控制包括从人员、法规、机构、制度和规程等方面采取严格的管理措施，确保技术的安全控制达到预期的目标，并弥补技术方面安全控制的不足。

按照 GB 17859 中 4.4 的要求，从组成信息系统安全的五个方面对信息系统进行安全控制，既要保护系统的安全性，又要保护信息的安全性。在第三级安全的基础上，该级要求将自主访问控制和强制访问控制扩展到系统的所有主体与客体，并包括对输入、输出数据信息的控制，相应地其他安全要求，如数据存储保护和传输保护也应有所增强，对用户初始登录和鉴别则要求提供安全机制与登录用户之间的"可信路径"。本级强调通过结构化设计方法和采用"存储隐蔽信道"分析等技术，使系统设计与实现能获得更充分的测试和更完整的复审，具有更高的安全强度和相当强的抗渗透能力。

在系统安全方面，要求有更高程度的系统安全运行保证，以提供必要的系统服务。在信息安全方面，对数据信息和系统信息在保密性、完整性和可用性方面均有更高的安全保护，应有更高强度的密码或其他具有相当安全强度的安全技术支持的保密性、完整性和可用性机制。在安全性保证方面，要求安全机制具有更高的自身安全保护，以及对安全功能的设计、实现及管理的更高要求。在安全管理方面，要求具有更严格的安全管理措施，设置安全管理中心，建立必要的安全管理机构，按要求配备各类管理人员，健全各项安全管理的规章制度，对各类人员进行不同层次要求的安全审查和培训等，确保系统所设置的各种安全功能发挥其应有的作用。对于某些从技术上还不能实现的安全要求，可以通过增强安全管理的方法或通过物理隔离的方法实现。

根据公信安〔2009〕1429 号文件，第四级信息系统经过安全建设后，应具有在统一的安全保护策略下抵御敌对势力有组织的大规模攻击的能力，抵抗严重的自然灾害的能力，防范计算机病毒和恶意代码危害的能力；具有检测、发现、报警、记录入侵行为的能力；具有对安全事件进行快速响应处置，并能够追踪安全责任的能力；在系统遭到损害后，具有能够较快恢复正常运行状态的能力；对于服务保障性要求高的系统，应能立即恢复正常运行状态；具有对系统资源、用户、安全机制等进行集中控管的能力。

第五级：访问验证保护级（专控保护级）。

安全保护等级为五级的信息系统，一般是运行在限定的局域网环境内的计算机网络平台上的信息系统，需要依照国家相关的管理规定和技术标准，在国家指定的专门部门、专门机构的专门监督下进行最严格的安全控制，重点防止来自内外勾结的集团性攻击。技术方面的安全控制包括采用当前最有效的信息安全技术，以及采用非技术措施，对信息系统的运行进行最严格的控制和对信息系统中存储、传输和处理的信息进行最严格的安全保护，以提供系统和信息的最高强度保密性、完整性和可用性；管理方面的安全控制包括从人员、法规、机构、制度、规程等方面采取最严格的管理措施，确保技术的安全控制达到预期的目标，并弥补技术方面安全控制的不足。

按照 GB 17859 中 4.5 的要求，从组成信息系统安全的五个方面对信息系统进行安全控制，既要保护系统安全性，又要保护信息的安全性。在第四级安全的基础上，该级提出了"可信恢复"的要求，以及要求在用户登录时建立安全机制与用户之间的"可信路径"，并在逻辑上与其他通信路径相隔离。本级重点强调"访问监控器"本身的可验证性；要求访问监控器仲裁主体对客体的所有访问；要求访问监控器本身是抗篡改的，应足够小，能够分析和测试，并在设计和实现时，从系统工程角度将其复杂性降低到最低程度。

系统安全方面，要求有最高程度的系统安全运行保证，以提供必要的系统服务。在信息安全方面，对数据信息和系统信息在保密性、完整性和可用性方面均有最高的安全保护，应有最高强度的密码或其他相当安全强度的安全技术支持的保密性、完整性和可用性机制。在安全性保证方面，要求安全机制具有最高的自身安全保护，以及对安全功能的设计、实现及管理的最高要求。在安全管理方面，要求具有最严格的安全管理措施，设置安全管理中心，建立必要的安全管理机构，按要求配备各类管理人员，健全各项安全管理的规章制度，对各类人员进行不同层次要求的安全审查和培训等，确保系统所设置的各种安全功能发挥其应有的作用。

综合上述，GB 17859 中各级提出的安全要求可归纳为 10 个安全要素：自主访问控制、强制访问控制、标记、身份鉴别、客体重用、审计、数据完整性、隐藏信道分析、可信路径、可信恢复。在所有的安全评估标准中，不同安全等级的差异都体现在两个方面：各级间安全要素要求的有无和要求的强弱，在 GB 17859 中也不例外。表 4-3 给出了 GB 17859 中 10 个要素与安全等级的关系。

表 4-3　GB 17859 中 10 个要素与安全等级的关系

安全要素	安 全 等 级				
	第一级 用户自主保护级	第二级 系统审计保护级	第三级 安全标记保护级	第四级 结构化保护级	第五级 访问验证保护
自主访问控制	*	**	**	***	***
强制访问控制			*	**	***
标记			*	**	**
身份鉴别	*	**	***	***	****
客体重用		*	*	*	*
审计		*	**	***	****
数据完整性	*	**	***	***	****
隐藏信道分析				*	*
可信路径				*	**
可信恢复	*	*	**	***	****

注：*——有要求；**——有进一步要求；***——有更进一步要求；****——有更高要求。

4.7　等级保护工作的实施

安全等级保护的核心是将等级保护对象划分等级，按标准进行建设、管理和监督。根据《信息安全技术　网络安全等级保护实施指南》，在安全等级保护实施过程中应遵循以下基本原则。

(1) 自主保护原则。等级保护对象运营、使用单位及其主管部门按照国家相关法规和标准，自主确定等级保护对象的安全保护等级，自行组织实施安全保护。

(2) 重点保护原则。根据等级保护对象的重要程度、业务特点，通过划分不同安全保护等级的等级保护对象，实现不同强度的安全保护，集中资源优先保护涉及核心业务或关键信息资产的等级保护对象。

(3) 同步建设原则。等级保护对象在新建、改建、扩建时应当同步规划和设计安全方案，投入一定比例的资金建设网络安全设施，保障网络安全与信息化建设相适应。

(4) 动态调整原则。要跟踪定级对象的变化情况，调整安全保护措施。由于定级对象的应用类型、范围等条件的变化及其他原因，安全保护等级需要变更的，应当根据等级保护的管理规范和技术标准的要求，重新确定定级对象的安全保护等级，根据其安全保护等级的调整情况，重新实施安全保护。

对等级保护对象实施等级保护的基本流程如图 4-9 所示。

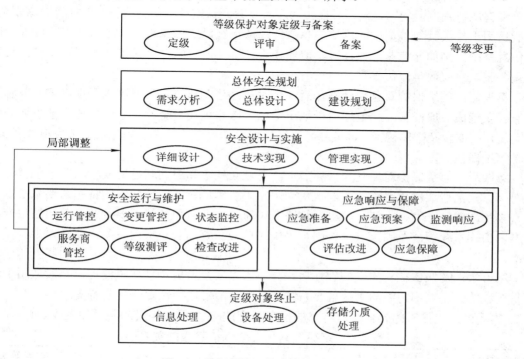

图 4-9　等级保护工作实施的基本流程

在安全运行与维护阶段，等级保护对象因需求变化等原因导致"局部调整"，而其安全保护等级并未改变，应从安全运行与维护阶段进入安全设计与实施阶段，重新设计、调整和实施安全措施，确保满足等级保护的要求；当等级保护对象发生重大变化导致安全保护"等级变更"时，应从安全运行与维护阶段进入等级保护对象定级与备案阶段，重新开始一轮网络安全等级保护的实施过程。在运行与维护过程中，等级保护对象发生安全事件时可能会启动应急响应与保障。

4.7.1　等级保护对象定级与备案

等级保护对象定级阶段的目标是运营、使用单位按照国家有关管理规范和定级标准，确定等级保护对象及其安全保护等级，并组织专家评审。运营、使用单位有主管部门的，应由主管部门对安全保护等级进行审核、批准，并报公安机关备案审查。

根据等级保护对象在国家安全、经济建设、社会生活中的重要程度，以及一旦遭到破坏、丧失功能或者数据被篡改、泄露、丢失、损毁后，对国家安全、社会秩序、公共利益以及公民、法人和其他组织的合法权益的侵害程度等因素，等级保护对象的安全保护等级分为以下五级。

第一级：等级保护对象受到破坏后，会对相关公民、法人和其他组织的合法权益造成一般侵害，但不侵害国家安全、社会秩序和公共利益。一般适用于小型私营、个体企业、中小学的信息系统，乡镇所属信息系统以及县级单位中一般的信息系统。不需要备案，对评估周期没有要求。

第二级：等级保护对象受到破坏后，会对相关公民、法人和其他组织的合法权益产生严重侵害或特别严重侵害，或者对社会秩序和公共利益造成一般侵害，但不危害国家安全。一般适用于县级其他单位中的重要信息系统，地市级以上国家机关、企事业单位内部一般的信息系统，例如非涉及工作秘密、商业秘密、敏感信息的办公系统和管理系统等。公安机关备案，建议两年评估一次。

第三级：等级保护对象受到破坏后，会对社会秩序和公共利益造成严重侵害，或者对国家安全造成一般侵害。一般适用于地市级以上国家机关、企业、事业单位内部重要的信息系统，例如涉及工作秘密、商业秘密、敏感信息的办公系统和管理系统。公安机关备案，要求每年评估一次。

第四级：等级保护对象受到破坏后，会对社会秩序和公共利益造成特别严重侵害，或者对国家安全造成严重侵害。一般适用于国家重要领域、重要部门中的特别重要系统以及核心系统。例如电力、电信、广电、铁路、民航、银行、税务等重要行业、部门的生产、调度、指挥系统等涉及国家安全、国计民生的核心系统。公安部门备案，要求每半年评估一次。

第五级：等级保护对象受到破坏后，会对国家安全造成特别严重侵害。一般适用于国家重要领域、重要部门中的极端重要系统。公安部门根据特殊安全需要备案。

定级要素(受侵害的客体、对客体的侵害程度)与安全保护等级的关系如表 4-4 所示。

表 4-4　定级要素与安全保护等级的关系

保护等级	受侵害的客体	对客体的侵害程度	系统的重要性	监管等级
第一级	公民、法人和其他组织的合法权益	一般侵害	一般系统	自主保护级
第二级	公民、法人和其他组织的合法权益	严重或特别严重侵害		指导保护级
	社会秩序和公共利益	一般侵害		
第三级	社会秩序和公共利益	严重侵害	重要系统	监督保护级
	国家安全	一般侵害		
第四级	社会秩序和公共利益	特别严重侵害		强制保护级
	国家安全	严重侵害		
第五级	国家安全	特别严重侵害	极端重要系统	专控保护级

等级保护对象定级工作一般包括初步确定安全保护定级、确定安全保护等级、等级变更等。对于安全保护等级初步确定为第二级以上的等级保护对象，其网络运营者依据《信息安全技术　网络安全等级保护定级指南》组织进行专家评审、主管部门核准和备案审核，最终确定其安全保护等级。

定级对象的安全主要包括"业务信息安全"和"系统服务安全",与之相关的受侵害客体和对客体的侵害程度可能不同,因此,安全保护等级由业务信息安全和系统服务安全两方面确定。从业务信息安全角度反映的定级对象安全保护等级称为业务信息安全保护等级;从系统服务安全角度反映的定级对象安全保护等级称为系统服务安全保护等级。

定级对象的定级方法流程如图 4-10 所示。

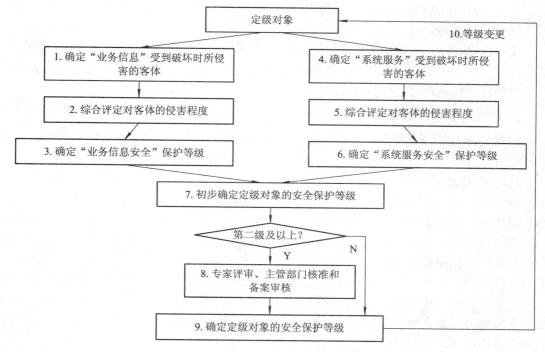

图 4-10　定级对象的定级方法流程

1. 确定受侵害的客体

确定受侵害的客体,包括确定"业务信息"受到破坏时所侵害的客体和"系统服务"受到破坏时所侵害的客体。

定级对象受到破坏时所侵害的客体包括国家安全、社会秩序、公共利益,以及公民、法人和其他组织的合法权益。

确定受侵害的客体时,首先判断是否侵害国家安全,然后判断是否侵害社会秩序或公共利益,最后判断是否侵害公民、法人和其他组织的合法权益。

(1) 侵害国家安全的事项包括以下方面:

① 影响国家政权稳固和领土主权、海洋权益完整。

② 影响国家统一、民族团结和社会稳定。

③ 影响国家社会主义市场经济秩序和文化实力。

④ 其他影响国家安全的事项。

(2) 侵害社会秩序的事项包括以下方面:

① 影响国家机关、企事业单位、社会团体的生产秩序、经营秩序、科学研究秩序、医疗卫生秩序。

② 影响公共场所的活动秩序、公共交通秩序。

③ 影响人民群众的生活秩序。

④ 其他影响社会秩序的事项。

(3) 侵害公共利益的事项包括以下方面：

① 影响社会成员使用公共设施。

② 影响社会成员获取公开数据资源。

③ 影响社会成员接受公共服务等。

④ 其他影响公共利益的事项。

(4) 侵害公民、法人和其他组织的合法权益是指受法律保护的公民、法人和其他组织所享有的社会权利和利益受到损害。

2. 确定对客体的侵害程度

根据不同的受侵害客体，分别评定"业务信息安全"和"系统服务安全"被破坏对客体的侵害程度。

1) 侵害的客观方面

在客观方面，对客体的侵害外在表现为对定级对象的破坏，其侵害方式表现为对"业务信息安全"的破坏和对"系统服务安全"的破坏，其中业务信息安全是指确保定级对象中信息的保密性、完整性和可用性等，系统服务安全是指确保定级对象可以及时、有效地提供服务，以完成预定的业务目标。业务信息安全和系统服务安全受到破坏所侵害的客体和对客体的侵害程度可能会有所不同，在定级过程中，需要分别处理这两种危害方式。

业务信息安全和系统服务安全受到破坏后，可能产生以下侵害后果：影响行使工作职能；导致业务能力下降；引起法律纠纷；导致财产损失；造成社会不良影响；对其他组织和个人造成损失；其他影响。

2) 综合判定侵害程度

侵害程度是客观方面的不同外在表现的综合体现。因此，首先根据不同的受侵害客体、不同侵害后果分别确定其侵害程度。对不同侵害后果确定其侵害程度所采取的方法和所考虑的角度可能不同，例如，系统服务安全被破坏导致业务能力下降的程度可以从定级对象服务覆盖的区域范围、用户人数或业务量等不同方面确定；业务信息安全被破坏导致的财物损失可以从直接的资金损失大小、间接的信息恢复费用等方面进行确定。

(1) 在针对不同的受侵害客体进行侵害程度的判断时，应按照以下不同的判别基准：

① 如果受侵害客体是公民、法人或其他组织的合法权益，则以本人或本单位的总体利益作为判断侵害程度的基准。

② 如果受侵害客体是社会秩序、公共利益或国家安全，则应以整个行业或国家的总体利益作为判断侵害程度的基准。

(2) 不同侵害后果的三种侵害程度描述如下：

一般损害：工作职能受到局部影响，业务能力有所降低但不影响主要功能的执行，出现情节较轻的法律问题、金额较小的财产损失、有限的社会不良影响，对其他组织和个人造成较低损害。

严重损害：工作职能受到严重影响，业务能力显著下降且严重影响主要功能执行，出现较严重的法律问题、较大的财产损失、较大范围的社会不良影响，对其他组织和个人造成较严重损害。

特别严重损害：工作职能受到特别严重影响或丧失行使能力，业务能力严重下降且功能无法执行，出现极其严重的法律问题、极大的财产损失、大范围的社会不良影响，对其他组织和个人造成非常严重的损害。

对客体的侵害程度，由对不同侵害结果的侵害程度进行综合评定得出。由于各行业定级对象所处理的信息种类和系统服务特点各不相同，因此业务信息安全和系统服务安全受到破坏后关注的侵害结果、侵害程度的计算方式均可能不同，各行业可根据本行业业务信息特点和系统服务特点，制定侵害程度的综合评定方法，并给出一般损害、严重损害、特别严重损害的具体定义。

3. 初步确定等级

根据所确定"业务信息安全"保护等级和"系统服务安全"保护等级，取较高者作为定级对象的初步安全保护等级。

"业务信息安全"保护等级和"系统服务安全"保护等级可依据表 4-5 得到。

表 4-5　业务信息安全/系统服务安全保护等级矩阵表

业务信息安全/系统服务安全被破坏时所侵害的客体	对客体的侵害程度		
	一般侵害	严重侵害	特别严重侵害
公民、法人和其他组织的合法权益	第一级	第二级	第二级
社会秩序、公共利益	第二级	第三级	第四级
国家安全	第三级	第四级	第五级

4. 确定安全保护等级

安全保护等级初步确定为第一级的等级保护对象，其网络运营者可依据《信息安全技术　网络安全等级保护定级指南》自行确定最终安全保护等级，可不进行专家评审、主管部门核准和备案审核。

安全保护等级初步确定为第二级及以上的，定级对象的网络运营者需组织信息安全专家和业务专家对定级结果的合理性进行评审，并出具专家评审意见。有行业主管(监管)部门的，还需将定级结果报请行业主管(监管)部门核准，并出具核准意见。最后，定级对象的网络运营者按照相关管理规定，将定级结果提交公安机关进行备案审核。如果审核未通过，其网络运营者需组织重新定级；如果审核通过，则最终确定定级对象的安全保护等级。

5. 等级变更

当等级保护对象所处理的业务信息和系统服务范围发生变化，可能导致业务信息安全或系统服务安全受到破坏后的受侵害客体和对客体的侵害程度发生变化时，需要根据《信息安全技术　网络安全等级保护定级指南》重新确定定级对象和安全保护等级。

4.7.2　总体安全规划

总体安全规划阶段的目标是根据等级保护对象的划分情况、等级保护对象的定级情况、等级保护对象承载业务情况，通过分析明确等级保护对象安全需求，设计合理的、满足等级保护要求的总体安全方案，并制定出安全实施计划，以指导后续的等级保护对象安全建设工程实施。

总体安全规划阶段的工作流程如图 4-11 所示。

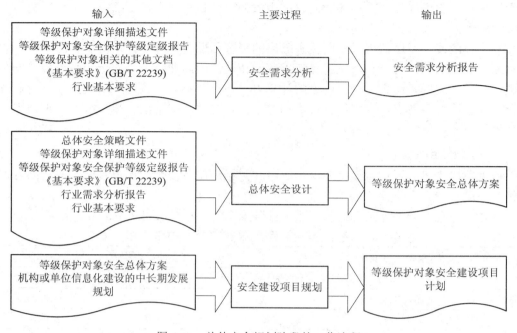

| 输入 | 主要过程 | 输出 |

等级保护对象详细描述文件
等级保护对象安全保护等级定级报告
等级保护对象相关的其他文档
《基本要求》(GB/T 22239)
行业基本要求
→ 安全需求分析 → 安全需求分析报告

总体安全策略文件
等级保护对象详细描述文件
等级保护对象安全保护等级定级报告
《基本要求》(GB/T 22239)
行业需求分析报告
行业基本要求
→ 总体安全设计 → 等级保护对象安全总体方案

等级保护对象安全总体方案
机构或单位信息化建设的中长期发展规划
→ 安全建设项目规划 → 等级保护对象安全建设项目计划

图 4-11　总体安全规划阶段的工作流程

1. 安全需求分析

(1) 确定基本安全保护需求：根据等级保护对象的安全保护等级，提出等级保护对象的基本安全保护需求。

(2) 确定特殊安全保护需求：通过分析重要资产的特殊保护要求，采用需求分析或风险分析的方法，确定可能的安全风险，判断实施特殊安全措施的必要性，提出等级保护对象(特别是其中的重要资产)的特殊安全保护需求。

(3) 形成安全需求分析报告：总结基本安全需求和特殊安全需求，形成安全需求分析报告。

2. 总体安全设计

形成机构纲领性的安全策略文件，包括确定安全方针，制定安全策略，以便结合等级保护基本要求系列标准、行业基本要求和安全保护特殊要求，构建机构等级保护对象的安全技术体系结构和安全管理体系结构。对于新建的等级保护对象，应在立项时明确其安全保护等级，并按照相应的保护等级要求进行总体安全策略设计。

安全技术防护体系由从外到内的"纵深防御"模型构成，如图 4-12 所示。"物理环境安全防护"保护服务器、网络设备以及其他设备设施免遭地震、火灾、水灾、盗窃等事故导致的破坏。"通信网络安全防护"保护暴露于外部的通信线路和通信设备。"网络边界安全防护"对等级保护对象实施边界安全防护，内部不同级别保护对象尽量分别部署在相应保护等级的内部安全区域，低级别保护对象部署在高等级安全区域时应遵循"就高保护"

原则，内部安全区域将实施"主机设备安全防护"和"应用和数据安全防护"。"安全管理中心"对整个等级保护对象实施统一的安全技术管理。

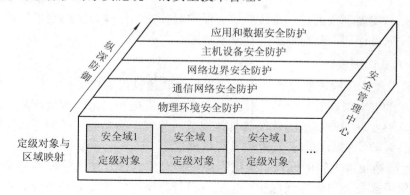

图 4-12 等级保护对象的安全技术防护体系架构

安全管理体系框架分为四层，如图 4-13 所示。第一层为总体方针、安全策略，通过网络安全总体方针、安全策略明确机构网络安全工作的总体目标、范围、原则等。第二层为网络安全管理制度，通过对网络安全活动中的各类内容建立管理制度，约束网络安全相关行为。第三层为安全技术标准、操作规程，通过对管理人员或操作人员执行的日常管理行为建立操作规程，规范网络安全管理制度的具体技术实现细节。第四层为记录、表单指实施网络安全管理制度、操作规程时需填写和保留的表单、操作记录。

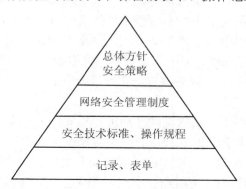

图 4-13 等级保护对象的安全管理体系框架

3. 安全建设项目规划

(1) 确定安全建设目标：依据等级保护对象安全总体方案(由一个或多个文件构成)、机构或单位信息化建设的中长期发展规划等确定各个时期的安全建设目标。

(2) 规划安全建设内容：根据安全建设目标和等级保护对象安全总体方案的要求，设计分期分批的主要建设内容，并将建设内容组合成不同的项目，阐明项目之间的依赖或促进关系等。

(3) 形成安全建设项目计划：根据建设目标和建设内容，在时间和经费上对安全建设项目列表进行总体考虑，分到不同的时期和阶段，设计建设顺序，进行投资估算，形成安全建设项目计划。

4.7.3　安全设计与实施

安全设计与实施阶段的目标是按照等级保护对象安全总体方案的要求，结合等级保护对象安全建设项目计划，分期分步落实安全措施。

1. 安全方案详细设计

(1) 技术措施实现内容的设计：根据建设目标和建设内容将等级保护对象安全总体方案中要求实现的安全策略、安全技术体系结构、安全措施和要求落实到产品功能或物理形态上，提出能够实现的产品或组件及其具体规范，并将产品功能特征整理成文档，使得在网络安全产品采购和安全控制开发阶段具有依据。

(2) 管理措施实现内容的设计：根据等级保护对象运营、使用单位当前安全管理需要和安全技术保障需要提出与等级保护对象安全总体方案中管理部分相适应的本期安全实施内容，以保证在安全技术建设的同时，安全管理得以同步建设。

(3) 设计结果的文档化：将技术措施实施方案、管理措施实施方案汇总，同时考虑工时和成本，最后形成指导安全实施的指导性文件。

2. 技术措施的实现

(1) 网络安全产品或服务采购：按照安全详细设计方案中对于产品或服务的具体指标要求进行采购，根据产品、产品组合或服务实现的功能、性能和安全性满足安全设计要求的情况来选购所需的网络安全产品或服务。

(2) 安全控制的开发：对于一些不能通过采购现有网络安全产品来实现的安全措施和安全功能，通过专门进行的设计、开发来实现。安全控制的开发应当与系统的应用开发同步设计、同步实施，而应用系统一旦开发完成后，再增加安全措施会造成很大的成本投入。因此，在应用系统开发的同时，要依据安全详细设计方案进行安全控制的开发设计，保证系统应用与安全控制同步建设。

(3) 安全控制集成：将不同的软硬件产品进行集成，依据安全详细设计方案，将网络安全产品、系统软件平台和开发的安全控制模块与各种应用系统综合、整合成为一个系统。安全控制集成的过程可以运营、使用单位与网络安全服务机构共同参与、相互配合，把安全实施、风险控制、质量控制等有机结合起来，实现安全态势感知、监测通报预警、应急处置追踪溯源等安全措施，构建统一安全管理平台。

(4) 系统验收：检验系统是否严格按照安全详细设计方案进行建设，是否实现了设计的功能、性能和安全性。在安全控制集成工作完成后，系统测试及验收是从总体出发，对整个系统进行集成性安全测试，包括对系统运行效率和可靠性的测试，也包括管理措施落实内容的验收。

3. 管理措施的实现

(1) 安全管理制度的建设和修订：依据国家网络安全相关政策、标准、规范，制定、修订并落实与等级保护对象安全管理相配套的、包括等级保护对象的建设、开发、运行、维护、升级和改造等各个阶段和环节所应当遵循的行为规范和操作规程。

(2) 安全管理机构和人员的设置：建立配套的安全管理职能部门，通过管理机构的岗位设置、人员的分工和岗位培训以及各种资源的配备，保证人员具有与其岗位职责相适应的技术能力和管理能力，为等级保护对象的安全管理提供组织上的保障。

(3) 安全实施过程管理：在等级保护对象定级、规划设计、实施过程中，对工程的质量、进度、文档和变更等方面的工作进行监督控制和科学管理。

4.7.4 安全运行与维护

安全运行与维护是等级保护实施过程中确保等级保护对象正常运行的必要环节，涉及的内容较多，包括安全运行与维护机构和安全运行与维护机制的建立，环境、资产、设备、介质的管理，网络、系统的管理，密码、密钥的管理，运行、变更的管理，安全状态监控和安全事件处置，安全审计和安全检查等内容。

1. 运行管理和控制

(1) 运行管理职责确定：通过对运行管理活动或任务的角色划分，并授予相应的管理权限，来确定安全运行管理的具体人员和职责。应至少划分为系统管理员、安全管理员及安全审计员。

(2) 运行管理过程控制：通过制定运行管理操作规程，确定运行管理人员的操作目的、操作内容、操作时间和地点、操作方法和流程等，并进行操作过程记录，确保对操作过程进行控制。

2. 变更管理和控制

(1) 变更需求和影响分析：通过对运行与维护过程中的变更需求和变更影响的分析，来确定变更的类别，计划后续的活动内容。

(2) 变更过程控制：确保运行与维护过程中的变更实施过程受到控制，各项变化内容进行记录，保证变更对业务的影响最小。

3. 安全状态监控

(1) 监控对象确定：确定可能会对等级保护对象安全造成影响的因素，即确定安全状态监控的对象。

(2) 监控对象状态信息收集：选择状态监控工具，收集安全状态监控的信息，识别和记录入侵行为，对等级保护对象的安全状态进行监控。

(3) 监控状态分析和报告：通过对安全状态信息进行分析，及时发现安全事件或安全变更需求，并对其影响程度和范围进行分析，形成安全状态结果分析报告。

4. 服务商管理和监控

(1) 服务商选择：确定具有符合国家规定或行业规定的设计、测评、建设资质的服务商，为后续的管理和监控奠定基础。

(2) 服务商管理：对服务商从多维度进行切实有效管理，使得服务商在约定范围内开展服务工作。

(3) 服务商监控：对服务商及其人员在服务过程中的行为进行有效监控，若发现不合规行为，限时保质整改，确保服务商服务工作持续、规范、高效。

5. 等级测评

通过网络安全等级测评机构对已经完成等级保护建设的等级保护对象定期进行等级测

评，确保等级保护对象的安全保护措施符合相应等级的安全要求。

6. 监督检查改进

根据等级保护管理部门对等级保护对象定级、规划设计、建设实施和运行管理等过程的监督检查要求，等级保护管理部门应按照国家、行业相关等级保护监督检查要求及标准，开展监督检查工作。

4.7.5　应急响应与保障

应急响应与保障是网络安全工作的一个重要环节，也是网络安全保障工作的最后手段。应急响应与保障工作包括了应急准备与预案、应急监测与响应、后期评估与改进及应急保障。

1. 应急准备与预案

(1) 建立应急组织：建立完善的应急组织体系，保证应急救援工作反应迅速、协调有序。

(2) 制定应急预案：通过分析安全事件的等级，在统一的应急预案框架下制定不同安全事件的应急预案。

(3) 组织应急演练：通过组织针对等级保护对象的应急演练，可以有效检验网络安全应急能力，并为消除或减少这些隐患与问题提供有价值的参考信息，检验应急预案体系的完整性、应急预案的可操作性，检验机构和应急人员的执行、协调能力以及应急保障资源的准备情况等，从而有助于提高整体应急能力。

2. 应急监测与响应

(1) 监测预警：收集异常安全状态监控的信息，识别和记录入侵行为，对等级保护对象的安全状态进行监控，并根据应急预案启动条件研判是否启动应急程序。

(2) 信息报送与共享：对监控到的安全事件采取适当的方法进行预处置，对安全事件的影响程度和等级进行分析，确定应启动相应级别的应急预案。

(3) 应急响应：对安全事件的影响程度和等级分析情况，启动相应级别的应急预案，按照应急预案流程，开展应急响应处置工作。

3. 后期评估与改进

对安全事件原因、处置过程进行调查分析，并根据分析结果进行责任认定及制定改进预防措施。

4. 应急保障

建立健全应急保障体系，实现应急预案保障工作科学化。

4.7.6　等级保护对象终止

等级保护对象终止阶段是等级保护实施过程中的最后环节。当等级保护对象被转移、终止或废弃时，正确处理其中的敏感信息对于确保机构信息资产的安全是至关重要的。在等级保护对象生命周期中，有些等级保护对象并不是真正意义上的废弃，而是改进技术或转变业务到新的等级保护对象，对于这些等级保护对象在终止处理过程中应确保信息转移、设备迁移和介质销毁等方面的安全。

1. 信息转移、暂存和清除

在等级保护对象终止处理过程中，对于可能会在另外的等级保护对象中使用的信息，应采取适当的方法将其安全地转移或暂存到可以恢复的介质中，确保将来可以继续使用，同时采用安全的方法清除要终止的等级保护对象中的信息。

2. 设备迁移或废弃

确保等级保护对象终止后，迁移或废弃的设备内应不包括敏感信息，对设备的处理方式应符合国家相关部门的要求。

3. 存储介质的清除或销毁

采用合理的方式对计算机介质(包括磁带、磁盘、打印结果和文档)进行信息清除或销毁处理，防止介质内的敏感信息泄露。

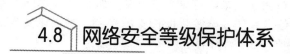

4.8　网络安全等级保护体系

网络安全等级保护体系内容如图 4-14 所示。

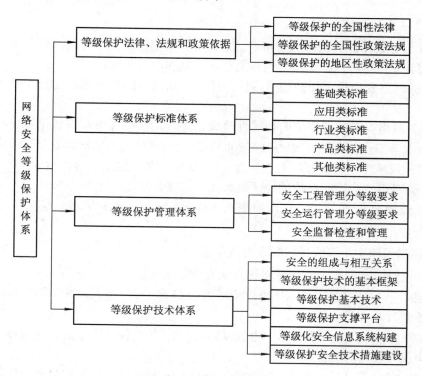

图 4-14　网络安全等级保护体系内容

1. 网络安全等级保护法律、法规和政策依据

网络安全等级保护相关的法律、法规和政策是网络安全等级保护的基本依据和出发点。

2．网络安全等级保护标准体系

网络安全等级保护标准是网络安全等级保护在信息系统安全技术和安全管理方面的规范化表示，是从技术和管理方面，以标准的形式，对网络安全等级保护的法律、法规、政策的规定进行的规范化描述。

3．网络安全等级保护管理体系

网络安全等级保护管理体系是对实现网络安全等级保护所采用的安全管理措施的描述，涉及信息系统的安全工程管理分等级要求、信息系统的安全运行管理分等级要求、信息系统的安全监督检查与管理等方面。

4．网络安全等级保护技术体系

网络安全等级保护技术体系是对实现网络安全等级保护所采用的安全技术的描述，涉及信息系统安全的组成与相互关系、信息系统安全等级保护技术的基本框架、信息系统安全等级保护基本技术、信息系统安全等级保护支撑平台、等级化安全信息系统构建、安全技术措施建设等方面。

4.8.1　网络安全等级保护法律、法规和政策依据

1．法律法规和政策分类

网络安全等级保护的法律法规和政策是对信息系统实施安全等级保护的基本依据，对信息系统实施安全等级保护所需要的相关法律法规和政策包括：

(1) 有关网络安全等级保护的全国性法律，比如《网络安全法》《密码法》《数据安全法》等。

(2) 有关网络安全等级保护的全国性政策、法规，比如《国家信息化领导小组关于加强信息安全保障工作的意见》(中办发〔2003〕27 号)、《贯彻落实网络安全等级保护制度和关键信息基础设施安全保护制度的指导意见》函(公网安〔2020〕1960 号)等。

(3) 有关网络安全等级保护的地区性政策、法规，比如《北京市公共服务网络与信息系统安全管理规定》(北京市人民政府令第 163 号)、《广东省计算机信息系统安全保护条例》等。

2．对信息系统实施等级保护的现有政策法规

当前，已经发布的有关对信息系统实施安全等级保护的政策法规(部分)有：

(1) 1994 年 2 月 18 日国务院发布的国务院 147 号令《中华人民共和国计算机信息系统安全保护条例》。

(2) 2003 年 8 月 26 日发布的中办发〔2003〕27 号文件《国家信息化领导小组关于加强信息安全保障工作的意见》。

(3) 2004 年 9 月 15 日发布的公通字〔2004〕66 号文件《关于信息安全等级保护工作的实施意见》。

(4) 2005 年 12 月 28 日发布的公信安〔2005〕1431 号文件《关于开展信息系统安全等级保护基础调查工作的通知》。

(5) 2006 年 2 月 23 日发布的国办发〔2006〕11 号文件《国务院办公厅转发国家网络

与信息安全协调小组关于网络信任体系若干意见的通知》。

(6) 2007 年 6 月 22 日发布的公通字〔2007〕43 号文件《信息安全等级保护管理办法》。

(7) 2009 年 10 月 27 日发布的公信安〔2009〕1429 号文件《关于印送<关于开展信息安全等级保护安全建设整改工作的指导意见>的函》。

(8) 2010 年 3 月 12 日发布的公信安〔2010〕303 号文件《关于推动信息安全等级保护测评体系建设和开展等级测评工作的通知》。

(9) 2014 年 10 月 13 日发布的公信安〔2014〕2182 号文件《关于加强国家级重要信息系统安全保障工作有关事项的通知》。

(10) 2020 年 7 月 22 日发布的公网安〔2020〕1960 号文件《贯彻落实网络安全等保制度和关键信息基础设施安全保护制度的指导意见》。

(11) 2021 年 1 月 13 日发布的工信厅网安函〔2020〕302 号文件《关于开展工业互联网企业网络安全分类分级管理试点工作的通知》。

(12) 2022 年 5 月 11 日发布的工信厅网安函〔2022〕97 号文件《工业和信息化部办公厅关于开展工业互联网安全深度行活动的通知》。

4.8.2 网络安全等级保护标准体系

网络安全等级保护相关标准大致可以分为五类：基础类、应用类、泛行业类、产品类和其他类。以下分类列出相关标准(部分)：

1. 基础类标准

《计算机信息系统安全保护等级划分准则》(GB 17859—1999)
《信息安全技术 网络安全等级保护基本要求》(GB/T 22239—2019)

2. 应用类标准

(1) 系统定级类标准有：
《信息安全技术 网络安全等级保护定级指南》(GB/T 22240—2020)
(2) 等级保护实施类标准有：
《信息安全技术 网络安全等级保护实施指南》(GB/T 25058—2019)
(3) 信息系统安全建设类标准有：
《信息安全技术 网络安全等级保护安全设计技术要求》(GB/T 25070—2019)
《信息安全技术 网络安全等级保护安全管理中心技术要求》(GB/T 36958—2018)
《信息安全技术 信息系统通用安全技术要求》(GB/T 20271—2006)
《信息安全技术 互联网信息服务安全通用要求》(GB/T 40645—2021)
《信息安全技术 信息系统安全管理要求》(GB/T 20269—2006)
《信息安全技术 信息系统安全工程管理要求》(GB/T 20282—2006)
《信息安全技术 信息系统安全管理评估要求》(GB/T 28453—2012)
《信息技术 安全技术 信息安全管理体系要求》(GB/T 22080—2016)
《信息安全技术 中小电子商务企业信息安全建设指南》(GB/Z 32906—2016)
《信息安全技术 智慧城市建设信息安全保障指南》(GB/Z 38649—2020)
《信息安全技术 信息系统安全等级保护体系框架》(GA/T 708—2007)

《信息安全技术　信息系统安全等级保护基本模型》(GA/T 709—2007)

《信息安全技术　信息系统安全等级保护基本配置》(GA/T 710—2007)

(4) 等级测评类标准有：

《信息安全技术　网络安全等级保护测评要求》(GB/T 28448—2019)

《信息安全技术　网络安全等级保护测评过程指南》(GB/T 28449—2018)

《信息安全技术　网络安全等级保护测试评估技术指南》(GB/T 36627—2018)

《信息安全技术　网络安全等级保护测评机构能力要求和评估规范》(GB/T 36959—2018)

3. 泛行业类标准

(1) 移动互联网类标准有：

《信息安全技术　移动互联网应用服务器安全技术要求》(GB/T 35281—2017)

《信息安全技术　移动互联网应用程序(APP)收集个人信息基本要求》(GB/T 41391—2022)

《信息安全技术　移动互联网安全审计指南》(GB/Z 41290—2022)

(2) 云计算类标准有：

《信息安全技术　云计算服务安全指南》(GB/T 31167—2014)

《信息安全技术　云计算服务安全能力评估方法》(GB/T 34942—2017)

《信息安全技术　网站安全云防护平台技术要求》(GB/T 37956—2019)

(3) 大数据类标准有：

《信息安全技术　大数据安全管理指南》(GB/T 37973—2019)

《信息安全技术　大数据服务安全能力要求》(GB/T 35274—2017)

(4) 物联网类标准有：

《信息安全技术　物联网安全参考模型及通用要求》(GB/T 37044—2018)

《信息安全技术　物联网数据传输安全技术要求》(GB/T 37025—2018)

《信息安全技术　物联网感知终端应用安全技术要求》(GB/T 36951—2018)

(5) 工业控制系统类标准有：

《信息安全技术　工业控制系统安全管理基本要求》(GB/T 36323—2018)

《信息安全技术　工业控制系统信息安全分级规范》(GB/T 36324—2018)

《信息安全技术　重要工业控制系统网络安全防护导则》(GB/Z 41288—2022)

4. 产品类标准

(1) PKI 类标准有：

《信息安全技术　公钥基础设施　数字证书格式》(GB/T 20518—2018)

《信息安全技术　公钥基础设施　PKI 系统安全等级保护技术要求》(GB/T 21053—2007)

《信息安全技术　公钥基础设施　PKI 系统安全等级保护评估准则》(GB/T 21054—2007)

(2) 网络类标准有：

《信息安全技术　网络数据处理安全要求》(GB/T 41479—2022)

《信息安全技术　网络安全漏洞分类分级指南》(GB/T 30279—2020)

《信息安全技术　网络产品和服务安全通用要求》(GB/T 39276—2020)

(3) 网关类标准有：

《信息安全技术　网关安全技术要求》(GA/T 681—2018)

《信息安全技术　网关设备性能测试方法》(GA/T 1453—2018)

(4) 路由器类标准有：

《信息安全技术　路由器安全技术要求》(GB/T 18018—2019)

《信息安全技术　路由器安全评估准则》(GB/T 20011—2005)

(5) 交换机类标准有：

《信息安全技术　网络交换机安全技术要求》(GB/T 21050—2019)

《信息安全技术　交换机安全技术要求和测试评价方法》(GA/T 1484—2018)

(6) 服务器类标准有：

《信息安全技术　服务器安全技术要求和测评准则》(GB/T 39680—2020)

《信息安全技术　签名验签服务器技术规范》(GB/T 38629—2020)

(7) 防火墙类标准有：

《信息安全技术　防火墙安全技术要求和测试评价方法》(GB/T 20281—2020)

《信息安全技术　工业控制系统专用防火墙技术要求》(GB/T 37933—2019)

《信息安全技术　第二代防火墙安全技术要求》(GA/T 1177—2014)

(8) 入侵检测类标准有：

《信息安全技术　网络入侵检测系统技术要求和测试评价方法》(GB/T 20275—2021)

《信息安全技术　基于 IPv6 的高性能网络入侵检测系统产品安全技术要求》(GA/T 1728—2020)

(9) 扫描器类标准有：

《信息安全技术　网络脆弱性扫描产品安全技术要求和测试评价方法》(GB/T 20278—2022)

《信息安全技术　网络脆弱性扫描产品测试评价方法》(GB/T 20280—2006)

(10) 防病毒类标准有：

《信息安全技术　病毒防治产品安全技术要求和测试评价方法》(GB/T 37090—2018)

《信息安全技术　网络病毒监控系统安全技术要求和测试评价方法》(GA/T 1539—2018)

(11) 操作系统类标准有：

《信息安全技术　操作系统安全技术要求》(GB/T 20272—2019)

《信息安全技术　移动通信智能终端操作系统安全技术要求》(GB/T 30284—2020)

(12) 数据库类标准有：

《信息安全技术　数据库管理系统安全技术要求》(GB/T 20273—2019)

《信息安全技术　数据库管理系统安全评估准则》(GB/T 20009—2019)

(13) 其他产品类标准有：

《信息安全技术　数据备份与恢复产品技术要求与测试评价方法》(GB/T 29765—2021)

《信息安全技术　统一威胁管理产品技术要求和测试评价方法》(GB/T 31499—2015)

《信息安全技术　反垃圾邮件产品技术要求和测试评价方法》(GB/T 30282—2013)

《信息安全技术　信息系统安全审计产品技术要求和测试评价方法》(GB/T 20945—2013)

5. 其他类标准

(1) 风险评估类标准有：

《信息安全技术　信息安全风险评估方法》(GB/T 20984—2022)
《信息安全技术　信息安全风险评估实施指南》(GB/T 31509—2015)
《信息安全技术　信息安全风险管理指南》(GB/Z 24364—2009)

(2) 事件管理类标准有：

《信息安全技术　恶意软件事件预防和处理指南》(GB/T 40652—2021)
《信息安全技术　网络安全事件应急演练指南》(GB/T 38645—2020)
《信息安全技术　信息安全事件分类分级指南》(GB/Z 20986—2007)

(3) 灾难恢复类标准有：

《信息安全技术　灾难恢复服务要求》(GB/T 36957—2018)
《信息安全技术　灾难恢复服务能力评估准则》(GB/T 37046—2018)
《信息安全技术　灾难恢复中心建设与运维管理规范》(GB/T 30285—2013)

6. 等级保护标准涉及的内容

图 4-15 给出了网络安全等级保护标准体系所涉及内容。它反映了网络安全等级保护标准应包括五个保护等级、六个安全组成部分以及构建过程控制、结果控制、执行过程控制等方面的内容。这也是整个信息系统的安全等级保护所涉及的内容。

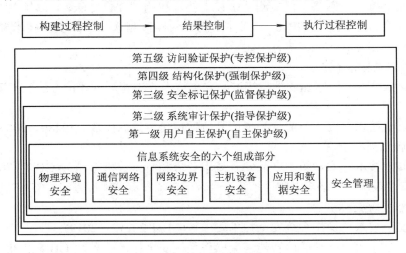

图 4-15　网络安全等级保护标准体系所涉及的内容

图 4-15 中的保护等级是指由 GB 17859 所规定的五个安全保护等级。按照公通字〔2007〕43 号文件的规定，国家有关信息安全监管部门应对信息安全等级保护工作进行监督管理，具体要求是：对二级系统进行指导，对三级系统进行监督、检查，对四级系统进行强制监督、检查，对五级系统进行专门监督、检查。

信息系统安全的六个组成部分是指应从物理环境安全、通信网络安全、网络边界安全、主机设备安全、应用和数据安全以及安全管理等六个方面考虑信息系统安全标准的内容。这六个组成部分的具体内容和相互关系可参见本章 4.8.4 节。

构建过程控制主要是指应从安全系统建设、安全产品开发的过程控制方面制定相应的技术和管理要求标准。

结果控制主要是指应从安全系统建设、安全产品开发的结果控制方面制定相应的技术和管理测评标准。

执行过程控制主要是指应从政府部门的监督检查和指导方面制定相应的标准。

7. 等级保护标准的应用

在我国，信息安全工程实施是基于等级保护制度，信息系统安全建设是根据《信息安全技术　网络安全等级保护基本要求》(GB/T 22239—2019)，在不同阶段、针对不同技术活动参照相应的标准规范进行的。等级保护相关标准在信息系统安全建设工作中的应用如图 4-16 所示。

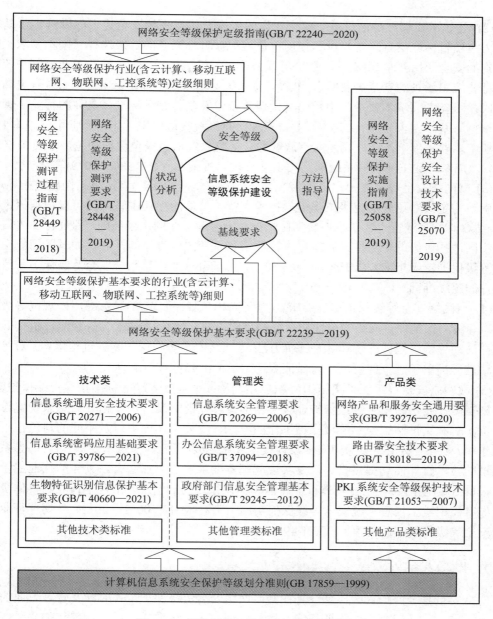

图 4-16　等级保护相关标准间的应用关系

对于图 4-16 有以下说明：

(1) 《计算机信息系统安全保护等级划分准则》(以下简称《划分准则》)及配套标准是《网络安全等级保护基本要求》(以下简称《基本要求》)的基础。《划分准则》是等级保护的基础性标准，《信息系统通用安全技术要求》等技术类标准、《信息系统安全管理要求》等管理类标准和《网络产品和服务安全通用要求》等产品类标准是在《划分准则》基础上研究制定的。《基本要求》以技术类标准和管理类标准等为基础，根据现有技术发展水平，从共性化保护需求和个性化保护需求明确了不同保护等级的最低安全保护要求，即基线要求。

(2) 《基本要求》是信息系统安全建设的依据。信息系统安全建设应以落实《基本要求》为主要目标。信息系统建设和使用单位应根据目标系统的等级选择《基本要求》中相应级别的安全通用要求和安全扩展要求(分云计算、移动互联、物联网和工业控制系统等不同泛行业应用场景的安全扩展要求)作为信息系统的基本安全需求。当信息系统有更高安全需求时，可参考《基本要求》中较高级别保护要求及其他相关标准。具体的行业主管部门可以根据《基本要求》，结合具体行业特点和信息系统实际情况，出台不低于《基本要求》的行业基本要求细则，如《民用航空旅客服务信息系统信息安全保护规范》(MH/T 0074—2020)、《烟草行业工业控制系统网络安全基线技术规范》(YC/T 580—2019)等。

(3) 《网络安全等级保护定级指南》(以下简称《定级指南》)为定级工作提供指导。《定级指南》为定级对象开展定级工作提供技术支持。具体的行业主管部门可以根据《定级指南》，结合具体行业特点和信息系统实际情况，出台本行业的定级细则，保证行业内信息系统在不同地区等级的一致性，以指导本行业信息系统定级工作的开展，如《民用航空网络安全等级保护定级指南》(MH/T 0069—2018)、《烟草行业信息系统安全等级保护与信息安全事件的定级准则》(YC/T 389—2011)等。

(4) 《网络安全等级保护测评要求》(以下简称《测评要求》)等标准用来规范等级测评活动。等级测评是评价网络安全保护状况的重要方法。《测评要求》为等级测评机构开展等级测评活动提供了测评方法和综合评价方法。《网络安全等级保护测评过程指南》对等级测评活动过程提出了规范性要求，以保证测评结论的准确性和可靠性。

(5) 《网络安全等级保护实施指南》(以下简称《实施指南》)等标准指导等级保护建设。《实施指南》是网络安全等级保护建设实施的过程控制标准，用于指导信息系统建设和使用单位了解和掌握网络安全等级保护工作的方法、主要工作内容以及不同的角色在不同阶段的作用。《网络安全等级保护安全设计技术要求》(以下简称《技术要求》)对信息系统安全建设的技术设计活动提供指导，是实现《基本要求》的方法之一。具体的行业主管部门可以根据《实施指南》，结合具体行业特点和信息系统实际情况，出台本行业的具体实施指南，如《民用航空信息系统安全等级保护实施指南》(MH/T 0051—2015)、《烟草行业信息系统安全等级保护实施规范》(YC/T 495—2014)等。

4.8.3　网络安全等级保护管理体系

网络安全等级保护管理体系，是在开展网络安全等级保护工作时涉及管理方面的分级实施的要求，包括安全工程管理和安全运行管理的分等级要求，以及对整体信息系统的安全监督检查和管理。

1. 信息系统的安全工程管理分等级要求

信息系统的安全工程管理的目标是，对按照等级保护要求开发的信息安全系统的整个开发过程实施管理，确保所开发的安全系统达到预期的安全要求。

信息系统安全工程的管理者应根据等级保护的总体要求，制定工程实施计划，并采取必要的行政措施和技术措施，确保工程实施按计划进行。

当信息系统安全的开发与信息系统的开发同步进行时，安全系统的工程管理应与信息系统的工程管理综合考虑并同步进行。当信息系统安全的开发是在已有的信息系统之上采用加固的方法实现时，安全系统的工程管理应独立进行。无论是哪种情况，安全系统的工程管理都应根据对安全系统开发的具体要求采取必要的措施，以保证所开发的安全系统的安全性达到所要求的目标。

信息系统的安全工程管理分等级要求包含以下五方面内容。

(1) 工程管理计划。信息安全系统开发的工程管理者，应根据不同安全等级的安全需求，制定不同安全等级的安全系统开发的工程管理计划，并以文档形式说明工程管理计划的详细内容。

(2) 工程资格保障。信息安全系统开发的工程管理者，应根据不同安全等级的安全需求，从以下方面确保工程资格保障达到相应安全等级的要求：
- 对工程建设的合法性要求。
- 对承建单位及协作单位的资质要求。
- 对承建单位人员及协作单位人员的资质要求。
- 对商业化产品的要求。
- 对工程监理的要求。
- 对密码管理方面的要求。
- 以文档形式说明工程资格保障的详细内容。

(3) 工程组织保障。信息安全系统开发的工程管理者，应根据不同安全等级的安全需求，从以下方面确保工程的组织保障达到相应安全等级的要求：
- 对组织过程的要求。
- 对系列产品的要求。
- 对工程支持环境的要求。
- 对相关人员的管理要求。
- 对与安全产品供应商的协调的要求。
- 以文档形式说明工程组织保障的详细内容。

(4) 工程实施管理。信息安全系统开发的工程管理者，应根据不同安全等级的安全需求，从以下方面确保工程的实施管理达到相应安全等级的要求：
- 对预期的系统安全特性的控制。
- 对与系统安全有关的影响(系统运行状况、商务活动和项目任务能力等因素)的识别与评估。
- 对与系统运行相关的安全风险的评估。

- 对来自人为的、自然的威胁的评估。
- 对整个系统脆弱性的评估。
- 对构建信任度证据、协调安全、监控安全状况、提供安全输入、确定安全需求及检验与验证安全等方面的要求。
- 以文档形式说明工程实施管理的详细内容。

(5) 项目实施管理。信息安全系统开发的工程管理者，应根据不同安全等级的安全需求，从以下方面确保项目的实施管理达到相应安全等级的要求：

- 对项目质量保证的要求。
- 对项目配置管理的要求。
- 对项目风险管理的要求。
- 对项目技术活动计划的要求。
- 对项目技术活动监控的要求。
- 以文档形式说明项目实施管理的详细内容。

2. 信息系统的安全运行管理分等级要求

信息系统的安全运行管理的目标是，通过对按照等级保护要求开发的信息安全系统的运行过程，按照相应的安全保护等级的要求实施安全管理，确保其在运行过程中所提供的安全功能达到预期的安全要求。

信息系统的安全运行管理的要求是在安全系统设计和实现过程中，根据下列需要产生的：

(1) 作为实现安全系统某一安全功能或某些安全功能的技术手段的保证措施。

(2) 作为实现安全系统某一安全功能或某些安全功能的非技术手段。

安全系统的设计者应以文档形式说明对安全系统的运行如何进行管理，并详细描述每一项管理措施对系统安全性所起的作用。

安全系统的运行是与信息系统的运行密不可分的。这里所描述的系统安全管理仅包含与安全系统的安全功能相关的管理，并非与信息系统运行相关的所有管理。

信息系统的安全运行管理分等级要求包含以下八方面内容。

(1) 系统安全管理计划。信息安全系统运行的管理者，应根据不同安全等级的需要，制定不同安全等级的安全系统运行管理计划，并以文档形式说明运行管理计划的详细内容。

(2) 管理机构和人员配置。信息安全系统的设计者，应根据不同安全等级的需要，明确不同安全等级的管理机构与人员配备的要求，设置管理机构，配备安全管理人员，明确各类人员的职责，并以文档形式对管理机构设置和人员配备要求进行详细说明。信息安全系统的运行管理者，应按照文档的要求，建立管理机构，配备管理人员。

(3) 规章制度。信息安全系统的设计者，应根据不同安全等级的需要，明确不同安全等级的规章制度的要求，从机房人员出/入管理、机房内部管理、操作规程、安全管理中心管理、应急计划和应急处理等方面，以文档形式对建立规章制度的要求进行详细说明。信息安全系统的运行管理者，应按照文档的要求，建立相应的规章制度。

(4) 人员审查与管理。信息安全系统的设计者，应根据不同安全等级的需要，明确不同安全等级的人员审查与管理的要求，从对各类人员(一般用户、系统管理员、系统安全员、系统审计员等)的审查、明确各类人员的岗位职责等方面,以文档形式对人员审查与管理的要求进行详细说明。信息安全系统的运行管理者,应按照文档的要求,明确相应的人员审查与管理要求,并贯彻执行。

(5) 人员培训、考核与操作管理。信息安全系统的设计者,应根据不同安全等级的需要,明确不同安全等级的培训、考核与操作管理要求,从对人员的培训、考核及操作管理等方面,以文档形式进行详细说明。信息安全系统的运行管理者,应按照文档的要求,对相关人员进行严格的培训、考核与操作管理。

(6) 安全管理中心。信息安全系统的设计者,应根据不同安全等级的需要,明确不同安全等级的安全管理中心的要求,从安全管理中心的建立和明确安全管理中心的任务等方面,以文档形式对安全管理中心的要求进行详细说明。信息安全系统的运行管理者,应按照文档的要求,建立安全管理中心,并按照所规定的任务发挥安全管理中心的作用。

(7) 风险管理。信息安全系统的设计者,应根据不同安全等级的需要,明确不同安全等级的风险管理的要求,从信息收集和信息分析等方面,以文档形式对风险管理的要求进行详细说明。信息安全系统的运行管理者,应按照文档的要求,进行风险管理。

(8) 密码管理。信息安全系统的设计者,应根据不同安全等级的需要,以文档形式对密码管理要求进行详细说明。信息安全系统的运行管理者,应按照文档的要求,进行密码管理。

3. 信息系统的安全监督检查和管理

信息系统的安全监督检查和管理包含以下内容:

(1) 安全产品的监督检查和管理。通过对安全产品进行测评,并实行市场准入许可证制度等,确保安全产品的安全性和质量要求达到规定的目标。

(2) 安全系统的监督检查和管理。由国家指定的信息安全监管职能部门,通过备案、指导、检查、督促整改等方式,对重要信息和信息系统的信息安全保护工作进行指导监督。

(3) 长效持续的监督检查和管理。信息系统安全监督检查和管理是一项长期的持续性工作,需要制定相应的管理制度与实施规程,以确保在人员和机构等发生变化的情况下,仍能以规范化的要求开展工作。

4.8.4　网络安全等级保护技术体系

随着信息技术的发展,从简单的信息系统,到涉及云计算、移动互联、物联网、工业控制和大数据等新技术、新应用领域的特殊信息系统,都对网络安全等级保护体系的技术框架、支撑平台与系统构建、相关措施建设等提出了新的挑战。网络安全等级保护技术体系,应根据《基本要求》,在《技术要求》指导下,对信息系统安全建设开展等级保护的技术设计与实施活动。

1. 信息系统安全的组成与相互关系

信息系统通常是一个庞大而复杂的系统。一个典型的信息系统由支持软件系统运行的硬件系统(包括计算机硬件和网络硬件及其所在的环境)、通信网络、对系统硬件进行管理并提供应用支持的计算机系统软件和网络系统软件、按照应用需要进行信息处理的应用软件等部分组成。这些硬件和软件共同构成一个完整的信息系统,通过对数据信息进行存储、传输和处理，提供确定的功能，完成所规定的应用。

信息系统安全是围绕信息系统的组成及其所实现的功能，对信息系统的运行及其所存储、传输和处理的信息进行安全保护所采取的措施。根据上述信息系统的组成与功能，按照六个安全组成部分进行的安全描述，将有助于全面、准确地理解信息系统安全所涉及的内容。

信息系统安全的六个安全组成部分分别从物理环境安全、通信网络安全、网络边界安全、主机设备安全、应用和数据安全以及安全管理等方面对信息系统的安全进行保障。这六个安全组成部分所涉及的内容及相互关系如图 4-17 所示。

应用和数据安全 (软件安全、业务安全、数据安全)	应用 管理	
主机设备安全 (系统安全、文件安全、网络安全)	主机 管理	安
网络边界安全 (内部安全、大/小边界安全)	网络 管理	全
通信网络安全 (通信线路安全、通信设备安全)	通信 管理	管 理
物理环境安全 (计算机硬件安全、网络硬件安全、环境安全)	物理 管理	

图 4-17　信息系统安全的组成及相互关系

(1) 物理环境安全。为信息系统的安全运行和信息的安全保护提供基本的计算机、网络硬件设备、设施、介质及其环境等方面的安全支持，使其免遭地震、火灾、水灾、盗窃等事故导致的破坏。

(2) 通信网络安全。保护暴露于外部的通信线路和通信设备，防止通信网络阻塞、中断、瘫痪或者被非法控制，以及防止通信网络中传输、存储、处理的数据信息丢失、泄露或者被篡改。

(3) 网络边界安全。对信息系统实施边界安全防护，在内部不同级别的大/小边界上实施不同级别的边界安全保护策略和安全技术措施。如果不同级别的定级对象共享同一设备进行边界保护，则该边界设备的安全保护策略和安全技术措施应满足最高级别定级对象的等级保护基本要求。

(4) 主机设备安全。在内部安全区域实施主机设备安全防护，保证信息系统中的主机进行数据存储和处理的保密性、完整性，可用性，包括主机的固件、系统软件、软件、网络接口等的自身安全，以及一系列附加的安全技术和安全管理措施。

(5) 应用和数据安全。在内部安全区域实施应用和数据安全防护，实现应用软件的安全可靠，业务系统的持续稳定，数据的完整、保密及可用等。

(6) 安全管理。信息系统的安全管理是指对组成信息系统安全的物理环境安全、通信网络安全、网络边界安全、主机设备安全、应用和数据安全等实施统一的安全技术管理，是保证这些安全达到其确定目标在管理方面所采取的措施的总称。安全管理通过对信息安全系统工程的管理和对信息安全系统运行的管理来实现。

2. 网络安全等级保护安全技术的设计框架

根据《基本要求》中的安全通用要求和安全扩展要求，参照《技术要求》，网络安全等级保护安全技术设计包括通用网络安全等级保护安全技术设计、云计算等级保护安全技术设计、移动互联等级保护安全技术设计、物联网等级保护安全技术设计和工业控制等级保护安全技术设计等。

(1) 通用网络安全等级保护安全技术设计：包括各级系统安全保护环境的设计及其安全互联的设计，如图 4-18 所示。各级系统安全保护环境由相应级别的安全计算环境、安全区域边界、安全通信网络和(或)安全管理中心组成。

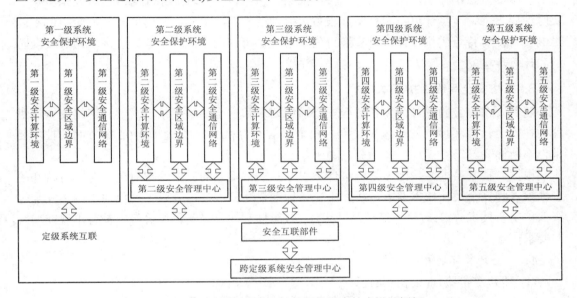

图 4-18　通用网络安全等级保护安全技术设计框架

其中，安全计算环境是对定级的信息进行存储、处理及实施安全策略的相关部件；安全区域边界是定级系统的安全计算环境边界、安全计算环境与安全通信网络之间实现连接并实施安全策略的部件；安全通信网络是定级系统安全计算环境之间进行信息传输及实施安全策略的相关部件；安全管理中心是对定级系统的安全策略及安全计算环境、安全区域边界和安全通信网络上的安全机制实施统一管理的平台或区域。

定级系统互联由安全互联部件和跨定级系统安全管理中心组成。在对定级系统进行等级保护安全保护环境设计时，可以结合系统自身业务需求，将定级系统进一步细化成不同的子系统，确定每个子系统的等级，对子系统进行安全保护环境的设计。

(2) 云计算等级保护安全技术设计：结合云计算功能分层框架和云计算特点，构建的云计算安全设计防护技术框架，包括云用户层、访问层、服务层、资源层、硬件设施层和管理层(跨层功能)。用户通过安全的通信网络以网络直接访问、API 接口访问和 Web 服务访问等方式安全地访问云服务商提供的安全计算环境。安全计算环境包括资源层安全和服务层安全。云计算环境的系统管理、安全管理和安全审计由安全管理中心统一管控。

（3）移动互联等级保护安全技术设计：其中的安全计算环境由核心业务域、DMZ 域和远程接入域三个安全域组成，安全区域边界由移动互联系统区域边界、移动终端区域边界、传统计算终端区域边界、核心服务器区域边界、DMZ 区域边界组成，安全通信网络由移动运营商或用户自己搭建的无线网络组成。

（4）物联网等级保护安全技术设计：结合物联网系统的特点，构建在安全管理中心支持下的安全计算环境、安全区域边界、安全通信网络三重防御体系。物联网感知层和应用层都由完成计算任务的计算环境和连接网络通信域的区域边界组成。

（5）工业控制等级保护安全技术设计：构建在安全管理中心下的计算环境、区域边界、通信网络三重防御体系，采用分层、分区的架构。结合工业控制系统总线协议复杂多样、实时性要求强、节点计算资源有限、设备可靠性要求高、故障恢复时间短、安全机制不能影响实时性等特点进行设计，以实现可信、可控、可管的系统安全互联、区域边界安全防护和计算环境安全。

3. 网络安全等级保护基本技术

随着安全等级的提升，为了适应安全通用要求和安全扩展要求的需要，网络安全等级保护在安全计算环境、安全区域边界、安全通信网络和(或)安全管理中心等方面的技术要求也不断提高。

根据《技术要求》，因为第五级保护对象是非常重要的监督管理对象，对其有特殊的管理模式和安全设计技术要求，所以不在该标准描述范围之内。以下列出通用网络安全等级保护安全技术分等级(第一级～第四级)要求(黑体字部分表示较低等级中没有出现或增强的要求)。

1）安全计算环境相关技术

（1）用户身份鉴别(见表 4-6)。

表 4-6　　用户身份鉴别的技术等级要求

用户身份鉴别	第一级	支持用户标识和用户鉴别，在每个用户注册到系统时，以用户名或用户标识符标记用户身份；在每次用户登录系统时，采用口令鉴别机制鉴别用户身份，并保护口令数据
	第二级	支持用户标识和用户鉴别，在每个用户注册到系统时，以用户名或用户标识符标记用户身份，**并确保在系统生存周期内用户标识的唯一性**；在每次用户登录系统时，采用**受控的口令或具有相应安全强度的其他机制**鉴别用户身份，并用密码技术对鉴别数据进行**保密性和完整性**保护
	第三级	支持用户标识和用户鉴别，在每个用户注册到系统时，以用户名或用户标识符标记用户身份，并确保系统生存周期内用户标识的唯一性；在每次用户登录系统时，采用**受安全管理中心控制**的口令、**令牌、基于生物特征、数字证书**以及其他具有相应安全强度的**两种或两种以上的组合机制**鉴别用户身份，并用密码技术对鉴别数据进行保密性和完整性保护
	第四级	同第三级

(2) 自主访问控制(见表 4-7)。

表 4-7　自主访问控制的技术等级要求表

自主访问控制	第一级	在安全策略的控制范围内，使用户/用户组(主体)对其创建的客体具有相应的访问操作权限，并能自主地将这些权限的部分或全部授予其他用户/用户组。主体粒度为用户/用户组级，客体粒度为文件或数据库表级，操作包括对客体的创建、读、写、修改和删除等
	第二级	在安全策略的控制范围内，使用户(主体)对其创建的客体具有相应的访问操作权限，并能自主地将这些权限的部分或全部授予其他用户。主体粒度为用户级，客体粒度为文件或数据库表级，操作包括对客体的创建、读、写、修改和删除等
	第三级	在安全策略的控制范围内，使用户(主体)对其创建的客体具有相应的访问操作权限，并能自主地将这些权限的部分或全部授予其他用户。主体粒度为用户级，客体粒度为文件或数据库表级和(或)记录或字段级，操作包括对客体的创建、读、写、修改和删除等
	第四级	同第三级

(3) 标记和强制访问控制(见表 4-8)。

表 4-8　标记和强制访问控制的技术等级要求表

标记和强制访问控制	第一级	无
	第二级	无
	第三级	在对安全管理员进行身份鉴别和权限控制的基础上，应由安全管理员通过特定操作界面对主、客体进行安全标记；应按安全标记和强制访问控制规则，对确定主体访问客体的操作进行控制。主体的粒度为用户级，客体的粒度为文件或数据库表级。应确保安全计算环境内的所有主、客体具有一致的标记信息，并实施相同的强制访问控制规则
	第四级	同第三级

(4) 用户数据完整性保护(见表 4-9)。

表 4-9　用户数据完整性保护的技术等级要求表

用户数据完整性保护	第一级	采用常规校验机制检验存储的用户数据的完整性，以判断其完整性是否被破坏
	第二级	同第一级
	第三级	采用密码等技术支持的完整性校验机制，检验存储和处理的用户数据的完整性，以判断其完整性是否被破坏，且在其受到破坏时能对重要数据进行恢复
	第四级	同第三级

(5) 用户数据保密性保护(见表 4-10)。

表 4-10　用户数据保密性保护的技术等级要求表

用户数据保密性保护	第一级	无
	第二级	采用密码等技术支持的保密性保护机制，对在安全计算环境中存储和处理的用户数据进行保密性保护
	第三级	同第二级
	第四级	采用密码等技术支持的保密性保护机制，对在安全计算环境中的用户数据进行保密性保护

(6) 恶意代码防范(见表 4-11)。

表 4-11　恶意代码防范的技术等级要求表

恶意代码防范	第一级	安装防恶意代码软件或配置有相应安全功能的操作系统，并定期升级和更新，以防范和清除恶意代码
	第二级	同第一级
	第三级	"入侵检测和恶意代码防范"，通过主动免疫可信计算检验机制及时识别入侵和病毒行为，并将其有效阻断
	第四级	同第三级

(7) 系统安全审计(见表 4-12)。

表 4-12　系统安全审计的技术等级要求表

系统安全审计	第一级	无
	第二级	提供安全审计机制，记录系统的相关安全事件。审计记录包括安全事件的主体、客体、时间、类型和结果等内容。该机制应提供审计记录查询、分类和存储保护，并可由安全管理中心管理
	第三级	记录系统的相关安全事件。审计记录包括安全事件的主体、客体、时间、类型和结果等内容。应提供审计记录查询、分类、**分析**和存储保护；**确保对特定安全事件进行报警；确保审计记录不被破坏或非授权访问。应为安全管理中心提供接口；对不能由系统独立处理的安全事件，提供由授权主体调用的接口**
	第四级	记录系统的相关安全事件。审计记录包括安全事件的主体、客体、时间、类型和结果等内容。应提供审计记录查询、分类、分析和存储保护；确保对特定安全事件进行报警，**终止违例进程等**；确保审计记录不被破坏或非授权访问**以防止审计记录丢失**。应为安全管理中心提供接口；对不能由系统独立处理的安全事件，提供由授权主体调用的接口

(8) 客体安全重用(见表 4-13)。

表 4-13　客体安全重用的技术等级要求表

客体安全重用	第一级	无
	第二级	采用具有安全客体复用功能的系统软件或具有相应功能的信息技术产品，对用户使用的客体资源，在这些客体资源重新分配前，对其原使用者的信息进行清除，以确保信息不被泄露
	第三级	同第二级
	第四级	同第二级

(9) 可信验证(见表 4-14)。

表 4-14　可信验证的技术等级要求表

可信验证	第一级	基于可信根对计算节点的BIOS、引导程序、操作系统内核等进行可信验证，并在检测到其可信性遭到破坏后进行报警
	第二级	基于可信根对计算节点的BIOS、引导程序、操作系统内核、**应用程序**等进行可信验证，在检测到其可信性遭到破坏后进行报警，**并将验证结果形成审计记录**
	第三级	基于可信根对计算节点的BIOS、引导程序、操作系统内核、应用程序等进行可信验证，**并在应用程序的关键执行环节对系统调用的主体、客体、操作可信验证，并对中断、关键内存区域等执行资源进行可信验证**，在检测到其可信性遭到破坏时采取措施恢复，并将验证结果形成审计记录，**送至管理中心**
	第四级	基于可信根对计算节点的BIOS、引导程序、操作系统内核、应用程序等进行可信验证，并在应用程序的**所有**执行环节对系统调用的主体、客体、操作可信验证，并对中断、关键内存区域等执行资源进行可信验证，在检测到其可信性遭到破坏时采取措施恢复，并将验证结果形成审计记录，送至管理中心，**进行动态关联感知**

(10) 配置可信检查(见表 4-15)。

表 4-15　配置可信检查的技术等级要求表

配置可信检查	第一级	无
	第二级	无
	第三级	将系统的安全配置信息形成基准库，实时监控或定期检查配置信息的修改行为，及时修复和基准库中内容不符的配置信息
	第四级	将系统的安全配置信息形成基准库，实时监控或定期检查配置信息的修改行为，及时修复和基准库中内容不符的配置信息，**可将感知结果形成基准值**

2) 安全区域边界相关技术

(1) 区域边界访问控制(见表 4-16)。

表 4-16　区域边界访问控制的技术等级要求表

区域边界访问控制	第一级	无
	第二级	无
	第三级	在安全区域边界设置自主和强制访问控制机制，应对源及目标计算节点的身份、地址、端口和应用协议等进行可信验证，对进出安全区域边界的数据进行控制，阻止非授权访问
	第四级	同第三级

(2) 区域边界包过滤(见表 4-17)。

表 4-17　区域边界包过滤的技术等级要求表

区域边界包过滤	第一级	根据区域边界安全控制策略，通过检查数据包的源地址、目的地址、传输层协议和请求的服务等，确定是否允许该数据包通过该区域边界
	第二级	同第一级
	第三级	同第一级
	第四级	同第一级

(3) 区域边界恶意代码防范(见表 4-18).

表 4-18   区域边界恶意代码防范的技术等级要求表

区域边界恶意代码防范	第一级	在安全区域边界设置防范恶意代码软件，并定期升级和更新，以防止恶意代码入侵
	第二级	在安全区域边界设置防恶意代码网关，由安全管理中心管理
	第三级	同第二级
	第四级	同第二级

(4) 区域边界完整性保护(见表4-19).

表 4-19   区域边界完整性保护的技术等级要求表

区域边界完整性保护	第一级	无
	第二级	在区域边界设置探测器，探测非法外联等行为，并及时报告安全管理中心
	第三级	在区域边界设置探测器，探测非法外联和入侵行为，并及时报告安全管理中心
	第四级	同第三级

(5) 区域边界安全审计(见表 4-20).

表 4-20   区域边界安全审计的技术等级要求表

区域边界安全审计	第一级	无
	第二级	在区域边界设置审计机制，并由安全管理中心统一管理
	第三级	在区域边界设置审计机制，并由安全管理中心统一管理，并对确认的违规行为及时报警
	第四级	在区域边界设置审计机制，通过安全管理中心集中管理，对确认的违规行为及时报警并作出相应处置

(6) 可信验证(见表4-21).

表 4-21   可信验证的技术等级要求表

可信验证	第一级	基于可信根对区域边界计算节点的BIOS、引导程序、操作系统内核等进行可信验证，并在检测到其可信性遭到破坏后进行报警
	第二级	基于可信根对区域边界计算节点的BIOS、引导程序、操作系统内核、区域边界安全管控程序等进行可信验证，在检测到其可信性遭到破坏后进行报警，并将验证结果形成审计记录
可信验证	第三级	基于可信根对区域边界计算节点的BIOS、引导程序、操作系统内核、区域边界安全管控程序等进行可信验证，并在区域边界设备运行过程中定期对程序内存空间、操作系统内核关键内存区域等执行资源进行可信验证，在检测到其可信性遭到破坏后采取措施恢复，并将验证结果形成审计记录，送至管理中心
	第四级	基于可信根对区域边界计算节点的BIOS、引导程序、操作系统内核、区域边界安全管控程序等进行可信验证，并在区域边界设备运行过程中实时地对程序内存空间、操作系统内核关键内存区域等执行资源进行可信验证，在检测到其可信性遭到破坏后采取措施恢复，并将验证结果形成审计记录，送至管理中心，进行动态关联感知

3) 安全通信网络相关技术

(1) 通信网络数据传输完整性保护(见表 4-22)。

表 4-22　通信网络数据传输完整性保护的技术等级要求表

通信网络数据传输完整性保护	第一级	采用由密码等技术支持的完整性校验机制，以实现通信网络数据传输完整性保护
	第二级	同第一级
	第三级	采用由密码等技术支持的完整性校验机制，以实现通信网络数据传输完整性保护，**并在发现完整性被破坏时进行恢复**
	第四级	同第三级

(2) 通信网络数据传输保密性保护(见表 4-23)。

表 4-23　通信网络数据传输保密性保护的技术等级要求表

通信网络数据传输保密性保护	第一级	无
	第二级	采用由密码等技术支持的保密性保护机制，以实现通信网络数据传输保密性保护
	第三级	同第二级
	第四级	同第二级

(3) 通信网络安全审计(见表 4-24)。

表 4-24　通信网络安全审计的技术等级要求表

通信网络安全审计	第一级	无
	第二级	在安全通信网络设置审计机制，由安全管理中心管理
	第三级	在安全通信网络设置审计机制，由安全管理中心集中管理，**并对确认的违规行为进行报警**
	第四级	在安全通信网络设置审计机制，由安全管理中心集中管理，并对确认的违规行为进行报警，**且作出相应处置**

(4) 可信连接验证(见表 4-25)。

表 4-25　可信连接验证的技术等级要求表

可信连接验证	第一级	通信节点应采用具有网络可信连接保护功能的系统软件或可信根支撑的信息技术产品，在设备连接网络时，对源和目标平台身份进行可信验证
	第二级	通信节点应采用具有网络可信连接保护功能的系统软件或可信根支撑的信息技术产品，在设备连接网络时，对源和目标平台身份、**执行程序**进行可信验证，**并将验证结果形成审计记录**
	第三级	通信节点应采用具有网络可信连接保护功能的系统软件或可信根支撑的信息技术产品，在设备连接网络时，对源和目标平台身份、执行程序**及其关键执行环节的执行资源**进行可信验证，并将验证结果形成审计记录，**送至管理中心**
	第四级	通信节点应采用具有网络可信连接保护功能的系统软件或可信根支撑的信息技术产品，在设备连接网络时，对源和目标平台身份、执行程序及其**所有执行环节的执行资源**进行可信验证，并将验证结果形成审计记录，送至管理中心，**进行动态关联感知**

4. 网络安全等级保护支撑平台

1) 信息系统密码基础设施平台

信息系统密码基础设施平台是由密码技术所构成的密码基础设施平台，由公钥基础设施(PKI)、授权管理基础设施(PMI)、密钥管理基础设施(KMI)等密码安全机制和授权管理机制等组成。它为安全信息系统实现保密性、完整性、真实性、抗抵赖、访问控制等安全机制提供支持，其提供的功能要求包括：数据加/解密；数字签名/验证；数字证书签发/验证；数字信封封装/解封；数据摘要/完整性验证；会话密钥生成、存储、发送与接收；分等级安全支持等。

2) 信息系统应用安全支撑平台

信息系统应用安全支撑平台利用密码基础设施平台提供的基于 PKI/PMI/KMI 技术的安全服务，采用安全中间件及一站式服务理论和技术，支持面向业务应用的各种应用软件系统安全机制的设计，实现包括真实性鉴别、访问控制、信息安全交换、数据安全传输以及数据的保密性、完整性保护等应用软件系统的安全功能，是应用软件系统安全支撑平台的设计目标。其提供的功能要求包括：

(1) 安全服务要求。

信息系统应用安全支撑平台提供的安全服务主要有：

① 支持服务器端的服务。采用中间件技术，构建安全中间件模块和安全中间件系统，实现以 PKI 为核心的安全技术的跨平台分布式应用。

② 支持客户端的服务。按照称为安全客户端套件的轻量级中间件模式，采用层次结构，按设备层、硬件接口层、驱动层、底层接口层和高层接口层，构成客户端安全的核心模块，通过密码设备驱动访问所连接的各类终端密码设备。

(2) 分等级要求。

根据不同安全等级的应用对安全支撑平台的不同要求，安全支撑平台应提供不同安全强度/等级的安全支持。

3) 信息系统灾难备份与恢复平台

信息系统灾难备份与恢复平台包括：

(1) 灾难备份。

灾难备份是在信息系统正常运行的情况下，为确保信息系统发生灾难性故障中断运行后恢复运行所做的一系列技术准备工作。灾难备份主要有：

① 数据备份。用来确保系统恢复运行后原有的数据信息不丢失或少丢失。

② 处理系统备份。用来确保当信息系统中断运行后能在规定的时间范围内替代原系统运行，并确保提供所需要的信息处理能力。

③ 本地备份。对组成信息系统的主机/服务器，通过设置本地备份机制，实现对数据备份和处理系统备份。

④ 异地备份。对组成信息系统的主机/服务器，通过设置异地备份机制，实现对数据和处理系统的异地备份。异地备份能应对那些由地震、水灾、战争破坏等重大破坏性灾害

所引起的灾难性故障。

⑤ 网络备份。对组成信息系统的网络系统，通过设置备份路由或备份线路来确保当网络系统的某些部位发生故障中断运行时，备份网络能替代故障部分实现所需要的网络数据交换。

(2) 灾难恢复。

灾难恢复是在信息系统发生灾难性故障中断运行后所采取的一系列恢复措施。如果说灾难备份更多的是技术措施的话，灾难恢复活动则更多的是管理措施。灾难恢复的要求主要有：

① 制定明确的灾难恢复策略。

② 制定实施灾难恢复的预案。

③ 灾难恢复策略应与灾难备份技术支持密切结合，或者说灾难备份所提供的技术支持是根据灾难恢复的总体策略确定的。

④ 设置相应的机构和人员，并明确其相应的职责。

⑤ 灾难恢复预案应进行常规的管理和维护，对相关人员进行培训，并定期进行必要的演练。

(3) 分等级要求。

根据信息系统所承载的业务应用的持续性的不同要求，灾难备份和恢复需要有不同等级的支持。灾难备份和恢复的等级与目标信息系统的安全保护等级是两个不同的概念，但是在实施灾难备份与恢复的过程中，应按照目标信息系统安全保护等级的要求，对所涉及的数据信息进行相应的安全保护。

4) 信息系统安全事件应急响应与管理平台

应急响应通常是指一个组织为了应对各种意外事件的发生所做的准备以及在事件发生后所采取的措施。信息系统安全事件应急响应的对象是指针对信息系统所存储、传输、处理的信息的安全事件。事件的主体可能来自自然界、系统自身故障、组织内部或外部的人为攻击等。按照信息系统安全的三个特性，可以把安全事件定义为破坏信息或信息处理系统的行为，即破坏保密性的安全事件、破坏完整性的安全事件和破坏可用性的安全事件等。信息系统安全事件应急响应与管理平台主要包括以下方面：

(1) 应急响应与管理。

应急管理是指在紧急事件发生后为了维持和恢复关键的信息系统服务所进行的范围广泛的活动。从广义的范围讲，所讨论的应急响应与管理，包括业务持续性计划(BCP)、业务恢复计划(BRP)、操作连续性计划(COOP)、危机通信计划、计算机事件响应计划、灾难恢复计划(DRP)、场所紧急计划(OEP)等在内的活动与计划等，统称为应急计划。通过预防及恢复措施的使用，把信息系统因灾难或安全失效的停顿降到可接受的程度。

(2) 应急计划。

应通过分析灾难、安全失效及服务停顿的影响，制订及实施应急计划来保证系统能够在规定时间内恢复。计划应经常修改、测试和演练，并最终变成管理过程的不可分割部分。

应急计划的制订应考虑：角色和职责、应急计划所涉及的平台和机构功能的类型范围、机构所面临的风险、风险发生的概率及影响、资源需求、培训需求、测试和演练进度表、计划维护进度表。在应急计划的制订中，应该与包括物理安全、人力资源、系统操作和紧急事件等在内的相关方面协调一致。应经常测试应急计划的每个部分，以确保计划可以在真实环境中实施。应急计划的定期检查和更新是至关重要的，应该作为机构变化管理过程的一部分，以确保新的信息能够被添加进来，应急措施能够根据需要被修订。

(3) 联动要求。

应急响应与管理不单是一个单位和部门的事，而是各个相关的单位和部门的联动活动。为了加强我国网络安全水平建设，增强安全事件处理能力，国内成立了"国家计算机网络应急技术处理协调中心，或称国家互联网应急中心(CERT/CC，National Computer network Emergency Response technical Team/Coordination Center of China)，由信息产业部互联网应急处理小组协调办公室直接领导，为各行业、部门和公司的应急响应小组协调和交流提供便利条件，同时为政府等重要部门提供应急响应服务。

(4) 标准化要求。

应急响应的标准化工作就是为应急响应组织自身及相互协调提供信息交互的标准接口，并且为这种协调机制的成功运转提供保证。建立信息系统应急响应与管理体系平台，应急响应标准化工作十分重要，它是互联网应急响应体系通信协调机制的基础，同时也是应急响应联动系统正常运作的基础。这方面国际上已经做了很多工作。我国在这方面的工作则刚刚起步，还有许多事情需要做。可以参考国外的相关标准，制定出适合具体情况的信息系统安全事件应急响应与管理国家标准。

5) 信息系统安全管理平台

以信息系统安全综合监控管理中心为核心的安全管理平台，是对信息系统的各种安全机制进行管理使其发挥应有安全作用的重要环节。除了进行信息系统自身的安全机制的管理外，信息系统安全管理平台应按照统一的要求向上级安全主管部门报告情况，与相关单位交流信息。信息系统安全管理平台既是一个管理机构，又具有强烈的技术特色，应按要求配备必要的专业人员，明确分管职责，并有统一的领导协调各方面的工作。

对于大型复杂的信息系统，各种安全机制广泛地分布于信息系统的各个组成部分。管理平台担负着对这些安全机制进行集中控制、统一配置管理和收集各类与安全有关信息的责任，并对收集到的与安全有关的信息进行汇集、分析和风险评估，发现系统运行中与安全有关的问题，作相应处理。必要时，可以在确定的安全域设置安全管理分中心，形成多层结构的安全管理平台，共同完成对信息安全系统的管理控制。

信息系统安全综合监控管理中心通过对各种信息安全设备、安全软件、人员角色等进行集中监控与管理，把原本分离的各种信息资源联系成一个有机协作的整体，实现信息安全管理过程中的实时状态监测与风险评估、动态策略调整、综合安全审计、数据关联处理，以及恰当及时的威胁响应，从而有效地提升信息系统的安全保障能力和用户的管理水平。

图 4-19 给出了单层的信息系统安全综合监控管理中心的架构。

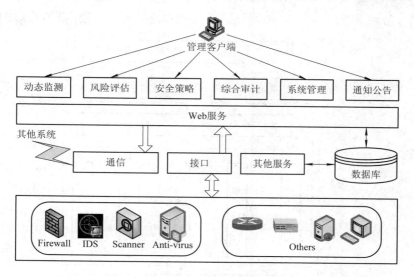

图 4-19 单层的信息系统安全综合监控管理中心的架构

5. 等级化安全信息系统构建技术

等级化安全信息系统是指由不同安全保护等级的安全域组成的安全信息系统。等级化安全信息系统的构建包括:

(1) 等级化安全信息系统的设计与实现。

等级化安全信息系统的设计和实现,应按照本章第 4.5 节信息系统安全等级保护的基本原理和方法,确定安全域的划分,实施信息系统及安全域的内部与边界、网络系统、主机和应用等的安全保护;按照本章第 4.7 节等级保护工作的实施所描述的原则、方法和过程,确定信息系统(安全域)的安全保护等级;根据所确定的安全保护等级,以信息系统安全等级保护相关的安全技术和安全产品标准为依据,选择相应等级的安全技术和安全产品,按系统化的设计要求,采用集成化的方法,设计和实现满足信息系统安全等级保护要求的安全信息系统。还应按照系统安全工程管理的有关标准的要求,对整个设计和实现工程过程进行安全管理。

(2) 等级化安全信息系统的测试与评估。

等级化安全信息系统的测试与评估应按照相关标准的要求进行。系统的测试与评估应以技术和产品的测试与评估为基础。首先应对构成等级化信息系统的安全技术和产品分别进行考察/测评。考察的目的是确认其是否通过相应安全等级的测评。在信息安全等级保护工作初期阶段,按照等级标准的要求对产品进行测试与评估还有一个过程,所以必要时可以对所使用的安全技术和安全产品进行测试与评估,确定其是否具有所需要的安全保护等级。在技术和产品达到安全等级要求的基础上,应重点从系统角度对各安全技术、产品之间的接口及连接关系进行测试与评估,对系统各组成部分之间安全的一致性和关联互补等所形成的系统整体安全性进行测试与评估,确定信息系统(安全域)整体上是否达到确定的安全等级的设计目标要求。

6. 网络安全等级保护安全技术措施建设

网络安全等级保护安全技术措施的建设应该根据《基本要求》,参照《技术要求》《信

息安全技术　信息系统通用安全技术要求》等标准规范的要求开展，其流程如图 4-20 所示。

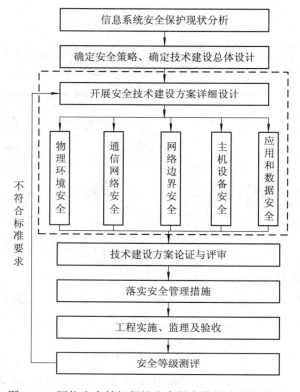

图 4-20　网络安全等级保护安全技术措施建设的流程

1) 信息系统安全保护现状分析

了解掌握信息系统现状，分析信息系统的安全保护状况，明确信息系统安全技术建设的需求，可以为安全建设技术方案设计提供必要的依据。

(1) 信息系统现状分析。

了解掌握信息系统的数量和等级、所处的网络区域以及信息系统所承载的业务应用情况，分析信息系统的边界、构成和相互关联情况，分析网络结构、内部区域、区域边界以及软、硬件资源等。

(2) 信息系统安全保护现状分析。

在开展信息系统安全保护技术建设之前，应通过信息系统安全保护技术现状分析，查找信息系统安全保护技术建设中需要解决的问题，明确信息系统安全保护技术建设的需求。可采取对照检查、风险评估、等级测评等方法，分析判断目前所采取的安全技术措施与等级保护标准要求之间的差距，分析系统已发生的事件或事故，分析安全技术方面存在的问题，形成安全保护技术建设的基本安全需求。在满足信息系统安全等级保护基本要求基础上，可结合行业特点和信息系统安全保护的特殊要求，提出特殊安全需求，可参照《基本要求》《测评要求》和《网络安全等级保护测评过程指南》等标准。

(3) 安全需求论证和确定。

安全需求分析工作完成后，将信息系统的安全管理需求与安全技术需求综合形成安全需求报告。组织专家对安全需求进行评审论证。

2) 确定安全策略、确定技术建设总体设计

(1) 确定安全策略。

根据安全需求分析，确定安全技术策略，包括业务系统分级策略、数据信息分级策略、区域互连策略和信息流控制策略等，用以指导系统安全技术体系结构设计。

(2) 设计总体技术方案。

在进行信息系统安全技术建设方案设计时，应以《基本要求》为基本目标，可以针对安全现状分析发现的问题进行加固改造，缺什么补什么；也可以进行总体的安全技术设计，将不同区域、不同层面的安全保护措施形成有机的安全保护体系，落实物理环境安全、通信网络安全、网络边界安全、主机设备安全、应用和数据安全等方面基本要求，最大程度发挥安全措施的保护能力。在进行安全技术设计时，可参考《技术要求》，从安全计算环境、安全区域边界、安全通信网络和安全管理中心等方面落实安全保护技术要求。

3) 安全技术方案详细设计

(1) 物理环境安全设计。

从安全技术设施和安全技术措施两方面对信息系统所涉及的主机房、辅助机房和办公环境等进行物理安全设计，设计内容包括防震、防雷、防火、防水、防盗窃、防破坏、温湿度控制、电力供应、电磁防护等方面。物理安全设计是对采用的安全技术设施或安全技术措施的物理部署、物理尺寸、功能指标、性能指标等内容提出具体设计参数。具体依据《基本要求》中的"安全物理环境"内容，同时可以参照《信息安全技术　信息系统物理安全技术要求》等。

(2) 通信网络安全设计。

对信息系统所涉及的通信网络，包括骨干网络、城域网络和其他通信网络(租用线路)等进行安全设计，设计内容包括通信过程数据完整性、数据保密性、保证通信可靠性的设备和线路冗余、通信网络的网络管理等方面。

通信网络安全设计涉及的安全技术机制或安全技术措施，对技术实现机制、产品形态、具体部署形式、功能指标、性能指标和配置参数等提出了具体设计要求。具体依据《基本要求》中"安全通信网络"内容，同时可以参照《信息安全技术　网络基础安全技术要求》等。

(3) 网络边界安全设计。

对信息系统所涉及的区域网络边界进行安全设计，内容包括区域网络的边界保护、区域划分、身份认证、访问控制、安全审计、入侵防范、恶意代码防范和网络设备自身保护等方面。

网络边界安全设计涉及的安全技术机制或安全技术措施，对技术实现机制、产品形态、具体部署形式、功能指标、性能指标和配置策略和参数等提出了具体设计要求。具体依据《基本要求》中的"安全区域边界"内容，同时可以参照《技术要求》《信息安全技术　网络基础安全技术要求》等。

(4) 主机设备安全设计。

对信息系统涉及的服务器和工作站进行主机设备安全设计，内容包括操作系统或数据

库管理系统的选择、安装和安全配置，以及主机入侵防范、恶意代码防范、资源使用情况监控等。其中，安全配置细分为身份鉴别、访问控制、安全审计等方面的配置内容。具体依据《基本要求》中的"安全计算环境"内容，同时可以参照《技术要求》《信息安全技术　信息系统通用安全技术要求》等。

(5) 应用和数据安全设计。

主要包括应用系统安全设计和数据备份与恢复安全设计。

应用系统安全设计是对信息系统涉及的应用系统软件(含应用/中间件平台)进行安全设计，设计内容包括身份鉴别、访问控制、安全标记、可信路径、安全审计、剩余信息保护、通信完整性、通信保密性、抗抵赖、软件容错和资源控制等。具体依据《基本要求》中的"安全计算环境"内容，同时可以参照《技术要求》《信息安全技术　信息系统通用安全技术要求》等。

数据备份与恢复安全设计是针对信息系统的业务数据安全和系统服务连续性进行安全设计，设计内容包括数据备份系统、备用基础设施以及相关技术设施。针对业务数据安全的数据备份系统可考虑数据备份的范围、时间间隔、实现技术与介质、数据备份线路的速率以及相关通信设备的规格和要求；针对信息系统服务连续性的安全设计可考虑连续性保证方式(设备冗余、系统级冗余直至远程集群支持)与实现细节，包括相关的基础设施支持、冗余/集群机制的选择、硬件设备的功能/性能指标以及软硬件的部署形式与参数配置等。具体依据《基本要求》中的"安全计算环境"内容，同时可以参照《信息安全技术　灾难恢复服务要求》等。

4) 技术建设方案论证与评审

将信息系统安全建设技术方案与相关的安全管理体系规划共同形成安全建设方案。组织专家对安全建设方案进行评审论证，形成评审意见。第三级(含)以上信息系统安全建设方案应报公安机关备案，并组织实施安全建设工程。

5) 落实安全管理措施

落实与安全技术建设方案有关的安全管理措施。

6) 工程实施、监理及验收

(1) 工程实施和管理。

安全建设工程实施的组织管理工作包括落实安全建设的责任部门和人员，保证建设资金足额到位，选择符合要求的安全建设服务商，采购符合要求的信息安全产品，管理和控制安全功能开发、集成过程的质量等方面。

按照《信息安全技术　信息系统安全工程管理要求》中有关资格保障和组织保障等要求组织管理等级保护安全建设工程。实施流程管理、进度规划控制和工程质量控制可参照《信息安全技术　信息系统安全工程管理要求》中第8、9、10章提出的工程实施、项目实施和安全工程流程控制要求，实现相应等级的工程目标和要求。

(2) 工程监理和验收。

为保证建设工程的安全和质量，第二级(含)以上信息系统安全建设工程可以实施监理。监理内容包括对工程实施前期安全性、采购外包安全性、工程实施过程安全性、系统环境安全性等方面的核查。

工程验收的内容包括全面检验工程项目所实现的安全功能、设备部署、安全配置等是否满足设计要求，工程施工质量是否达到预期指标，工程档案资料是否齐全等方面。在通过安全测评或测试的基础上，组织相应信息安全专家进行工程验收。具体参照《信息安全技术　信息系统安全工程管理要求》。

7) 安全等级测评

信息系统安全建设完成后要进行安全等级测评，测评结果不符合标准的，要对建设内容进行整改。在工程预算中应当包括等级测评费用。对第三级(含)以上信息系统每年要进行等级测评，并对测评费用作出预算。

在公安部备案的信息系统，备案单位应选择国家信息安全等级保护工作协调小组办公室推荐的等级测评机构实施等级测评；在省(区、市)、地市级公安机关备案的信息系统，备案单位应选择本省(区、市)信息安全等级保护工作协调小组办公室或国家信息安全等级保护工作协调小组办公室推荐的等级测评机构实施等级测评。

4.9　有关部门信息安全等级保护工作经验

自 2004 年以来，公安部会同原国信办、国家保密局、国家密码管理局、国家发改委、财政部、国资委、教育部等部门，组织国内技术力量，认真研究借鉴发达国家保护关键信息基础设施的方法和经验，在大量研究和试点的基础上，结合我国实际，设计出网络安全等级保护的信息系统定级、备案、等级测评、安全建设整改、监督检查等五个规定动作，出台了一系列政策文件和国家标准，动员组织各地区、各部门和全社会力量开展了基础调查、信息系统定级备案、等级测评、安全建设整改、安全检查等工作，加强技术创新和科技攻关，全面建立并实施了国家网络安全等级保护制度，形成了具有中国特色的国家网络安全基本制度、基本国策，使我国网络安全工作走上了法制化、规范化、标准化的轨道。

为深入推动信息安全等级保护工作，加强对中央和国家机关各部门信息安全等级保护工作的监督、检查和指导，2010 年 11 月至 12 月，公安部和北京市公安局成立了"等级保护工作联合检查组"，对中央和国家机关 75 个部门的信息安全等级保护工作开展情况进行了监督检查。通过检查，发现了许多单位开展等级保护工作的典型经验和有效措施。这些经验在网络安全等级保护 2.0 时代仍值得我们借鉴。

1. 水利部信息安全等级保护工作实践经验

水利部高度重视信息安全等级保护工作，按照国家信息安全等级保护制度的有关要求，将落实信息安全等级保护各项工作措施作为深入推进水利信息化的重要保障，结合水利信息化工作实际和特点，组织编制了《水利网络与信息安全体系基本技术要求》，提出了水利网络与信息安全体系框架和安全策略，并在此基础上研究制定了信息系统安全建设整改工作方案，明确了具体实施步骤，从不断完善信息安全体系、强化网络安全手段和提高安全管理水平等三个方面，全面提高水利网络与信息系统的安全保护能力。水利部信息安全等级保护工作的成功经验，主要体现在以下四点：

(1) 领导重视是关键。

水利部高度重视信息安全工作，部领导多次对加强水利信息安全工作作出重要指示。

水利部还专门成立了等级保护工作领导小组，为等级保护各项工作的开展提供了组织保障。

(2) 科学定级是基础。

为保证水利系统定级准确，水利部及时与公安部等有关部门沟通定级情况，在各单位自主定级的基础上，召开水利部信息系统安全等级保护定级专家评审会，对各单位提交的定级报告进行评审，对定级过高、过低情况进行纠正，同时下发了水利行业信息系统定级指导意见，对水利行业主要业务系统的系统划分、安全级别提出建议。

(3) 结合实际是根本。

水利部在指导全国水利信息化发展过程中，结合信息化和信息安全实际需要，将落实等级保护制度纳入水利信息化综合体系，保障和促进水利行业信息化的发展，创新信息系统安全管理工作模式，建立了水利网络安全保障信息系统。

(4) 加强交流是途径。

水利部在组织开展等级保护工作时，及时与公安部和相关部委沟通交流，互相学习，取长补短，共同推动。同时，注重发挥等级保护专家和系统内专家的作用，为系统定级、安全建设整改等工作提供支持。

2. 海关总署信息安全等级保护工作实践经验

海关总署将信息安全等级保护工作作为保障海关信息系统安全与信息化建设同步发展的必要手段，作为优化信息安全资源配置、保障海关核心系统运行安全的重大举措，采取了一系列措施推动全国海关贯彻落实等级保护制度，主要体现在以下四点：

(1) 设立了领导机构，明确了责任部门。

海关总署成立了由主管副署长任组长，办公厅、监管司、科技发展司、信息中心、数据中心负责同志组成的等级保护工作领导小组，明确了科技发展司负责组织开展海关系统的等级保护工作。

(2) 立足全局，制定全国海关系统等级保护安全建设整改工作规划。

海关总署根据等级保护的相关政策和标准，在海关系统内部下发了《海关总署关于做好全国海关信息安全等级保护安全建设整改工作的通知》，确定了全国海关等级保护整改工作的时间阶段划分和具体工作内容。

(3) 分析比对，剖析全国海关系统安全保护状况。

海关总署依托测评机构和行业专家，根据等级保护相关标准和海关系统的特殊需求，确定了海关二级、三级系统测评适用项目，并通过开展等级测评，了解掌握了海关信息系统的安全保护状况，进一步完善了全国海关信息系统安全防御体系，制定了《全国海关信息系统安全等级保护整改建设指导方案》。

(4) 完善海关等级保护体系，形成长效机制。

按照"突出核心、纵深防御；区域隔离、等级保护；统一管理、两级运维"的总体策略，根据等级保护相关政策和标准，从管理和技术两方面对海关信息系统进行整改。同时，加强等级保护相关政策和标准的宣传、培训，定期开展行业自查，形成等级保护工作长效机制。

3. 证监会信息安全等级保护工作实践经验

证监会将信息安全等级保护工作作为推动行业信息安全工作的重要抓手，全面加强行业的信息安全等级保护工作，不断提升行业信息系统安全保障的整体水平，同时，打防结合，积极协调配合公安机关打击针对证券期货业的网络违法犯罪，各项工作取得了明显的成效。总结经验，主要体现在以下四点：

(1) 领导高度重视，组织机构健全。

建立了统一领导的信息安全组织保障体系，成立了行业信息化工作领导小组和专家委员会，组建了应急处置技术专家队伍。

(2) 建立了证监部门与公安机关的分级协调配合机制。

证监会与公安部，各地证监局与省级公安网安部门建立了对口联系机制。通过加强沟通、联合发文等形式，使证券系统的垂直监管体制与公安部门的属地管理体制有机融合。

(3) 有序开展等级保护各项工作。

制定下发了《关于进一步做好证券期货业重要信息系统安全等级保护定级备案工作的通知》，明确了定级标准、定级范围和审核流程，确保了全行业系统定级工作的顺利开展。根据国家标准，制定了《证券期货业信息系统安全等级保护基本要求》，研究起草了行业开展等级保护安全建设整改工作的指导意见，对行业开展等级测评和安全建设整改工作提出了明确要求。

(4) 成效显著，行业信息安全保障水平显著提高。

不断加大信息安全经费和人员投入，以开展等级保护工作为抓手，全方位地开展行业信息安全工作，使全行业的信息安全保障能力明显增强。同时，与有关部门密切配合全力打击证券期货市场的网络违法犯罪行为，不断加强网络漏洞扫描与监测，保障投资者的网上交易安全。

为有效指导和规范证券期货业网络安全等级保护工作，依据国家网络安全等级保护相关标准，证监会对证券期货业相关标准进行了修订，于 2021 年 8 月 30 日，发布并实施《证券期货业网络安全等级保护基本要求》(JR/T 0060—2021)、《证券期货业网络安全等级保护测评要求》(JR/T 0067—2021)2 项金融行业新版标准，对于证券期货业进一步落实好网络安全等级保护工作相关要求，促进继续推进资本市场信息化建设，着力加强基础标准建设，持续完善技术安全监管制度具有非常重要的意义。确保在技术进步的同时，实现安全管控水平稳步提升。

本 章 小 结

信息安全等级保护的核心观念是保护重点、适度安全，即分级别、按需要重点保护重要信息系统，综合平衡安全成本和风险，提高保护成效。等级保护源于多级安全模型(MLS)。Bell-LaPadula (BLP)模型从数学上证明了在计算机中实现等级保护是可行的。

CC 标准是信息技术安全性评估标准，用来评估信息系统、信息产品的安全性。CC 标准的评估分为两个方面：安全功能需求和安全保证需求，这两个方面分别继承了 TCSEC 和 ITSEC。CC 标准根据安全保证要求的不同，建立了从功能性测试到形式化验证设计和测试的 7 级评估体系。1999 年 12 月，CC 2.0 版被 ISO 批准为国际标准 ISO/IEC 15408《信息技术　安全技术　信息技术安全性评估准则》，我国于 2001 年将 CC 等同采用为国家标准

《信息技术　安全技术　信息技术安全性评估准则》(GB/T 18336)。

等级保护以及风险评估、应急处理和灾难恢复是信息安全保障的主要环节，对等于 PDRR 安全模型中的保护、检测、响应和恢复等要素。其基本原理是，根据信息系统所承载的业务应用的不同安全需求，采用不同的安全保护等级，对不同的信息系统或同一信息系统中的不同安全域进行不同程度的安全保护，以实现对信息系统及其所存储、传输和处理的数据信息的安全保护，达到确保重点、照顾一般、适度保护、合理共享的目标。

最基础的等级保护标准是《计算机信息系统安全保护等级划分准则》(GB 17859—1999)，它规定了我国计算机信息系统安全保护能力的 5 个等级，即用户自主保护级、系统审计保护级、安全标记保护级、结构化保护级、访问验证保护级。

2019 年 5 月，《信息安全技术　网络安全等级保护基本要求》(GB/T 22239—2019)、《信息安全技术　网络安全等级保护测评要求》(GB/T 28448—2019)、《信息安全技术　网络安全等级保护安全设计技术要求》(GB/T 25070—2019)、《信息安全技术　网络安全等级保护实施指南》(GB/T 25058—2019)等一系列国家标准发布，中国正式进入"网络安全等级保护 2.0(等保 2.0)"时代。

我国网络安全等级保护体系包括网络安全等级保护法律法规和政策依据、网络安全等级保护标准体系、网络安全等级保护管理体系和网络安全等级保护技术体系等内容。在信息系统安全等级保护建设中，一定要按照《信息安全技术　网络安全等级保护基本要求》，参照相关标准和规范要求开展工作。

思 考 题

1. 什么是信息系统安全等级保护？在我国实行等级保护有什么重要意义？

2. 简述等级保护相关准则的国际发展历程。

3. 简述等级保护的基本原理和基本方法。

4. 等级保护与信息安全保障有什么关系？

5. 我国计算机信息系统安全保护划分为哪些等级？有哪些依据？

6. 我国网络安全等级保护 2.0 是如何形成的？与信息安全等级保护 1.0 相比，有哪些区别？

7. 我国网络安全等级保护相关法律、法规、政策以及标准分为哪几类？

8. 网络安全等级保护管理体系是如何实现的？

9. 网络安全等级保护技术体系是如何实现的？

10. 阐述等级保护对象定级的方法流程。

11. 学习有关部门等级保护工作的经验。

第 5 章

信息安全管理概述

多年来，人们对保障信息安全的手段偏重于依靠技术，从早期的加密、防病毒、数据备份到近年来的防火墙、入侵检测、身份认证等。厂商在安全技术和产品的研发上大力投入，新的技术和产品层出不穷，这在某种程度上主导了信息安全建设的发展方向。厂商以技术推动产业进步，客户也更加相信并专注采购安全产品。但现实很严峻，仅仅依靠技术和产品保障信息安全往往难尽人意，许多复杂多变的安全威胁和隐患依靠产品是无法消除的。"三分技术，七分管理"这个在其他领域总结出来的实践经验，也适用于信息安全领域。

信息安全管理(ISM，Information Security Management)是通过维护信息的保密性、完整性和可用性等来管理和保护信息资源的一项体制，是对信息安全保障进行指导、规范和管理的一系列活动和过程，通常包括制定信息安全政策、风险评估、控制目标和方式选择、制定规范的操作流程、对人员进行安全意识培训等一系列工作。

本章主要介绍信息安全管理的基本概念、相关标准和内容。5.1 节阐述信息安全管理的基本内容，通过分析国内外相关现状阐述信息安全管理的重要性，同时，在论述信息安全管理相关原则和安全因素的基础上，给出信息安全管理模型。5.2 节着眼于信息安全管理相关标准，介绍了 BS 7799 标准的主要内容，以及企业或组织引入相关标准的好处。5.3 节介绍信息安全管理的实施要点。

学习目标

- 了解信息安全管理的概念，从相关现状出发理解信息安全管理的重要性及意义。
- 掌握信息安全管理的内容与原则。
- 理解信息系统的安全因素，熟悉信息安全管理的模型。
- 了解信息安全管理相关标准的历史发展，明确 BS 7799 标准的主要内容及其作用。
- 重视管理工作方面的信息安全实施要点。

思政元素

认清事件本质，夯实技术，重视管理，分清轻重缓急，抓住主要矛盾，端正工作态度，提高行为修养。

5.1 信息安全管理相关概念

5.1.1 什么是信息安全管理

信息安全问题出现的初期，人们主要依靠信息安全的技术和产品来解决信息安全问题。技术和产品的应用，一定程度上解决了部分信息安全问题。但是仅仅依靠这些产品和技术还不够，即使采购和使用了足够先进、数量够多的信息安全产品和技术，如防火墙、防病毒、入侵检测、漏洞扫描等，仍然无法避免一些安全事件的发生。更何况，对于组织中人员信息的安全、信息安全成本投入和回报的平衡、信息安全目标、业务持续性、信息安全相关法规符合性等问题，依靠产品和技术是解决不了的。

依据国家互联网应急中心发布的数据，所有的计算机安全事件中，约有 52%是人为因素造成的，25%是由火灾、水灾等自然灾害引起的，技术错误占 10%，组织内部人员作案占 10%，仅有 3%左右是由外部非法人员的攻击造成的，如图 5-1 所示。

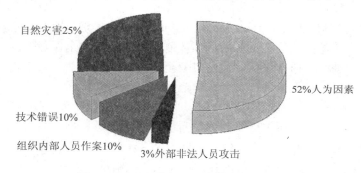

图 5-1　造成计算机安全事件的原因分析

简单归类，属于管理方面的原因比重高达 70%以上，而这些安全事件中的 95%是可以通过科学的信息安全管理来避免的。因此，管理已成为信息安全保障能力的重要基础，在解决信息安全问题时发挥着重要作用。只有将有效的安全管理从始至终贯彻落实到信息安全建设的各个方面，信息安全的有效性和长期性才能得到保障。

信息安全管理(ISM)是通过维护信息的保密性、完整性和可用性等来管理和保护信息资源的一项体制，是对信息安全保障进行指导、规范和管理的一系列活动和过程。

信息安全管理是信息安全保障体系建设的重要组成部分，对于保护信息资源、降低信息系统安全风险、指导信息安全体系建设具有重要的作用。

信息安全管理涉及信息安全的各个方面，包括制定信息安全政策、风险评估、控制目标和方式选择、制定规范的操作流程、对人员进行安全意识培训等一系列工作。

信息安全的建设是一个系统工程，它需要对信息系统的各个环节进行统一的综合考虑、规划和构架，并要时时兼顾组织内外不断发生的变化，任何环节上的安全缺陷都会对系统构成威胁。因此实现信息安全是一个需要完整体系来保证的持续过程，这也是组织需要信息安全管理的基本出发点。

总之，信息安全管理是组织为实现安全目标而进行的管理与控制各种信息安全风险的规范化活动，有效的信息安全管理应该是在有限的成本下，尽量做到安全"滴水不漏"。

5.1.2　信息安全管理现状

在计算机时代到来之前，人们会将重要的文件资料锁到文件柜或保险柜中进行保存，但是现在，人们将重要的信息存放在各种计算机或网络信息系统中。计算机的开放性和标准化等结构特点，使计算机信息具有高度共享和易于扩散等特性，从而导致计算机信息在处理、存储、传输和应用过程中很容易被泄露、窃取、篡改和破坏，或者受到计算机病毒的感染。

1．信息安全事件

自 2010 年以来，数据泄露事件接连不断发生。2010 年位于美国马萨诸塞州的南岸医院宣布他们丢失了 80 万份文件。这些文件涉及患者、合作伙伴和医院职员的健康和财政信息，时间跨度为 15 年。由于苹果合作运营商 AT&T 网站的安全漏洞，2010 年 6 月苹果发生数据泄露事件，影响 11.4 万 iPad 用户，其中包括很多公司 CEO、军方高官和白宫政治家。在垃圾邮件和恶意黑客面前，iPad 和所有其他无线平板电脑买家可能变得相当脆弱。这对于一款面市仅 2 个月、进网仅 1 个月的产品来说是一个非常坏的消息，并直接导致 3G 版 iPad 销量的大幅下滑。

2013 年，雅虎在被 Verizon 收购的过程中，有超过 30 亿用户的账户信息被泄露，该事件影响了雅虎电子邮件账户和其他公司服务，包括 Tumblr、Flickr、雅虎梦幻体育和雅虎财经。

2014 年，雅虎又被黑客窃取了 5 亿账户的数据，包括姓名、电子邮件地址、电话号码、散列密码和出生日期。雅虎在内部调查后将这次攻击归因于鱼叉式网络钓鱼电子邮件，要防范此类攻击，应遵循最佳实践，同时制订网络安全意识培训计划。万豪国际(喜达屋)自2014 年以来，其网络一直存在未授权的访问，已经多次被黑客光顾，但规模最大的一次数据泄露发生在 2018 年，攻击者从四年前开始访问其喜达屋宾客数据库。暴露的约 3.83 亿宾客记录包括姓名、电话号码、护照详细信息、邮寄和电子邮件地址、客人的抵达和离开信息(有的还包括加密的信用卡号码)。万豪国际在 2016 年收购了喜达屋，但截至 2018 年尚未将其迁移到万豪的系统，喜达屋数据库继续使用遗留的 IT 基础设施。

2017 年，安全研究员 Troy Hunt 报告称，总部位于巴黎的安全研究员 Benkow 发现了一个暴露的垃圾邮件服务器机器人(Onliner Spambot)，在被发现之前，Onliner Spambot 通过窃取数据的特洛伊木马传播了至少一年，泄露了 7.11 亿条记录列表，其中包括电子邮件地址和密码。要防止此类攻击，应要求员工在涉嫌违规后更改密码，强制执行企业密码策略，避免重复使用密码，并遵循密码安全管理规定。

2018 年，印度政府身份数据库 Aadhaar 遭到入侵，超过 11 亿印度公民的身份/生物特征信息被曝光，包括姓名、地址、照片、电话号码、电子邮件，以及指纹和虹膜等生物特征数据。更重要的是，这个数据库是由印度唯一身份标识管理局(UIDAI)于 2009 年建的，其中包含与唯一 12 位数字相关的银行账户信息。要防止此类攻击，应遵循 API 安全测试最佳实践，使用 API 安全工具来降低风险，坚持身份和访问管理最佳实践，并执行政策以检测和防止内部威胁。

2019 年 4 月，来自 Facebook 应用程序的两个数据集被暴露在公共互联网上。这些信息涉及 5.3 亿多 Facebook 用户，包括电话号码、账户名和 Facebook ID。然而，两年后(2021 年 4 月)，这些数据被免费发布，表明围绕这些数据有新的和真正的犯罪意图，Facebook 表示，攻击者旨在通过使用帮助用户将账户与联系人列表相关联来找到朋友的功能来抓取数据。要防止此类攻击，应降低与抓取相关的风险，并实施 DevSecOps 策略(DevSecOps 是一套实用且面向目标的方法，用于确保系统安全，是将软件安全性作为整个软件交付流程的核心部分的理念)。

2020 年微软披露，时间跨度长达 14 年的 2.5 亿条客户服务和支持记录在网上泄露，微软指出，个人数据在存储之前已从记录中删除，但一些明文电子邮件和 IP 地址被暴露。微软将此次违规归因于内部数据库安全规则的错误配置。要防止此类攻击，应遵循企业数据库安全最佳实践，并采用零信任模式。

2022 年 6 月，位于美国得克萨斯州圣安东尼奥的 Baptist 医疗中心和位于得克萨斯州新布朗费尔斯的 Resolute Health 医院发生了涉及 124 万用户的重大数据泄露事件，显然是恶意软件攻击造成的。该事件是美国卫生与公众服务部最近追踪到的、规模最大的数据泄露事件之一，其中涉及未经授权访问高度敏感的患者数据。

这些网络安全事件足以为所有企业敲响警钟，任何对网络、数据、业务系统安全防护抱有侥幸心理，或不重视、不在意的管治方式，都会让企业在面对突如其来的紧急事件时置自身于险境，造成直接或间接的经济损失，更严重者有可能遭受灭顶之灾。

2．我国信息安全管理的现状

我国面临的计算机信息安全问题可能比发达国家更为严重。我国目前的网络安全现状令人担忧，有些单位和组织根本没有意识到网络安全的重要性，即使是对外宣称采用了安全防范措施的单位，实际上也有许多安全隐患。如果说国外"iPad 3G 用户信息泄露"等事件似乎过于"遥远"，那么国内某知名大型网络安全公司在 2012 新年伊始引发的大规模用户数据泄露事件就近在眼前了。2011 年 12 月，CSDN 的安全系统遭到黑客攻击，超过 600 万个注册邮箱账号和对应明文密码被黑客盗取并泄露，部分用户账号面临风险，网站因此临时关闭用户登录，涉及用户 600 万。随后，多玩、人人、天涯等也被指责存在用户数据泄露问题。尽管有部分网站否认，但还是即刻引起互联网用户的关注。用户数据大规模集中泄露为中国互联网的信息安全漏洞敲响了警钟。

2021 年 6 月，商丘市睢阳区人民法院在裁判文书网公开了一份刑事判决书，显示两名犯罪分子在淘宝爬取并盗走大量数据。经过检方核实，被盗取的淘宝用户数据多达近 12 亿条。该嫌疑人员为了做优惠券返利，通过接口，绕过平台风控，批量爬取数据，内容包括买家 UID、昵称、用户手机号等敏感信息，并且创建了 1100 多个微信群，每个群人员控制在 90～200 人，每天利用机器人在群里发优惠券来获得返利佣金。法院裁定，分别判处两人有期徒刑三年三个月和三年六个月，并处以总计 45 万元人民币的罚款。同年 7 月，国家互联网信息办公室网站发布公告，为防范国家数据安全风险，维护国家安全，保障公共利益，对"滴滴出行"实施网络安全审查。为配合网络安全审查工作，防范风险扩大，审查期间"滴滴出行"停止新用户注册。7 月 4 日晚，国家网信办发布通报称，根据举报，经检测核实，"滴滴出行" APP 存在严重违法违规收集使用个人信息问题，通知应用商店下架"滴滴出行" APP。

据国家网信办通报，滴滴公司违反《网络安全法》《数据安全法》《个人信息保护法》的违法违规行为事实清楚、证据确凿、情节严重、性质恶劣。经查明，滴滴公司共存在 16 项违法事实，归纳起来主要表现在以下 8 个方面：

(1) 违法收集用户手机相册中的截图信息 1196.39 万条。

(2) 过度收集用户剪贴板信息、应用列表信息 83.23 亿条。

(3) 过度收集乘客人脸识别信息 1.07 亿条、年龄段信息 5350.92 万条、职业信息 1633.56 万条、亲情关系信息 138.29 万条、"家"和"公司"打车地址信息 1.53 亿条。

(4) 过度收集乘客评价代驾服务时、APP 后台运行时、手机连接桔视记录仪设备时的精准位置(经纬度)信息 1.67 亿条。

(5) 过度收集司机学历信息 14.29 万条，以明文形式存储司机身份证号信息 5780.26 万条。

(6) 在未明确告知乘客情况下分析乘客出行意图信息 539.76 亿条、常驻城市信息 15.38 亿条、异地商务/异地旅游信息 3.04 亿条。

(7) 在乘客使用顺风车服务时频繁索取无关的"电话权限"。

(8) 未准确、清晰说明用户设备信息等 19 项个人信息处理目的。

根据国家网信办通报，滴滴公司还存在严重影响国家安全的数据处理活动，拒不履行监管要求，给国家关键信息基础设施安全带来严重的安全风险隐患。2022 年 7 月 21 日，国家互联网信息办公室对滴滴处以人民币 80.26 亿元罚款。

总之，以移动互联网、物联网为代表的信息网络日益普及，云计算、大数据等信息技术日趋成熟，复杂多元、规模庞大的数据所蕴含的经济价值和社会价值逐步凸显，与此同时，数据安全风险随之增加，数据安全问题不断涌现。未来大数据安全将逐步从重安全技术转变为重管理治理，其重点落在核心数据资产的梳理和防护，以及围绕大数据治理所开展的体制机制建设。

我国目前的计算机安全防护能力还只处于发展的初级阶段，许多计算机基本上处于不设防状态，从防范意识、管理措施、核心技术到安全产品，还远未构成一个较成熟的体系。由于安全问题，尤其是因为管理不善而导致的各种重要数据和文件的滥用、泄露、丢失、被盗等，给国家、企业和个人造成的损失数以亿计，这还不包括那些还没有暴露出来的深层次的问题。计算机安全问题解决不好，不仅会造成巨大的经济损失，甚至会危及国家的安全和社会的稳定。

3. 我国信息安全管理的成绩

当然，近年来信息安全管理在国际上有了很大的发展，我国信息安全管理虽然起步较晚，但我国政府主管部门以及各行各业已经认识到了信息与信息安全的重要性，党的十七大报告明确提出"发展现代产业体系，大力推进信息化与工业化融合，促进工业由大变强，振兴装备制造业，淘汰落后生产能力"的崭新命题，反映了党中央对于发展信息化重要性认识的深入，也体现了信息化带动工业化发展的重要意义。我国作为发展中国家，工业化处于中期发展阶段，只有通过发展信息化带动工业化，并实现二者之间的有效融合，把中国工业化提高到广泛采用信息智能工具的水准上来，才能加快我国工业化进程，提高我国产业的国际竞争力，更好地参与国际经济竞争。因此，政府部门已开始出台一系列相关政策策略，直接指导，推进信息安全的应用和发展。由政府主导的各大信息系统工程和信息化程度要求非常高的相关行业，也开始出台针对信息安全技术产品的应用标准和规范。

经过多年的发展，我国信息安全管理的成绩可以总结为以下几点：

(1) 初步建成了国家信息安全组织保障体系。

国家计算机网络应急技术处理协调中心(或称国家互联网应急中心)(CNCERT/CC，National Computer Network Emergency Response Technical Team/Coordination Center of China)于2001年8月成立，为非政府非盈利的网络安全技术中心，是中国计算机网络应急处理体系中的牵头单位，也是中央网络安全和信息化委员会办公室直属正厅级事业单位，承担国家网络信息安全管理技术支撑保障职能。其主要职责是：按照"积极预防、及时发现、快速响应、力保恢复"的方针，开展互联网网络安全事件的预防、发现、预警和协调处置等工作，运行和管理国家信息安全漏洞共享平台(CNVD)，维护公共互联网安全，保障关键信息基础设施的安全运行。

2003年CNCERT/CC在31个省、自治区、直辖市成立分中心，完成了跨网络、跨系统、跨地域的公共互联网网络安全应急技术支撑体系建设，形成了全国性的互联网网络安全信息共享、技术协同能力，在协调国内网络信息安全应急组织(CERT)共同处理互联网安全事件方面发挥着重要作用。同时，CNCERT/CC积极开展网络安全国际合作，致力于构建跨境网络安全事件的快速响应和协调处置机制，截至2022年，已与82个国家和地区的285个组织建立了"CNCERT/CC国际合作伙伴"关系。CNCERT/CC是国际应急响应与安全组织FIRST的正式成员，以及亚太计算机应急组织APCERT的发起者之一，还积极参加亚太经合组织、国际电联、上合组织、东盟、金砖等政府层面国际和区域组织的网络安全相关工作。

中国信息安全产品测评认证中心(或称中国信息安全测评中心)(CNITSEC，China Information Technology Security Evaluation Center)于1998年成立，是中央批准成立的国家信息安全权威测评机构，是以"为信息技术安全性提供测评服务"为宗旨，代表国家开展信息安全测评认证工作的职能机构。CNITSEC依据国家有关产品质量认证和信息安全管理的法律法规管理和运行国家信息安全测评认证体系，负责对国内外信息安全产品和信息技术进行测评和认证、对国内信息系统和工程进行安全性评估和认证、对提供信息安全服务的组织和单位进行评估和认证、对信息安全专业人员的资质进行评估和认证。

为进一步加强对推进我国信息化建设和维护国家信息安全工作的领导，2001年8月，中共中央、国务院决定重新组建国家信息化领导小组，同年12月，成立"国务院信息化工作办公室"办事机构，具体承担领导小组的日常工作。2003年7月，国务院信息化领导小组第三次会议上专题讨论并通过了《关于加强信息安全保障工作的意见》，同年9月，中央办公厅、国务院办公厅转发了《国家信息化领导小组关于加强信息安全保障工作的意见》(〔2003〕27号)。该文件第一次把信息安全提到了促进经济发展、维护社会稳定、保障国家安全、加强精神文明建设的高度，并提出了"积极防御、综合防范"的信息安全管理方针。2008年，国务院机构改革后原"国务院信息化工作办公室"职能合并至国家工业和信息化部，具体工作由工业和信息化部(信息化推进司)负责。

2014年，中央网络安全和信息化领导小组成立，习近平总书记亲自担任组长，统筹协调涉及经济、政治、文化、社会及军事等各个领域的网络安全和信息化重大问题，研究制定网络安全和信息化发展战略、宏观规划和重大政策，并首次公开提出"把我国从网络大国建设成为网络强国"。2018 年 3 月，根据中共中央印发的《深化党和国家机构改革方案》，将中央网络安全和信息化领导小组改为中央网络安全和信息化委员会，其办事机构是中央网络安全和信息化委员会办公室。

(2) 制定了一系列必需的信息安全管理法律法规。

从二十世纪九十年代初起，为配合信息安全管理的需要，国家、相关部门、行业和地方政府相继制定了《中华人民共和国计算机信息网络国际联网管理暂行规定》《商用密码管理条例》《互联网信息服务管理办法》《计算机信息网络国际联网安全保护管理办法》《计算机病毒防治管理办法》《互联网电子公告服务管理规定》《软件产品管理办法》《电信网间互联管理暂行规定》《信息安全等级保护管理办法》《电子签名法》《网络安全法》《数据安全法》《个人信息保护法》等有关信息安全管理的法律法规文件。

(3) 制定和引进了一批重要的信息安全管理标准。

信息安全标准是我国信息安全保障体系的重要组成部分，是政府进行宏观管理的重要依据。从国家意义上来说，信息安全标准关系到国家的安全及经济利益，标准往往成为保护国家利益、促进产业发展的一种重要手段。

为了更好地推进我国信息安全管理工作，公安部主持制定、国家质量技术监督局发布了中华人民共和国国家标准《计算机信息系统安全保护等级划分准则》(GB 17859—1999)，并开始引进了国际上著名的 ISO/IEC 15408:1999《信息技术　安全技术　信息技术安全性评估准则》、ISO/IEC 17799：2000《信息技术　安全技术　信息安全管理实施细则》、ISO/IEC 27001：2005《信息技术　安全技术　信息安全管理体系　要求》、GB/T 20261—2020《信息技术　系统安全工程　能力成熟度模型》等信息安全管理相关标准。

信息安全标准化是一项涉及面广、组织协调任务重的工作，需要各界的支持和协作。因此，经国家标准化管理委员会批准，全国信息安全标准化技术委员会(简称信息安全标委会，TC260)于 2002 年 4 月在北京成立，在信息安全技术专业领域内，负责组织开展国内信息安全有关的标准化技术工作，包括安全技术、安全机制、安全服务、安全管理和安全评估等领域的标准化技术工作。信息安全标委会设置了 7 个工作组，其中"WG7 信息安全管理工作组"负责信息安全管理标准体系的研究，以及信息安全管理标准的制定工作。

(4) 信息安全风险评估工作已经得到重视和开展。

风险评估是信息安全管理的核心工作之一。2003 年 7 月，国信办信息安全风险评估课题组就启动了信息安全风险评估相关标准的编制工作，国家铁路系统和北京移动通信公司作为先行者已完成了信息安全风险评估试点工作，国家其他关键行业或系统(如电力、电信、银行等)也将陆续开展这方面的工作，并于 2007 年和 2009 年分别发布了 2 项关于风险评估的标准：《信息安全技术　信息安全风险评估规范》(GB/T 20984—2007)、《信息安全技术　信息安全风险管理指南》(GB/Z 24364—2009)，后续又发布了《信息安全技术　信息安全风险评估实施指南》(GB/T 31509—2015)，以及替代 GB/T 20984—2007 的《信息安全技术　信息安全风险评估方法》(GB/T 20984—2022)。

尽管目前在信息安全管理上取得了一定的成绩，但也要看到其中还存在许多的问题，例如：信息安全管理在执行过程中还比较混乱，缺乏权威、统一、专门的组织，以及规划、管理和实施协调的立法管理机构；我国自己制定的信息安全管理标准太少，大多沿用国际标准；实际管理力度不够，政策的执行和监督力度不够，部分规定过分强调部门自身的特点，而忽略了在国际政治经济的大环境下体现中国的特色；部分规定没有准确地区分技术、管理和法制之间的关系，以管代法，用行政管技术的做法仍较普遍，造成制度的可操作性较差；信息安全意识缺乏，普遍存在重产品、轻服务，重技术、轻管理的思想；专项经费投入不足，管理人才极度缺乏，基础理论研究和关键技术薄弱，技术创新不够，信息安全管理产品水平和质量不高，尤其是以集中配置、集中管理、状态报告和策略互动为主要任务的安全管理平台产品的研究与开发还很落后；等等。显然，信息安全管理方面我们应该做的工作还有很多，做好这项工作也任重而道远。

5.1.3　信息安全管理的意义

信息已经成为维持社会经济活动和生产活动的重要基础资源，成为政治、经济、文化、军事乃至社会任何领域的基础。组织对信息系统的依赖性不断增强，也增大了重要信息受到严重侵扰和破坏的风险，而这些风险常导致企业资产损失、业务中断。管理是对人的管理，在实现信息安全的过程中，人们应该知道做什么、怎么做，这是贯穿信息安全整个过程的生命线。通常用"三分技术、七分管理"来形容管理对信息安全的重要性。

当今组织的信息系统面临着计算机欺诈、刺探、阴谋破坏、火灾、水灾等大范围威胁，又面临着计算机病毒、计算机攻击和黑客非法入侵等破坏，而且随着信息技术的发展和信息应用的深入，各种威胁变得越来越错综复杂，各种信息安全事故层出不穷。

根据安全中的事故致因核心理论——能量意外释放理论(1961 年吉布森(Gibson)提出，1966 年美国运输部安全局局长哈登(Haddon)完善)，可以归纳造成事故的原因有三个：人的不安全行为、物的不安全状态、管理的缺陷。人和物这两方面的因素已经被大家广为接受并认可，但管理的缺陷却往往容易被忽视。管理上的缺陷往往是造成事故的最重要的因素，应该引起我们的特别关注和高度重视。

2008 年 4 月 28 日，一场近 20 年来中国铁路行业罕见的列车相撞事故在胶济铁路上瞬间发生，北京开往青岛的 T195 次列车运行到胶济铁路周村至王村之间时脱线，与上行的烟台至徐州 5034 次列车相撞，造成 72 人死亡，416 人受伤，其中重伤 74 人，事故后果严重，给国家和人民生命财产安全造成重大损失。这次"4·28"胶济铁路特别重大交通事故的原因，正如国务院事故调查组组长、安监总局局长王君所说，是一起典型的由于管理上的失误导致的事故，不是天灾，而是人祸，是一场人为引起的、完全可以避免的事故，这也充分暴露出一些企业安全生产认识不到位、领导不到位、安全生产责任不到位、安全生产措施不到位、隐患排查治理不到位和监督管理不到位的严重问题，反映了基层安全意识薄弱，现场管理存在严重漏洞，安全生产责任没有得到真正落实。

从这些事故中我们可以充分认识到管理的缺陷所带来的灾难性的打击。

正如本章第 5.1.1 节所述，在所有计算机安全事件发生的原因中属于管理方面的高达 70%以上，或者说，能使组织蒙受巨大损失的风险主要还是来自组织内部。与 20 多年前大型计算机要受到严密看守，由技术专家管理的情况相比，今天计算机已唾手可得，无处不在。而今天的计算机使用者大都很少受到严格的培训，每天都在以不安全的方式处理着企业的大量重要信息，而且企业的贸易伙伴、咨询顾问、合作单位员工等外部人员都以不同的方式使用着企业的信息系统，他们都对企业的信息系统构成了潜在的威胁。比如，员工仅仅为了方便记忆而将写有系统登录密码的便条粘贴在桌面或显示器边上，就足以毁掉花费了大量人力和物力建立起来的信息安全系统。许多对企业不满的员工"黑"掉公司的网站、偷窃并散布客户敏感资料、为竞争对手提供机密技术或商业数据，甚至破坏关键计算机系统，使企业遭受巨大的损失。

信息安全管理是保护国家、组织和个人等各个层面上信息安全的重要基础。在一个有效的信息安全管理体系上，通过完善信息安全管理结构，综合应用信息安全管理策略和信息安全技术产品，才有可能建立起一个真正意义上的信息安全保障体系。

5.1.4　信息安全管理的内容和原则

1．信息安全管理的内容

在我国，信息安全管理是对一个组织机构中信息系统的生命周期全过程实施符合安全等级责任要求的管理，包括以下内容：

(1) 落实安全管理机构及安全管理人员，明确角色与职责，制定安全规划。

(2) 开发安全策略。

(3) 实施风险管理。

(4) 制定业务持续性计划和灾难恢复计划。

(5) 选择与实施安全措施。

(6) 保证配置、变更的正确与安全。

(7) 进行安全审计。

(8) 保证维护支持。

(9) 进行监控、检查，处理安全事件。

(10) 进行安全意识与安全教育。

(11) 进行人员安全管理等。

2．信息安全管理的原则

在进行信息安全管理的过程中，需要遵循的原则有：

(1) 基于安全需求原则。组织机构应根据其信息系统担负的使命、积累的信息资产的重要性、可能受到的威胁及面临的风险分析安全需求，按照信息系统等级要求确定相应的信息系统保护等级，遵从相应等级的规范要求，从全局上恰当地平衡安全投入与安全效果。

(2) 主要领导负责原则。主要领导应确立其组织统一的信息安全保障的宗旨和政策，负责提高员工的安全意识，组织有效的安全保障队伍，调动并优化配置必要的资源，协调安全管理工作与各部门的关系，并确保其落实、有效。

(3) 全员参与原则。信息系统所有相关人员应普遍参与信息系统的安全管理，并与相关方面协同、协调，共同保障信息系统安全。

(4) 系统方法原则。按照系统工程的要求，识别和理解信息安全保障相互关系的层面和过程，采用管理和技术结合的方法，提高实现安全保障目标的有效性的效率。

(5) 持续改进原则。安全管理是一种动态反馈过程，贯穿整个安全管理的生命周期，随着安全需求和系统脆弱性的时空分布变化、威胁程度的提高、系统环境的变化以及对系统安全认识的深化等，应及时地将现有的安全策略、风险接受程度和保护措施进行复查、修改、调整以至提升安全管理等级，维护和持续改进信息安全管理体系的有效性。

(6) 依法管理原则。信息安全管理工作主要体现为管理行为，应保证信息系统安全管理主体合法、管理行为合法、管理内容合法、管理程序合法。对安全事件的处理，应由授权者适时发布准确一致的有关信息，避免带来不利的社会影响。

(7) 分权和授权原则。对特定职能或责任领域的管理功能实施分离，对独立审计实行分权，避免权力过分集中所带来的隐患，以减少未授权的修改或滥用系统资源的机会。任何实体(例如用户、管理员、进程、应用或系统)仅享有该实体需要完成其任务所必需的权限，不应享有任何多余权限。

(8) 选用成熟技术原则。成熟的技术具有较好的可靠性和稳定性，采用新技术时要重视其成熟的程度，并应首先局部试点然后逐步推广，以减少或避免可能出现的失误。

(9) 分级保护原则。按等级划分标准确定信息系统的安全保护等级，实行分级保护，对多个子系统构成的大型信息系统，确定系统的基本安全保护等级，并根据实际安全需求，分别确定各子系统的安全保护等级，实行多级安全保护。

(10) 管理与技术并重原则。坚持积极防御和综合防范，全面提高信息系统安全防护能力，立足国情，采用管理与技术相结合，管理科学性和技术前瞻性结合的方法，保障信息系统的安全性达到所要求的目标。

(11) 自保护和国家监管结合原则。对信息系统安全实行自保护和国家监管相结合。组织机构要对自己的信息系统安全保护负责，政府相关部门有责任对信息系统的安全进行指导、监督和检查，形成自管、自查、自评和国家监管相结合的管理模式，提高信息系统的安全保护能力和水平，保障国家信息安全。

5.1.5 信息系统的安全因素

信息系统的主要安全因素包括资产、威胁、脆弱性、意外事件影响、安全风险和保护措施等。这些信息系统的安全因素之间的关系如图 5-2 所示。

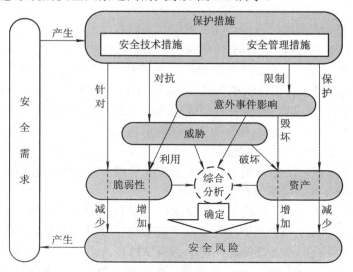

图 5-2　信息系统的主要安全因素之间的关系

1．资产

资产主要包括：

(1) 支持设施(例如建筑、供电、供水、空调等)。

(2) 硬件资产(例如各种计算机设备、通信设施、存储媒介等)。

(3) 信息资产(例如数据库、系统文件、用户手册、操作支持程序、持续性计划等)。

(4) 软件资产(例如应用软件、系统软件、开发工具、实用程序等)。

(5) 生产能力和服务能力。

(6) 人员。

(7) 无形资产(例如信誉、形象等)。

2．威胁

威胁主要包括自然威胁和人为威胁。自然威胁有地震、雷击、洪水、火灾、静电、鼠害和电力故障等。人为威胁有：

(1) 盗窃类型的威胁(例如偷窃设备、窃取数据、盗用计算资源等)。

(2) 破坏类型的威胁(例如破坏设备、破坏数据文件、引入恶意代码等)。

(3) 处理类型的威胁(例如插入假的输入、隐瞒某个输出、电子欺骗、非授权改变文件、修改程序和更改设备配置等)。

(4) 操作错误和疏忽类型的威胁(例如数据文件的误删除、误存和误改，磁盘误操作等)。

(5) 管理类型的威胁(例如安全意识淡薄、安全制度不健全、岗位职责混乱、审计不力、设备选型不当、人事管理漏洞等)。

3．脆弱性

与资产相关的脆弱性包括物理布局、组织、规程、人事、管理、行政、硬件、软件或信息等弱点，以及与系统相关的脆弱性如分布式系统易受伤害的特征等。

4．意外事件影响

影响资产安全的事件，无论是有意或是突发，都可能毁坏资产，破坏信息系统，影响保密性、完整性、可用性和可控性等。可能的间接后果包括危及国家安全、社会稳定，造成经济损失，破坏组织或机构的社会形象等。

5．安全风险

安全风险是某种威胁利用暴露系统脆弱性对组织或机构的资产造成损失的潜在可能性。风险由意外事件发生的概率及发生后可能产生的影响两种指标来评估。另外，由于保护措施的局限性，信息系统总会面临或多或少的残留风险，组织或机构应考虑对残留风险的接受程度。

6．保护措施

保护措施是为了对付威胁、减少脆弱性、限制意外事件影响、检测意外事件并促进灾难恢复而实施的各种实践、规程和机制的总称。应考虑采用保护措施实现下述一种或多种功能：预防、延缓、阻止、检测、限制、修正、恢复、监控以及意识性提示或强化。保护措施作用的区域可以包括物理环境、技术环境(例如硬件、软件和通信)、人事和行政。保护措施可为访问控制机制、防病毒软件、加密、数字签名、防火墙、监控和分析工具、备用电源以及信息备份等。选择保护措施时要考虑由组织或机构运行环境决定的影响安全的因素，例如组织的、业务的、财务的、环境的、人事的、时间的、法律的、技术的边界条件以及文件的或社会的因素等。

5.1.6　信息安全管理模型

信息安全管理从信息系统的安全需求出发，以信息安全管理相关标准为指导，结合组织的信息系统安全建设情况，引入合乎要求的信息安全等级保护的技术控制措施和管理控制规范与方法，在信息安全保障体系基础上建立信息安全管理体系。信息安全管理模型如图 5-3 所示。

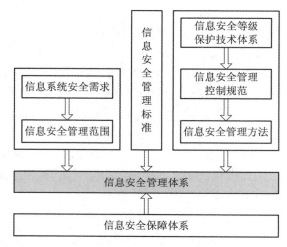

图 5-3　信息安全管理模型

信息安全需求是信息安全的出发点，它包括保密性需求、完整性需求、可用性需求、抗抵赖性需求、可控制性需求和可靠性需求等。信息安全管理范围是由信息系统安全需求决定的具体信息安全控制点，对这些控制点实施适当的控制措施可确保组织相应环节的信息安全，从而保证整个组织的整体信息安全水平。信息安全管理标准是在一定范围内获得的关于信息安全管理的最佳秩序，对信息安全管理活动或结果规定共同的和重复使用的具有指导性的规则、导则或特性的文件。

信息安全管理控制规范是为改善具体信息安全问题而设置的技术或管理手段，并运用信息安全管理相关方法来选择和实施，为信息安全管理体系服务。信息安全保障体系则是保障信息安全管理各环节、各对象正常运作的基础，在信息安全保障过程中，要实施信息安全工程。

5.2　信息安全管理标准

到目前为止，与信息安全管理相关的国际标准主要是国际标准化组织(ISO)制定的 ISO/IEC 27001、ISO/IEC 27002 等，它们都是由英国标准 BS 7799 发展而来，分别对应 BS 7799-2 和 BS 7799-1。

5.2.1　信息安全管理标准的发展

1. BS 7799

BS 7799 是世界上影响最深、最具有代表性的信息安全管理体系标准。英国标准协会(BSI)最早于 1995 年发布了《信息安全管理实施细则》(BS 7799-1:1995)，它为信息安全提供了一套全面综合最佳实践经验的控制措施，其目的是将信息系统用于工业和商业用途时，为确定实施控制措施的范围提供一个参考依据，并且能够被各种规模的组织所采用。

BS 7799-1 采用指导和建议的方式编写，不适合作为认证标准使用。1998 年，为了适应第三方认证的需求，BSI 又制定了世界上第一个信息安全管理体系认证标准，即《信息安全管理体系规范》(BS 7799-2:1998)，它规定了信息安全管理体系要求与信息安全控制要求，是一个组织的全面或部分信息安全管理系统评估的基础，可以作为对一个组织的全面或部分信息安全管理体系进行评审认证的标准。

1999 年，鉴于最新的信息处理技术应用，特别是网络和通信的发展情况，BSI 对信息安全管理体系标准进行了修订，即 BS 7799-1:1999 和 BS 7799-2:1999。1999 版特别强调了信息安全所涉及的商业问题和责任问题。BS 7799-1:1999 与 BS 7799-2:1999 是一对配套的标准，其中 BS 7799-1:1999 对如何建立并实施符合 BS 7799-2:1999 标准要求的信息安全管理体系提供了最佳的应用建议。

2000 年 12 月，BS 7799-1 被 ISO 接受为国际标准，即 ISO/IEC 17799:2000《信息技术安全技术　信息安全管理实施细则》。2005 年 4 月 19 日被我国等同采用为国家标准《信息技术　安全技术　信息安全管理实用规则》(GB/T 19716—2005)。2005 年 6 月，ISO/IEC 17799:2000 升级为 ISO/IEC 17799:2005，主要增加了"信息安全事件管理"这一安全控制区域。目前世界上包括中国在内的绝大多数政府签署协议支持并认可 ISO/IEC 17799 标准。

2002 年 9 月，BSI 发布了 BS 7799-2:2002。BS 7799-2:2002 主要在结构上作了修订，引入了国际上通行的管理模式——过程方法，以及 PDCA(Plan-DO-Check-Act)持续改进模式，建立了与 ISO 9001、ISO 14001 和 OHSAS 18000 等管理体系标准相同的结构和运行模式。

2005 年 10 月，BS 7799-2 被 ISO 接受为国际标准，即 ISO/IEC 27001:2005《信息技术安全技术　信息安全管理体系　要求》，这意味着该标准已经得到了国际上的承认。ISO/IEC 27001:2005 基本上与 BS 7799-2 一致，但作了以下修改：

(1) 必须为信息安全管理体系范围中的任何被排除在外的部分指定理由。

(2) 给出了一个明确定义的风险分析方法。

(3) 在风险处理阶段中选择的措施必须被重新进行风险评估。

总的来说，ISO/IEC 27001:2005 是建立信息安全管理体系(ISMS, Information Security Management System)的一套需求规范，其中详细说明了建立、实施和维护信息安全管理体系的要求，其内容非常全面，是一个真正基于风险的方法。

2007 年 7 月，为了和 27000 系列的编号保持统一，ISO 将 ISO/IEC 17799:2005 正式更改为 ISO/IEC 27002:2005。

2008 年 6 月 19 日，我国等同采用 ISO/IEC 27001:2005 为国家标准《信息技术　安全技术　信息安全管理体系　要求》(GB/T 22080—2008)，同时等同采用 ISO/IEC 27002:2005 为国家标准《信息技术　安全技术　信息安全管理实用规则》(GB/T 22081—2008)，它亦是对 GB/T 19716—2005 的修订，并代替该标准。

随着 IT 领域和通信行业不断的变革，出现了业务和技术的全面融合。移动互联网的蓬勃兴起、智能手机的广泛使用、云计算技术的风起云涌，带来了全新的网络威胁、数据泄露和欺诈的风险，这使得信息安全管理体系标准的更新也变得日益重要。因此，2013 年 10 月 1 日和 19 日，ISO/IEC 27002:2013《信息技术　安全技术　信息安全控制实用规则》和 ISO/IEC 27001:2013《信息技术　安全技术　信息安全管理体系　要求》分别颁布实施。2016 年 8 月 29 日，我国同时颁布实施《信息技术　安全技术　信息安全控制实践指南》(GB/T 22081—2016)和《信息技术　安全技术　信息安全管理体系　要求》(GB/T 22080—2016)。

2022 年 2 月 15 日，ISO/IEC 27002:2022《信息安全、网络安全和隐私保护　信息安全控制》正式发布。在名称上，该标准删除"实用规则"一词，以反映该文件是通用信息安全控制的参考，是组织选择信息安全控制的参考集。同时，由原来的"信息技术　安全技术"扩展为"信息安全、网络安全和隐私保护"，以更好地适应当前新型信息技术给组织带来新业态下对信息安全管理的新需求。此次改版，使得 ISO/IEC 27002 标准具有以下特点：

(1) 管理体系更容易整合。在新版标准中采取 Annex SL(一种管理体系标准的标准结构和格式模板，即"标准的标准")作结构性要求，使信息安全管理体系更容易与其他管理体系融合。

(2) 融入企业面临新安全挑战。对部分控制项进行了合并、删除，并且新增了部分控制项以反映当前信息安全发展趋势。

(3) 具有更多的指引延伸参考。新增许多指引供企业参考，组织可以通过不同的面以及风险进行深度的强化。

与 ISO/IEC 27002:2013 相比，ISO/IEC 27002:2022 总体上的变化如表 5-1 所示。

表 5-1　ISO/IEC 27002:2022 的变化概况

序号	变化项	ISO/IEC 27002:2013	ISO/IEC 27002:2022
1	标准名称	信息技术　安全技术　信息安全控制实用规则	信息安全、网络安全和隐私保护　信息安全控制
2	标准结构	18 个章节	8 个章节，2 个附录
3	术语、定义和缩略语	无，沿用 ISO/IEC 27000	收录多个 ISO 标准的术语、定义和缩略语
4	控制分类	14 个控制域(Domain)	4 个主题(themes)：组织控制、人员控制、物理控制、技术控制
5	控制项	114 个	93 个：组织控制 37 个、人员控制 8 个、物理控制 14 个、技术控制 34 个
6	控制属性	无	新增 5 种属性：控制类型、信息安全属性、网络安全属性、运行能力、安全域
7	控制视图	无	新增控制视图筛选与表达的形式

作为一份指导实践文件，ISO/IEC 27002 旨在用于实施基于 ISO/IEC 27001 的信息安全管理体系(ISMS)及作为认证时选择控制项的参考，或作为组织实施普遍接受的信息安全控制项的指南。ISO/IEC 27002:2022 新版的变化，对于组织来说有以下有益之处：

(1) 新版标准能够更好地帮助组织在未来进行 ISO/IEC 27001 认证时选择业界认可的、

反映了最新信息技术与网络环境要求的信息安全管理控制措施，可以更好地保证实施信息安全控制的实时性、先进性、可用性和实用性。

(2) 组织可直接依照风险评估中的风险处置想达到的效果(即目的)来选择 ISO/IEC 27002:2022 中基于人员、物理、技术和组织 4 个维度的合适的控制。

(3) 根据 5 种控制属性的不同值，组织可创建满足不同于场景下的各种业务、法律法规要求和风险处置要求。这种简洁的控制结构和基于控制属性创建控制集视图的控制使用方式为组织选择信息安全控制提供了灵活性和可操作性。

2022 年 10 月 25 日，ISO/IEC 27001:2022《信息安全、网络安全和隐私保护　信息安全管理体系　要求》正式发布。该标准是目前国际上被广泛接纳和采用的信息安全认证标准，亦是国际公认的保护信息资产和知识产权的良好实践。

与 ISO/IEC 27001:2013 相比，ISO/IEC 27001:2022 的主要变化如表 5-2 所示。

表 5-2　ISO/IEC 27001:2022 的变化概况

序号	修 改 内 容
1	标准名称由《信息技术　安全技术　信息安全管理体系　要求》改为《信息安全、网络安全和隐私保护　信息安全管理体系　要求》
2	附录 A 引用了 ISO/IEC 27002:2022 中的安全控制，涉及人员、物理、技术和组织
3	修改条款措辞，避免歧义，如用"外部提供的过程、产品和服务"代替"外包过程"
4	增加子条款，如"6.3 变更的规则""9.2.2 内部审核方案"等
5	变换第 10 条款两个子条款的顺序
6	参考书目更新，如引用 ISO/IEC 27002:2022 最新版
7	对高层结构、核心文本、通用术语、核心定义等进行更精准的描述

作为一份认证标准文件，ISO/IEC 27001 旨在为企业提供更为强大的信息安全控制，帮助组织解决日益复杂的安全风险，确保没有遗漏并及时跟进，解决了企业需要处理的新场景，帮助建立企业内的信任，为员工提供更多的培训机会，进而使得企业的运作更加高效。同时，应对全球网络安全挑战，提高数字信任以确保组织业务的安全性与连续性。

图 5-4 是 BS 7799 标准的发展。

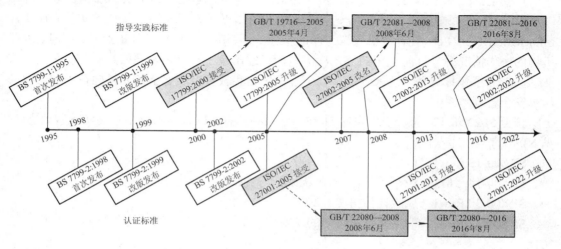

图 5-4　BS 7799 标准的发展

2. ISO/IEC 27000 系列标准

ISO 已为信息安全管理体系标准族预留了 ISO/IEC 27000 系列编号，类似于质量管理体系的 ISO 9000 系列和环境管理体系的 ISO 14000 系列标准。截至 2022 年 12 月，包括上面提到的 ISO/IEC 27001 和 ISO/IEC 27002，ISO 发布了百余项 ISO/IEC 27000 系列标准、技术报告(TR，Technical Report)或技术规范(TS，Technical Specification)，简称"ISO 27K"(详见 ISO 官网)，例如：

ISO/IEC 27000:2018《信息技术　安全技术　信息安全管理体系　概述和术语》

ISO/IEC 27001:2022《信息安全、网络安全和隐私保护　信息安全管理体系　要求》

ISO/IEC 27002:2022《信息安全、网络安全和隐私保护　信息安全控制》

ISO/IEC 27003:2017《信息技术　安全技术　信息安全管理体系　指南》

ISO/IEC 27004:2016《信息技术　安全技术　信息安全管理　监测、测量、分析和评价》

ISO/IEC 27005:2022《信息安全、网络安全和隐私保护　信息安全风险管理指南》

ISO/IEC 27006:2015《信息技术　安全技术　信息安全管理体系审核和认证机构的要求》

ISO/IEC 27007:2020《信息安全、网络安全和隐私保护　信息安全管理系统审核指南》

ISO/IEC TS 27008:2019《信息技术　安全技术　信息安全控制评估指南》

ISO/IEC TR 27016:2014《信息技术　安全技术　信息安全管理　组织经济学》

ISO/IEC TS 27022:2021《信息技术　信息安全管理系统过程指南》

ISO/IEC 27043:2015《信息技术　安全技术　事件调查原则和过程》

ISO/IEC 27099:2022《信息技术　公钥基础设施　实践和策略框架》

ISO/IEC TS 27110:2021《信息安全、网络安全和隐私保护　网络安全框架开发指南》

3. 美国相关标准

美国国家标准技术局(NIST)制定了一系列的信息安全管理相关标准，如 SP 800 系列、FIPS 系列等。

虽然 NIST SP(Special Publications)并不作为正式法定标准，但在实际工作中，已成为得到美国和国际安全界广泛认可的事实标准和权威指南。始于 1990 年的 SP 800 是一系列关于信息安全的技术指南文件，已成为指导美国信息安全管理建设的主要标准和参考资料。

SP 800 系列主要关注计算机安全领域的一些热点研究，介绍信息技术实验室(ITL，Information Tech. Lab.)在计算机安全方面的指导方针、研究成果以及与工业界、政府、科研机构的协作情况等。目前，NIST SP 800 系列已经出版了一百多本同信息安全相关的正式文件，形成了包括规划、风险管理、安全意识培训和教育以及安全控制措施在内的一整套信息安全管理体系。

截至 2022 年 12 月，NIST 发布的 SP 800 系列共有 175 篇文件处于最终实施版状态(详见 NIST 官网)，例如：

SP 800-12 Rev.1《信息安全概论》2017

SP 800-14《信息技术系统安全的公认原则与实践》1996(已废止)

SP 800-30 Rev.1《风险评估指南》2012

SP 800-37 Rev.2《信息系统和组织的风险管理框架：安全和隐私的系统生命周期方法》2018

SP 800-39《管理信息安全风险：组织、任务和信息系统视图》2011

SP 800-53 Rev.5《信息系统和组织的安全和隐私控制》2020

SP 800-89《获得数字签名应用保证的建议》2006

SP 800-124 Rev.1《企业移动设备安全管理指南》2013

SP 800-133 Rev.2《加密密钥生成建议》2020

SP 800-161 Rev.1《系统和组织的网络安全供应链风险管理实践》2022

在 SP 800 系列中，SP 800-12(已由 1995 年版《计算机安全介绍：NIST 手册》升级为 2017 年版《信息安全概论》)和 SP 800-14(1996 年版《信息技术系统安全的公认原则与实践》已于 2018 年废止，但其内容已分布在 SP800-12、SP800-30、SP800-37、SP800-39 和 SP800-53 中)这两篇文献是 SP 800 系列的基础。SP 800-12 论述了各种计算机安全控制的益处以及其合理应用的条件。它对计算机安全进行了概括性描述，以帮助读者理解计算机安全需求，并制定出一种选择适当安全控制的良好方法。SP 800-14 提供了机构用来建立和检查 IT 安全程序的基线，为机构提供了管理多机构事务以及内部事务所参考的基础。管理者、内部审计员、用户、系统开发者和安全从业人员可通过该文档获得大多数 IT 系统应包含的基本安全需求。

SP 800 系列技术指南可以划分为 17 个族类型，包括访问控制、审计&可核查性、意识&培训、认证认可&安全评估、配置管理、应急规划、标识&鉴别、事件响应、维护、媒体保护、人员安全、物理&环境保护、规划、风险评估、系统&通信保护、系统&信息完整性、系统&服务获取等。

联邦信息处理标准(FIPS，Federal Information Processing Standards)是一套描述文件处理、加密算法和其他信息技术标准(在非军用、政府机构和与这些机构合作的政府承包商和供应商中应用的标准)的标准。NIST 发布这些用于政府领域的标准和指南作为 FIPS，用于现成工业标准和方案无法满足的联邦政府强制性要求，如安全和通用性等。

2002 年通过的《联邦信息安全管理法案》(FISMA，Federal Information Security Management Act)赋予 NIST 制定标准和指南的职责。之后，NIST 出版的 FIPS、SP 800 系列等文档对联邦政府的信息系统进行支撑。

SP 800 系列不仅支撑美国信息安全方面的法律法规，而且对 FIPS 标准也提供了支撑。例如：2004 年 2 月发布的 FIPS 199《联邦信息和信息系统安全分类标准》定义了信息和信息系统的三个安全目标，并将每个目标的潜在影响定义为低、中、高三种程度。NIST 在 FIPS 199 的基础上发布了 SP 800-60，描述了安全分类过程以及如何建立信息系统安全类别，以帮助联邦政府对信息和信息系统进行分类。2006 年 3 月，NIST 发布的 FIPS 200《联邦信息系统最小安全控制》在 17 个安全相关领域内详细说明了联邦信息和信息系统的最小安全要求，联邦机构在使用与联邦信息系统推荐安全控制(SP 800-53)相一致的安全控制时必须满足在此定义的最小安全要求。而 SP 800-53A 则是在对信息系统进行分类和选择安全控制措施基础之上进行了按控制措施评估，来确定安全控制实现的有效性。

4. 我国相关标准

我国也制定了与信息安全管理相关的国家标准，例如：

《信息技术　安全技术　信息安全管理体系审核指南》(GB/T 28450—2020)

《信息技术　安全技术　信息安全管理体系审核和认证机构要求》(GB/T 25067—2020)

《信息技术　安全技术　信息安全管理体系　要求》(GB/T 22080—2016)

《信息技术　安全技术　信息安全的控制实践指南》(GB/T 22081—2016)

《信息技术　安全技术　信息安全管理体系实施指南》(GB/T 31496—2015)

《信息安全技术　信息系统安全管理评估要求》(GB/T 28453—2012)

《信息安全技术　信息安全风险评估方法》(GB/T 20984—2022)

《信息安全技术　信息安全风险管理指南》(GB/Z 24364—2009)

《信息安全技术　信息系统安全运维管理指南》(GB/T 36626—2018)

5.2.2　BS 7799 的内容

实施 BS 7799 的目的是保证组织的信息安全(即信息资料的保密性、完整性和可用性等)及业务的正常运营。其方法是通过风险评估、风险管理引导企业的信息安全要求，并提供 10 大管理控制方面、36 个管理控制目标、127 种安全控制措施的三级结构供选择和使用。

BS 7799 的 10 大管理控制方面包括信息安全方针、信息安全组织、信息资产分类与控制、人员信息安全、物理和环境安全、通信和运营管理、访问控制、信息系统的开发与维护、业务持续性管理、法律符合性等，具体又分为两个部分，即信息安全管理实施细则(BS 7799-1)和信息安全管理体系规范(BS 7799-2)。第一部分主要是给负责开发的人员作为参考文档使用，从而在他们的机构内部实施和维护信息安全；第二部分详细说明了建立、实施和维护 ISMS 的要求，指出实施组织需要通过风险评估来鉴定最适宜的控制对象，并对自己的需求采取适当的控制。

BS 7799-2 明确提出了安全控制的要求，而 BS 7799-1 对应给出了通用的控制方法(措施)，因此可以说，BS 7799-1 为 BS 7799-2 的具体实施提供了指南。当然，标准中的控制目标、控制措施的要求并非信息安全管理的全部，一个组织可以根据需要额外考虑另外的控制目标和控制措施。

1. BS 7799-1

BS 7799-1 规定了信息安全的控制要求，根据 10 大控制方面的要求，从控制目标和控制措施入手，涉及信息安全的方方面面。组织应根据风险评估的结果，从中选择适宜的控制目标与控制措施，对于不适宜的条款应在适用性声明中给予说明。

表 5-3 给出了各控制方面、控制目标及控制措施的简要内容。

表 5-3　BS 7799-1 中控制方面、控制目标与控制措施

控制方面(m，n)	控制目标	控制措施
安全方针(1，2)	为信息安全提供管理方向和支持	建立安全方针文档，并评审与评价方针
安全组织(3，10)	建立组织内的管理体系，以便安全管理	完善组织结构，控制组织内部信息安全，保证被第三方访问的设施和信息资产安全，进行外部信息安全评审，确保外包合同安全
资产分类与控制(2，3)	维护组织资产的适当保护系统	制定资产清单，进行信息标签分类，确保信息资产受到适当保护

续表

控制方面(m，n)	控制目标	控 制 措 施
人员安全(3，10)	减少人为造成的风险	减少错误、盗窃、滥用等造成的风险，进行教育培训，完善事故反应机制，总结教训，奖罚并用
物理与环境安全(3，13)	防止未许可的介入、损伤和干扰服务	阻止对工作区和物理设备的非法进入，防止资产的丢失、损坏或泄露造成业务活动的中断，桌面与屏幕管理阻止信息的泄露
通信和运营管理(7，24)	保证通信和操作设备的正确和安全	确保信息处理设备的正确与安全操作，减少系统失效风险，保持软件和信息的完整性，保持信息处理和通信的完整性和有效性，确保网络中信息及其支持系统的安全，防止资产损坏和业务活动中断，防止组织间在交换信息时发生信息丢失、更改和误用
访问控制(8，31)	控制对业务信息的访问	控制信息访问，防止非授权访问设备、计算机、系统及信息，保护网络服务，检测非法行为，确保使用移动式计算和远程工作设施时的信息安全
系统开发与维护(5，18)	保证系统开发与维护的安全	确保安全性深入到操作系统中，防止应用系统用户数据的丢失、修改或误用，保护信息的保密性、完整性和可靠性，保证 IT 方案及其支持活动以安全的方式进行，维护应用系统软件和信息的安全
业务持续性管理(1，5)	防止商业活动中断和事故的影响	防止业务活动的中断，并保护关键业务过程不受重大事故或灾难影响
法律符合性(3，11)	避免任何违反法律法规、合同等的行为	避免与有关法律法规或合同约定事项相抵触，确保安全体系按安全方针及标准执行，将系统的审核效果最大化，并使其影响最小化

注：在(m，n)中，m 表示控制目标数目，n 表示控制措施数目。

2. BS 7799-2

BS 7799-2 规定了建立、实施和维护信息安全管理体系的要求，规定了根据组织的需要应实施安全控制的要求。该标准适用于组织按照标准要求建立并实施 ISMS，进行有效的信息安全风险管理，确保业务可持续性发展；另一方面，该标准作为寻求信息安全管理体系第三方认证的标准。

在根据业务的性质、组织结构、资产和技术等确定信息安全体系的范围之后，可按照 BS 7799-2 建立信息安全管理体系，其步骤如图 5-5 所示。

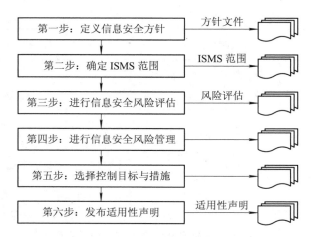

图 5-5　信息安全管理体系的建设流程

(1) 定义信息安全方针。

信息安全方针是组织信息安全的最高方针，需要根据组织内各个部门的实际情况，分别制定不同的信息安全方针。信息安全方针应该简单明了、通俗易懂，并形成书面文件，分发给组织内所有成员。同时要对所有相关员工进行培训，必要时对负特殊责任的人员进行特殊的培训，以使信息安全方针真正根植于所有员工的意识及行为中。

除了要有一个总体的安全方针，在总体方针的框架内，组织要根据风险评估的结果，制定更加具体的安全方针与措施，明确规定具体的控制规则。

(2) 确定 ISMS 范围。

组织要根据组织的特性、地理位置、部门、需要保护系统资产和技术等来对 ISMS 范围进行界定。在本阶段，应将组织划分成不同的信息安全控制领域，以易于组织对有不同需求的领域进行适当的信息安全管理。

(3) 进行信息安全风险评估。

风险评估主要对 ISMS 范围内的信息资产进行鉴定和估价，然后对资产所面对的威胁、信息资产的脆弱性及威胁发生后对组织的影响进行评估，同时对已存在的或规划中的安全措施进行鉴定，用以识别目前面临的风险及风险等级。信息安全风险评估的复杂度取决于风险的复杂程度和受保护资产的敏感程度，所采用的评估措施应该与信息资产风险的保护需求相一致。

要注意的是，ISMS 的成功建立与实施，及它对组织的价值很大程度上取决于风险评估的质量。

(4) 进行信息安全风险管理。

根据信息安全方针、所要求的安全程度和风险评估的结果进行相应的风险管理，管理风险包括识别所需的安全措施，通过降低、避免、转移将风险降为可接受的水平。风险会随着过程的更改、组织的变化、技术的发展及新出现的潜在威胁而变化。

(5) 选择控制目标与控制措施。

控制目标与控制措施的选择要以费用不超过风险所造成的损失为原则。因为信息安全是一个动态的系统工程，组织应实时地对选择的控制目标和控制措施进行验证和调整，以应对不断变化的情况，使信息资产得到有效的、经济的、合理的保护。

(6) 发布适用性声明。

适用性声明(SoA: Statement of Application)是对组织选择的控制目标和控制措施的记述性文件，标准中不适用的控制措施也要在声明中加以说明，但不能提供太过详细、有价值的信息，防止被某些不怀好意的人所利用。进行适用性声明，一方面是为了向组织内的员工声明对信息安全风险的态度，另一方面是为了向外界(例如潜在的商业伙伴或第三方认证机构)表明组织的态度和作为，表明组织已全面、系统地审视了信息安全系统，并将所有应该得到控制的风险控制在可被接受的范围内。

除此之外，在建立信息安全管理体系的过程中，需要按标准要求建立管理的证据，即信息安全管理体系文件，它一般包括方针、适用性声明、方针手册、程序文件、作业指导书和记录等。BS 7799-2 对 ISMS 文件结构没有统一的要求，但其文件内容应该包括以上内容。

5.2.3　引入 BS 7799 的好处

保证信息安全不是仅靠一些安全设备，或寻求信息安全服务公司帮助就可以达到，而是需要全面的综合管理。引入信息安全管理体系可以协调各个方面的信息管理，在建立业务风险分析的基础上，开发、实施、完成、评审和维护信息安全，使得管理更有成效。

信息安全管理体系可以定义在组织的整个信息系统中，也可是信息系统的某些部分，或者是一个特定的信息系统，包括处理、存储和传输数据所用到的相应的资产、系统服务、应用程序、网络与技术等。具体选择哪种范围模式，取决于组织的实际需要，一个组织可以为企业的不同部分、不同方面定义不同的 ISMS。例如可以为公司与合作商的特定贸易关系定义一个信息安全管理系统。

BS 7799 强调管理体系的有效性、经济性、全面性、开放性和普遍性，目的是为企业或组织提供一种高质量、高实用性的参照。各单位以此建立自己的信息安全管理体系，可以在别人的基础上根据自己的实际情况选择引入 BS 7799 的模式。

BS 7799 可以有效地保护信息资源，使信息化健康、有序、可持续发展，目前已发展成最新的 ISO/IEC 27001:2022 和 ISO/IEC 27002:2022 标准。如果组织通过了 BS 7799 认证，就相当于通过了 ISO 9000 的质量认证，表明组织信息安全管理已建立了一套科学有效的管理体系作为保障。

企业或组织按照 BS 7799、ISO/IEC 27001、ISO/IEC 27002 等标准建立信息安全管理体系，在前期需要有一定的投入，但若是能通过相关认证，将会获得有极大价值的回报，例如：

(1) 通过认证能向客户、竞争对手、投资商、供应商等展示在其行业中的领导地位。

(2) 定期监督审核能加强系统的安全性，减少系统故障和潜在的风险隐患，节约资源。

(3) 通过认证相当于是一种承诺，能提高企业的信誉度，增强客户购买或投资的信心。

(4) 能够向政府及行业主管部门证明企业符合相关法律法规。

(5) 可以改善企业的业绩，消除不信任感，有利于拓展市场与业务。

(6) 获得国际认可的认证证书意味着得到国际上的承认。

企业引入信息安全管理标准体系的关键在于企业的重视程度和制度落实的情况。在实施过程中一定要注意，BS 7799 里所描述的所有控制措施不可能适合企业内的每一种情况。因此，需要根据功能要求和企业自身的实际情况进一步开发适合企业本身需要的控制目标与控制措施，就像依据 ISO 9000 标准开发质量手册和程序文件一样。

5.3 信息安全管理的实施要点

有效地保护信息系统的安全，涉及信息系统研制单位、信息化应用工程建设单位乃至国家有关主管部门，需要在立法、行政、技术三方面采取综合措施。

这里着重介绍管理工作方面的信息安全实施要点。

1. 加强审计管理

对信息系统中的所有资源(包括服务、文件、数据库、主机、操作系统、安全设备等)进行安全审计，记录所有发生的事件，以提供给系统管理员作为系统维护以及安全防范的依据。它的目标是通过数据挖掘和数据仓库等技术，实现在不同网络环境中对网络设备、终端、数据资源等进行监控和管理，在必要时通过多种途径向管理员发出警告或自动采取措施，并且能够对历史审计数据进行分析、处理和追踪。其作用主要有以下几个方面：

(1) 对潜在的攻击者起到震慑和警告的作用。

(2) 对于已经发生的系统破坏行为提供有效的追究证据。

(3) 为系统管理员提供有价值的系统使用日志，从而帮助系统管理员及时发现系统入侵行为或潜在的系统漏洞。

(4) 为系统管理员提供系统的统计日志，使系统管理员能够发现系统性能上的不足或需要改进和加强的地方。

为了支持审计工作，要求数据库管理系统具有高可靠性和高完整性，在审计数据的获取、传输、存储过程中都应该注意安全问题。

2. 加强行政管理

对于企业的组织机构，无论哪一个级别的信息系统，都要有相应级别负责信息安全的专门管理机构，其规模与层次视系统大小而定。加强行政管理工作，要求管理机构要把以下几点做到位，而不流于行式：

(1) 制定、审查和确定安全措施。

(2) 确定安全措施的方针政策、策略和原则。

(3) 组织实施安全措施并协调、监督、检查安全措施执行情况。

安全管理机构的人员应该包括领导和专业人员，按不同任务进行分工以确立各自的责任，一类人员负责确定安全措施，包括方针政策、策略的制定，并协调和监督检查安全措施的实施，另一类人员具体负责管理系统的安全工作。

3. 加强人事管理

信息安全威胁大多来自人的因素，因为计算机由人来制造和使用，而人受社会的影响，为了私利，有可能铤而走险。许多安全威胁来自内部人员，他们可能是无意间造成错误，也可能是内外勾结蓄意破坏系统，窃取机密或敏感信息，造成重大的损失。因此，信息安全管理工作除了"防外"还要"安内"，即需要对内部人员尤其是涉密员工加强人事管理，例如：

(1) 在人事审查和录用，岗位和职责范围的确定，人事档案管理，工作评价，人员的提升、调动、免职等方面要有具体的管理措施。

(2) 加强思想教育和安全业务培训，不断提高员工的思想素质和技术水平。

只有这些人员具备了一定的职业道德和技术能力，才能把信息安全建立在牢固的基础上。

4．加强安全管理

在健全管理机构和人事管理制度后，具体的工作就是安全管理。要确立安全管理的原则和相应的规章制度。安全管理主要基于以下原则：

(1) 多人负责制：从事每一项与安全有关的活动，都必须有两人或多人在场。

(2) 任期有限原则：任何人不能长期担任与安全有关的固定职务，应不定期地循环任职。

(3) 职责分离原则：将不同的任务分配给不同职位的人，以及在多个人间针对某个特定的安全操作过程分配相关的特权，不能将各种不同的职责合并，如秘密资料传送与接收、操作与存储保密介质、系统管理与安全管理等工作职责应该由不同的人员负责。

本 章 小 结

信息安全管理是信息安全保障体系建设的重要组成部分，对于保护信息资源、降低信息系统安全风险、指导信息安全体系建设具有重要作用，是组织中用于指导和管理各种控制信息安全风险的一组相互协调的活动。有效的信息安全管理要尽量做到在有限的成本下，保证系统中的信息安全。

近年来，信息安全管理在国际上有了很大的发展，我国信息安全管理虽然起步较晚，但我国政府主管部门以及各行各业已经认识到了信息与信息安全的重要性，已开始出台一系列相关政策策略，直接指导，推进信息安全的应用和发展。经过几年的发展，取得了一定的成绩，但仍面临巨大考验。

在我国，信息安全管理是对一个组织机构中信息系统的生命周期全过程实施符合安全等级责任要求的管理，在实施信息安全管理过程中，需要遵循一定的原则。

信息系统的主要安全因素包括资产、威胁、脆弱性、意外事件影响、安全风险和保护措施等，这些因素之间相互影响而存在。

信息安全管理模型是从信息系统的安全需求出发，以信息安全管理相关标准为指导，结合组织的信息系统安全建设情况，引入合乎要求的信息安全等级保护的技术控制措施和管理控制规范与方法，在信息安全保障体系基础上建立信息安全管理体系。

BS 7799 是世界上影响最深、最具有代表性的信息安全管理体系标准，分为两个部分，即信息安全管理实施细则(BS 7799-1)和信息安全管理体系规范(BS 7799-2)。BS 7799 可以有效地保护信息资源，使信息化健康、有序、可持续发展，目前已发展成最新的 ISO/IEC

27001:2022 和 ISO/IEC 27002:2022 标准。

　　企业或组织具体选择 ISMS 的范围模式，取决于组织的实际需要，一个组织可以为企业的不同部分、不同方面定义不同的 ISMS，关键在于企业的重视程度和制度落实的情况。

　　有效地保护信息系统的安全，涉及信息系统研制单位、信息化应用工程建设单位乃至国家有关主管部门，需要在立法、行政、技术三方面采取综合措施，要加强审计管理、行政管理、人事管理和安全管理等工作。

思 考 题

1. 什么是信息安全管理？为什么要实行信息安全管理？
2. 当前我国信息安全管理的现状是怎样的？
3. 信息安全管理的内容和应遵循的原则有哪些？
4. 信息系统主要有哪些安全因素？
5. 信息安全管理模型结构是怎样的？
6. 简述信息安全管理相关标准的发展历史。
7. BS 7799 的内容有哪些？
8. 企业或组织引入 BS 7799 有什么好处？
9. 信息安全管理工作的实施要点有哪些？

第 6 章

信息安全管理控制规范

各种类型和规模的组织(包括公共和私营部门、商业和非营利组织)以电子、物理和口头(例如对话与演示)等多种形式创建、收集、处理、存储、传输和处置信息。信息以知识、概念、想法和品牌等形式存在,其价值已超越了文字、数字和图像本身。幸运的是,许多组织已认识到信息系统仅通过技术措施实现的安全级别是有限的,应该得到适当的管理活动和组织流程的支持。

信息安全是通过实施一套适当的控制措施来实现的,包括策略、规则、流程、程序、组织结构以及软件和硬件功能。为了满足特定的安全和业务目标,组织应在必要时定义、实施、监控、审查和改进这些控制措施,对组织的信息安全风险采取整体的、协调的管理,以便在一致的管理系统的总体框架内确定和实施一套全面的信息安全控制规范。

本章为组织提供建立 ISO/IEC 27001 信息安全管理体系(ISMS)时所需的信息安全管理控制规范,主要基于 ISO/IEC 27002 等标准,从四个明确的"主题"分类展开叙述。6.1 节概述实施信息安全风险控制措施要求的必要性;6.2 节从组织控制的角度,在信息安全策略、管理层责任、供应商关系、业务持续性等方面为信息安全管理提供最佳实践;6.3 节从人员控制的角度,在人员筛选与雇佣、教育与培训以及保密与工作等方面提供正确指导;6.4 节从物理控制的角度,在物理环境、硬件设备安全与维护等方面提供规范要求;6.5 节从技术控制的角度,在网络安全、信息安全、系统开发与测试等方面提供控制措施。

学习目标

- 通过深入了解 ISO/IEC 27002 等标准,理解信息安全管理控制规范的重要性。
- 掌握信息安全管理中的控制分类、控制属性、控制目的和具体管理准则及规范措施。
- 加深理解信息安全管理的整体与协调的观点,在工作中贯彻总体管理框架内的全面信息安全控制的要求。

思政元素

借鉴前人经验与标准,结合具体威胁和脆弱性规范实践,引导理论与实际结合,培养脚踏实地的奋斗精神。

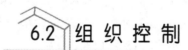

6.1　概　　述

BS 7799 标准已经得到了很多国家的认可，是国际上具有代表性的信息安全管理体系标准，依据 BS 7799 建立信息安全管理体系并获得认证已成为世界潮流。组织可以参照信息安全管理模型，按照 BS 7799 标准建立完整的信息安全管理体系并进行实施与保持，形成动态的、系统的、全员参与的、制度化的、以预防为主的信息安全管理方式，用最低的成本获得可接受的信息安全水平，从根本上保证业务的连续性，提高企业的社会形象和市场竞争力。

在建立信息安全管理体系的过程中，为了对组织所面临的信息安全风险实施有效的控制，需要针对具体的威胁和脆弱性采取适宜的控制措施，包括管理手段和技术方法等。本章根据 BS 7799-1:1999、《信息技术　安全技术　信息安全控制实践指南》(GB/T 22081—2016)和 ISO/IEC 27002:2022《信息安全、网络安全和隐私保护　信息安全控制》等标准，结合新环境下网络安全、数据安全治理和管理体系要求，按四大控制分类(主题)分别介绍了 93 个控制项具体的目的和实施规范(指南)。四个类别的控制布局可以让组织明显意识到，高层管理人员需要制定组织的信息安全管理框架和方向，以识别和传达不同信息对业务和组织的重要性和影响。对信息和数据的保护不应该仅仅只依靠技术手段，技术手段只是预防或减轻信息安全风险的补救措施，更重要的是加强信息安全管理。

6.2　组 织 控 制

组织控制包含信息安全策略、信息安全角色和职责、职责分离等 37 个相关控制规范。

6.2.1　信息安全策略

应定义信息安全策略和专题策略，由管理层批准、发布，传达给相关人员和利益相关方并得到他们的认可，并在计划的时间间隔和发生重大变化时进行审查。

1. 控制目的

根据业务、法律、法规、监管和合同要求，确保管理方向和信息安全支持的持续适用性、充分性和有效性。

2. 实施指南

1) 信息安全策略

在最高级别，组织应定义由最高管理层批准的"信息安全策略"，该策略规定了组织管理其信息安全的方法。

(1) 信息安全策略应顾及来自以下方面的要求：业务战略和要求；法规、立法和合同；当前和预计的信息安全风险和威胁。

(2) 信息安全策略应包含关于以下方面的声明：

① 信息安全的定义。

② 信息安全目标或设定信息安全目标的框架。

③ 指导所有信息安全相关活动的原则。

④ 承诺满足与信息安全相关的适用要求。

⑤ 致力于信息安全管理体系的持续改进。

⑥ 将信息安全管理的职责指派给规定的角色。

⑦ 处理豁免和例外的程序。

对信息安全策略的任何更改应经最高管理层批准。

2) 专题策略

在较低层次上，根据需要，信息安全策略应得到专题策略的支持，以进一步授权实施信息安全控制措施。专题策略通常旨在满足组织内特定目标群体的需求，或者涵盖特定的安全领域。专题策略应与组织的信息安全策略保持一致并对其起到补充作用。

(1) 专题安全策略的主题一般包括：

① 访问控制。

② 物理和环境安全。

③ 资产管理。

④ 用户终端设备的安全配置和处理。

⑤ 网络安全。

⑥ 信息安全事件管理。

⑦ 备份。

⑧ 密码术和密钥管理。

⑨ 信息分类和处理。

⑩ 技术漏洞的管理。

⑪ 安全开发。

(2) 应根据相关人员的适当权限和技术能力，指派制定、评审和批准专题策略的责任人。评审应包括评估改进组织信息安全策略和专题策略的机会，并管理信息安全以应对以下方面的变化：

① 组织的业务战略。

② 组织的技术环境。

③ 法规、法令、法律和合同。

④ 信息安全风险。

⑤ 当前和预计的信息安全威胁环境。

⑥ 从信息安全事件和事故中吸取的教训。

信息安全策略和专题策略的评审应考虑管理评审和审计的结果。当一项策略发生变化时，应考虑对其他相关策略进行评审和更新，以保持一致性。

信息安全策略和专题策略应以相关的、可访问的和目标读者可理解的形式传达给相关人员和相关方。应要求策略的接受者承认他们理解并同意遵守适用的策略。组织可以确定满足组织需要的这些策略文件的格式和名称。在一些组织中，信息安全策略和特定于主题的策略可以放在一个文档中。组织可以将这些专题策略命名为标准、指令、策略或其他。

如果信息安全策略或任何专题策略在组织外分发，应注意不要不当披露机密信息。

6.2.2 信息安全角色和职责

应根据组织需求定义和分配信息安全角色和职责。

1．控制目的

为组织内信息安全的实施、运营和管理建立一个定义明确、得到批准和理解的结构。

2．实施指南

应根据信息安全策略和专题策略分配信息安全角色和职责。组织应当定义和管理以下方面的职责：

(1) 保护信息和其他相关资产。

(2) 执行特定的信息安全流程。

(3) 信息安全风险管理活动，特别是对残余风险的接受(例如对风险所有人)。

(4) 使用组织信息和其他相关资产的所有人员。

必要时，应对这些职责进行补充，为特定站点和信息处理设施提供更详细的指导。被分配了信息安全职责的个人可以将安全任务指派给其他人，但是他们仍须担责，并且应确定委派的任务都已被正确执行。

应定义、记录和沟通个人负责的每个安全领域。应定义和记录授权级别。担任特定信息安全角色的个人应具备该角色所需的知识和技能，并应得到支持以跟上与该角色相关的发展以及履行该角色的职责。

6.2.3 职责分离

相互冲突的职责和责任领域应该被分离。

1．控制目的

降低欺诈、出错和绕过信息安全控制的风险。

2．实施指南

职责和责任领域的分离旨在解决不同个人之间的职责冲突，以防止一个人独自担负潜在冲突的职责。

组织应该确定哪些职责和责任领域需要分离。以下是可能需要分离的活动示例：

(1) 发起、批准和执行变更。

(2) 请求、批准和实施访问权限。

(3) 设计、实施和审查代码。

(4) 开发软件和管理生产系统。

(5) 使用和管理应用程序。

(6) 使用应用程序和管理数据库。

(7) 设计、审计和确保信息安全控制。

在设计分离控制时，应考虑共谋的可能性。小型组织可能会发现职责分离很难实现，但应尽可能和切实可行地应用这一原则。当难以分离时，应考虑其他控制措施，如活动监控、审计跟踪和管理监督。

使用基于角色的访问控制系统时应小心谨慎，以确保人员不会被授予冲突的角色。当组织有大量的角色时，应考虑使用自动化工具来识别冲突并促进冲突的消除。应仔细定义和设置角色，以便在删除或重新分配角色时最大限度减少权限问题。

6.2.4　管理层责任

管理层应要求所有人员根据既定信息安全策略、专题策略和程序来应用信息安全。

1．控制目的

确保管理层了解其在信息安全中的角色，并采取措施确保所有人员了解并履行其信息安全职责。

2．实施指南

管理层应对信息安全策略、专题策略、程序和信息安全控制措施提供可证实的支持。管理层责任应包括确保人员：

(1) 在被授权访问组织的信息和其他相关资产之前，已正确了解其信息安全角色和职责。

(2) 获得了指南，规定了他们在组织内的角色的信息安全要求。

(3) 被授权履行组织的信息安全策略和专题策略。

(4) 信息安全意识达到与其在组织内的角色和职责相匹配的水平。

(5) 遵守雇佣合同或协议中的条款和条件，包括组织的信息安全策略和适当的工作方法。

(6) 通过专业继续教育持续拥有适当的信息安全技能和资格。

(7) 在可行的情况下，为报告违反信息安全策略、专题信息安全策略或程序的行为("举报")提供保密渠道，可以允许匿名举报，或者有预置措施确保只有需要处理此类举报的人才能知晓举报人身份。

(8) 为实施组织的安全相关流程和控制提供充足的资源和项目规划时间。

6.2.5　与职能机构的联系

组织应当与相关职能机构建立并保持联系。

1．控制目的

确保组织与相关法律、监管和监督机构之间在信息安全方面有适当的信息沟通。

2．实施指南。

组织应指定何时联系职能部门(如执法机关、监管部门、监督机构)以及由谁联系，以及如何及时报告已发现的信息安全事件。还应利用与职能机构的联系来促进对这些职能机构当前和未来期望的理解(例如适用的信息安全法规)。

6.2.6　与特定相关方的联系

组织应与特定相关方或其他专业安全论坛、专业协会建立并保持联系。

1．控制目的

确保在信息安全方面有适当的信息沟通。

2．实施指南

应把与特定的相关方或论坛中的成员发展关系视作一种手段，用来：

(1) 增进对最佳实践的了解，并掌握最新的相关安全信息。

(2) 确保对信息安全环境的了解是最新的。

(3) 接收关于攻击和漏洞的预警、建议和补丁。

(4) 获得专家的信息安全建议。

(5) 分享和交流有关新技术、产品、服务、威胁或漏洞的信息。

(6) 在处理信息安全事件时提供合适的联系人。

6.2.7　威胁情报

应收集并分析与信息安全威胁的信息，以产生威胁情报。

1．控制目的

提高组织应对威胁环境的意识，以便采取适当的缓解措施。

2．实施指南

(1) 收集和分析关于现有或新出现的威胁的信息，以便促进对行动的知情，以防止威胁对组织造成伤害，降低威胁的影响。

(2) 威胁情报可分为三个层次：

① 战略威胁情报：交换关于不断变化的威胁形势的高级别信息(例如攻击者的类型或攻击的类型)。

② 战术威胁情报：关于攻击者方法、工具和相关技术的信息。

③ 作战威胁情报：关于特定攻击的详细信息，包括技术指标。

以上三个层次的威胁情报都应该被顾及。

(3) 威胁情报应该是：

① 相关的(即与保护本组织相关)。

② 有洞察力的(即向组织提供对威胁形势的准确而详细的了解)。

③ 有上下文的，提供情境意识(即根据事件发生的时间、地点、以前的经验和在类似组织中的流行程度为信息添加上下文)。

④ 可操作的(即组织可以快速有效地对信息采取行动)。

(4) 威胁情报活动应包括：

① 建立生产威胁情报的目标。

② 确定、审查和选择必要和适当的内部和外部信息来源，以提供生产威胁情报所需的信息。

③ 从选定的内部和外部来源收集信息。

④ 处理收集的信息，为分析作准备(例如翻译、格式化或确证信息)。

⑤ 分析信息，了解它与组织的关系以及对组织的意义。

⑥ 以可理解的形式与相关个人交流和分享。

(5) 应对威胁情报进行分析，并在以后使用，使用方法如下：

① 通过实施流程，将从威胁情报来源收集的信息纳入组织的信息安全风险管理流程。

② 作为 Firewall、IDS 或反恶意软件解决方案等技术预防和检测控制的附加输入。

③ 作为信息安全测试流程和技术的输入。

组织应在互利合作的基础上与其他组织共享威胁情报，以改进整体威胁情报。

6.2.8　项目管理中的信息安全

项目管理中应纳入信息安全。

1．控制目的

确保在整个项目生命周期中，项目管理中有效应对与项目和可交付成果相关的信息安全风险。

2．实施指南

(1) 应将信息安全集成到项目管理中，以确保其作为项目管理的一部分得到解决。这可适用于任何类型的项目，无论其复杂程度、规模、持续时间、学科或应用领域如何(如核心业务流程、ICT(Information and Communication Technologies)、设施管理或其他支持流程的项目)。

正在执行的项目管理中应要求：

① 在整个项目生命周期中，信息安全风险作为项目风险的一部分，在早期阶段定期得到评估和处理。

② 信息安全要求(如应用安全要求、遵守知识产权的要求等)在项目的早期阶段得到解决。

③ 在整个项目生命周期中，考虑和处理与项目执行相关的信息安全风险，如内部和外部通信方面的安全。

④ 审查信息安全风险处理的进展，并评估和测试处理的有效性。

应由合适的人员或治理机构(如项目指导委员会)在预定义的阶段持续核查信息安全考虑因素和活动的适当性。

应定义与项目相关的信息安全责任和权限，并分配给指定的角色。

应使用各种方法确定项目交付的产品或服务的信息安全要求，包括从信息安全策略、专题策略和法规中得出合规性要求。进一步的信息安全要求可以从威胁建模、事件审查、使用漏洞阈值或应急计划等活动中得出，从而确保信息系统的体系结构和设计能够抵御基于运营环境的已知威胁。

(2) 应该为所有类型的项目确定信息安全要求，而不仅仅是 ICT 开发项目。确定这些要求时，还应顾及以下因素：

① 涉及哪些信息(信息判定)，对应的信息安全需求有哪些(分类)以及缺乏足够的安全性可能导致的潜在负面业务影响。

② 所涉信息和其他相关资产的必要保护需求，尤其在保密性、完整性和可用性方面。

③ 为了得出身份鉴别要求，对所声称的实体身份所需的信任或保证级别。

④ 为客户和其他潜在业务用户以及特权或技术用户(如相关项目成员、潜在运营人员或外部供应商)提供访问和授权流程。

⑤ 告知用户他们的义务和责任。

⑥ 源自业务流程的需求，如交易记录和监控、不可否认性需求。

⑦ 其他信息安全控制措施规定的要求(如记录和监控数据泄露检测系统的接口)。

⑧ 遵守组织运作的法律、法规、规章和合同环境。

⑨ 第三方满足组织的信息安全策略和专题策略(包括任何协议或合同中的相关安全条款)所需的信心或保证级别。

6.2.9　信息和其他相关资产的清单

应开发和维护信息和其他相关资产(包括所有者)的清单。

1．控制目的

识别组织的信息和其他相关资产，以保护其信息安全并分配适当的所有权。

2．实施指南

(1) 清单。组织应确定其信息和其他相关资产，并确定它们在信息安全方面的重要性。文件应酌情保存在专用或现有的清单中。信息和其他相关资产的清单应准确、最新、一致，并与其他清单保持一致。确保信息和其他相关资产清单准确性的选项包括：根据资产清单定期审查已识别的信息和其他相关资产；在安装、更改或删除资产的过程中自动执行清单更新。

资产的位置应适当地包括在清单中。清单不必是信息和其他相关资产的单一列表。考虑到清单应由相关职能部门维护，因此可将其视为一组动态清单，如信息资产、硬件、软件、虚拟机、设施、人员、能力、功能和记录的清单。应根据与资产相关的信息分类对每项资产进行分类。信息和其他相关资产清单的粒度应符合组织的需求。有时由于资产的性质，信息生命周期中资产的特定实例不适合记录。

(2) 所有权。对于已识别的信息和其他相关资产，资产的所有权应分配给个人或团体，并应识别其分类。应实施确保及时分配资产所有权的流程。当创建资产或将资产转移到组织时，应分配所有权。当前资产所有者离开或改变工作角色时，应根据需要重新分配资产所有权。

(3) 所有者职责。资产所有者负责在整个资产生命周期内对资产进行适当管理，确保：

① 对信息和其他相关资产进行编目。

② 信息和其他相关资产得到适当的分类和保护。

③ 定期审查分类。

④ 列出并链接支持技术资产的组件，如数据库、存储、软件组件和子组件。

⑤ 建立了信息和其他相关资产的可接受的使用要求。

⑥ 定期审查访问限制是否符合分类，是否有效。

⑦ 删除或处置信息和其他相关资产时，以安全的方式进行处理，并从清单中删除。

⑧ 参与识别和管理与其资产相关的风险。

⑨ 支持承担管理其信息的角色和责任的人员。

6.2.10 信息和其他相关资产的可接受的使用

应确定、记录和实施处理信息和其他相关资产的可接受的使用规则和程序。

1. 控制目的

确保信息和其他相关资产得到适当的保护、使用和处理。

2. 实施指南

对使用或有权访问组织信息和其他相关资产的所有人员，包括外部用户，应令其知晓保护和处理组织信息和其他相关资产的信息安全要求。他们应对自己使用的任何信息处理设施负责。

(1) 组织应就信息和其他相关资产的可接受的使用建立专题策略，并将其传达给使用或处理信息和其他相关资产的任何人。关于可接受的使用的专题策略应该为个人如何使用信息和其他相关资产提供明确的指南。专题策略应说明：

① 从信息安全的角度看，个人期望的和不可接受的行为。

② 对信息和其他相关资产的允许或禁止使用。

③ 组织实施的监控活动。

(2) 应根据信息的分类和确定的风险，为整个信息生命周期制定可接受的使用程序。应顾及以下事项：

① 支持每个分类级别的保护要求的访问限制。

② 维护信息和其他相关资产的授权用户记录。

③ 对信息的临时或永久拷贝的保护水平与对原始信息的保护水平一致。

④ 根据制造商的规范存储与信息相关的资产。

⑤ 清晰标记存储介质(电子或物理)的所有副本，以引起授权接收者的注意。

⑥ 作废信息和其他相关资产的授权以及支持的删除方法。

6.2.11 资产返还

员工和其他相关方在变更或终止其雇佣关系、合同或协议时，应归还其拥有的所有组织资产。

1. 控制目的

在变更或终止雇佣关系、合同或协议的过程中保护组织的资产。

2. 实施指南

应正式发布雇佣变更或终止流程，包括归还本组织拥有或委托给本组织的所有先前发放的实物和电子资产。

如果相关人员和其他相关方买下了组织的设备或原本是使用他们自己的个人设备，应遵循相应的程序，确保所有相关信息被追溯并转移到组织，并从设备中安全地删除。

如果相关人员和其他相关方掌握对继续运行至关重要的知识，该信息应形成文件并传递给组织。

在通知期间及之后，组织应防止收到雇佣终止通知的人员未经授权复制相关信息(例如知识产权)。

组织应明确标识和记录要归还的所有信息和其他相关资产，其中可能包括：

(1) 用户终端设备。

(2) 便携式存储设备。

(3) 专业设备。

(4) 信息系统、站点和物理档案的身份鉴别硬件(例如机械钥匙、物理令牌和智能卡)。

(5) 信息的物理副本。

6.2.12　信息分类

应根据组织的信息安全需求，基于机密性、完整性、可用性和利益相关方的要求，对信息进行分类。

1. 控制目的

根据信息对组织的重要性，确保识别和理解信息的保护需求。

2. 实施指南

组织应建立关于信息分类的专题策略，并将其传达给所有利益相关方。

组织应当考虑分类方案中的机密性、完整性和可用性要求。

信息的分类和相关保护控制措施应考虑共享或限制信息、保护信息完整性和确保可用性的业务需求，以及有关信息机密性、完整性或可用性的法律要求。除了信息之外的资产也可以按照其存储的、处理的或者掌控或保护的信息的分类来分类。

信息的所有者应对其分类负责。

分类方案应包括分类惯例和随着时间的推移对分类进行审查的标准。分类结果应根据信息在其生命周期中的价值、敏感性和重要性的变化进行更新。

该方案应符合关于访问控制的专题策略，并应能够满足组织的特定业务需求。

分类可以根据信息泄露对组织的影响程度来确定。方案中定义的每个级别都应该有一个在分类方案应用环境中有意义的名称。

分类方案应该在整个组织中保持一致，并包含在其程序中，以便每个人都以相同的方式对信息和适用的其他相关资产进行分类。通过这种方式，每个人都对保护要求有共同的理解，并应用适当的保护。

组织内使用的分类方案可以不同于其他组织使用的方案，即使级别的名称相似。此外，在组织之间移动的信息在分类上可能有所不同，这取决于它在每个组织中的上下文，即使它们的分类方案是相同的。因此，与其他组织签订的包含信息共享的协议应包括识别信息分类和解释其他组织的分类级别的程序。通过寻找相关处理和保护方法的等效性，可以确定不同方案之间的一致性。

6.2.13　信息标签

应当根据组织采用的信息分类方案，制定并实施一套适当的信息标签程序。

1．控制目的

促进信息分类的交流，支持信息处理和管理的自动化。

2．实施指南

(1) 信息标签程序应涵盖所有格式的信息和其他相关资产。标签应反映章节 6.2.12 中建立的分类方案。标签应容易辨识。考虑到如何根据存储介质的类型访问信息或处理资产，这些程序应就标签的粘贴位置和方式提供指南。这些程序可以定义：

① 省略标记的情况(例如略过标记非机密信息以减少工作量)。

② 如何标记通过电子或物理方式或任何其他格式发送或存储的信息。

③ 如何处理无法标记的情况(例如由于技术限制，在自然环境恶劣，有干扰物影响或距离太远等情况下，使得标签信息容易损坏或无法读取)。

(2) 标签技术的例子包括：物理标签；页眉和页脚；元数据；水印；橡皮图章。

(3) 数字信息应利用元数据来识别、管理和控制信息，特别是在保密性方面。元数据还应支持高效和正确的信息搜索，便于系统根据相关的分类标签进行交互和决策。

这些程序应说明如何根据组织的信息模型和 ICT 架构，将元数据附加到信息上，使用什么标签，以及如何处理数据。

系统在处理信息时，应根据信息的安全属性添加额外的相关元数据。

(4) 应使员工和其他相关方了解标签程序。应向所有人员提供必要的培训，以确保正确标记信息并进行相应的处理。

包含敏感或关键信息的系统的输出应带有适当的分类标签。

6.2.14　信息传递

组织内部以及组织与其他相关方之间所有类型的信息传递设施都应当有信息传递的规则、程序或协议。

1．控制目的

维护在组织内部以及与任何外部相关方之间传输信息的安全性。

2．实施指南

(1) 在常规方面，组织应当建立并向所有相关方传达关于信息传递的专题策略。保护传输中信息的规则、程序和协议应反映所涉信息的分类。当信息在组织和第三方之间传递时，应建立并维护传递协议(包括接收方身份鉴别)，以保护传递的所有形式的信息。

信息传递可以通过电子传递、物理存储介质传递和口头传递来进行。

对于所有类型的信息传递，规则、程序和协议应包括：

① 旨在保护被传递的信息免遭拦截、未经授权的访问、复制、修改、错误路由、破坏和拒绝服务攻击的控制措施，包括与所涉及信息的分类相称的访问控制级别，以及保护敏感信息所需的任何特殊控制措施，如使用加密技术。

② 确保可追溯性和不可否认性的控制措施，包括维护信息在传递过程中的保管链。

③ 确定与传递相关的适当联系人，包括所有可能与信息传递有关的信息所有人、风险所有人、安全官和信息保管人等。

④ 发生信息安全事故(如物理存储介质或数据丢失)时的责任和义务。

⑤ 对敏感或关键信息使用商定的标签系统，确保标签的含义立即被理解，信息得到适当保护。

⑥ 传递服务的可靠性和可用性。

⑦ 关于信息传递设施的可接受使用的专题策略或指南。

⑧ 在法律法规要求下，所有业务记录(包括邮件)的保留和作废指南。

⑨ 顾及与信息传递相关的任何其他相关法律、法规、监管和合同要求(如电子签名要求)。

(2) 在电子传递方面，在使用电子通信设施进行信息传递时，规则、程序和协议还应顾及以下事项：

① 检测和防范可能通过使用电子通信传播的恶意软件。

② 保护以附件形式传递的敏感电子信息。

③ 防止在通信中将文件和消息发送到错误的地址或号码。

④ 在使用即时消息、社交网络、文件共享或云存储等外部公共服务之前获得批准。

⑤ 通过可公开访问的网络传递信息时，身份鉴别级别应更高。

⑥ 与电子通信设施相关的限制(例如防止自动将电子邮件转发到外部邮件地址)。

⑦ 建议员工和其他相关方不要发送包含重要信息的短消息(SMS)或即时消息，因为这些信息可能会在公共场所被读取(被未授权人员读取)或存储在未受到充分保护的设备中。

⑧ 向员工和其他相关方警示使用传真机或服务的问题，包括未经授权访问设备内置存储以检索消息，有意或无意地对机器进行编程，以向特定号码发送消息。

(3) 在物理存储介质传递方面，当传递物理存储介质(包括纸张)时，规则、程序和协议还应包括：

① 控制和通知传输、发送和接收的职责。

② 确保消息的正确寻址和传输。

③ 包装应能保护内容物免受运输过程中可能出现的任何物理损坏，并符合任何制造商的规范，例如保护内容物免受任何可能降低储存介质恢复效果的环境因素的影响，如暴露于热、潮湿或电磁场环境中，使用包装和运输的最低技术标准(例如使用不透明的信封)。

④ 管理层批准的授权可靠快递员名单。

⑤ 快递员标识标准。

⑥ 根据要运输的存储介质中信息的分类级别，使用拆封易察或防拆封控制装置(如袋子、容器)。

⑦ 核实快递员身份的程序。

⑧ 根据信息分类提供运输或快递服务的第三方的核准名单。

⑨ 保留日志，用于识别存储介质的内容、所应用的保护，以及记录授权接收者的列表、向转运保管人传递以及在目的地接收的时间。

(4) 在口头传递方面，为保护信息的口头传递，应提醒员工和其他相关方：

① 不要在公共场所或通过不安全的通信渠道进行机密的口头交谈，因为这些可能会被未经授权的人偷听。

② 不要将机密信息留在应答机或语音信息中，因为这些信息可能被未经授权的人重

播、在公共系统中存储，或因误拨而导致不当的存储。

③ 筛选合适级别的人员去听对话。

④ 确保实施适当的房间控制(例如隔音、关门)。

⑤ 任何敏感对话应以免责声明作为开始，让在场的人知道他们将要听到的内容的保密级别和任何处理要求。

6.2.15　访问控制

应根据业务和信息安全要求建立和实施控制规则，控制对信息和其他相关资产的物理和逻辑访问。

1. 控制目的

确保授权访问，防止未经授权访问信息和其他相关资产。

2. 实施指南

(1) 信息和其他相关资产的所有者应确定与访问控制相关的信息安全和业务要求。应定义关于访问控制的专题策略，该策略应考虑这些要求，并应传达给所有相关利益方。

这些要求和专题策略应顾及以下几点：

① 确定哪些实体需要对信息和其他相关资产进行哪种类型的访问。

② 应用程序的安全性。

③ 由适当的物理出入口控制系统支持的物理访问控制。

④ 信息传播和授权(如"按需所知"原则)以及信息安全级别和信息分类。

⑤ 对特权访问的限制。

⑥ 职责分离。

⑦ 关于限制访问数据或服务的相关法律、法规和任何合同义务。

⑧ 访问控制功能的分离(如访问请求、访问授权、访问管理)。

⑨ 访问请求的正式授权。

⑩ 访问权限的管理。

⑪ 记录。

(2) 应定义适当的访问权限和限制，并通过将其映射到相关实体来实施访问控制规则。实体可以是人类用户、技术或逻辑项目(例如机器、设备或服务)。为了简化访问控制管理，可以为实体的分组分配特定的角色。

在定义和实施访问控制规则时，应顾及以下因素：

① 访问权限和信息分类之间的一致性。

② 访问权限与物理周界安全需求和要求之间的一致性。

③ 考虑分布式环境中所有类型的可用连接，从而仅向实体提供对它们被授权使用的信息和其他相关资产(包括网络和网络服务)的访问。

④ 考虑如何反映与动态访问控制相关的元素或因素。

6.2.16　身份管理

应管理身份的整个生命周期。

1．控制目的

对访问组织信息和其他相关资产的个人和系统进行唯一标识，并适当分配访问权限。

2．实施指南

身份管理环境中使用的流程应确保：

(1) 对于分配给个人的身份，特定身份仅与单一的个人相关联，以便能够让该人对使用该特定身份执行的行为负责。

(2) 分配给多人的身份(如共享身份)仅在出于业务或运营原因有必要时才允许，并需经过专门的批准和记录。

(3) 分配给非人类实体的身份要经过适当的分离批准和独立的持续监督。

(4) 如果不再需要，应及时禁用或移除身份(例如与身份相关联的实体被删除或不再使用，或者与身份相关联的人已经离开组织或改变了角色)。

(5) 在特定范围内，单个身份被映射到单个实体，避免多个身份映射到同一上下文中的同一实体(重复身份)。

(6) 所有关于使用和管理用户身份和鉴别信息的重要事件的记录都得到保留。

组织应该有一个支持流程来处理与用户身份相关的信息更改。这些过程可以包括重新验证与个人相关的可信文档。

当使用由第三方提供或颁发的身份(例如社交媒体凭据)时，组织应确保第三方身份提供所需的信任级别，并且任何相关风险都是已知的并得到了充分的处理。这可以包括与第三方相关的控制以及与相关鉴别信息相关的控制。

6.2.17　鉴别信息

身份鉴别信息的分配和管理应由管理流程控制，包括就身份鉴别信息的适当处理向员工提供建议。

1．控制目的

确保正确的实体鉴别并防止鉴别流程失败。

2．实施指南

(1) 在鉴别信息的分配方面，分配和管理流程应确保：

① 在注册过程中自动生成的个人口令或个人识别码(PIN)作为临时秘密鉴别信息是不可猜测的，并且对每个人都是唯一的，用户需要在第一次使用后进行更改。

② 建立在提供新的、替换的或临时的鉴别信息之前验证用户身份的程序。

③ 鉴别信息(包括临时鉴别信息)以安全的方式(例如通过经认证和受保护的信道)传输给用户，并且避免为此目的使用未受保护的(明文)电子邮件消息。

④ 用户确认收到鉴别信息。

⑤ 安装系统或软件后，立即更改供应商预定义或提供的默认身份验证信息。

⑥ 应妥善保存与鉴别信息的分配和管理相关的重要事件的记录，并赋予其机密属性，其保存方法应获得批准(例如使用经批准的口令仓库工具)。

(2) 在用户责任方面，应建议有权访问或使用身份鉴别信息的人确保：

① 口令等秘密鉴别信息是保密的。个人秘密鉴别信息不会与任何人共享。在链接到多个用户或链接到非个人实体的身份的上下文中使用的秘密鉴别信息仅与授权人员共享。

② 在收到受侵害通知或任何其他指示时，立即改变受影响或侵害的鉴别信息。

③ 当口令用作身份验证信息时，将根据最佳实践建议选择强口令，例如：

- 口令不是基于其他人可以轻易猜测或使用个人相关信息(如姓名、电话号码和出生日期)获得的任何信息；
- 口令不是基于字典单词或其组合；
- 使用容易记忆的口令，并尽量包括字母数字和特殊字符；
- 口令有最小长度要求。

④ 不同的服务和系统不使用相同的口令。

⑤ 遵守这些规则的义务也包含在雇佣条款和条件中。

(3) 在口令管理系统方面，当口令用作身份验证信息时，口令管理系统应该：

① 允许用户选择和更改自己的口令，并包括一个确认程序，以解决输入错误。

② 根据"用户责任"中的良好实践建议实施强口令。

③ 强制用户在首次登录时更改口令。

④ 必要时强制更改口令，例如在发生安全事故后，或者在雇佣关系终止或变更时，如果用户知道保持活动状态的身份(例如共享身份)的口令。

⑤ 防止重复使用以前的口令。

⑥ 防止使用已被攻陷系统的常用口令和已受侵害的用户名、口令组合。

⑦ 输入口令时不在屏幕上显示口令。

⑧ 以受保护的形式存储和传输口令。

应根据批准的口令加密技术对口令进行加密和哈希处理。

6.2.18 访问权限

应根据组织关于访问控制的专题策略和规则来提供、审查、修改和删除对信息和其他相关资产的访问权限。

1. 控制目的

确保根据业务要求定义和授权对信息和其他相关资产的访问。

2. 实施指南

1) 访问权限的提供和撤销

在访问权限的提供和撤销方面，分配或撤销授予实体已验证身份的物理和逻辑访问权限的配置过程应包括：

(1) 从信息和其他相关资产的所有者处获得使用信息和其他相关资产的授权，由管理层单独批准访问权限也是合适的。

(2) 顾及业务需求和组织关于访问控制的专题策略和规则。

(3) 顾及职责分离，包括分离访问权限的批准和实施角色，以及分离冲突角色。

(4) 确保在某人不需要访问信息和其他相关资产时移除访问权限，特别是确保及时移除已离开组织的用户的访问权限。

（5）考虑在有限的时间内给予临时准入权，并在期满时撤销，特别是对于临时人员或人员需要的临时准入。

（6）验证授予的访问级别符合关于访问控制的专题策略，并符合其他信息安全要求，如职责分离。

（7）确保只有在成功完成授权程序后才激活访问权限(例如由服务提供商激活)。

（8）维护一个集中的记录，记录授予用户标识(ID、逻辑或物理)的对信息和其他相关资产的访问权限。

（9）修改已更改角色或工作的用户的访问权限。

（10）通过移除、撤销或替换密钥、鉴别信息、身份证或订阅来移除或调整物理和逻辑访问权限。

（11）维护用户的逻辑和物理访问权限的变更记录。

2）审核访问权限

在审核访问权限方面，对物理和逻辑访问权限的定期审核应顾及以下内容：

（1）在同一组织内发生任何变化(如工作变动、晋升、降职)或雇佣关系终止后，用户的访问权限。

（2）特殊访问权的授权。

3）变更或终止雇佣关系

在变更或终止雇佣关系方面，变更或终止雇佣关系之前，应根据对以下风险因素的评估，审查、调整或移除用户对信息和其他相关资产的访问权限：

（1）终止或变更是由用户发起还是由管理层发起，以及终止的原因。

（2）用户的当前职责。

（3）当前可访问的资产的价值。

6.2.19　供应商关系中的信息安全

应定义和实施流程和程序，在使用供应商产品或服务时，对相关的信息安全风险进行管控。

1．控制目的

在供应商关系中保持一致的信息安全水平。

2．实施指南

组织应当建立并向所有利益相关方传达关于供方关系的专题策略。

组织应当确定并实施过程和程序，以便在使用供应商提供的产品和服务时，对相关的信息安全风险进行识别和处理。这也应该适用于组织对云服务提供商资源的使用。这些过程和程序应包括组织实施的过程和程序，以及组织要求供方实施的、开始使用供方的产品或服务、或者终止使用供方的产品和服务的过程和程序，如：

（1）确定并记录可能影响组织信息的保密性、完整性和可用性的供应商类型(如 ICT 服务、物流、公用事业、金融服务、ICT 基础设施组件)。

（2）确定如何根据信息、产品和服务的敏感性评估和选择供应商(例如通过市场分析、客户参考、文件审查、现场评估、认证等途径)。

(3) 评估和选择具有足够信息安全控制的供应商产品或服务,并对其进行审查;特别是供方实施控制的准确性和完整性,以确保供方信息和信息处理的完整性,从而确保组织的信息安全。

(4) 界定组织的信息、ICT 服务和供应商可以访问、监测、控制或使用的有形基础设施。

(5) 界定供应商提供的可能影响本组织信息的保密性、完整性和可用性的 ICT 基础设施组件和服务的类型。

(6) 评估和管理与以下方面相关的信息安全风险:供方对组织信息和其他相关资产的使用,包括来自潜在恶意供方人员的风险;供应商提供的产品(包括这些产品中使用的软件组件和子组件)或服务的故障或漏洞。

(7) 监控对每类供应商和访问类型的既定信息安全要求的遵守情况,包括第三方审查和产品验证。

(8) 减少供应商的不合规行为,无论这是通过监控还是通过其他方式发现的。

(9) 处理与供应商产品和服务相关的事故和突发事件,包括组织和供应商的责任。

(10) 韧性以及必要时的恢复和应急措施,以确保供方信息和信息处理的可用性,从而确保组织信息的可用性。

(11) 根据供方的类型和供方对组织系统和信息的访问程度,对与供方人员互动的组织人员,进行有关适当的接触规则的专题策略、过程和程序以及行为的意识和培训。

(12) 管理信息、其他相关资产和任何其他需要更改的内容的必要传递,并确保在整个传递期间维护信息安全。

(13) 确保安全的终止供应商关系,包括如下需求:

① 取消访问权限。

② 信息处理。

③ 确定项目期间开发的知识产权的所有权。

④ 供应商或内包变更情况下的信息可移植性。

⑤ 记录管理。

⑥ 资产的返还。

⑦ 安全处置信息和其他相关资产。

⑧ 持续的保密要求。

(14) 对供应商人员和设施的人身安全和物理安全的预期水平。

应考虑在供应商变得无法提供其产品或服务的情况下(如由于事故、供应商不再经营或由于技术进步不再提供某些组件)继续信息处理的程序,以避免在安排替代产品或服务时的任何延迟(例如,提前确定替代供应商或始终使用替代供应商)。

6.2.20 解决供应商协议中的信息安全问题

应建立相关的信息安全要求,并根据供应商关系的类型与每个供应商达成一致。

1. 控制目的
在供应商关系中保持一致的信息安全水平。

2．实施指南

应当建立供方协议并形成文件，以确保组织和供方对双方履行相关信息安全要求的义务有明确的理解。

为了满足确定的信息安全要求，可以考虑在协议中包含以下条款：

(1) 对要提供或访问的信息以及提供或访问信息的方法的描述。

(2) 根据组织的分类方案对信息进行分类。

(3) 组织自身的分类方案和供方的分类方案之间的映射。

(4) 法律、法规、监管和合同要求，包括数据保护、个人可识别信息(PII，Personally Identifiable Information)的处理、知识产权和版权，以及如何确保满足这些要求的说明。

(5) 每个合同方实施一套商定的控制措施的义务，包括访问控制、绩效审查、监控、报告和审计，以及供应商遵守组织信息安全要求的义务。

(6) 信息和其他相关资产的可接受使用规则，必要时包括不可接受的使用。

(7) 供方人员使用组织信息和其他相关资产的授权和撤销授权的程序或条件(如通过授权使用组织信息和其他相关资产的供方人员的明确名单)。

(8) 关于供应商 ICT 基础设施的信息安全要求，特别是将对每种信息和访问类型的最低信息安全要求，作为根据组织的业务需求和风险标准签订个别供应商协议的基础。

(9) 承包商未能满足要求时的赔偿和补救措施。

(10) 事故管理要求和程序(尤其是事故补救期间的通知和协作)。

(11) 特定程序和信息安全要求的培训和意识要求(如事故响应、授权程序)。

(12) 分包的相关规定，包括需要实施的控制措施，如关于使用次级供应商的协议(如要求次级供应商承担与供应商相同的义务，要求拥有次级供应商清单并在任何变更前发出通知)。

(13) 相关联系人，包括负责信息安全问题的联系人。

(14) 在法律允许的情况下，对供应商人员的任何筛选要求，包括在筛选未完成或结果引起怀疑或担忧时进行筛选和通知程序的责任。

(15) 与供应商流程相关的信息安全要求的第三方证明的证据和保证机制，以及关于控制有效性的独立报告。

(16) 对与协议相关供应商的流程和控制发起审核的权利。

(17) 供应商有义务定期提交控制有效性报告，并同意及时纠正报告中提出的相关问题。

(18) 缺陷解决和冲突解决过程。

(19) 提供符合组织需求的备份(在频率、类型和存储位置方面)。

(20) 确保备用设施(即灾难恢复站点)的可用性，该备用设施不会受到与主设施相同的威胁，并考虑在主控制失效时的应变控制(备用控制)。

(21) 拥有变更管理流程，确保提前通知组织，并确保组织可以不接受变更。

(22) 与信息分类相称的物理安全控制。

(23) 信息传递控制，用于在物理传递或逻辑传递过程中保护信息。

(24) 协议签订后的终止条款，包括记录管理、资产返还、信息和其他相关资产的安全处置以及任何持续的保密义务。

(25) 提供可行方法，一旦属于组织的、由供方存储的信息不再被需要，就安全地销毁这些信息。

(26) 确保在合同结束时，将支持移交给另一个供应商或组织本身。

组织应建立并维护与外部各方协议(如合同、谅解备忘录、信息共享协议等)的登记册，以跟踪其信息的去向。组织还应定期审查、验证和更新其与外部方的协议，以确保这些协议仍然是必需的，并且符合相关信息安全条款的规定。

6.2.21　管理 ICT 供应链中的信息安全

应定义和实施流程和程序，以管理与 ICT 产品和服务供应链相关的信息安全风险。

1. 控制目的

在供应商关系中保持一致的信息安全水平。

2. 实施指南

除了供应商关系的一般信息安全要求之外，还应考虑以下主题来解决 ICT 供应链安全中的信息安全问题：

(1) 定义适用于 ICT 产品或服务采购的信息安全要求。

(2) 要求 ICT 服务供应商在分包向本组织提供的部分 ICT 服务时，在整个供应链中宣传本组织的安全要求。

(3) 要求 ICT 产品供应商在整个供应链中传播适当的安全做法，如果这些产品包括从其他供应商或其他实体(例如分包软件开发商和硬件组件供应商)购买或获得的组件。

(4) 要求 ICT 产品供应商提供描述产品中使用的软件组件的信息。

(5) 要求 ICT 产品供应商提供信息，说明其产品已实现的安全功能及其安全运行所需的配置。

(6) 实施监测程序和可接受的方法，以验证交付的 ICT 产品和服务符合规定的安全要求，此类供应商审查方法的例子可包括渗透测试和对供应商信息安全操作的第三方证明的证明或验证。

(7) 实施识别和记录产品或服务组件的流程，这些产品或服务组件对于维护功能至关重要，因此在组织外构建时需要更多的关注、审查和进一步跟进，特别是如果供应商将产品或服务组件的某些方面外包给其他供应商。

(8) 获得可在整个供应链中追踪关键部件及其来源的保证。

(9) 确保交付的 ICT 产品按预期运行，没有任何意外或不需要的特征。

(10) 实施流程以确保来自供应商的组件是真实的，并且没有改变其规格，示例措施包括防篡改标签、加密哈希验证或数字签名。对不符合规格的性能的监控可能是篡改或伪造的指示。应在系统开发生命周期的多个阶段，包括设计、开发、集成、运行和维护阶段，实施防篡改措施。

(11) 获得 ICT 产品达到所需安全水平的保证，例如通过正式认证或共同标准认可安排等评估计划。

(12) 定义有关供应链的信息共享规则，以及组织和供应商之间任何潜在的问题和违背。

(13) 实施管理 ICT 组件生命周期和可用性以及相关安全风险的具体流程。这包括管理由于供应商不再经营或由于技术进步供应商不再提供这些组件而导致组件不再可用的风险。应当考虑替代供应商的确定程序以及将软件和能力转移给替代供应商的过程。

6.2.22 供应商服务的监控、审查和变更管理

组织应当定期监视、评审、评估和管理供方信息安全实践和服务提供方面的变化。

1．控制目的

根据供应商协议，维护商定的信息安全和服务交付水平。

2．实施指南

供应商服务的监控、审查和变更管理应确保符合协议的信息安全条款和条件，信息安全事件和问题得到适当管理，并且供应商服务或业务状态的变化不会影响服务交付。

这应当包括管理组织与供应商之间关系的过程，以便：

(1) 监控服务性能水平，以验证是否符合协议规定。

(2) 监控供应商作出的变更，包括：

① 增强当前提供的服务。

② 任何新应用和系统的开发。

③ 供应商策略和程序的修改或更新。

④ 解决信息安全事故和提高信息安全的新的或变更的控制措施。

(3) 监控供应商服务的变化，包括：

① 网络的改变和增强。

② 新技术的使用。

③ 采用新产品或更新版本或发行版。

④ 新的开发工具和环境。

⑤ 服务设施物理位置的变化。

⑥ 下级供应商的变更。

⑦ 分包给另一个供应商。

(4) 审查供应商提供的服务报告，并根据协议要求安排定期进度会议。

(5) 对供应商和次级供应商进行审计，同时审查独立审计师的报告(如果有的话)，并跟进发现的问题。

(6) 提供有关信息安全事件的信息，并根据协议以及任何支持性指南和程序的要求审查这些信息。

(7) 审查供应商审计记录和信息安全事件、运营问题和故障的记录，跟踪与交付的服务相关的故障和中断。

(8) 响应和管理任何确定的信息安全事件或事故。

(9) 识别信息安全漏洞并进行管理。

(10) 审查供应商与其自身供应商关系方面的信息安全。

(11) 确保供应商持续保持着满足需要的服务能力以及可行的计划，以确保在重大服务故障或灾难后能保持约定的服务连续性水平。

(12) 确保供应商指派审查合规性和执行协议要求的责任。

（13）定期评估供应商是否保持着足够的信息安全水平。

管理供应商关系的责任应分配给指定的个人或团队。应提供足够的技术技能和资源，以监测协议的要求，特别是信息安全要求是否得到满足。当发现服务提供中的不足之处时，应采取适当的措施。

6.2.23　使用云服务的信息安全

应根据组织的信息安全要求建立获取、使用、管理和退出云服务的流程。

1. 控制目的

指定和管理云服务使用的信息安全。

2. 实施指南

组织应该建立并向所有相关利益方传达关于云服务使用的专题策略。

组织应定义并传达其打算如何管理与云服务使用相关的信息安全风险，它可以是组织如何管理外部方提供的服务的现有方法的扩展或一部分。

（1）云服务的使用可能涉及云服务提供商和充当云服务客户的组织之间的信息安全和协作工作的共同责任。云服务提供商和作为云服务客户的组织的责任必须得到适当的定义和实施。

组织应当定义：

① 与使用云服务相关的所有信息安全要求。

② 云服务选择标准和云服务使用范围。

③ 与云服务的使用和管理相关的角色和职责。

④ 哪些信息安全控制由云服务提供商管理，哪些由作为云服务客户的组织管理。

⑤ 如何获取和利用云服务提供商提供的信息安全能力。

⑥ 如何获得云服务提供商实施的信息安全控制的保证。

⑦ 当一个组织使用多个云服务，特别是来自不同云服务提供商的云服务时，如何管理服务中的控制、接口和变化。

⑧ 处理与云服务使用相关的信息安全事件的程序。

⑨ 监控、审查和评估持续使用云服务来管理信息安全风险的方法。

⑩ 如何改变或停止使用云服务，包括云服务的退出策略。

（2）云服务协议通常是预先定义的，不允许协商。对于所有云服务，组织应审查与云服务提供商签订的云服务协议。云服务协议应满足组织的机密性、完整性、可用性和信息处理要求，并具有适当的云服务级别目标和云服务质量目标。组织还应该进行相关的风险评估，以确定使用云服务的相关风险。任何与云服务的使用相关的残余风险都应该被组织的相关管理人员清楚地识别和接受。

云服务提供商与作为云服务客户的组织之间的协议应包括以下保护组织数据和服务可用性的条款：

① 提供基于行业认可的架构和基础设施标准的解决方案。

② 管理云服务的访问控制，以满足组织的要求。

③ 实施恶意软件监控和保护解决方案。

④ 在批准的地点(如特定国家或地区)或特定管辖区内处理和存储组织的敏感信息。

⑤ 在云服务环境中发生信息安全事件时提供专门支持。

⑥ 确保在云服务进一步分包给外部供应商的情况下满足组织的信息安全要求(或禁止云服务被分包)。

⑦ 支持组织收集数字证据，同时顾及不同司法管辖区的数字证据法律法规。

⑧ 当组织想要退出云服务时，在适当的时间框架内提供适当的支持和服务可用性。

⑨ 根据作为云服务客户的组织所使用的云服务提供商的能力，提供所需的数据和配置信息备份，并酌情安全地管理备份。

⑩ 在服务提供期间或服务终止当时，提供并返回由作为云服务客户的组织拥有的配置文件、源代码和数据等信息。

(3) 作为云服务客户的组织，应考虑协议是否应要求云服务提供商在对向客户组织交付服务的方式做出任何实质性改变之前提供预先通知，包括：

① 影响或改变云服务产品的技术基础设施变更(例如重新定位、重新配置或硬件或软件变更)。

② 在新的地理或法律管辖区处理或存储信息。

③ 使用其他对等的云服务提供商或其他分包商(包括改变现有供方或使用新供方)。

使用云服务的组织应该与其云服务提供商保持密切联系。这些联系使得能够相互交换关于使用云服务的信息安全的信息，包括云服务提供商和作为云服务客户的组织的机制，以监控每个服务特征并报告协议中所包含承诺的失败。

6.2.24 规划和准备管理信息安全事故

组织应通过定义、建立和传达信息安全事故管理流程、角色和职责来计划和准备好管理信息安全事故。

1. 控制目的

确保对信息安全事故作出快速、有效、一致和有序的响应，包括就信息安全事故进行沟通。

2. 实施指南

(1) 在角色和责任方面，组织应建立适当的信息安全事故管理流程。应确定执行事故管理程序的角色和职责，并有效地传达给内部和外部利益相关方。

应考虑以下几点：

① 建立报告信息安全事故的通用方法，包括联系人。

② 建立事故管理流程，为组织提供管理信息安全事故的能力，包括管理、记录、检测、分类、优先排序、分析、沟通和协调相关方。

③ 建立事故响应流程，为组织提供评估、响应信息安全事故并从中吸取教训的能力。

④ 仅允许有能力的人员处理组织内与信息安全事故相关的问题，应向这些人员提供程序文件和定期培训。

⑤ 建立确定事故响应人员所需培训、认证和职业发展的需求的流程。

(2) 在事故管理程序方面，信息安全事故管理的目标应与管理层达成一致，并应确保负责信息安全事故管理的人员了解组织处理信息安全事故的优先顺序，包括基于潜在后果和严重性的处置时间框架。应实施事故管理程序来实现这些目标和优先级。

管理层应确保创建信息安全事故管理计划，考虑为以下活动开发和实施的不同场景和程序：

① 根据构成信息安全事故的标准评估信息安全事件。

② 监控、检测、分类、分析和报告信息安全事件和事故(通过人工或自动方式)。

③ 依据事件的类型和类别、危机管理的可能激活和连续性计划的激活、事件的受控恢复以及与内部和外部相关方的沟通，管理信息安全事故直至结束，包括响应和上报。

④ 与内部和外部相关方的协调，如职能机构、外部利益团体和论坛、供应商和客户。

⑤ 记录事故管理活动。

⑥ 证据的处理。

⑦ 根本原因分析或事后程序。

⑧ 确认吸取的经验教训以及事故管理程序或一般信息安全控制措施所需的任何改进。

(3) 在报告程序方面，报告程序应包括：

① 发生信息安全事故时要采取的行动(例如，立即注意所有相关细节，如故障发生和屏幕上的消息，立即向联系人报告，并仅采取协调行动)。

② 使用事故报表为员工报告信息安全事故时所有必要活动提供支持。

③ 适当的反馈流程，以确保在问题得到解决和结束后，尽可能向报告信息安全事故的人员通知结果。

④ 创建事故报告。

在实施事故管理程序时，应考虑在规定的时间范围内向相关利益方报告事故的任何外部要求(例如向监管机构报告违规的要求)。

6.2.25　信息安全事件的评估和决策

组织应评估信息安全事件，并决定是否将其归类为信息安全事故。

1．控制目的

确保信息安全事件的有效分类和优先排序。

2．实施指南

应商定信息安全事件的分类和优先级框架，以确定事件的后果和优先级。该框架应包括将事件归类为信息安全事件的标准。联系人应使用商定的方案评估每个信息安全事件。

负责协调和响应信息安全事件的人员应执行评估并对信息安全事件作出决策。

应详细记录评估和决策的结果，以便将来参考和验证。

6.2.26　应对信息安全事故

应根据记录的程序应对信息安全事故。

1．控制目的

确保对信息安全事故作出高效和有效的响应。

2．实施指南

组织应建立有关信息安全事故响应的程序，并向所有相关利益方传达这些程序。

信息安全事故应由具备所需能力的指定团队来响应。响应应包括以下内容：

(1) 如果事故的后果可能扩散，控制受事故影响的系统。

(2) 事故发生后尽快收集证据。

(3) 升级，根据需要包括危机管理活动和可能调用业务持续性计划。

(4) 确保所有涉及的响应活动都被正确记录，以供以后分析。

(5) 遵循按需所知原则，向所有相关的内部和外部利益方传达信息安全事故的存在或任何相关细节。

(6) 与职能机构、外部利益团体和论坛、供应商和客户等内部和外部各方协调，以提高响应的有效性，将对其他组织的影响降至最低。

(7) 一旦事故得到成功解决，正式结案并记录。

(8) 根据需要进行信息安全取证分析。

(9) 执行事故后分析以确定根本原因，确保按照规定的程序进行记录和沟通。

(10) 识别和管理信息安全漏洞和弱点，包括与导致、促成或未能防止事故的控制措施相关的漏洞和弱点。

6.2.27 从信息安全事故中吸取教训

从信息安全事故中获得的知识应用于加强和改进信息安全控制。

1．控制目的

降低未来事故发生的可能性或后果。

2．实施指南

组织应建立量化和监控信息安全事故的类型、数量和成本的程序。

从信息安全事故评估中获得的信息应用于：

(1) 加强事故管理计划，包括事故情景和程序。

(2) 确定重复发生或严重的事故及其原因，以更新组织的信息安全风险评估，并确定和实施必要的额外控制措施，以降低未来类似事故发生的可能性或后果。实现这一目标的机制包括收集、量化和监测有关事故类型、数量和成本的信息。

(3) 通过举例说明可能发生的情况、如何应对此类事件以及如何在未来避免此类事件，增强用户意识和培训。

6.2.28 收集证据

组织应建立并实施识别、收集、获取和保存信息安全事故相关证据的程序。

1．控制目的

确保一致和有效地管理与信息安全事故相关的证据，以便采取纪律和法律行动。

2．实施指南

在出于纪律和法律行动的目的处理与信息安全事故相关的证据时，应制定并遵循内部程序。应考虑不同管辖区的要求，以最大限度地提高相关管辖区的准入机会。

一般而言，这些证据管理程序应根据不同类型的存储介质、设备和设备状态(即开机或关机)提供证据识别、收集、获取和保存的说明。通常需要以适当的国家法律或其他纪律论坛可以接受的方式收集证据。应该可以证明：

(1) 记录完整且未被篡改。

(2) 电子证据的副本几乎肯定与原件完全相同。

(3) 在记录证据时，收集证据的信息系统都在正常运行。

在可能的情况下，应寻求人员和工具的认证或其他相关资格手段，以增强所保存证据的价值。

数字证据可以超越组织或司法界限。在这种情况下，应确保组织有权收集所需的信息作为数字证据。

6.2.29　中断期间的信息安全

组织应规划如何在中断期间将信息安全保持在适当的级别。

1．控制目的

在中断期间保护信息和其他相关资产。

2．实施指南

组织应确定在中断期间调整信息安全控制的要求。信息安全要求应包括在业务持续性管理流程中。

应制定、实施、测试、审查和评估计划，以在中断或故障后维护或恢复关键业务流程的信息安全。信息的安全性应该在要求的时间范围内恢复到要求的级别。

组织应当实施并保持：

(1) 业务持续性和 ICT 连续性计划中的信息安全控制、支持系统和工具。

(2) 中断期间维护现有信息安全控制的流程。

(3) 对中断期间无法维持的信息安全控制实施补偿控制。

6.2.30　ICT 为业务持续性作好准备

应根据业务持续性目标和 ICT 连续性要求，规划、实施、维护和测试 ICT 准备情况。

1．控制目的

确保组织的信息和其他相关资产在中断情况下可用。

2．实施指南

ICT 为业务持续性作好准备是业务持续性管理和信息安全管理的一个重要组成部分，以确保在中断期间能够继续实现本组织的目标。

ICT 连续性要求是业务影响分析(BIA 系统)的结果。BIA 流程应使用影响类型和标准来评估交付产品和服务的业务活动中断所造成的长期影响。应使用由此产生的影响的大小和持续时间来确定应分配恢复时间目标(RTO)的优先活动。然后，BIA 应确定需要哪些资源来支持优先活动。还应该为这些资源指定 RTO。这些资源的一个子集应包括 ICT 服务。

涉及 ICT 服务的 BIA 可以扩展到定义 ICT 系统的性能和容量要求，以及在中断期间支持活动所需的信息恢复点目标(RPO)。

根据涉及 ICT 服务的 BIA 和风险评估的结果，本组织应确定和选择 ICT 连续性战略，这些战略考虑到中断之前、期间和之后的备选方案。业务持续性策略可以包括一个或多个解决方案。在这些战略的基础上，应制定、实施和测试计划，以满足 ICT 服务所需的可用性水平，并在关键流程中断或出现故障后的规定时限内完成。

组织应当确保：

(1) 建立适当的组织结构，在具有必要责任、授权和能力的人员支持下，准备、缓解和响应中断。

(2) ICT 连续性计划，包括详细说明组织如何计划管理 ICT 服务中断的应对和恢复程序，包括：

① 通过演练和测试进行定期评估。

② 经管理层批准。

(3) ICT 连续性计划包括以下 ICT 连续性信息：

① 满足 BIA 中指明的业务持续性要求和目标的性能和容量规格。

② 每个优先 ICT 服务的 RTO 以及恢复这些组件的程序。

③ 被定义为信息的优先 ICT 资源的 RPO 以及恢复这些信息的程序。

6.2.31　法律、法规、监管和合同要求

应当识别、记录和更新与信息安全相关的法律、法规、监管和合同要求以及组织满足这些要求的方法。

1. 控制目的

确保符合与信息安全相关的法律、法规、监管和合同要求。

2. 实施指南

(1) 在常规方面，在以下情况下，应考虑外部要求，包括法律、法规、监管或合同要求：

① 制定信息安全策略和程序时。

② 设计、实施或更改信息安全控制措施时。

③ 作为为内部需求或供应商协议设定信息安全要求的流程的一部分，对信息和其他相关资产进行分类时。

④ 执行信息安全风险评估并确定信息安全风险处理活动时。

⑤ 确定与信息安全相关的流程以及相关角色和职责时。

⑥ 确定与组织有关的供方合同要求以及产品和服务的供应范围时。

(2) 在法律和法规方面，本组织应当：

① 确定与组织的信息安全相关的所有法律法规，以了解其业务类型的要求。

② 考虑所有相关国家的合规性，如果：

· 组织在其他国家开展业务；

· 使用法律法规可能影响组织在其他国家的产品和服务；

- 法律和法规可能会影响组织的地方跨辖区传递信息。

③ 定期审查已确定的立法和法规，以跟上变化并确定新的立法。

④ 定义并记录满足这些要求的具体流程和个人职责。

(3) 在密码学方面，密码学是一个经常有特定法律要求的领域。应考虑遵守与以下项目相关的协议、法律和法规：

① 对执行加密功能的计算机硬件和软件的进出口限制。

② 限制进口或出口的、设计有加密功能的计算机硬件和软件。

③ 对使用加密技术的限制。

④ 国家职能机构获取加密信息的强制性或自主性方法。

⑤ 数字签名、印章和证书的有效性。

建议在确保遵守相关法律法规时寻求法律建议，尤其是当加密信息或加密工具跨越管辖边界时。

(4) 在合同方面，需要考虑信息安全问题的合同包括：

① 与客户的合同。

② 与供应商的合同(参见 6.2.20 节解决供应商协议中的信息安全问题)。

③ 保险合同。

6.2.32　知识产权

组织应当实施适当的程序来保护知识产权。

1．控制目的

确保遵守与知识产权和专有产品使用相关的法律、法规、监管和合同要求。

2．实施指南

应考虑以下方法来保护可被视为知识产权的材料：

(1) 界定和宣传保护知识产权的专题策略。

(2) 发布定义软件和信息产品合规使用的知识产权合规程序。

(3) 仅通过已知和有信誉的来源获取软件，以确保版权不受侵犯。

(4) 维护适当的资产登记册，并根据保护知识产权的要求识别所有资产。

(5) 维护许可证、手册等所有权的证明和证据。

(6) 确保不超过许可证中允许的任何最大用户或资源数量[例如中央处理器(CPU)]。

(7) 进行审查以确保只安装授权软件和许可产品。

(8) 提供维持适当许可条件的程序。

(9) 提供作废软件或将软件转让给他人的程序。

(10) 遵守从公共网络和外部来源获得的软件和信息的条款和条件。

(11) 除非版权法或适用的许可证允许，否则不得复制、转换为另一种格式或从商业记录(视频、音频)中提取。

(12) 除非版权法或适用许可证允许，否则不得全部或部分复制标准(如 ISO/IEC 国际标准)、书籍、文章、报告或其他文件。

6.2.33　记录保护

应防止记录被丢失、毁坏、伪造，防止未经授权访问和发布记录。

1. 控制目的

确保符合法律、法规、监管和合同要求，以及与记录保护和可用性相关的社区或社会期望。

2. 实施指南

组织应采取以下步骤来保护记录的真实性、可靠性、完整性和可用性，因为其业务环境和管理要求会随着时间的推移而变化：

(1) 发布关于记录存储、保管处理链和处置的指南，包括防止篡改记录。这些指南应与组织关于记录管理的专题策略和其他记录要求保持一致。

(2) 起草一份保留计划，规定记录及其保留期限。

储存和处理系统应确保记录的标识及其保存期限，同时考虑国家或地区的法律或法规，以及社区或社会的期望(如适用)。如果组织不再需要某记录，该系统应允许在该期限后对记录进行适当的销毁。

在决定保护特定组织记录时，应考虑基于组织分类方案的相应信息安全分类。记录应分类为不同的记录类型(例如会计记录、业务交易记录、人事记录、法律记录等)，每种记录类型都有详细的保留期和允许的存储介质类型，可以是物理的也可以是电子的。

应选择数据存储系统，以便根据需满足的要求，在可接受的时间范围内以可接受的格式检索所需的记录。

在选择电子存储介质的情况下，应建立程序来确保在整个保留期内能够访问记录(存储介质和格式可读性)，以防止因未来技术变化而造成的损失。还应保留与加密档案或数字签名相关的任何相关密钥和程序，以便在记录保留期间对记录进行解密。

应根据存储介质制造商提供的建议实施存储和处理程序。应考虑用于存储记录的介质变质的可能性。

6.2.34　PII 隐私和保护

组织应根据适用的法律法规和合同要求，确定并满足有关 PII 隐私和保护的要求。

1. 控制目的

确保遵守关于保护 PII 的信息安全方面的法律、法规、监管和合同要求。

2. 实施指南

组织应制定并向所有相关利益方传达关于 PII 隐私和保护的专题策略。

组织应制定并实施维护 PII 隐私和保护的程序。这些程序应传达给参与处理个人身份信息的所有相关利益方。

遵守这些程序以及所有关于 PII 隐私和保护的相关法律法规需要适当的角色、职责和控制。通常，最好通过指定一名负责人(如隐私官员)来实现，该负责人应向工作人员、服务提供商和其他相关方提供有关其个人责任和应遵循的具体程序的指南。

处理 PII 的责任应考虑相关法律法规。

应该采取适当的技术和组织措施来保护 PII。

6.2.35　信息安全独立审查

组织管理信息安全的方法及其实施(包括人员、流程和技术)应在计划的时间间隔或发生重大变化时进行独立审查。

1. 控制目的

确保组织信息安全管理方法的持续适宜性、充分性和有效性。

2. 实施指南

组织应当有进行独立评审的过程。

管理层应计划并启动定期独立审查。审查应包括评估信息安全方法的改进机会和变更需求,包括信息安全策略、专题策略和其他控制措施。

此类审查应由独立于被审查领域的个人进行(如内部审计职能部门、独立经理或专门从事此类审查的外部方组织)。执行这些审查的个人应具备适当的能力。进行审查的人员不应处于职权范围内,以确保他们具有进行评估的独立性。

独立审查的结果应报告给发起审查的管理层,如果适当,还应报告给最高管理层。这些记录应该保留。

如果独立审查发现组织管理信息安全的方法和实施不充分(如未达到记录的目标和要求,或不符合信息安全策略和专题策略中规定的信息安全方向),管理层应采取纠正措施。

除了定期的独立评审之外,组织还应考虑在以下情况下进行独立审查:

(1) 影响组织的法律法规发生变化。

(2) 发生重大事故。

(3) 组织开展新业务或改变现有业务。

(4) 组织开始使用新产品或服务,或改变现有产品或服务的用途。

(5) 组织对信息安全控制和程序进行重大更改。

6.2.36　信息安全策略、规则和标准的遵从性

应定期审查是否符合组织的信息安全策略、专题策略、规则和标准。

1. 控制目的

确保根据组织的信息安全策略、专题策略、规则和标准实施和运营信息安全。

2. 实施指南

管理人员,服务、产品或信息所有人应确定如何审查信息安全策略、专题策略、规则、标准和其他适用法规中定义的信息安全要求是否得到满足。应考虑使用自动测量和报告工具进行高效的定期审查。

如果审核发现任何不合规之处,管理人员应:

(1) 确定不合规的原因。

(2) 评估纠正措施的需求,以实现合规性。

(3) 实施适当的纠正措施。

(4) 审查所采取的纠正措施，以验证其有效性，并识别任何缺陷或弱点。

应当记录由管理人员及服务、产品或信息所有人执行的评审和纠正措施的结果，并保存记录。当独立审查在其职责范围内进行时，管理人员应向执行独立审查的人员报告结果。

应根据风险及时完成纠正措施。如果在下一次计划的评审时还没有完成，至少应该在那次评审中报告进展。

6.2.37 文件化的操作程序

信息处理设施的操作程序应记录在案并可供需要的人使用。

1. 控制目的

确保信息处理设施的正确和安全运行。

2. 实施指南

(1) 应为组织与信息安全相关的运营活动编制形成文件的程序，例如：

① 当活动需要多人以相同的方式执行时。

② 当活动很少执行，以及当下一次执行时程序可能已经被忘记。

③ 活动是新的，如果执行不当会带来风险。

④ 在将活动移交给新员工之前。

(2) 操作程序应规定：

① 负责的个人。

② 系统的安全安装和配置。

③ 自动和手动处理信息。

④ 备份和韧性。

⑤ 时间安排要求，包括与其他系统的相互依赖性。

⑥ 处理作业执行过程中可能出现的错误或其他异常情况的说明(例如限制使用实用程序)。

⑦ 支持和上报联系人，包括在出现意外运营或技术困难时的外部支持联系人。

⑧ 存储介质搬运说明。

⑨ 发生系统故障时使用的系统重启和恢复程序。

⑩ 审计证据和系统日志信息以及视频监控系统的管理。

⑪ 监控程序，如容量、性能和安全性。

⑫ 维护说明。

必要时，应审查和更新记录的操作程序。对记录的操作程序的更改应得到授权。在技术可行的情况下，应使用相同的程序、工具和实用程序对信息系统进行一致的管理。

6.3 人 员 控 制

人员控制包含筛选、雇佣条款和条件等 8 个相关控制规范。

6.3.1　筛选

应在加入本组织之前对所有候选人进行背景核查，并持续考虑适用的法律、法规和道德规范，与业务要求、需要访问的信息的分类和感知的风险相称。

1．控制目的

确保所有人员都有资格并适合他们被考虑担当的角色，并在他们受雇期间保持合格和胜任。

2．实施指南

应对包括全职、兼职和临时员工在内的所有人员进行筛选。当这些个人通过服务供应商签订合同时，筛选要求应包括在组织和供应商之间的合同协议中。

应收集和处理组织内所有职位候选人的相关信息，并考虑相关司法管辖区内现有的任何适当立法。在某些司法管辖区，法律可能要求组织提前通知候选人筛选活动。

(1) 对候选人信息的核验应顾及所有相关的隐私、PII 保护和基于就业的立法，并应在允许的情况下包括以下内容：

① 提供令人满意的佐证(如业务的和个人的证明)。

② 申请人简历的核实(完整性和准确性)。

③ 对声称的学术和专业资格的确认。

④ 独立的身份核验(如护照或其他由有关当局签发的可接受的文件)。

⑤ 更详细的验证，如信用审查或犯罪记录审查(如果候选人担任关键角色)。

(2) 当某个人受聘担任特定的信息安全角色时，组织应确保候选人：

① 具备履行安全职责的必要能力。

② 可以被信任来担当该角色，尤其是当该角色对组织至关重要时。

如果对于一项工作，无论是初次任命还是晋升的候选人，如果涉及有权使用信息处理设施的人员，特别是涉及机密信息(如财务信息、个人信息或医疗保健信息)的人员，组织还应考虑对候选人进一步的、更详细的核验。

程序应规定核验审查的标准和限制(例如谁有资格筛选人员，以及如何、何时和为什么进行验证审查)。

(3) 在无法及时完成核验的情况下，应实施缓解控制措施，直到审查完成，例如：

① 延迟入职。

② 企业资产部署延迟。

③ 入职但减少其访问权。

④ 终止雇佣。

根据人员角色的关键程度，应定期重复核验检查，以确保人员的持续胜任。

6.3.2　雇佣条款和条件

雇佣合同协议应规定员工和组织的信息安全责任。

1．控制目的

确保员工了解其所担任角色的信息安全职责。

2．实施指南

人员的合同义务应考虑到组织的信息安全策略和相关的专题策略。此外，可以澄清和说明以下几点：

(1) 获得机密信息访问权限的人员在获得信息和其他相关资产的访问权限之前应签署的保密或不披露协议。

(2) 法律责任和权利(例如关于版权法或数据保护立法)。

(3) 对组织信息和其他相关资产、信息处理设施和信息服务的分类和管理的应负责任。

(4) 处理从相关方收到的信息的应负责任。

(5) 如果员工无视组织的安全要求，应采取的措施。

在录用前流程中，应向候选人传达信息安全角色和职责。

组织应确保员工同意有关信息安全的条款和条件。这些条款和条件应适合于他们对与信息系统和服务相关的组织资产的访问的性质和范围。当法律、法规、信息安全策略或专题策略发生变化时，应审查有关信息安全的条款和条件。

在适当情况下，雇佣条款和条件中包含的职责应在雇佣结束后的规定时间内继续有效。

6.3.3　信息安全意识、教育和培训

组织的人员和相关利益方，应按其工作职能，接受关于组织的信息安全策略、专题策略和程序的适当的、定期更新的信息安全意识、教育和培训。

1．控制目的

确保员工和相关利益方知晓并履行其信息安全责任。

2．实施指南

(1) 在常规方面，应根据组织的信息安全策略、专题策略和信息安全相关程序建立信息安全意识、教育和培训计划，同时考虑组织要保护的信息和为保护信息而实施的信息安全控制措施。

信息安全意识、教育和培训应定期进行。基本意识、教育和培训适用于新员工，也适用于调任到具有完全不同的信息安全要求的新职位或新角色的员工。

应在意识、教育或培训活动结束时评估员工的理解程度，以测试知识传授以及意识、教育和培训计划的有效性。

(2) 在意识方面，信息安全意识计划应旨在让员工知晓他们对信息安全的责任以及履行这些责任的方式。

意识计划的策划应考虑组织中人员的作用，包括内部和外部人员(如外部顾问、供应商人员等)。提高认识方案中的活动应随着时间的推移进行安排，最好是定期安排，以便重复开展活动并涵盖新员工。它还应该建立在从信息安全事件中吸取的教训的基础上。

意识程序应包括通过适当的实体或虚拟渠道开展的一系列意识提升活动，如运动、小册子、海报、通讯、网站、信息会议、简报、电子学习模块和电子邮件等。

信息安全意识应涵盖一般方面，例如：

① 管理层对整个组织信息安全的承诺。

② 熟悉和遵守适用的信息安全规则和义务的需求，考虑信息安全策略和专题策略、标准、法律、法令、法规、合同和协议。

③ 对自己的作为和不作为承担个人责任，对获取或保护属于组织和相关方的信息承担一般责任。

④ 基本信息安全程序(如信息安全事件报告)和基线控制(如密码安全)。

⑤ 关于信息安全问题的其他信息和建议的联系点和资源，包括进一步的信息安全意识材料。

(3) 在教育和培训方面，组织应当按其角色需要，为需具备特定技能和专业知识的技术团队确定、准备和实施适当的培训计划。技术团队应具备为设备、系统、应用程序和服务配置和维护所需安全级别的技能。如果缺少技能，组织应该采取行动并获取它们。

教育和培训方案应考虑不同的形式(例如讲座或自学，由专家工作人员或顾问在职培训，轮换工作人员参加不同的活动，招聘已经熟练的人员和聘用顾问)。它可以使用不同的交付方式，包括基于课堂、远程学习、基于网络、自定进度等。技术人员应通过订阅时事通讯和杂志或参加旨在提高技术和专业水平的会议和活动来保持知识更新。

6.3.4　纪律程序

纪律流程应正式发布和沟通，以便对违反信息安全策略的人员和其他相关利益方采取措施。

1．控制目的

确保人员和其他相关利益方了解违反信息安全策略的后果，阻止并适当处理违反策略的人员和其他相关利益方。

2．实施指南

在未事先核实发生了违反信息安全策略的情况下，不应启动纪律处分流程。

正式的纪律处分程序应提供考虑以下因素的分级反馈意见：

(1) 违规的性质(谁、什么、何时、如何)和严重性及其后果。

(2) 违规者是故意的(恶意的)还是无意的(意外的)。

(3) 是否初犯或重犯。

(4) 违规者是否受过适当的训练。

反馈意见应考虑相关法律、法规、监管合同和业务要求以及其他必要因素。纪律处分流程还应作为一种威慑手段，防止员工和其他相关利益方违反信息安全策略、专题策略和信息安全程序。故意违反信息安全策略可能需要立即采取行动。

6.3.5　雇佣关系终止或变更后的责任

应定义、执行在雇佣关系终止或变更后仍然有效的信息安全责任和义务，并传达给相关人员和其他相关方。

1．控制目的

在变更或终止雇佣关系或合同的过程中保护组织的利益。

2．实施指南

管理雇佣关系终止或变更的流程应定义哪些信息安全责任和职责在终止或变更后仍然有效。可以包括信息、知识产权和其他获得的知识的保密性，以及任何其他保密协议中包含的责任。雇佣或合同终止后仍然有效的责任和义务应包含在个人的雇佣条款和条件、合同或协议中。其他在个人雇佣关系结束后持续一段时间的合同或协议也可能包含信息安全责任。

责任或雇佣的变化应作为当前责任或雇佣的终止与新责任或雇佣的开始相结合进行管理。

任何离职或变更工作角色的个人所担任的信息安全角色和职责都应确定并移交给另一个人。

应当建立向人员、其他相关方和相关联系人(如顾客和供应商)传达变更和运行程序的过程。

当组织中的人员、合同或工作终止时，或者当组织内部的工作发生变化时，终止或变更雇佣关系的流程也应适用于外部人员(即供应商)。

6.3.6　保密或不披露协议

反映组织信息保护需求的保密或不披露协议应当由员工和其他相关方识别、形成文件、定期评审和签署。

1．控制目的

保持人员或外部各方可访问信息的机密性。

2．实施指南

保密或不披露协议应使用法律强制条款来满足保护机密信息的要求。保密协议适用于相关方和组织人员。根据组织的信息安全要求，在确定协议中的条款时，应考虑将要处理的信息类型、其分类级别、其用途以及允许另一方访问的信息。为了确定保密或不披露协议的要求，应考虑以下因素：

(1) 受保护信息的定义(如机密信息)。

(2) 协议的预期期限，包括可能需要无限期保密或在信息公开之前保密的情况。

(3) 协议终止时需要采取的措施。

(4) 签署人避免未经授权的信息披露的责任和行为。

(5) 信息、商业秘密和知识产权的所有权，以及这与保护机密信息的关系。

(6) 机密信息的许可使用和签字人使用该信息的权利。

(7) 在高度敏感的情况下，有权审计和监督涉及机密信息的活动。

(8) 通知和报告未经授权的披露或机密信息泄露的流程。

(9) 协议终止时返还或销毁信息的条款。

(10) 在不符合协议的情况下预期采取的行动。

组织应考虑遵守适用于其管辖范围的保密和不披露协议。

应定期审查保密和不披露协议的要求，并在发生影响这些要求的变化时进行审查。

6.3.7 远程工作

当员工远程工作时，应实施安全措施来保护在组织场所之外被访问、处理或存储的信息。

1. 控制目的

确保员工远程工作时的信息安全。

2. 实施指南

每当本组织人员在本组织主场地之外的地点工作，通过 ICT 设备以硬拷贝或电子方式获取信息时，就会发生远程工作。远程工作环境包括那些被称为"远程工作""远程办公""灵活工作场所""虚拟工作环境"和"远程维护"的环境。

(1) 允许远程工作活动的组织应在法律法规的允许下，发布关于远程工作的专题策略，定义相关条件和限制。如果适用，应考虑以下事项：

① 远程工作现场的现有或拟议的物理安全，考虑该位置和当地环境的物理安全，包括人员所在的不同管辖区。

② 远程物理环境的规则和安全机制，如可上锁的文件柜、地点之间的安全传输、远程访问规则、桌面清洁、信息和其他相关资产的打印和处置，以及信息安全事件报告。

③ 预期的远程物理工作环境。

④ 通信安全要求，考虑到远程访问本组织系统的需要、通过通信链路访问和传递的信息的敏感性以及系统和应用程序的敏感性。

⑤ 使用远程访问，如支持在私有设备上处理和存储信息的虚拟桌面访问。

⑥ 远程工作场所的其他人(如家人和朋友)未经授权访问信息或资源的威胁。

⑦ 在公共场所的其他人未经授权获取信息或资源的威胁。

⑧ 家庭网络和公共网络的使用，以及对无线网络服务配置的要求或限制。

⑨ 使用安全措施，如防火墙和防恶意软件。

⑩ 远程部署和初始化系统的安全机制。

⑪ 安全的身份验证和访问权限激活机制，考虑到允许远程访问组织网络的单因素身份验证机制的漏洞。

(2) 要考虑的准则和措施应包括：

① 在不允许使用不受组织控制的私有设备的情况下，为远程工作活动提供合适的设备和存储家具。

② 许可的工作的定义、可保存的信息的分类以及远程员工有权访问的内部系统和服务。

③ 为远程工作人员和提供支持的人员提供培训，这应包括如何在远程工作时以安全的方式开展业务。

④ 提供合适的通信设备，包括保护远程访问的方法，如对设备屏幕锁定和静止计时器的要求，启用设备位置跟踪；安装远程擦除功能。

⑤ 人身安全。

⑥ 关于家庭成员和访客获取设备和信息的规则和指南。

⑦ 提供硬件和软件支持和维护。

⑧ 提供保险。

⑨ 备份和业务持续性程序。

⑩ 审计和安全监控。

⑪ 当远程工作活动终止时，撤销权限和访问权并归还设备。

6.3.8　报告信息安全事件

组织应提供一种机制，让员工通过适当的渠道及时报告观察到的或怀疑的信息安全事件。

1．控制目的

支持及时、一致和有效地报告可被员工识别的信息安全事件。

2．实施指南

所有人员和用户都应意识到他们有责任尽快报告信息安全事件，以防止或最大限度地减少信息安全事件的影响。

他们还应了解报告信息安全事件的程序以及应向其报告事件的联系人。报告机制应尽可能简单、容易获得和可用。信息安全事件包括事故、违规和漏洞。

信息安全事件报告需要考虑的情况包括：

(1) 无效的信息安全控制。

(2) 违背信息机密性、完整性或可用性预期。

(3) 人为错误。

(4) 不符合信息安全策略、专题策略或适用标准。

(5) 违背物理安全措施。

(6) 未通过变更管理流程的系统变更。

(7) 软件或硬件的故障或其他异常系统行为。

(8) 访问违规。

(9) 漏洞。

(10) 可疑的恶意软件感染。

应建议员工和用户不要试图证明可疑的信息安全漏洞。测试漏洞可以被解释为对系统的潜在滥用，也可能对信息系统或服务造成损害，并且可能破坏或模糊数字证据。最终，这可能导致执行测试的个人承担法律责任。

6.4　物 理 控 制

物理控制包含物理安全边界、物理入口等 14 个相关控制规范。

6.4.1　物理安全周界

应该定义安全边界，并用于保护包含信息和其他相关资产的区域。

1．控制目的

防止对组织信息和其他相关资产的未经授权的物理访问、损坏和干扰。

2．实施指南

在适用于物理安全边界的情况下，应考虑并实施以下方法：

(1) 根据与周界内资产有关的信息安全要求，确定安全周界以及每个周界的位置和强度。

(2) 拥有包含信息处理设施的建筑物或场所的物理上合理的周界(即周界或区域中不应有容易发生闯入的空隙)。现场的外部屋顶、墙壁、天花板和地板应为实心结构，所有外门应采用控制机制(例如栅栏、警报器、锁等)进行适当保护，防止未经授权的人员进入。无人看管时，门窗应上锁，应考虑对窗户进行额外保护，尤其是在建筑第一层；还应顾及通风点。

(3) 报警、监控和测试安全周界上的所有防火门以及墙壁，以根据适当的标准建立所需的抵抗力水平，它们应该以安全的方式运行。

6.4.2　物理入口

安全区域应通过适当的入口控制和访问点进行保护。

1．控制目的

确保只出现经过授权的对组织信息和其他相关资产的物理访问。

2．实施指南

(1) 在常规方面，应控制访问点，如交付和装载区以及未经授权的人员可能进入的其他地方，如果可能，还应将其与信息处理设施隔离，以避免未经授权的人员进入。

应考虑以下方法：

① 仅限授权人员进入现场和建筑物。物理区域访问权限的管理流程应包括授权的提供、定期审查、更新和撤销。

② 安全维护和监控所有访问的物理日志或电子审计跟踪，并保护所有日志和敏感认证信息。

③ 建立和实施流程和技术机制，以管理对信息处理或存储区域的访问。认证机制包括使用门禁卡、生物识别技术或双因素认证，如门禁卡和密码。进入敏感区域应考虑双重安全门。

④ 设立一个由人员监控的接待区，或通过其他方式控制现场或建筑物的实际出入。

⑤ 在法律法规许可下，检查、查验出入人员和有关当事人的个人物品。

⑥ 要求所有人员和相关方佩戴某种形式的可见标识，并在遇到无人陪同的访客和未佩戴可见标识的人员时立即通知安保人员。应考虑使用易于识别的徽章，以便更好地识别永久员工、供应商和访客。

⑦ 仅在需要时，授予供应商人员对安全区域或信息处理设施的有限访问权。这种访问应该得到授权和监控。

⑧ 在建筑物是被多个组织持有的资产的情况下，特别注意物理访问安全。

⑨ 设计物理安全措施，以便在发生实体事故的可能性增加时加强这些措施。

⑩ 保护其他入口，如紧急出口，防止未经授权的人员进入。

⑪ 建立钥匙管理流程，以确保管理物理钥匙或认证信息[如办公室、房间和设施(如钥匙柜)的锁代码、密码锁]，并确保日志簿或年度钥匙审计，以及对物理钥匙或认证信息的访问受到控制。

(2) 在访客方面，应考虑以下指南：

① 通过适当的方式验证访问者的身份。

② 记录访客进出的日期和时间。

③ 只准许访客出于特定的授权目的进入，并说明该地区的安全要求和应急程序。

④ 监督所有访客，除非有明确的例外情况。

(3) 在交货和装货区以及来料方面，应考虑以下指南：

① 限制经确认和授权的人员从建筑物外部进入交付和装载区域。

② 设计交付和装载区域，以便交货人员无须被授权进入大楼其他部分即可完成货物装卸。

③ 当限制区域的门打开时，保护交付和装载区域的外门。

④ 在爆炸物、化学品或其他危险材料运出交货和装载区之前，对其进行检查和检验。

⑤ 进入场所时，根据资产管理程序登记进货。

⑥ 在可能的情况下，对进与出的货物进行物理隔离。

⑦ 在运送过程中检查是否有破坏的迹象，如果发现破坏，应立即向安全人员报告。

6.4.3 保护办公室、房间和设施

应采取措施保护办公室、房间和设施的物理安全。

1．控制目的

防止未经授权的物理访问、损坏和干扰处于办公室、房间和设施中的组织信息和其他相关资产。

2．实施指南

应考虑以下方法来保护办公室、房间和设施的安全：

(1) 关键设施的场所应避免公众进入。

(2) 在适用的情况下，确保建筑物不引人注目，并尽可能少地说明它们的用途，建筑物内外没有明显的标志显示出该处所存在信息处理活动。

(3) 配置设施以防止机密信息或活动被外界看到或听到，电磁屏蔽也应酌情考虑。

(4) 不向任何未授权人员提供标识机密信息处理设施位置的目录、内部电话簿和在线地图。

6.4.4 物理安全监控

应对场所进行持续监控，防止未经授权的物理访问。

1．控制目的

检测和阻止未经授权的物理访问。

2. 实施指南

应通过监控系统对实际场所进行监控，监控系统可包括安防监控系统、入侵报警系统、闭路电视监控系统等，以及自管理或由监控服务提供商管理的物理安全信息管理软件。

应通过以下方式持续监控关键系统所在建筑物的出入情况，以检测未经授权的出入或可疑行为：

(1) 安装闭路电视等视频监控系统，以查看和记录进出组织房地内外敏感区域的情况。

(2) 根据相关适用标准安装并定期测试接触、声音或运动探测器，以触发入侵警报，例如：

① 在任何可能接触或断开的地方(如窗户、门和物体下面)安装接触探测器，当接触或断开时触发警报，用作紧急警报。

② 安装基于红外技术的运动探测器，当物体通过其视野时触发警报。

③ 安装对玻璃破碎声音敏感的传感器，可用于触发警报，提醒安保人员。

(3) 使用这些警报覆盖所有外门和可进入的窗户。无人驻留的区域应随时报警；还应为其他区域(如计算机或通信室)提供遮盖物。

监控系统的设计应该保密，因为泄露会导致未被发现的非法闯入。

应保护监控系统免受未经授权的访问，以防止未经授权的人员访问监控信息(如视频馈送)或远程禁用系统。

报警系统控制面板应放置在有警报装置的区域，并且，考虑到人身安全，应放置在可为设置报警的人提供便捷撤离路线的位置。控制面板和探测器应具有防改装破坏机制。应定期测试系统，以确保其正常工作，尤其是当其组件由电池供电时。

使用任何监控和记录机制应考虑当地法律法规，包括数据保护和 PII 保护立法，尤其是关于人员监控和记录视频保留期的法律法规。

6.4.5　抵御物理和环境威胁

应设计和实施针对物理和环境威胁的保护措施，如自然灾害和对基础设施的其他有意或无意的物理威胁。

1. 控制目的

预防或减少源于物理和环境威胁的事件的影响。

2. 实施指南

应在物理站点开始关键操作之前执行并定期执行风险评估，以确定物理和环境威胁的潜在后果。应实施必要的安全措施，并监控威胁的变化。应就如何管理物理和环境威胁(如火灾、洪水、地震、爆炸、内乱、有毒废物、环境排放和其他形式的自然灾害或人为灾害)引起的风险征求专家意见。

(1) 物理场所的位置和建设首先应考虑当地地形，如适当的海拔、水体和构造断层线；其次应考虑城市威胁，如吸引政治动乱、犯罪活动或恐怖袭击的高知名度地点。

(2) 根据风险评估结果，应确定相关的物理和环境威胁，并在以下情况下考虑适当的控制措施，例如：

① 火灾：安装和配置能够在早期发现火灾的系统，以发送警报或触发灭火系统，从而

防止火灾对存储介质和相关信息处理系统造成损害。应使用与周围环境相关的最合适的物质进行灭火(例如密闭空间中的气体)。

② 洪水：在包含存储介质或信息处理系统区域的地板下安装能够在早期检测洪水的系统。万一发生洪水，应准备好水泵或同等工具。

③ 电涌：采用能够保护服务器和客户机信息系统免受电涌或类似事件影响的系统，以尽量减少此类事件的影响。

④ 爆炸物和武器：随机检查进入敏感信息处理设施的人员、车辆或货物上是否有爆炸物或武器。

6.4.6　在安全区域工作

应设计并实施在安全区域工作的安全措施。

1. 控制目的

保护安全区域中的信息和其他相关资产，使其免受在这些区域工作的人员的损坏和未经授权的干扰。

2. 实施指南

在安全区域工作的安全措施应适用于所有人员，并涵盖在安全区域发生的所有活动。应考虑以下准则：

(1) 基于"按需所知"的原则，人员只需知道安全区域的存在或其中的活动。

(2) 出于人身安全原因，也为了减少恶意活动的机会，避免在安全区域进行无人监督的工作。

(3) 物理锁定并定期检查空闲的安全区域。

(4) 除非获得授权，否则不允许使用图像、视频、音频或其他采集设备，如用户终端设备中的摄像头。

(5) 在安全区域适当控制用户终端设备的携带和使用。

(6) 以容易看到或容易获取的方式张贴应急程序。

6.4.7　桌面清理和屏幕清理

应定义并适当强制针对纸张和可移动存储介质的桌面清理规则，以及信息处理设施的屏幕清理规则。

1. 控制目的

针对桌面、屏幕和其他类似可访问位置上的信息，降低未经授权的访问、丢失和损坏的风险，包括在正常工作期间或之外。

2. 实施指南

组织应当建立并向所有相关利益方传达桌面清理和屏幕清理的专题策略。

应考虑以下方法：

(1) 在不需要时，特别是当办公室被腾空时，锁定敏感或关键的业务信息(例如纸上或电子存储介质上的)(最好放在保险箱、柜子或其他形式的安全家具中)。

(2) 当不使用或无人看管时，通过钥匙锁或其他安全手段保护用户终端设备。

(3) 当无人照管时，让用户终端设备注销或用由用户认证机制控制的屏幕和键盘锁定机制来保护。所有计算机和系统都应配置超时或自动注销功能。

(4) 让发起者立即取走打印机或多功能设备的输出。使用具有身份鉴别功能的打印机，使发起者是唯一能获得打印输出的人，并且必须站在打印机旁边时才能获得。

(5) 安全地存放包含敏感信息的文档和可移动存储介质，当不再需要时，使用安全处置机制将其作废。

(6) 建立并传达屏幕弹出窗口配置的规则和指南(例如，如果可能，在演示、屏幕共享或公共区域关闭新的电子邮件和消息弹出窗口)。

(7) 当不再需要时，清除白板和其他类型显示器上的敏感或关键信息。

组织应制定撤离桌面或屏幕设施的程序，包括在离开前进行最后一次清扫，以确保组织的资产不会被遗忘(例如文件不要落在抽屉里或家具后面而被遗忘)。

6.4.8　设备安置和保护

设备应安全放置并受到保护。

1. 控制目的

降低来自物理和环境的威胁以及未经授权的访问和损坏带来的风险。

2. 实施指南

应考虑以下方法来保护设备:

(1) 设备选址应尽量减少对工作区域的不必要访问，并避免未经授权的访问。

(2) 谨慎放置处理敏感数据的信息处理设施，以降低信息在使用过程中被未授权人员查看的风险。

(3) 采取控制措施，最大限度地降低潜在物理和环境威胁的风险(例如盗窃、火灾、爆炸、烟雾、水或供水故障、灰尘、振动、化学影响、供电干扰、通信干扰、电磁辐射和故意破坏等)。

(4) 为信息处理设施附近的饮食和吸烟制定指南。

(5) 监控环境条件，例如温度和湿度，以发现可能对信息处理设施的运行产生不利影响的条件。

(6) 对所有建筑物实施防雷，并对所有电力接入和通信线路安装防雷过滤器。

(7) 考虑对工业环境中的设备使用特殊的保护方法，如键盘膜。

(8) 保护处理机密信息的设备，最大限度降低因电磁辐射导致的信息泄露风险。

(9) 物理隔离组织管理的和不归组织管理的信息处理设施。

6.4.9　场外资产的安全

应保护场外资产。

1. 控制目的

防止场外设备的丢失、损坏、被盗或侵害，防止组织运营的中断。

2. 实施指南

在组织场所之外使用的存储或处理信息的任何设备(例如移动设备)，包括组织拥有的设备和代表组织使用的私有设备都需要保护。这些设备的使用应得到管理层的授权。

(1) 为保护组织场所之外的储存或处理信息的设备，应考虑以下方法：

① 不要将设备和存储介质放在无人看管的公共场所和不安全的地方。

② 始终遵守制造商关于保护设备的说明(例如防止暴露在强电磁场、水、热、湿度、灰尘中)。

③ 当异地设备在不同的个人或相关方之间转移时，维护一个日志，该日志定义了设备的监管链，至少包括设备负责人的姓名和组织。不需要随资产一起转移的信息应在转移前安全删除。

④ 在必要和可行的情况下，要求授权后才能从组织场所移走设备和介质，并保存此类调动的记录作为审计线索。

⑤ 防止在公共交通工具上查看设备(如手机或笔记本电脑)上的信息时被窥视，以及其他与被窥视相关的风险。

⑥ 实现位置跟踪和远程擦除设备的能力。

(2) 在组织场所之外安装永久设备(如天线和 ATM)可能面临更高的损坏、被盗或被窃听风险。这些风险可能因地点不同而有很大差异，在确定最合适的措施时应予以考虑。

将该类设备放置在组织场所之外时，应考虑以下方法：

① 实施物理安全监控。

② 防止物理和环境威胁。

③ 实施物理访问和防改装控制。

④ 实施逻辑访问控制。

6.4.10　存储介质

应根据组织的分类方案和处理要求，在采购、使用、运输和处置的整个生命周期中对存储介质进行管理。

1. 控制目的

确保仅授权披露、修改、删除或销毁存储介质上的信息。

2. 实施指南

(1) 在可移动存储介质方面，应考虑以下可移动存储介质管理指南：

① 建立关于可移动存储介质管理的专题策略，并将该专题策略传达给使用或处理可移动存储介质的任何人。

② 在必要和可行的情况下，要求授权后才能从组织中移除存储介质，并保留此类移除的记录作为审计线索。

③ 按照制造商的规范，根据信息分类将所有存储介质存储在安全可靠的环境中，并保护它们免受环境威胁(如热、湿气、湿度、电子场或老化)。

④ 如果信息的机密性或完整性是重要的考虑因素，则使用加密技术来保护可移动存储介质上的信息。

⑤ 为了降低存储介质降级的风险,在无法读取之前仍然需要将存储的信息传输到新的存储介质中。

⑥ 将有价值信息的多个副本分别存储在单独的存储介质上,以进一步降低信息同时损坏或丢失的风险。

⑦ 考虑注册可移动存储介质,以减少信息丢失的机会。

⑧ 启用可移动存储介质端口[例如,安全数字(SD)卡插槽和通用串行总线(USB)端口]必须是出于组织需要使用的理由。

⑨ 在需要使用可移动存储介质时,监控信息向该存储介质的传输。

⑩ 在物理传输过程中,信息很容易受到未经授权的访问、误用或破坏,例如通过邮政服务或快递发送存储介质。

在此控制中,介质包括纸质文档。转移物理存储介质时,应用 5.14 节中的安全措施。

(2) 在安全再利用或作废方面,应建立安全再利用或作废存储介质的程序,最大限度地降低机密信息泄露给未授权人员的风险。包含机密信息的存储介质的安全再利用或处置程序应与该信息的敏感性相称。应考虑以下事项:

① 如果包含机密信息的存储介质需要在组织内再利用,则在再利用之前安全地删除数据或格式化存储介质。

② 不再需要时,安全作废包含机密信息的存储介质(例如销毁、粉碎或安全删除内容)。

③ 制定程序以识别需要安全作废的物品。

④ 许多组织提供存储介质的收集和作废服务,应注意选择具有足够控制和经验的合适外部供应商。

⑤ 记录敏感物品的处置情况,以保留审计线索。

⑥ 在为准备作废而积聚存储介质时,要考虑聚合效应,大量非敏感信息聚合后会变得敏感。

应对包含敏感数据的受损设备进行风险评估,以确定这些设备是否应被物理销毁,而不是送去维修或丢弃。

6.4.11　支持性设施

应对信息处理设施进行保护,使其免受电力故障和其他由支持设施故障造成的中断的影响。

1．控制目的

防止信息和其他相关资产的丢失、损坏或受侵害,或因支持性设施的故障和中断而使组织的运营中断。

2．实施指南

组织依靠支持性设施(例如电力、电信、供水、供气、污水处理、通风和空调设施)来支持其信息处理设施。因此,本组织应该:

(1) 确保支持支持性设施的设备按照相关制造商的规范进行配置、操作和维护。

(2) 确保定期评估支持性设施的能力,以满足业务增长以及与其他支持性设施互动的要求。

(3) 确保定期检查和测试支持支持性设施的设备，以确保其正常运行。

(4) 如有必要，发出警报以检测支持性设施故障。

(5) 如有必要，确保支持性设施具有多路不同物理路由的馈电。

(6) 如果联网，确保支持支持性设施的设备与信息处理设施位于不同的网络上。

(7) 确保支持支持性设施的设备仅在需要时以安全的方式连接到互联网。

应提供应急照明和通信。电、水、气或其他支持性设施的紧急开关和阀门应位于紧急出口或设备室附近。应详细记录紧急联系方式，确保在断供时对相关人员可用。

6.4.12　布线安全

承载电力、数据或支持信息服务的电缆应受到保护，以免被截取、干扰或损坏。

1. 控制目的

防止信息和其他相关资产的丢失、损坏、被盗或受侵害，防止与电力和通信布线相关的组织运营中断。

2. 实施指南

应考虑以下布线安全指南：

(1) 进入信息处理设施的电力和电信线路应尽可能位于地下，或受到适当的替代保护，如地面电缆保护器和电线杆；如果电缆在地下，保护它们免受意外切割(如安装加固导管或设置显要标志)。

(2) 将电力电缆与通信电缆分开，以防止干扰。

(3) 对于敏感或关键系统，要考虑的进一步控制措施包括：

① 在检查点和端接点安装铠装导管，使用上锁的房间或箱子以及警报器。

② 使用电磁屏蔽保护电缆。

③ 定期进行技术扫描和物理检查，及时发现连接到线缆上的未授权设备。

④ 控制对接线板和布线间的访问(例如使用机械钥匙或插销)。

⑤ 光纤电缆的使用。

(4) 在电缆的每一端贴上标签，注明充分的来源和目的信息，以便对电缆进行物理识别和检查。

应就如何管理布线事故或故障引起的风险寻求专家建议。

6.4.13　设备维护

应正确维护设备，以确保信息的可用性、完整性和保密性。

1. 控制目的

防止信息和其他相关资产的丢失、损坏、被盗或受侵害，以及因缺乏维护而导致的组织运营中断。

2. 实施指南

应考虑以下设备维护指南：

(1) 根据供应商推荐的服务频率和规范维护设备。

(2) 组织实施和监测维护方案。

(3) 仅由获授权的维护人员对设备进行维修和维护。

(4) 保存所有可疑或实际故障的记录，以及所有预防性和纠正性维护的记录。

(5) 当设备计划进行维护时，实施适当的控制，同时考虑维护是由现场人员还是组织外部人员执行；要求维护人员遵守适当的保密协议。

(6) 维修人员进行现场维修应受监督。

(7) 授权和控制远程维护的访问。

(8) 如果包含信息的设备被带离现场进行维护，则对现场外的资产采取安全措施。

(9) 遵守保险公司规定的所有维护要求。

(10) 在维修后将设备投入运行之前，检查设备以确保设备未被改动且运行正常。

(11) 如果确定要作废设备，则采取安全作废或再利用设备的措施。

6.4.14　设备的安全作废或再利用

应验证包含存储介质的设备，以确保任何敏感数据和许可软件在作废或再利用之前已被删除或安全覆盖。

1．控制目的

防止信息从待作废或再利用的设备中泄露。

2．实施指南

应对设备进行验证，以确认在作废或再利用之前是否包含存储介质。

应物理销毁包含机密或版权信息的存储介质，或者使用能使原始信息不可检索的技术，而不是使用标准的删除功能来销毁、删除或覆盖信息。

在作废(包括转售或捐赠给慈善机构)之前，应移除标识组织或表明分类、所有者、系统或网络的标签和标记。

组织应考虑在租赁结束时或搬出办公场所时撤除安全控制，如出入控制或监控设备。这取决于以下因素：

(1) 将设施恢复原状的租赁协议。

(2) 最大限度地降低将含有敏感信息的系统留给下一个租户的风险(例如用户访问列表、视频或图像文件)。

(3) 在下一个场所重新使用控制的可能性。

6.5 技术控制

技术控制包含用户终端设备、特殊访问权等 34 个相关控制规范。

6.5.1　用户终端设备

存储在用户终端设备上、由用户终端设备处理或可通过用户终端设备访问的信息应受到保护。

1. 控制目的

保护信息免受由于使用用户终端设备而带来的风险。

2. 实施指南

(1) 在常规方面，组织应针对用户终端设备的安全配置和处理制定专题策略。专题策略应传达给所有相关人员，并考虑以下内容：

① 用户终端设备可以处理、加工、存储或支持的信息类型和分类级别。

② 用户终端设备的注册。

③ 物理保护的要求。

④ 软件安装的限制(例如由系统管理员远程控制)。

⑤ 对用户终端设备软件(包括软件版本)和应用更新(例如主动自动更新)的要求。

⑥ 连接到信息服务、公共网络或任何其他外部网络的规则(例如要求使用个人防火墙)。

⑦ 访问控制。

⑧ 存储设备加密。

⑨ 防范恶意软件。

⑩ 远程禁用、删除或锁定。

⑪ 备份。

⑫ 网络服务和网络应用的使用。

⑬ 最终用户行为分析。

⑭ 使用可移动设备，包括可移动存储设备，以及禁用物理端口(例如 USB 端口)的可能性。

⑮ 使用分区功能(如果用户终端设备支持)，安全地将组织的信息和其他相关资产(例如软件)与设备上的其他信息和其他相关资产分开。

应考虑某些信息是否非常敏感，只能通过用户终端设备访问，而不能存储在此类设备上。在这种情况下，设备可能需要额外的技术保护。例如，确保禁用下载文件进行脱机工作，并禁用 SD 卡等本地存储。

应尽可能通过配置管理或自动化工具来实施关于此项控制的建议。

(2) 在用户责任方面，所有用户都应了解保护用户终端设备的安全要求和程序，以及他们实施这些安全措施的责任。应建议用户：

① 注销活动会话并在不再需要时终止服务。

② 不使用时，通过物理控制(如钥匙锁或特殊锁)和逻辑控制(如密码访问)保护用户终端设备免受未经授权的使用，不要让载有重要、敏感或关键业务信息的设备无人看管。

③ 在公共场所、开放式办公室、会议场所和其他不受保护的区域使用设备时要特别谨慎(例如，其他人是否可以从身后阅读，避免阅读机密信息，使用隐私屏幕过滤器)。

④ 从物理上保护用户终端设备免遭盗窃(例如当设备位于汽车和其他交通工具、酒店房间、会议中心和会议场所时)。

对于用户终端设备被盗或丢失的情况，应建立考虑法律、法规、监管、合同(包括保险)和组织的其他安全要求的特定程序。

(3) 在个人设备的使用方面，当组织允许使用个人设备时，除了此项控制中给出的指导外，还应考虑以下内容：

① 将设备的个人和商业用途分离，包括使用软件支持这种分离并保护私人设备上的商业数据。

② 仅在用户确认其职责(物理保护、软件更新等)后，才提供对业务信息的访问，放弃业务数据的所有权，允许组织在设备被盗或丢失或不再有权使用该服务时远程擦除数据，在这种情况下，应考虑 PII 保护法规。

③ 专题策略和程序，防止与在私有设备上开发的知识产权相关的争议。

④ 访问私人拥有的设备(以验证机器的安全性或在调查过程中)，这是可能被法律阻止的。

⑤ 软件许可协议，即组织可以负责在个人或外部用户私有的用户终端设备上许可客户端软件。

(4) 在无线连接方面，组织应当建立以下程序：

① 设备上无线连接的配置(例如禁用易受攻击的协议)；

② 根据相关专题策略，使用具有适当带宽的无线或有线连接(例如因为需要备份或软件更新)。

6.5.2　特殊访问权

应该限制和管理特殊访问权的分配和使用。

1．控制目的

确保只有授权用户才能获得软件组件和服务的特殊访问权。

2．实施指南

特殊访问权的分配应根据访问控制相关的专题策略通过授权流程进行控制。应考虑以下几点：

(1) 确定需要对每个系统或流程(如操作系统、数据库管理系统和应用程序)拥有特殊访问权的用户。

(2) 根据关于访问控制的专题策略，根据需要和具体事件向用户分配特殊访问权(即仅向具有必要能力的个人分配，以执行需要特权访问的活动，并基于其职能角色的最低要求)。

(3) 维护授权过程(即确定谁可以批准特殊访问权，或者在授权过程完成之前不授予特殊访问权)和所有分配特殊访问权的记录。

(4) 定义和实施特殊访问权到期的要求。

(5) 采取措施确保用户知道他们的特殊访问权以及他们何时处于特权访问模式，可能的措施包括使用特定的用户身份、用户界面设置甚至特定的设备。

(6) 特殊访问权的身份验证要求可高于一般访问权限的要求，在使用特殊访问权进行工作之前，可能需要进行重新身份验证或进一步身份验证。

(7) 定期地，以及在任何组织变更之后，审查使用特殊访问权的用户，以验证他们的职责、角色、责任和能力是否仍然使他们有资格使用特殊访问权。

(8) 根据系统的配置功能，建立特定规则以避免使用通用的管理用户 ID(如"root")，管理和保护这些身份的认证信息。

(9) 仅在实施批准的变更或活动(例如维护活动或某些关键变更)所需的时间窗口内授予临时特殊访问权，而不是永久授予特殊访问权，这通常被称为"击碎玻璃"程序，并且通常通过特权访问管理技术来自动化。

(10) 出于审计目的，记录对系统的所有特殊访问。

(11) 不向多个人共享或链接具有特殊访问权的身份，向每个人分配单独的身份，从而允许分配特定的特殊访问权，可以对身份进行分组(例如通过定义管理员组)，以便简化特殊访问权的管理。

(12) 具有特殊访问权的身份仅用于执行管理任务，而不是日常的一般任务，例如检查电子邮件、访问网络，用户应该有单独的正常网络身份用于这些活动。

6.5.3　信息访问约束

对信息和其他相关资产的访问应根据既定的关于访问控制的专题策略进行约束。

1. 控制目的

确保仅授权访问，防止未经授权访问信息和其他相关资产。

2. 实施指南

(1) 应根据既定的专题策略约束对信息和其他相关资产的访问。为了支持访问约束要求，应考虑以下事项：

① 不允许未知用户身份或匿名访问敏感信息，公共或匿名访问只应授予不包含任何敏感信息的存储位置。

② 提供配置机制以控制对系统、应用程序和服务中信息的访问。

③ 控制特定用户可以访问哪些数据。

④ 控制哪些身份或身份组具有哪些访问权限，例如读、写、删除和执行。

⑤ 提供物理或逻辑访问控制，以隔离敏感的应用程序、应用程序数据或系统。

(2) 此外，当组织执行以下操作时，应考虑使用动态访问管理技术和流程来保护对组织具有高价值的敏感信息：

① 需要精确控制谁可以在什么时间以什么方式访问此类信息。

② 希望与组织外的人员共享此类信息，并保持对可访问信息的人员的控制。

③ 想要实时动态管理此类信息的使用和分发。

④ 希望保护此类信息免遭未经授权的更改、复制和分发(包括打印)。

⑤ 想要监控信息的使用。

⑥ 希望记录此类信息发生的任何变化，以备将来需要调查。

(3) 动态访问管理技术应在信息的整个生命周期(即创建、处理、存储、传输和处置)中保护信息，包括：

① 基于特定用例建立动态访问管理规则，考虑：

· 基于身份、设备、位置或应用授予访问权限；

· 利用分类方案来确定哪些信息需要使用动态访问管理技术进行保护。

② 建立运行、监测和报告流程，支持技术基础设施。

(4) 动态访问管理系统应通过以下方式保护信息：

① 需要身份鉴别、适当的凭证或证书来访问信息。

② 约束访问，例如在特定的时间范围内(例如在给定日期之后或直到特定日期)。

③ 使用加密来保护信息。

④ 定义信息的打印许可。

⑤ 记录谁访问了信息以及信息是如何被使用的。

⑥ 如果检测到滥用信息的企图，则发出警报。

6.5.4　获取源代码

应对源代码、开发工具和软件库的读写权限进行适当管理。

1．控制目的

防止引入未经授权的功能，避免无意或恶意的更改，并维护有价值的知识产权的机密性。

2．实施指南

应严格控制对源代码和相关项目(如设计、规格、验证计划和确认计划)以及开发工具(如编译器、构建器、集成工具、测试平台和环境)的访问。

对于源代码，可以通过控制这种代码的中央存储来实现，最好是在源代码管理系统中。

对源代码的读访问和写访问可以根据人员的角色而有所不同。例如，可以在组织内部广泛地提供对源代码的读访问，但是源代码的写访问只对特权人员或指定所有者开放。当一个组织中的多个开发人员使用代码组件时，应该实现对集中式代码存储库的读访问。此外，如果在组织内部使用开源代码或第三方代码组件，可以广泛地提供对这种外部代码库的读取权限。但是，写访问仍然应该受到限制。

应考虑以下方法来控制对程序源代码库的访问，以减少计算机程序损坏的可能性：

(1) 根据既定程序管理对程序源代码和程序源代码库的访问。

(2) 根据业务需求授予对源代码的读写权限，并根据既定程序设法解决修改或滥用的风险。

(3) 根据变更控制程序更新源代码和相关项目，并授予访问源代码的权限，且仅在收到适当授权后执行。

(4) 不授权开发者直接访问源代码库，而是通过控制源代码上的活动和授权的开发者工具。

(5) 在一个安全的环境中保存程序列表，其读写访问应该被适当地管理和分配。

(6) 维护所有访问和所有源代码更改的审计日志。

如果打算发布程序源代码，则应考虑采取额外的控制措施 (如数字签名)来保证其完整性。

6.5.5　安全身份认证

应根据信息访问约束和访问控制的专题策略来实施安全的身份认证技术和程序。

1. 控制目的

在授权访问系统、应用程序和服务时，确保用户或实体得到安全身份认证。

2. 实施指南

应选择合适的认证技术来证实用户、软件、消息和其他实体所声称的身份。

身份认证的强度应适合访问信息的分类。如果需要强有力的身份鉴别和身份核实，则应使用数字证书、智能卡、令牌或生物识别手段等密码以外的身份验证方法。

用于访问关键信息系统的身份认证信息应伴有附加身份认证因素(也称为多因素身份认证)。使用多种身份认证因素的组合，例如你知道什么、你拥有什么以及你是什么，可以降低未经授权访问的可能性。多因素身份认证可以与其他技术相结合，根据预定义的规则和模式，在特定情况下要求额外的因素，例如来自异常位置、异常设备或异常时间的访问。

如果生物特征认证信息被侵害，则应该作废。根据使用条件(如潮湿或老化)，生物特征认证可能不可用。为了应对这些问题，生物特征认证应该至少伴有一种替代认证技术。

登录到系统或应用程序的过程应设计为最大限度地降低未经授权访问的风险。实施登录程序和技术时，应考虑以下因素：

(1) 在登录过程成功完成之前，不显示敏感的系统或应用程序信息，以避免向未经授权的用户提供任何不必要的帮助。

(2) 显示一般通知，警告该系统或该应用或该服务应当仅由授权用户访问。

(3) 在登录过程中不提供对未授权用户有利的帮助消息(例如，如果出现错误情况，系统不应指示数据的哪一部分是正确的或不正确的)。

(4) 仅在完成所有输入数据时验证登录信息。

(5) 防止对用户名和密码的暴力登录尝试(例如，使用完全自动化的公共图灵测试来区分计算机和人类(CAPTCHA)，要求在预定次数的失败尝试后重置密码，或在最大次数的错误后阻止用户)。

(6) 记录不成功和成功的尝试。

(7) 如果检测到登录控制的潜在尝试或成功违背，则引发安全事件(例如，错误的密码尝试达到一定数量时，向用户和组织的系统管理员发送警报)。

(8) 登录成功后，在单独的频道上显示或发送以下信息：上次成功登录的日期和时间；自上次成功登录以来，其他登录失败的详细信息。

(9) 输入密码时，不以明文显示密码；在某些情况下，可能需要停用此功能，以便于用户登录(例如，出于可访问性原因或避免因重复错误而阻止用户)。

(10) 不要在网络上以明文形式传输密码，以免被网络"嗅探器"程序捕获。

(11) 在规定的非活动时间段后终止非活动会话，尤其是在高风险位置，比如组织安全管理之外的公共或外部区域或用户终端设备上。

(12) 限制连接持续时间，为高风险应用程序提供额外的安全性，并减少未授权访问机会。

6.5.6 容量管理

应根据当前和预期的容量要求监控和调整资源的使用。

1．控制目的

确保信息处理设施、人力资源、办公室和其他设施所需的能力。

2．实施指南

应确定信息处理设施、人力资源、办公室和其他设施的能力要求，同时考虑相关系统和流程的业务重要性。

应进行系统调整和监控，以确保并在必要时提高系统的可用性和效率。

组织应对系统和服务进行压力测试，以确认有足够的系统容量来满足峰值性能要求。

检测性控制应该到位，以便在需要的时候指出问题。

对未来的能力需求的预测应考虑新的业务和系统需求，以及组织信息处理能力的当前和预测趋势。

应特别注意采购周期长或成本高的任何资源。因此，管理者、服务或产品所有者应该监控关键系统资源的利用率。

管理者应使用容量信息来识别和避免潜在的资源限制和对关键人员的依赖，因为这些可能会对系统安全或服务造成威胁，并计划适当的措施。

(1) 可以通过增加容量或减少需求来提供足够的容量。应考虑以下因素来增加容量：

① 雇佣新员工。

② 获得新的设施或空间。

③ 获得更强大的处理系统、内存和存储。

④ 利用云计算，云计算具有直接解决容量问题的固有特性，云计算具有弹性和可扩展性，能够按需快速扩展或削减特定应用程序和服务的可用资源。

(2) 为减少对组织资源的需求，应考虑以下因素：

① 删除过时数据(优化磁盘空间)。

② 作废已达到保存期的硬拷贝记录(释放搁置空间)。

③ 应用程序、系统、数据库或环境的退役。

④ 优化批处理过程和时间表。

⑤ 优化应用程序代码或数据库查询。

⑥ 如果消耗资源的服务不是关键的(例如视频流)，拒绝或限制其带宽。

对于任务关键型系统，应考虑记录容量管理计划。

6.5.7　防范恶意软件

应实施针对恶意软件的防护，并借由适当的用户意识来支持。

1．控制目的

确保信息和其他相关资产免受恶意软件的侵害。

2．实施指南

针对恶意软件的防护应基于恶意软件检测和修复软件、信息安全意识、适当的系统访问和变更管理控制。单独使用恶意软件检测和修复软件通常是不够的。应考虑以下方法：

(1) 实施防止或检测未授权软件使用的规则和控制措施[例如应用程序允许列表(即使

用提供允许应用程序的列表)]。

(2) 实施控制措施，防止或检测已知或可疑恶意网站的使用(如黑名单)。

(3) 减少可能被恶意软件利用的漏洞(例如采用漏洞管理技术)。

(4) 对系统的软件和数据内容进行定期自动验证，特别是对支持关键业务流程的系统；调查是否存在任何未经批准的文件或未经授权的修订。

(5) 针对从外部网络或通过外部网络或任何其他介质获取文件和软件的相关风险，制定保护措施。

(6) 安装并定期更新恶意软件检测和修复软件，以扫描计算机和电子存储介质，执行定期扫描并包括：

① 在使用之前，对通过网络或任何形式的电子存储介质接收的任何数据进行恶意软件扫描。

② 使用前扫描电子邮件、即时消息附件和下载的恶意软件，在不同地点(如电子邮件服务器、台式计算机)和进入组织网络时进行扫描。

③ 访问网页时扫描网页中的恶意软件。

(7) 基于风险评估结果确定恶意软件检测和修复工具的放置和配置，并考虑：

① 最有效的纵深防御原则，例如，在网络网关(在诸如电子邮件、文件传输和 Web 的各种应用协议中)以及用户终端设备和服务器中的恶意软件检测。

② 攻击者发送恶意软件的规避技术(如使用加密文件)或使用加密协议传播恶意软件。

(8) 注意防止在维护和紧急程序中引入恶意软件，这可能绕过针对恶意软件的正常控制。

(9) 实施一个流程来授权临时或永久禁用针对恶意软件的部分或全部措施，包括例外批准权限、记录的理由和审查日期，当针对恶意软件的防护导致正常操作中断时，这可能是必要的。

(10) 为从恶意软件攻击中恢复而准备适当的业务持续性计划，包括所有必要的数据和软件备份(包括在线和离线备份)以及恢复措施。

(11) 隔离可能发生灾难性后果的环境。

(12) 定义程序和责任，以处理系统上的恶意软件防护，包括使用培训、报告和从恶意软件攻击中恢复。

(13) 向所有用户提供关于如何识别和潜在减少接收、发送或安装受恶意软件感染的电子邮件、文件或程序的意识或培训，收集的信息可用于确保意识和培训保持最新。

(14) 实施定期收集新恶意软件信息的程序，例如订阅邮件列表或查看相关网站。

(15) 验证与恶意软件相关的信息(如警告公告)来自合格且信誉良好的来源(如可靠的互联网网站或恶意软件检测软件供应商)，并且准确、翔实。

6.5.8　技术漏洞的管理

应当获取有关正在使用的信息系统的技术漏洞的信息，应当评估组织暴露于此类漏洞的风险，并采取适当的措施。

1．控制目的

防止利用技术漏洞。

2. 实施指南

(1) 在识别技术漏洞方面，组织应该有一份准确的资产清单，作为有效的技术漏洞管理的先决条件；清单应包括软件供应商、软件名称、版本号、当前部署状态(例如什么软件安装在什么系统上)以及组织内负责软件的人员。

为了识别技术漏洞，组织应该考虑：

① 定义和建立与技术漏洞管理相关的角色和职责，包括漏洞监控、漏洞风险评估、更新、资产跟踪和所需的任何协调职责。

② 对于软件和其他技术，识别用于识别相关技术漏洞的信息资源，并保持对这些漏洞的了解，基于目录中的变化或当发现其他新的或有用的资源时，更新信息资源的列表。

③ 要求信息系统(包括其组件)的供应商确保漏洞的报告、处理和披露，包括适用合同中的要求。

④ 使用适用于所用技术的漏洞扫描工具来识别漏洞，并验证漏洞修补是否成功。

⑤ 由合格的授权人员进行有计划的、有记录的和可重现的渗透测试或漏洞评估，以支持漏洞的识别，谨慎行事，此类活动可能会危及系统的安全性。

⑥ 跟踪漏洞的第三方库和源代码的使用，这应该包含在"安全编码"控制项中。

组织应当开发程序和能力，以便：检测其产品和服务中存在的漏洞，包括这些产品和服务中使用的任何外部组件；从内部或外部来源接收漏洞报告。

组织应该提供一个公共联系点，作为漏洞披露的专题策略的一部分，以便研究人员和其他人能够报告问题。组织应建立漏洞报告程序、在线报告表格，并利用适当的威胁情报或信息共享论坛。组织也可考虑 bug 奖励计划，提供奖赏作为激励，帮助组织识别弱点，以便适当地补救它们。组织还应当与行业主管机构或其他相关方共享信息。

(2) 在评估技术漏洞方面，要评估已识别的技术漏洞，应考虑以下指导：

① 分析并核实报告，以确定需要采取何种应对和补救措施。

② 一旦确定了潜在的技术漏洞，就要确定相关的风险和要采取的措施，此类操作可能涉及更新易受攻击的系统或应用其他控制措施。

(3) 在采取适当措施解决技术漏洞方面，应实施软件更新管理流程，以确保为所有授权软件安装最新批准的补丁程序和应用程序更新。如果需要更改，应保留原始软件，并将更改应用于指定的副本。所有的更改都应该经过充分的测试和记录，以便在必要时可以重新应用到未来的软件升级中。如果需要，更改应由独立的评估机构进行测试和验证。

应考虑以下方法来解决技术漏洞：

① 针对潜在技术漏洞的识别采取适当和及时的行动，确定对潜在相关技术漏洞通知做出反应的时间表。

② 根据需要解决技术漏洞的紧急程度，根据与变更管理相关的控制措施或通过遵循信息安全事件响应程序来采取行动。

③ 仅使用来自合法来源(可以是组织内部或外部)的更新。

④ 在安装更新之前对其进行测试和评估，以确保它们是有效的，并且不会导致不可容忍的副作用(即如果有更新，则评估与安装更新相关的风险，漏洞造成的风险应与安装该更新的风险进行比较)。

⑤ 首先处理高风险系统。

⑥ 制定补救措施(通常是软件更新或补丁)。

⑦ 进行测试以确认补救或缓解措施是否有效。

⑧ 提供核实补救措施真实性的机制。

⑨ 如果没有可用的更新或无法安装更新，请考虑其他控制措施，例如：

· 应用软件供应商或其他相关来源建议的任何解决方法；

· 关闭与漏洞相关的服务或功能；

· 在网络边界调整或增加访问控制(如防火墙)；

· 通过部署合适的流量过滤器(有时称为虚拟补丁)保护易受攻击的系统、设备或应用程序免受攻击；

· 加强监测，及时发现实际攻击；

· 提高对脆弱性的意识。

对于成品软件，如果供应商定期发布有关其软件安全更新的信息，并提供自动安装此类更新的工具，则组织应决定是否使用自动更新。

(4) 在其他考虑因素方面，应该为技术漏洞管理中采取的所有步骤保留审计日志。

应定期监控和评估技术漏洞管理流程，以确保其有效性和效率。

有效的技术漏洞管理流程应与事故管理活动保持一致，以便向事故响应职能部门传达漏洞数据，并提供在事故发生时要执行的技术程序。

如果组织使用第三方云服务提供商提供的云服务，云服务提供商应确保自身资源的技术漏洞管理。云服务提供商对技术漏洞管理的责任应该是云服务协议的一部分，并应包括报告云服务提供商与技术漏洞相关的行动的流程。对于某些云服务，云服务提供商和云服务客户有各自的责任。例如，云服务客户负责其用于云服务的自有资产的漏洞管理。

6.5.9　配置管理

应建立、记录、实施、监控和审查硬件、软件、服务和网络的配置，包括安全配置。

1. 控制目的

确保硬件、软件、服务和网络在所需的安全设置下正常运行，并且配置不会因未经授权或不正确的更改而改变。

2. 实施指南

(1) 在常规方面，组织应定义并实施流程和工具，以在硬件、软件、服务(例如云服务)和网络、新安装的系统以及运营系统的生命周期内强制实施已定义的配置(包括安全配置)。

角色、职责和程序应到位，以确保对所有配置更改的恰当控制。

(2) 在标准模板方面，应定义硬件、软件、服务和网络安全配置的标准模板：

① 使用公开可用的指南(例如来自供应商和独立安全组织的预定义模板)。

② 考虑所需的保护级别，以确定足够的安全级别。

③ 支持组织的信息安全策略、专题策略、标准和其他安全要求。

④ 考虑组织环境中安全配置的可行性和适用性。

当需要应对新的威胁或漏洞时，或者当引入新的软件或硬件版本时，应定期审查和更新这些模板。

(3) 为硬件、软件、服务和网络的安全配置建立标准模板时，应顾及以下事项：

① 最小化具有特权或管理员级别访问权限的身份的数量。

② 禁用不必要、未使用或不安全的身份。

③ 禁用或限制不必要的功能和服务。

④ 约束对高权能的实用程序和主机参数设置的访问。

⑤ 同步时钟。

⑥ 安装后立即更改供应商默认验证信息，如默认密码，并检查其他与安全相关的重要参数的默认值。

⑦ 调用超时工具，该工具在预定的不活动时段之后自动注销计算设备。

⑧ 验证是否符合许可证要求。

(4) 在管理配置方面，应当记录硬件、软件、服务和网络的既定配置，并且应当维护所有配置更改的日志。记录应安全存放。这可以通过多种方式实现，例如配置数据库或配置模板。

配置变更应遵循变更管理流程。相关的配置记录可包含：

① 资产的最新所有者或联系人信息。

② 上次更改配置的日期。

③ 配置模板的版本。

④ 与其他资产配置的关系。

(5) 在监控配置方面，应使用一套全面的系统管理工具(例如维护实用程序、远程支持、企业管理工具、备份和恢复软件)来监控配置，并应定期审查配置，以验证配置设置、评估密码强度并评估所执行的活动。实际配置可以与定义的目标模板进行比较。任何偏差都应纠正，可以自动执行已定义的目标配置，或人工分析偏差并采取纠正措施。

6.5.10 信息删除

当不再需要时，应删除存储在信息系统、设备或其他存储介质中的信息。

1．控制目的

防止敏感信息的不必要暴露，并遵守法律、法规、监管和合同对信息删除的要求。

2．实施指南

(1) 在常规方面，敏感信息的保留时间不应超过降低不当披露风险所需的时间。

删除有关系统、应用程序和服务的信息时，应考虑以下事项：

① 根据业务要求并考虑相关法律法规，选择删除方法(如电子覆盖或加密擦除)。

② 记录删除结果作为证据。

③ 当由供应商提供信息删除服务时，从他们那里获取信息删除的证据。

如果第三方代表组织存储本组织的信息，应考虑在第三方协议中纳入删除信息的要求，以便在此类服务终止时强制执行。

(2) 在删除方法方面，根据组织关于数据保留的专题策略，并考虑到相关法律法规，应通过以下方式删除不再需要的敏感信息：

① 将系统配置为在不再需要时安全销毁信息(例如根据数据保留的专题策略或根据主

体访问请求，在规定的时间段之后)。

② 删除淘汰的版本、副本和临时文件，无论它们位于何处。

③ 使用经批准的安全删除软件来永久删除信息，以帮助确保无法使用专业恢复或取证工具恢复信息。

④ 使用经批准、认证的安全作废服务提供商。

⑤ 使用适合需作废的存储介质类型的作废机制(例如消磁硬盘驱动器和其他磁性存储介质)。

在使用云服务的情况下，组织应该验证云服务提供商提供的删除方法是否可接受，如果可以接受，组织应使用该方法，或者要求云服务提供商删除该信息。如果可用且适用，符合专题策略的删除过程应实现自动化。根据所删除信息的敏感性，日志可以跟踪或验证这些删除过程是否已经发生。

为了避免在将设备退回给供应商时无意中暴露敏感信息，应在设备离开组织场所之前，通过移除辅助存储设备(例如硬盘驱动器)和内存来保护敏感信息。

考虑到某些设备(如智能手机)的安全删除只能通过销毁或使用这些设备中嵌入的功能(如"恢复出厂设置")来实现，组织应根据这些设备所处理信息的分类选择适当的方法。

应使用 6.4.14 节中描述的控制措施对存储设备实施物理销毁，同时删除其中包含的信息。

在分析可能的信息泄露事件的原因时，信息删除的正式记录非常有用。

6.5.11　数据遮盖

应根据组织访问控制和其他相关的专题策略、业务需求和适用的法律，实施数据遮盖。

1．控制目的

限制包括 PII 在内的敏感数据的暴露，并遵守法律、法规、监管和合同要求。

2．实施指南

如果需要保护敏感数据(例如 PII)，组织应考虑使用数据遮盖、假名化或匿名化等技术来隐藏此类数据。

(1) 假名化或匿名化技术可以隐藏 PII，掩饰 PII 主体的真实身份或其他敏感信息，并切断 PII 与 PII 主体身份之间的联系或其他敏感信息之间的联系。

当使用假名化或匿名化技术时，应验证数据已被充分地假名化或匿名化。数据匿名化应该考虑敏感信息的所有元素才有效。例如，如果考虑不当，即使可以直接识别某个人的数据被匿名化，也可以通过能间接识别个人的其他数据辨别出他来。

(2) 数据遮盖的其他技术包括：

① 加密(要求授权用户拥有密钥)。

② 取消或删除字符(防止未经授权的用户看到完整的消息)。

③ 变化的数字和日期。

④ 替代(将一个值改为另一个值以隐藏敏感数据)。

⑤ 用哈希值替换原值。

(3) 实施数据遮盖技术时，应考虑以下几点：

①　不是所有用户都能访问所有数据，因此应设计查询和掩码，以便只向用户显示最低限度的所需数据。

②　有些情况下，对于一组数据中的某些记录，某些数据不应该对用户可见，在这种情况下，设计并实施一种用于模糊数据的机制(例如，如果患者不希望医院工作人员能够看到他们的所有记录，即使在紧急情况下，医院工作人员也只会看到部分模糊的数据，并且如果数据中包含对于适当施治有用的信息，也只有具有特定角色的工作人员才能访问数据)。

③　当数据被模糊时，给予 PII 委托人要求用户不能看到数据是否被模糊的可能性(即模糊的模糊，这在卫生机构中使用，例如，患者不希望工作人员看到诸如怀孕或血液检查结果的敏感信息已经被模糊化了)。

④　任何法律或法规要求(例如要求在处理或存储过程中屏蔽支付卡的信息)。

(4)　使用数据遮盖、假名化或匿名化时，应考虑以下事项：

①　根据所处理数据的用途，数据遮盖、假名化或匿名化的强度级别。

②　对已处理数据的访问控制。

③　关于使用已处理数据的协议或限制。

④　禁止将经处理的数据与其他信息进行比较以识别 PII 主体。

⑤　持续跟踪对处理后的数据的提供和接收。

6.5.12　防止数据泄露

防止数据泄露的措施应适用于处理、存储或传输敏感信息的系统、网络和其他设备。

1．控制目的

检测并防止个人或系统未经授权披露和提取信息。

2．实施指南

(1)　组织应考虑以下因素来降低数据泄露的风险：

①　识别和分类信息以防止泄露(如个人信息、定价模式和产品设计等)。

②　监控数据泄露的渠道(如电子邮件、文件传输、移动设备和便携式存储设备等)。

③　采取措施防止信息泄露(例如隔离包含敏感信息的电子邮件)。

(2)　应使用数据防泄露工具，用来：

①　识别和监控面临未授权披露风险的敏感信息(例如用户系统上的非结构化数据)。

②　检测敏感信息的泄露(例如当信息被上传到不受信任的第三方云服务或通过电子邮件发送时)。

③　阻止暴露敏感信息的用户操作或网络传输(例如防止将数据库条目复制到电子表格中)。

组织应确定是否有必要限制用户向组织外部的服务、设备和存储介质复制、粘贴或上传数据的能力。如果是这种情况，组织应使用数据防泄露工具等技术；或者配置现有工具，使用户能够查看和操作远程保存的数据，但防止在组织控制范围之外进行复制和粘贴。

如果需要数据导出，应使数据所有者有权审批导出，并让用户对其行为负责。

(3)　应通过使用条款和条件、培训和审计来解决屏幕截图或拍照的问题。

在备份数据时，应注意确保使用加密、访问控制和保存备份的存储介质的物理保护等措施来保护敏感信息。

数据防泄露还应考虑用于防止对手获取机密或秘密信息(地缘政治、人力、金融、商业、科学或任何其他信息)的情报行动,这些信息可能对间谍活动有意义,或者对社会至关重要。数据防泄露措施应着眼于混淆对手的决策,例如,通过用虚假信息替换真实信息,作为独立措施或作为对对手情报行动的回应。这类行为的例子有逆向社会工程或利用蜜罐吸引攻击者。

6.5.13 信息备份

应根据已获批准的备份相关专题策略,维护和定期测试信息、软件和系统的备份副本。

1. 控制目的

能够从数据或系统失效中恢复。

2. 实施指南

应制定备份相关专题策略,以满足组织的数据保留和信息安全要求。

应提供足够的备份设施,以确保在存储介质发生事故、故障或丢失后,可以恢复所有重要信息和软件。

应针对组织如何备份信息、软件和系统制定和实施计划,以满足关于备份的专题策略。设计备份计划时,应考虑以下事项:

(1) 制作备份副本的准确和完整记录,并记录恢复程序。

(2) 反映组织的业务要求、所涉及信息的安全要求以及信息在备份范围(如完整或差异备份)和频率方面对组织持续运营的重要性。

(3) 将备份存储在安全可靠的远程位置,距离足以使在主站点发生的灾难不会对备份造成任何损害。

(4) 为备份信息提供适当级别的物理和环境保护,与主站点适用的标准相一致。

(5) 定期测试备份介质,以确保在紧急情况下可以视必要使用。测试将备份数据恢复到测试系统的能力,而不是覆盖原始存储介质,以防备份或恢复过程失败并导致不可挽回的数据损坏或丢失。

(6) 根据已识别的风险,使用加密措施保护备份(例如在保密性非常重要的情况下)。

(7) 注意确保在进行备份之前检测是否存在意外的数据丢失。

操作程序应监控备份的执行情况,并根据备份相关专题策略解决计划备份的故障,以确保备份的完整性。

应定期测试单个系统和服务的备份措施,以确保它们符合事故响应和业务持续性计划的目标。这应与恢复程序测试相结合,并根据业务持续性计划要求的恢复时间进行检查。对于关键系统和服务,备份措施应涵盖在发生灾难时恢复整个系统所需的所有系统信息、应用程序和数据。

当组织使用云服务时,应在云服务环境中备份组织的信息、应用程序和系统。当使用作为云服务的一部分提供的信息备份服务时,组织应确定是否以及如何满足备份要求。

应确定重要业务信息的保留期限,并考虑保留归档副本的任何要求。一旦信息的保留期到期,组织应结合法律法规要求,考虑删除用于备份的存储介质中的信息。

6.5.14　信息处理设施的冗余

信息处理设施的实施应具有足够的冗余，以满足可用性要求。

1．控制目的

确保信息处理设施的连续运行。

2．实施指南

组织应当确定业务服务和信息系统可用性的要求。组织应该设计和实现具有适当冗余的系统体系结构，以满足这些要求。

可以通过部分或全部复制信息处理设施(即备用部件或所有设施都有两份)来引入冗余。组织应当策划和实施激活冗余组件和处理设施的程序。程序应确定冗余组件和处理活动是否总是处于激活状态，或在紧急情况下自动或手动激活。冗余组件和信息处理设施应确保与主要组件相同的安全级别。

应建立机制，提醒组织信息处理设施中的任何故障，使之能执行已计划的程序，并能在信息处理设施维修或更换期间持续可用。

组织在实施冗余系统时应考虑以下事项：

(1) 与两个或更多的网络和关键信息处理设施供应商(如互联网服务提供商)签订合同。

(2) 使用冗余网络。

(3) 使用两个地理位置不同的数据中心，并配备镜像系统。

(4) 使用物理上冗余的电源。

(5) 使用软件组件的多个并行实例，它们之间具有自动负载平衡(在相同数据中心或不同数据中心的实例之间)。

(6) 在系统(如 CPU、硬盘、内存)或网络(如防火墙、路由器、交换机)中有重复的组件。

在适用的情况下，最好在生产模式下，应对冗余信息系统进行测试，以确保从一个组件到另一个组件的故障转移能按预期进行。

6.5.15　日志

应生成、存储、保护和分析记录活动、异常、故障和其他相关事件的日志。

1．控制目的

记录事件，生成证据，确保日志信息的完整性，防止未经授权的访问，识别可能导致事故的信息安全事件并为调查提供支持。

2．实施指南

(1) 在常规方面，组织应确定创建日志的目的、收集和记录哪些数据以及保护和处理日志数据的任何特定于日志的要求。这应该记录在日志相关的专题策略中。

适用时，事件日志应包括每个事件的以下内容：

① 用户 ID。

② 系统活动。

③ 相关事件的日期、时间和细节(如登录和注销)。

④ 设备身份、系统标识符和位置。

⑤ 网络地址和协议。

记录时应考虑以下事件：

① 成功和被拒绝的系统访问尝试。

② 成功和被拒绝的数据和其他资源访问尝试。

③ 系统配置的变化。

④ 特权的使用。

⑤ 实用程序和应用程序的使用。

⑥ 访问的文件和访问类型，包括重要数据文件的删除。

⑦ 门禁系统发出的警报。

⑧ 安全系统的激活和取消激活，例如反病毒系统和入侵检测系统。

⑨ 身份的创建、修改或删除。

⑩ 用户在应用程序中执行的事务。在某些情况下，应用程序是由第三方提供或运行的服务或产品。

所有系统拥有同步的时间源非常重要，因为这使系统之间的日志关联成为可能，以便对事件进行分析、报警和调查。

(2) 在保护日志记录方面，用户，包括那些具有特殊访问权的用户，不应该具有删除或停用他们自己的活动日志的权限。他们有可能在其直接控制下操纵信息处理设备上的日志。因此，有必要保护和检查日志，以维护对特权用户的可问责性。

控制措施应防止对日志信息的未经授权的更改和对日志记录设施的操作问题，包括：

① 记录的消息类型的变更。

② 日志文件被编辑或删除。

③ 一旦保存日志文件的存储介质超限，无法记录新的事件或过去记录的事件会被覆盖。

为了保护日志，应考虑使用以下技术：加密哈希，记录在仅允许追加和只读的文件中，记录在公共透明文件中。

由于数据保留的要求，或收集和保留证据的要求，一些审计日志可能需要存档。

如果组织需要将系统或应用程序日志发送给供应商，以帮助调试或排除错误，则在发送给供应商之前，应尽可能使用数据遮盖技术对日志进行去标识，如用户名、IP 地址、主机名或组织名称等信息。

事件日志可能包含敏感数据和个人身份信息。应采取适当的隐私保护措施。

(3) 在日志分析方面，日志分析应涵盖对信息安全事件的分析和解释，以帮助识别异常活动或异常行为，这些活动或行为可能代表着危害。

事件分析应考虑以下因素：

① 进行分析的专家的必要技能。

② 确定日志分析的程序。

③ 每个安全相关事件所需的属性。

④ 通过使用预定规则识别的例外情况(例如，安全信息与事件管理(SIEM)或防火墙规则，以及入侵检测系统(IDSs)或恶意软件签名)。

⑤ 与异常活动和行为相比较的已知行为模式和标准网络流量(用户和实体行为分析)。

⑥ 趋势或模式分析的结果(例如使用数据分析、大数据技术和专业分析工具的结果)。

⑦ 可用的威胁情报。

日志分析应得到特定监控活动的支持,以帮助识别和分析异常行为,包括:

① 审查对受保护资源的成功和不成功的访问尝试(例如域名系统(DNS)服务器、网络门户和文件共享)。

② 检查 DNS 日志以识别到恶意服务器的出站网络连接,例如那些与僵尸网络命令和控制服务器相关联的连接。

③ 检查来自服务提供商的使用报告(例如费用清单或服务报告),以发现系统和网络中的异常活动(例如通过审查活动模式)。

④ 结合物理监控的事件日志,如入口和出口,以确保进行更准确的检测和事件分析。

⑤ 关联日志以实现高效和高度准确的分析。

应识别可疑和实际的信息安全事件(如恶意软件感染或防火墙探测)并接受进一步调查(如作为信息安全事件管理流程的一部分)。

6.5.16　活动监测

应监控网络、系统和应用程序的异常行为,并采取适当的措施来评估潜在的信息安全事故。

1. 控制目的

检测异常行为和潜在的信息安全事件。

2. 实施指南

监控范围和级别应根据业务和信息安全要求确定,并考虑相关法律法规。监控记录应保留规定的保留期。

(1) 应考虑将以下内容纳入监控系统:

① 出站和入站网络、系统和应用流量。

② 访问系统、服务器、网络设备、监控系统、关键应用程序等。

③ 关键或管理级系统和网络配置文件。

④ 来自安全工具的日志(例如防病毒、IDS、入侵防御系统(IPS)、网络过滤器、防火墙、数据泄露防护)。

⑤ 与系统和网络活动相关的事件日志。

⑥ 检查正在执行的代码是否被授权在系统中运行,以及它是否被篡改(例如通过重新编译以添加额外的非预期的代码)。

⑦ 资源(例如 CPU、硬盘、内存、带宽)的使用及其性能。

(2) 组织应建立正常行为的基线,并根据该基线监控异常情况。建立基线时,应考虑以下因素:

① 审查正常和高峰时期的系统利用率。

② 每个用户或用户组的通常访问时间、访问位置、访问频率。

(3) 监控系统应根据确定的基线进行配置,以识别异常行为,例如:

① 流程或应用程序的意外终止。

② 通常来源于已知恶意 IP 地址或网络范围的恶意软件或流量相关的活动(例如与僵尸网络命令和控制服务器相关的活动)。

③ 已知的攻击特征(例如拒绝服务和缓冲区溢出)。

④ 异常的系统行为(例如击键记录、进程注入和标准协议使用中的偏差)。

⑤ 瓶颈和过载(例如网络排队、延迟水平和网络抖动)。

⑥ 对系统或信息的未经授权的访问(实际的或企图的)。

⑦ 未经授权扫描业务应用程序、系统和网络。

⑧ 访问受保护资源(如 DNS 服务器、门户网站和文件系统)的成功和不成功尝试。

⑨ 与预期行为相关的、异常的用户和系统行为。

应使用监控工具进行持续监控。根据组织的需要和能力，应实时或定期进行监控。监控工具应具备处理大量数据的能力，适应不断变化的威胁形势，并能够实时通知。这些工具还应该能够识别特定的签名以及数据或网络或应用程序行为模式。

自动化监控软件应配置为基于预定义的阈值生成警报(例如通过管理控制台、电子邮件或即时消息系统)。警报系统应根据组织的基准进行调整和培训，以最大限度地减少误报。应配置专人响应警报，并应接受适当培训，以准确解释潜在事件。应该有接收和响应警报通知的冗余系统和流程。

异常事件应与相关方沟通，以改进以下活动：审核、安全评估、漏洞扫描和监控。应建立程序，及时响应来自监控系统的阳性指标，以最大限度地减少不利事件对信息安全的影响。还应建立识别和解决假阳性的程序，包括调整监控软件以减少未来假阳性的数量。

6.5.17　时钟同步

组织使用的信息处理系统的时钟应与批准的时间源同步。

1. 控制目的

实现安全相关事件和其他记录数据的关联和分析，并支持对信息安全事件的调查。

2. 实施指南

应文件化和实施对时间显示、可靠同步和准确性的外部和内部要求。这些要求可能来自法律、法规、规章、合同、标准和内部监控的需要。应为所有系统定义并考虑在组织内使用的标准参考时间，包括楼宇管理系统、进出系统和其他可用于协助调查的系统。

应使用与国家原子钟或全球定位系统(GPS)的无线电时间广播相关的时钟作为日志系统的参考时钟；应使用一致、可信的日期和时间源，以确保准确的时间戳。应该使用网络时间协议(NTP)或精密时钟协议(PTP)等协议来保持所有联网系统与参考时钟同步。

组织可同时使用两个外部时间源，以提高外部时钟的可靠性，并适当地管理任何差异。

当使用多个云服务，或同时使用云和内部服务时，时钟同步可能会很困难。在这种情况下，应监控每项服务的时钟并记录差异，以减轻差异带来的风险。

6.5.18　特权实用程序的使用

应该限制和严格控制能够凌驾系统和应用程序控制的实用程序的使用。

1. 控制目的

从信息安全的角度，确保实用程序的使用不会损害系统和应用程序控制。

2. 实施指南

对于能够凌驾系统和应用程序控制的实用程序的使用，应考虑以下准则：

(1) 将实用程序的使用局限于可信的、授权的用户。

(2) 使用实用程序的识别、认证和授权程序，包括使用者的唯一标识。

(3) 定义和记录实用程序的授权级别。

(4) 授权临时使用实用程序。

(5) 如果应用程序运行于要求职责分离的系统上，则该程序和系统的用户不得使用实用程序。

(6) 删除或禁用所有不必要的实用程序。

(7) 实用程序与应用软件至少应逻辑隔离，在可行的情况下，将实用程序的网络通信与应用程序流量隔离。

(8) 限制实用程序的可用性(如授权变更的持续时间)。

(9) 所有实用程序的使用应留有日志。

6.5.19　在操作系统上安装软件

对于在操作系统上安装软件，应实施程序和措施来安全地管理。

1. 控制目的

确保运营系统的完整性并防止利用技术漏洞。

2. 实施指南

为了安全地管理操作系统上的软件更改和安装，应考虑以下准则：

(1) 只有经适当管理授权的、训练有素的管理员，才能执行操作系统上软件的更新。

(2) 确保在操作系统上只安装经批准的可执行代码，不安装开发代码或编译器。

(3) 仅在广泛和成功的测试后安装和更新软件。

(4) 更新所有相应的程序的源库。

(5) 使用配置控制系统保持对所有操作软件和系统文件的控制。

(6) 在实施更改之前定义回滚策略。

(7) 维护运营软件所有更新的审计日志。

(8) 作为一项应急措施，将旧版本的软件以及所有必需的信息和参数、程序、配置细节和支持软件存档，并在软件需要读取或处理存档数据时存档。

任何升级到新版本的决策都应考虑变更的业务要求和版本的安全性(例如引入新的信息安全功能，或影响当前版本的信息安全漏洞的数量和严重性)。当软件补丁有助于消除或减少信息安全漏洞时，应使用软件补丁。

计算机软件可能依赖于外部提供的软件和软件包(例如使用托管在外部网站上的模块的软件程序)，应监控这些软件和软件包以避免未经授权的更改，因为它们可能会引入信息安全漏洞。

操作系统中使用的软件如果是由供应商提供的，应保持在该供应商支持的水平。随着时间的推移，软件供应商会停止支持旧版本的软件。组织应该考虑依赖不受支持的软件的风险。运营系统中使用的开源软件应维护到该软件的最新适当版本。随着时间的推移，开源代码可能停止维护，但仍然可以在开源软件库中使用。组织还应该考虑在操作系统使用时依赖未经维护的开源软件的风险。

当供应商参与安装或更新软件时，应仅在必要时提供物理或逻辑访问，并获得适当授权。应对供应商的活动进行监控。

组织应该针对用户可以安装的软件类型定义规则，并严格执行。

操作系统上的软件安装应适用最低特权原则。组织应确定哪些类型的软件安装是允许的(例如现有软件的更新和安全修补程序)以及哪些类型的安装是禁止的(例如仅供个人使用的软件以及潜在恶意来源未知或可疑的软件)。应该根据相关用户的角色授予这些权限。

6.5.20 网络安全

应对网络和网络设备进行保护、管理和控制，以保护系统和应用程序中的信息。

1. 控制目的
保护网络中的信息及其支持信息处理的设施免受网络危害。

2. 实施指南
应实施控制措施来确保网络中信息的安全性，并保护连接的服务免受未经授权的访问。特别是，应考虑以下事项：

(1) 网络能够支持的信息类型和分类级别。

(2) 建立网络设备和装置管理的责任和程序。

(3) 维护最新文档，包括网络图和设备配置文件(如路由器、交换机)。

(4) 酌情将网络运作责任与 ICT 系统运作分开。

(5) 建立控制措施，以保护通过公共网络、第三方网络或无线网络传输的数据的机密性和完整性，并保护连接的系统和应用程序，还可能需要额外的控制来维护网络服务和连接到网络的计算机的可用性。

(6) 适当地实施日志和监控，以便能够记录和检测可能影响信息安全或与信息安全相关的行为。

(7) 紧密的协调网络管理活动，在优化对本组织服务的同时，确保控制措施在整个信息处理架构中得到一致应用。

(8) 认证网络上的系统。

(9) 限制和过滤系统与网络的连接(例如使用防火墙)。

(10) 检测、限制和认证设备和装置到网络的连接。

(11) 加固网络设备。

(12) 将网络管理信道与其他网络流量隔离。

(13) 如果网络受到攻击，临时隔离关键子网(例如使用"网闸"装置)。

(14) 禁用易受攻击的网络协议。

组织应确保在虚拟化网络的使用中应用适当的安全控制。虚拟化网络包括软件定义的网络(SDN、SD-WAN)。从安全角度来看，虚拟化网络可能是可取的，因为它们可以允许在物理网络上发生的通信的逻辑分离，特别是对于使用分布式计算实现的系统和应用。

6.5.21　网络服务的安全性

应指明、实施和监控网络服务的安全机制、服务级别和服务要求。

1．控制目的

确保网络服务使用的安全性。

2．实施指南

应由内部或外部网络服务提供商指明和实施特定服务所需的安全措施，如安全功能、服务级别和服务要求。组织应确保网络服务提供商实施这些措施。

(1) 应确定并定期监控网络服务提供商以安全方式管理约定的服务的能力。审计权应由组织和供应商共同商定。组织还应考虑由服务提供商提供第三方证明，来证明他们维护了适当的安全措施。

(2) 应制定和实施关于使用网络和网络服务的规则，以涵盖：

① 允许访问的网络和网络服务。

② 访问各种网络服务的身份鉴别要求。

③ 用于确定谁被允许访问哪些网络和联网服务的授权程序。

④ 保护网络连接和网络服务的网络管理和技术控制及程序。

⑤ 用于访问网络和网络服务的方式(例如使用虚拟专用网络(VPN)或无线网络)。

⑥ 用户在访问时的时间、位置和其他属性。

⑦ 监控网络服务的使用。

(3) 应该考虑网络服务的以下安全功能：

① 应用于网络服务安全的技术，如身份鉴别、加密和网络连接控制。

② 根据安全和网络连接规则，安全连接到网络服务的技术参数要求。

③ 缓存(例如在内容分发网络中)及其参数，使用户可根据性能、可用性和保密性要求选择缓存的使用。

④ 应对网络服务利用率的程序，必要时限制对网络服务或应用程序的访问。

6.5.22　网络隔离

信息服务、用户和信息系统应该在组织的网络中按分组进行隔离。

1．控制目的

在安全边界内分割网络，并根据业务需求控制它们之间的流量。

2．实施指南

组织应考虑通过将大型网络划分为独立的网络域，并将其与公共网络(如 Internet)隔离开来，来管理大型网络的安全性。可以根据信任级别、关键程度和敏感度(例如公共访问域、桌面域、服务器域、低风险和高风险系统)、组织单元(例如人力资源、财务、营销)或某种组合(例如连接到多个组织单位的服务器域)来选择域。可以使用物理上不同的网络或者使用不同的逻辑网络来完成隔离。

每个域的边界应该定义明确。如果允许网络域之间的访问，则应使用网关(如防火墙、过滤路由器)在外围进行控制。将网络划分为多个域的标准，以及允许通过网关进行的访问，应该基于对每个域的安全要求的评估。评估应符合关于访问控制的专题策略、访问需求、所处理信息的价值和分类，并考虑采用合适网关技术的相对成本和性能影响。

由于网络边界不明确，无线网络需要特殊处理。无线网络隔离应考虑无线电波覆盖调整。对于敏感环境，应考虑将所有无线接入视为外部连接，并将该接入与内部网络隔离，直到该接入通过符合网络控制的网关，然后再授予对内部系统的接入。如果员工仅使用符合组织专题策略的受控用户终端设备，则访客的无线接入网络应与员工的无线接入网络分开。供访客使用的 WiFi 至少应具有与供员工使用的 WiFi 相同的限制，以阻止员工使用访客 WiFi。

6.5.23　Web 过滤

应管理对外部网站的访问，以减少被恶意内容影响的机会。

1．控制目的

保护系统免受恶意软件的危害，并防止访问未经授权的网站资源。

2．实施指南

组织应降低其员工访问包含非法信息或已知包含病毒或网络钓鱼材料的网站的风险。实现这一目的的技术是阻止相关网站的 IP 地址或域。一些浏览器和反恶意软件技术会自动执行此操作，或者可以配置为执行此操作。

组织应确定员工应该或不应该访问的网站类型，并考虑阻止对以下类型网站的访问：

(1) 具有信息上传功能的网站，除非根据正当的业务理由批准。

(2) 已知或可疑的恶意网站(例如分发恶意软件或网络钓鱼内容的网站)。

(3) C&C 服务器(Command and Control server)。

(4) 从威胁情报中获取的恶意网站。

(5) 共享非法内容的网站。

在部署此控制措施之前，组织应建立安全和适当使用在线资源的规则，包括对不受欢迎或不适当的网站和基于 Web 的应用程序的任何限制。这些规则应该维持更新。

应对员工进行安全和适当使用在线资源(包括访问网络)的培训。培训应包括组织的规则、报告安全相关事项的联系人或联系途径、以及出于合法业务原因需要访问受限 Web 资源时的例外流程。还应对员工进行培训，以确保凡是浏览器提示网站不安全但允许用户选择继续访问时，他们不会刻意忽略该提示而继续访问。

6.5.24　使用密码学技术

应定义和实施有效使用加密技术的规则，包括加密密钥管理。

1．控制目的

根据业务和信息安全要求，确保正确有效地使用加密技术来保护信息的机密性、真实性或完整性，并考虑与加密技术相关的法律、法规、监管和合同要求。

2. 实施指南

(1) 在常规方面，使用加密技术时，应考虑以下几点：

① 组织定义加密相关的专题策略，包括保护信息的一般原则，有必要制定一项关于使用加密技术的专题策略，以最大限度地利用加密技术，最大限度地降低风险，并避免不当或不正确的使用。

② 确定所需保护信息的级别和分类，从而确定所需加密算法的类型、强度和质量。

③ 使用加密技术保护保存在移动用户终端设备或存储介质上的信息，以及通过网络传输到这些设备或存储介质的信息。

④ 密钥管理方法，包括处理加密密钥的生成和保护，以及在密钥丢失、被侵害或损坏的情况下恢复加密信息的方法。

⑤ 关于以下事务的角色和职责：

· 执行有效使用加密技术的规则；

· 密钥管理，包括密钥生成。

⑥ 要采用的标准，以及组织中批准或要求使用的加密算法、加密强度、加密解决方案和使用方法。

⑦ 使用加密信息对依赖内容检查(例如恶意软件检测或内容过滤)的控制的影响。

在实施组织有效使用加密技术的规则时，应考虑适用于世界不同地区使用加密技术的法规和限制，以及加密信息的跨境流动问题。

与外部加密服务供应商(如认证机构)签订的服务水平协议或合同的内容应涵盖责任、服务可靠性和提供服务的响应时间等问题。

(2) 在密钥管理方面，适当的密钥管理应包括生成、存储、归档、检索、分发、停用和销毁密钥的安全流程。

密钥管理系统应该基于一系列得到批准的标准、程序和安全方法，以：

① 为不同的密码系统和不同的应用程序生成密钥；

② 发布和获取公钥证书；

③ 将密钥分发给预期的实体，包括当接收到密钥时如何激活密钥；

④ 存储密钥，包括授权用户如何获取密钥；

⑤ 更改或更新密钥，包括何时更改密钥以及如何更改的规则；

⑥ 处理泄露的密钥；

⑦ 撤销密钥，包括如何撤销或停用密钥[例如当密钥已经失密或当用户离开组织时(在这种情况下，密钥也应存档)]；

⑧ 恢复丢失或损坏的密钥；

⑨ 备份或存档密钥；

⑩ 销毁密钥；

⑪ 关键管理相关活动的记录和审计；

⑫ 设定密钥的激活和停用日期，以便密钥只能在符合密钥管理规则的时间段内使用；

⑬ 处理访问加密密钥的合法请求(例如可以要求以未加密的形式提供加密信息，作为

法庭案件中的证据)。

所有加密密钥都应受到保护，以防修改和丢失。此外，密钥和私钥需要防止未经授权的使用和泄露。用于生成、存储和归档密钥的设备应受到物理保护。

除了完整性，对于很多使用场景来说，还应该考虑公钥的真实性。

6.5.25　安全开发生命周期

应该建立和施行软件和系统安全开发的规则。

1．控制目的

确保在软件和系统的安全开发生命周期内设计和实施信息安全。

2．实施指南

安全开发是构建安全服务、架构、软件和系统的要求。应顾及以下事项：

(1) 开发、测试和生产环境的分离。

(2) 软件开发生命周期中的安全性指南包括：软件开发方法中的安全性；所用每种编程语言的安全编码指南。

(3) 规范和设计阶段的安全要求。

(4) 项目中的安全检查点。

(5) 系统和安全测试，如回归测试、代码扫描和渗透测试。

(6) 源代码和配置的安全储存库。

(7) 版本控制中的安全性。

(8) 所需的应用安全知识和培训。

(9) 开发人员预防、发现和修复漏洞的能力。

(10) 许可要求和替代方案，以确保解决方案的成效益高，同时避免将来的许可问题。

如果外包开发，组织应当确保供方遵守组织的安全开发规则。

6.5.26　应用程序安全要求

在开发或采购应用程序时，应识别、详述和审批信息安全要求。

1．控制目的

确保在开发或获取应用程序时，所有信息安全要求已确定并得到满足。

2．实施指南

(1) 在常规方面，应该识别和详述应用程序安全要求。这些要求通常通过风险评估来确定。这些要求应在信息安全专家的支持下制定。

根据应用程序的用途，应用程序安全要求可能涵盖广泛的主题。

如果适用，应用程序安全要求应包括：

① 实体身份的信任级别(例如通过身份鉴别)。

② 确定应用程序要处理的信息类型和分类级别。

③ 需要分离应用程序中数据和功能的访问权限和访问级别。

④ 抵御恶意攻击或意外中断的能力(例如防范缓冲区溢出或 SQL 注入)。

⑤ 交易被生成、处理、完成或存储时所在的司法管辖区的法律、法规和监管要求。

⑥ 与所有相关方相关的隐私需求。

⑦ 任何机密信息的保护要求。

⑧ 在处理、传输和存放过程中保护数据。

⑨ 安全地加密所有相关方之间的通信的需求。

⑩ 输入控制，包括完整性检查和输入验证。

⑪ 自动化控制(如批准限额或双重批准)。

⑫ 输出控制，考虑谁可以访问输出及其授权。

⑬ 对"自由文本"字段内容的限制，因为这些可能导致机密数据(如个人数据)的不受控制的存储。

⑭ 源自业务流程的需求，如事务日志和监控、不可否认性的需求。

⑮ 由其他安全控制措施强制实现的要求(如记录和监控数据泄露检测系统的接口)。

⑯ 错误消息处理。

(2) 在交易服务方面，对于在组织和合作伙伴之间提供交易服务的应用程序，在确定信息安全要求时还应考虑以下因素：

① 各方对彼此声称的身份所要求的信任程度。

② 交换或处理信息的完整性所需的信任级别，以及识别完整性缺陷的机制(如循环冗余校验、哈希、数字签名)。

③ 关于谁可以批准内容、发布或签署关键交易文件的授权流程。

④ 保密性、完整性、关键文件的发送和接收证明、以及不可否认性(如与招标和合同流程相关的合同)。

⑤ 任何交易的保密性和完整性(例如订单、交货地址详情和收据确认)。

⑥ 对交易保密时间的要求。

⑦ 保险和其他合同要求。

(3) 在电子订购和支付应用方面，对于涉及电子订购和支付的应用程序，还应考虑：

① 维护订单信息保密性和完整性的要求。

② 适于验证客户提供的支付信息的校验等级。

③ 避免交易信息的丢失或复制。

④ 不在任何可公开访问的环境中存储交易详细信息(例如，在组织内联网上现有的存储平台上，并且不在可从互联网直接访问的电子存储介质上保留和公开)。

⑤ 在使用可信机构的情况下(例如出于发布和维护数字签名或数字证书的目的)，安全性被集成并嵌入到整个端到端证书或签名管理过程中。

6.5.27　安全系统架构和工程原理

应建立、记录、维护安全系统工程的原则，并将其应用于任何信息系统开发活动。

1. 控制目的

确保在开发生命周期中安全地设计、实施和运营信息系统。

2．实施指南

应建立、记录安全工程原则，并将其应用于信息系统工程活动。所有架构层(业务、数据、应用和技术)都应设计安全性。应对新技术进行安全风险分析，并根据已知的攻击模式审查设计。

安全工程原则提供了用户身份验证技术、安全会话控制以及数据验证和清理的指导。

(1) 安全系统工程原则应包括以下分析：

① 保护信息和系统免受已知威胁所需的全方位安全控制措施。

② 安全控制预防、检测或响应安全事件的能力。

③ 特定业务流程所需的特定安全控制措施(如敏感信息加密、完整性检查和信息的数字签名)。

④ 在何处以及如何应用安全控制(例如通过与安全架构和技术基础设施集成)。

⑤ 多个独立的安全控制(手动和自动)如何协同工作以产生一组综合的控制。

(2) 安全工程原则应考虑到：

① 与安全架构集成的需求。

② 技术性安全基础设施(例如公钥基础设施(PKI)、身份和访问管理(IAM)、数据泄露预防和动态访问管理)。

③ 组织开发和支持所选技术的能力。

④ 满足安全要求的成本、时间和复杂性。

⑤ 当前的良好实践。

(3) 安全系统工程应包括：

① 安全架构原则的使用，如"设计安全""纵深防御""默认安全""默认拒绝""安全的失败""不信任来自外部应用程序的输入""部署中的安全""假定违背""最低权限""可用性和可管理性"以及"最小化功能"。

② 以安全为导向的设计审查，以帮助识别信息安全漏洞，确保安全控制措施得到规定并满足安全要求。

③ 不完全符合要求的安全控制措施的文件记录和正式确认(例如由于压倒一切的人身安全要求)。

④ 系统加固。

(4) 组织应考虑"零信任"原则，例如：

① 假设组织的信息系统已经遭受违背，因此不能只依赖网络边界安全。

② 对信息系统的访问采用"永远不信任，永远验证"的方法。

③ 确保对信息系统的请求是端到端加密的。

④ 对信息系统的每个请求进行验证，就像这些请求来自开放的外部网络一样，即使这些请求来自组织内部，即不会自动信任其边界内外的任何内容。

⑤ 使用"最低特权"和动态访问控制技术，这包括基于诸如身份鉴别信息、用户身份、关于用户终端设备的数据和数据分类之类的上下文信息来认证和授权对信息或系统的请求。

⑥ 始终对请求者进行身份验证，并始终根据包括身份鉴别信息和用户身份、关于用户终端设备的数据和数据分类在内的信息来验证对信息系统的授权请求，例如强制实施强身份验证(例如多因素身份认证，参见 6.5.5 节安全身份认证)。

在适用的情况下，应通过组织与外包供应商之间的合同和其他有约束力的协议，将既定的安全工程原则应用于信息系统的外包开发。组织应确保供应商的安全工程实践符合组织的需求。

应定期审查安全工程原则和既定的工程程序，以确保它们有效促进提高工程过程中的安全标准。还应定期审查它们，以确保它们在应对任何新的潜在威胁方面保持最新，并适用于正在应用的技术和解决方案的进步。

6.5.28 安全编码

软件开发中应该应用安全编码原则。

1. 控制目的

确保安全的编写软件，从而减少软件中潜在的信息安全漏洞。

2. 实施指南

(1) 在常规方面，组织应该建立全组织范围适用的过程，为安全编码提供良好的治理。应建立并应用最低限度的安全基线。此外，这种过程和治理应该扩展到包括来自第三方的软件组件和开源软件。

组织应监控真实世界的威胁以及关于软件漏洞的最新建议和信息，从而通过持续改进和学习来指导组织的安全编码原则。这有助于确保实施有效的安全编码实践，以应对快速变化的威胁形势。

(2) 在规划和编码之前，安全编码原则应该用于新的开发和重用场景。这些原则应当适用于组织内部的开发活动以及组织向他人提供的产品和服务。编码前的规划和先决条件应包括：

① 组织特定的期望和批准的安全编码原则，用于内部和外包代码开发。

② 导致信息安全漏洞的常见和历史编码实践和缺陷。

③ 配置开发工具，如集成开发环境(IDE)，以帮助强制创建安全代码。

④ 遵循开发工具和执行环境提供商发布的适用指南。

⑤ 维护和使用更新的开发工具(如编译器)。

⑥ 编写安全代码的开发人员的资格。

⑦ 安全设计和架构，包括威胁建模。

⑧ 安全编码标准，并在相关情况下授权其使用。

⑨ 使用受控环境进行开发。

(3) 在编码期间的考虑因素应包括：

① 特定于正在使用的编程语言和技术的安全编码实践。

② 使用安全编程技术，如结对编程、重构、同行评审、安全迭代和测试驱动开发。

③ 使用结构化编程技术。

④ 记录代码并消除可能导致信息安全漏洞被利用的编程缺陷。

⑤ 禁止使用不安全的设计技术(例如使用硬编码密码、未经批准的代码样本和未经认证的 Web 服务)。

测试应在开发期间和之后进行。静态应用程序安全测试(SAST)过程可以识别软件中的安全漏洞。

(4) 在软件投入运行之前，应评估以下内容：

① 攻击面和最小特权原则。

② 对最常见的编程错误进行分析，并记录这些错误已得到缓解。

(5) 在审查和维护方面，代码投入运行后：

① 其更新应该被安全地打包和部署。

② 报告的信息安全漏洞应得到处理。

③ 应记录错误和可疑攻击，并定期审查日志，以便在必要时对代码进行调整。

④ 应保护源代码免受未经授权的访问和篡改(例如通过使用配置管理工具，这些工具通常提供访问控制和版本控制等功能)。

(6) 如果使用外部工具和库，组织应该考虑：

① 确保外部库得到管理(例如通过维护所用库及其版本的清单)并随着发布周期定期更新。

② 选择、授权和重用经过严格审查的组件，特别是身份鉴别和加密组件。

③ 外部组件的许可证、安全性和历史。

④ 确保软件是可维护的、可跟踪的，并且来自经过验证的、有信誉的来源。

⑤ 开发资源和产品的充分长期的可用性。

(7) 当软件包需要修改时，应考虑以下几点：

① 内置控制和完整性流程受到损害的风险。

② 是否获得厂商的同意。

③ 从供应商处获得所需变更作为标准程序更新的可能性。

④ 如果组织因变更而对软件的未来维护负责，会产生什么影响。

⑤ 与正在使用的其他软件的兼容性。

6.5.29　开发和验收中的安全性测试

应该在开发生命周期中定义和实现安全测试过程。

1. 控制目的

在将应用程序或代码部署到生产环境之前，验证其是否满足信息安全要求。

2. 实施指南

(1) 在开发过程中，应对新的信息系统、升级和新版本进行彻底的测试和验证。安全测试应该是系统或组件测试不可或缺的一部分。

安全测试应该根据一组需求进行，这些需求可以表示为功能性的或者非功能性的。安全测试应包括以下测试：

① 安全功能(如用户认证、访问限制和使用加密技术)。

② 安全编码。

③ 安全配置，包括操作系统、防火墙和其他安全组件的安全配置。

(2) 应该使用一套标准来确定测试计划。测试的范围应该与系统的重要性、性质以及引入的变更的潜在影响相称。测试计划应包括：

① 活动和测试的详细时间表。

② 在一系列条件下的投入和预期产出。

③ 评估结果的标准。

④ 决定必要的进一步行动。

组织可以利用自动化工具，如代码分析工具或漏洞扫描器，并应验证安全相关缺陷的补救措施。

(3) 对于内部开发，这样的测试最初应该由开发团队执行。然后应进行独立的验收测试，以确保系统按预期运行，并且仅按预期运行。应考虑以下几点：

① 作为测试安全缺陷的相关元素，执行代码评审活动，包括非预期的输入和条件。

② 执行漏洞扫描以识别不安全的配置和系统漏洞。

③ 执行渗透测试以识别不安全的代码和设计。

(4) 对于外包开发和采购组件，应遵循采购流程。与供应商的合同应响应已确定的安全要求。在采购之前，产品和服务应根据这些标准进行评估。

测试应在与目标生产环境尽可能匹配的测试环境中进行，以确保系统不会给组织的环境带来漏洞，并且测试是可靠的。

6.5.30　外包开发

组织应指导、监控和审查与外包系统开发相关的活动。

1．控制目的

确保在外包系统开发中实施组织要求的信息安全措施。

2．实施指南

在外包系统开发的情况下，组织应该就需求和期望进行沟通并达成一致，并持续监控和审查外包工作的交付是否满足这些期望。在组织的整个外部供应链中，应考虑以下几点：

(1) 与外包内容相关的许可协议、代码所有权和知识产权。

(2) 安全设计、编码和测试实践的合同要求。

(3) 外包方开发人员提供威胁模型以供斟酌。

(4) 对可交付物的质量和准确性的验收测试。

(5) 提供证据证明建立了最低可接受水平的安全和隐私能力(如保证报告)。

(6) 提供证据证明已经进行了充分的测试，以防止在交付时出现恶意内容(有意和无意)。

(7) 提供证据证明已经进行了足够的测试来防范已知漏洞的存在。

(8) 软件源代码的托管协议(例如如果供应商停业)。

(9) 审计开发流程和控制的合同权利。

(10) 开发环境的安全要求。

(11) 考虑适用的法律(如保护个人数据)。

6.5.31　开发、测试和生产环境的分离

开发、测试和生产环境应该分离并分别保护。

1. 控制目的

保护生产环境和数据免受开发和测试活动的危害。

2. 实施指南

(1) 为防止影响生产，应该识别和实现生产、测试和开发环境之间的隔离级别。

应考虑以下事项：

① 充分分离开发和生产系统，并在不同的域中运行它们(例如在单独的虚拟或物理环境中)。

② 定义、记录和实施从开发到生产状态的软件部署规则和授权。

③ 在应用到生产系统之前，在测试或试运行环境中测试对生产系统和应用程序的变更。

④ 不在生产环境中测试，已定义并获批准的例外情况除外。

⑤ 非必要情况下，不得从生产系统访问编译器、编辑器和其他开发工具或实用程序。

⑥ 在菜单中显示适当的环境识别标签，以减少出错的风险。

⑦ 不要将敏感信息复制到开发和测试系统环境中，除非为开发和测试系统提供了等效的控制措施。

(2) 在所有情况下，都应该保护开发和测试环境，顾及：

① 修补和更新所有开发、集成和测试工具(包括构建器、集成器、编译器、配置系统和库)。

② 系统和软件的安全配置。

③ 控制对环境的访问。

④ 监控环境和存储在其中的代码的变化。

⑤ 环境的安全监控。

⑥ 备份环境。

未经事先审查和批准，单个个人不应既能对开发环境又能对生产环境进行更改。这可以通过分离访问权限或通过受监控的规则来实现。在异常情况下，应实施详细的日志记录和实时监控等额外措施，以便检测未经授权的更改并采取相应措施。

6.5.32　变更管理

信息处理设施和信息系统的变更应遵循变更管理程序。

1. 控制目的

在执行变更时保护信息安全。

2. 实施指南

新系统的引入和现有系统的重大变更应遵循一致同意的规则和正式的文档、规范、测试、质量控制和管理实施流程。管理职责和程序应到位，以确保所有变更得到适当的控制。

应记录并执行变更控制程序，以确保从早期设计阶段到所有后续维护工作的整个系统开发生命周期中，信息处理设施和信息系统中信息的机密性、完整性和可用性。

只要可行，就应整合 ICT 基础设施和软件的变更控制程序。

变更控制程序应包括：

(1) 考虑所有依赖因素，规划和评估变更的潜在影响。

(2) 变更授权。

(3) 向相关利益方传达变更。

(4) 变更测试和测试验收。

(5) 实施变更，包括部署计划。

(6) 考虑紧急情况和意外情况，包括回退程序。

(7) 维护包括上述所有内容的变更记录。

(8) 确保操作文件和用户程序根据需要进行更改，以保持适用。

(9) 确保 ICT 连续性计划以及响应和恢复程序在必要时进行更改，以保持适用。

6.5.33　测试信息

应适当选择、保护和管理测试信息。

1．控制目的

确保测试的相关性和测试中使用的运营信息的保护。

2．实施指南

应选择测试信息，以确保测试结果的可靠性和相关操作信息的保密性。敏感信息(包括个人身份信息)不应复制到开发和测试环境中。

当用于测试目的时，无论测试环境是在内部构建还是基于云服务构建，都应遵循以下准则来保护运营信息的副本：

(1) 对测试环境应用的访问控制程序与运营环境一致。

(2) 每次运营信息被复制到测试环境时具有单独的授权。

(3) 记录运营信息的复制和使用，以提供审计跟踪。

(4) 如果用于测试，通过移除或遮盖来保护敏感信息。

(5) 测试完成后，立即从测试环境中正确删除操作信息，以防止未经授权使用测试信息。

测试信息应安全存储(防止篡改，否则会导致无效结果)并仅用于测试目的。

6.5.34　审计测试期间信息系统的保护

涉及操作系统评估的审计测试和其他保证活动应在测试人员和适当的管理人员之间进行规划和协商。

1．控制目的

尽量减少审计和其他保证活动对运营系统和业务的影响。

2．实施指南

应遵守以下准则：

(1) 与适当的管理层就访问系统和数据的审计请求达成一致。

(2) 同意并控制技术审计测试的范围。

(3) 将审计测试限制为对软件和数据的只读访问，如果只读访问不可用于获得必要的信息，则由有经验的管理员代表审计员执行测试，该管理员具有必要的访问权限。

(4) 如果允许访问，则在允许访问之前，确定并验证用于访问系统的设备(如笔记本电脑或平板电脑)的安全要求(如防病毒和修补)。

(5) 如需进行非只读的访问，则仅允许对系统文件的独立副本进行，在审计完成时删除它们，如果有义务根据审计文件要求保存这些文件，则给予它们适当的保护。

(6) 识别并审批特殊或附加处理的请求，如运行审计工具。

(7) 在工作时间之外运行可能影响系统可用性的审计测试。

(8) 出于审计和测试目的，监控和记录所有访问。

本 章 小 结

在建立信息安全管理体系(ISMS)的过程中，为组织面临可能的信息安全风险实施有效的控制，包括指导组织确定合适且相称的安全控制，落实信息安全管理的最佳实践，加强风险管理，降低出现信息安全漏洞的可能性，提高信息安全管理体系的整体稳健性和韧性，加强风险管理，同时满足与信息安全相关的法律、法规、监管和合同要求，提高公司 ISMS 的可信度。

本章内容主要取材于 BS 7799-1:1999、GB/T 22081—2016 和 ISO/IEC 27002:2022 等标准，代表了信息安全管理控制措施当前的主流看法，考虑了组织或企业独特的信息安全风险环境，通过关注组织的选择、实施和管理的安全控制，能为任何有信息安全及期望通过信息安全控制实现最佳实践的组织提供指导。

思 考 题

1. ISO/IEC 27002:2022 包括哪些控制分类？有哪些控制项，主要控制措施是什么？
2. 信息安全管理控制规范中的组织控制涉及哪些方面？举例说明其要点。
3. 阐述在人员控制中，对组织的人员加强信息安全意识、教育和培训的必要性和方法。
4. 在物理控制中，如何控制安全区域入口的安全性？
5. 谈谈在采购、使用、运输和处置的整个生命周期中如何对存储介质进行有效的安全管理。
6. 在技术控制中，如何做到有效的安全身份认证？
7. 防范恶意软件和应对技术漏洞有什么区别和联系？
8. 如何做到信息的有效删除以及防敏感数据泄露？
9. 在系统设计、开发(编码)、测试、验收等环节要注意哪些问题？

第 7 章
信息安全管理体系

管理学大师彼得·德鲁克(Peter F.Drucker，1909—2005)说过："所谓管理，就是激发员工身上善意的部分"。人是企业资产的一部分，既是管理者也是被管理者，更是信息安全保障的核心要素之一，需要规范人的操作行为及日常运营。采用信息安全管理体系是一个组织的战略决策，建立良好的信息安全管理体系，并通过日常监督管控来不断规范员工的行为。

在一致的管理系统的总体框架内确定和实施一套全面的信息安全控制规范，实际上就是服务于建立良好的信息安全管理体系。本章提供了在组织范围内建立、实现、维护和持续改进信息安全管理体系的过程与要求。

本章主要阐述建立信息安全管理体系的过程与要求。7.1 节概述信息安全管理体系的依据标准、特点及相关模型；7.2 ～7.6 节详细说明组织建设信息安全管理体系的准备、建立、实施与运行、监视和评审、保持和改进的流程与要求；7.7 节给出组织寻求信息安全管理体系认证的方法。

学习目标

- 了解信息安全管理体系的概念和特点，掌握信息安全管理体系 PDCA 模型。
- 掌握信息安全管理体系的建设过程。
- 了解信息安全管理体系的相关认证机构，熟悉认证流程。

思政元素

体系建设不能一蹴而就，引导确定目标，从点滴做起，牢固付诸行动、精益求精、不断成长和终有所成的意识。

7.1　概　述

信息安全管理体系(ISMS)是组织在一定范围内建立的信息安全方针和目标，以及为实现这些方针和目标所采用的方法和文件体系。

组织应在所面临风险的环境下，针对其整体业务活动建立、实施、运行、监视、评审、保持和改进文件化的信息安全管理体系。这个过程是在组织管理层的直接授权下，由信息安全管理体系领导小组来负责实施，通过制定一系列的文件，建立一个系统化、程序化与文件化的管理体系，来保障组织的信息安全。在完成信息安全管理体系的建设并有效实施后，为了自身的长远发展，组织可以开展 ISMS 认证工作。

信息安全管理体系实施过程的依据是 BS 7799-2:2002、《信息技术　安全技术　信息安全管理体系　要求》(GB/T 22080—2016)或 ISO/IEC 27001:2022《信息安全、网络安全和隐私保护　信息安全管理体系　要求》。

在信息安全管理体系实施过程中，采用了"规划(Plan)—实施(Do)—检查(Check)—处置(Act)"的 PDCA 循环模型。PDCA 循环是由美国质量管理专家戴明(W.E.Deming)提出来的，所以又称为"戴明环"(Deming Cycle)，它是有效进行任何一项工作的合乎逻辑的工作程序，在质量管理中应用广泛，并取得了很好的效果。

实际上，建立和管理信息安全管理体系与其他管理体系一样，需要采用过程的方法开发、实施和改进一个组织的 ISMS 的有效性，而 PDCA 循环是实施信息安全管理的有效模式，可应用于所有的信息安全管理体系过程，能够实现对信息安全管理只有起点、没有终点的持续改进，逐步提高信息安全管理水平。

信息安全管理体系具有以下特点：

(1) 强调基于系统、全面和科学的风险评估，体现以预防控制为主的思想。

(2) 强调全过程的动态控制，达到控制成本与风险的平衡。

(3) 强调关键资产的信息安全保护，保持组织的竞争优势和运作持续性。

信息安全管理体系的 PDCA 过程如图 7-1 所示。ISMS 的 PDCA 具有以下内容：

(1) 规划(Plan)：即建立 ISMS。建立与管理风险和改进信息安全有关的 ISMS 方针、目标、过程和规程，以提供与组织总方针和总目标相一致的结果。

(2) 实施(Do)：即实施和运行 ISMS。实施与运行 ISMS 方针、控制措施、过程和规程。

(3) 检查(Check)：即监视和评审 ISMS。对照 ISMS 方针、目标和实践经验，评估并在适当时测量过程的执行情况，并将结果报告管理者以供评审。

(4) 处置(Act)：即保持和改进 ISMS。基于 ISMS 内部审核和管理评审的结果或其他相关信息，采取纠正措施以持续改进 ISMS。

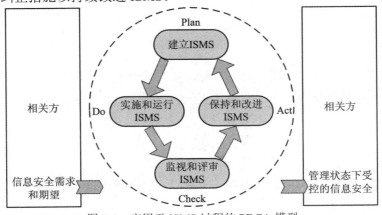

图 7-1　应用于 ISMS 过程的 PDCA 模型

信息安全管理体系，是一个建立、实现、维护和持续改进的过程。采用信息安全管理体系是一个组织的战略决策。组织信息安全管理体系的建立和实现受组织的需求和目标、安全要求、使用的组织流程以及组织的规模和结构的影响。

信息安全管理体系过程主要分为 5 个部分：准备、建立、实施与运行、监视和评审、保持和改进。每个部分既相互独立，又相互影响，共同构成信息安全管理体系结构。

7.2　信息安全管理体系的准备

信息安全管理体系的准备，包含了 GB/T 22080—2016 或 ISO/IEC 27001:2022 标准中的关于组织环境、组织领导与人员和支持准备等要求的内容。

7.2.1　组织环境

1. 了解组织及其背景、需求和期望

一方面，将实施 ISO/IEC 27001 项目的决定、目的、意义及要求在组织内传达，这也是体现内部沟通，提高全体员工意识的必要手段，同时，了解组织的现状，寻找与 ISO/IEC 27001 标准的差距，确定与其目的相关，且影响其实现信息安全管理体系预期结果能力的外部和内部事项。

另一方面，确定信息安全管理体系相关方的相关要求(可以包括法律、法规要求和合同义务)，确定其中哪些要求将通过信息安全管理体系解决。

2. 制定工作计划

为确保信息安全管理体系顺利建立，组织应该统筹安排，制定一个切实可行的工作计划，明确准备、初审、体系设计、实施运行和保持改进等不同阶段的工作任务和目标以及责任分工，用以控制工作进度，并突出工作重点。总体计划批准之后，就可以针对具体工作项目制定详细计划。

在制定工作计划时，要充分考虑资源需求，例如人员的需求、培训经费、办公设施、咨询费用等。如果寻求体系的标准或第三方认证，还要考虑认证的费用，组织最高管理层应确保提供建立体系所必需的人力与财力资源。

3. 确定 ISMS 的范围和边界

根据业务、组织、位置、资产和技术等方面的特性，确定 ISMS 的范围和边界，例如是整个组织，或是组织的某个部门。另外，确定 ISMS 的范围和边界还应该包括对例外于 ISMS 范围的对象作出详细的和合理性的说明，例如，在存在上下级 ISMS 关系，并且下级 ISMS 使用上级的 ISMS 的控制时，上级 ISMS 的控制活动可以被认为是下级 ISMS 策划活动的"外部控制"，下级 ISMS 有责任确保这些外部控制能够得到充分的保护。

范围确定的标准主要看组织的业务需求，而不是组织的范围有多大，ISMS 范围就有多大。在定义 ISMS 范围时，应着重考虑以下因素：

(1) 组织的现有部门和人员。组织内现有部门和人员均应根据信息安全方针和策略，担负起各自的信息安全职责。

(2) 办公场所。有多个办公场所时，应考虑不同办公场所给信息安全带来的不同的安全需求和威胁。

(3) 资产状况。在不同地点从事商务活动时，应把在不同地点涉及的信息资产纳入 ISMS 管理范围。

(4) 所采用的技术。使用不同计算机和通信技术，将会对信息安全范围的划分产生很大的影响。

7.2.2 组织领导与人员

1. 领导力和承诺

最高管理层应通过以下方式展示对信息安全管理体系的领导和承诺：

(1) 确保制定信息安全政策和信息安全目标，并与组织的战略方向相一致。

(2) 确保信息安全管理体系要求与组织流程的整合。

(3) 确保信息安全管理体系所需的资源可用。

(4) 传达有效信息安全管理和符合信息安全管理体系要求的重要性。

(5) 确保信息安全管理体系达到预期效果。

(6) 指导和支持人员对信息安全管理体系的有效性作出贡献。

(7) 促进持续改进。

(8) 支持其他相关管理角色在其职责范围内发挥领导作用。

2. 制定 ISMS 的信息安全政策与方针

最高管理层应制定 ISMS 信息安全政策，该政策应：

(1) 适合组织的目的。

(2) 包括信息安全方针或提供信息安全方针设置框架。

(3) 包括满足信息安全相关适用要求的承诺。

(4) 包括持续改进信息安全管理系统的承诺。

(5) 这些信息安全政策应作为文件化信息提供，能在组织内部进行沟通，并酌情提供给相关方。

ISMS 信息安全方针统领整个体系的目的、意图和方向，是组织的信息安全委员会或管理者制定的一个高层的纲领性文件，用来阐明管理层的承诺，提出信息安全管理的方法，用于指导如何对资产进行管理、保护和分配的规则和指示，其内容应当语言精练、简明扼要、容易理解并便于记忆，切忌空洞和不切实际。

信息安全方针必须要在 ISMS 实施的前期制定出来，表明最高管理层的承诺，指导 ISMS 的所有实施工作。制定 ISMS 方针应该参考以下原则：

(1) 包括制定目标的框架和建立信息安全工作的总方向和原则。

(2) 考虑业务和法律法规的要求，以及合同中的安全义务要求。

(3) 在组织的战略性风险管理环境下，建立和保持 ISMS。

(4) 建立风险评价的准则，定义风险评估的结构。

(5) 得到了管理层的批准。

表 7-1 给出了某 IT 服务公司的信息安全方针的示例。

表 7-1　×××公司信息安全方针

文件名称	×××公司信息安全方针	
编号	×××-001	
版本	Version 1.0	
密级	中密	
文件审定	姓名	部门
复核计划	复核时间	复核结果
目标	提高×××全体员工的信息安全意识，积极做好预防工作，贯彻落实安全方针和各项安全措施，保护客户信息和提交的各种资料，保护包括业务支撑网、业务网、×××范围内的信息资产免受内外威胁，防止安全事故的发生，最小化安全事故的影响，增强客户信心，提高×××竞争力，保持×××业务可持续发展	
适用范围	本信息安全管理方针适用于×××所有与业务支撑网、业务岗和×××网络相关的业务活动，以及所有用于保护×××的信息资产	
相关内容：	·×××成立信息安全委员会来领导信息安全工作 ·×××所有员工都必须接受信息安全的教育培训，提高信息安全意识 ·×××应遵守各项法律法规的要求，同时还要利用法律法规保护计费信息系统的利益 ·建立一套完整的事故处理程序，明确所有员工的安全责任，确定报告可疑和发生的信息事故的流程，对违反安全制度的人员进行惩罚 ·要对 Internet 的访问进行严格的控制，以确保信息的机密性 ·保护×××软件和信息的完整性，防止病毒与各种恶意软件的入侵 ·任何人在未经审批的情况下，不得将信息资产带离××× ·所有×××员工都要严格遵守×××的安全方针、程序和制度 ·控制对内外部网络服务的访问，保护网络化服务的安全性与可用性 ·对用户权限和口令进行严格管理，防止对信息系统的未授权访问 ·对重要信息备份保护，以保证信息的可用性 ·实施业务持续性计划，对重要的机房和设备购买保险和进行容灾备份，以保证×××主要业务流程不受重大故障和灾难的影响 ·定期对本方针进行回顾和评审	
实施时间	本方针自签发之日起，正式实施	
	签署人：王×× 职　务：×××公司总经理 日　期：20××年××月××日	

3. 角色、责任和权限

最高管理层应确保在组织内分配和传达与信息安全相关的职责和权限。为了顺利建立信息安全管理体系，首先需要建设有效的信息安全组织机构，对相关的各类人员进行角色分配、明确权限并落实责任。

(1) 成立信息安全委员会。

信息安全委员会由组织的最高管理层和与信息安全管理有关的部门负责人、管理人员、技术人员等组成，定期召开会议，就信息安全方针的审批、信息安全管理职责的分配、信息安全事故的评审与监督、风险评估结果的确认等重要信息安全管理议题进行讨论并作出决策，为组织的信息安全管理提供导向和支持。

(2) 组建信息安全管理推进小组。

在信息安全委员会批准下，任命信息安全管理经理，并由信息安全管理经理组建信息安全管理推进小组。小组成员一般是企业各部门的骨干成员，要求懂得信息安全技术知识，有一定的信息安全管理技能，并有较强的分析能力和厚实的文字功底。这些组织机构要保持合适的管理层次和控制范围，并具有一定的独立性，坚持执行部门与监督部门分离的原则。

(3) 保证有关人员的职责和权限得到有效的沟通。

通过培训、教育、制定文件等方式，使得相关的每位职员明白自己的职责和权限，以及与其他部分的关系，确保全体员工各司其职，相互配合，有效地开展活动，为信息安全管理体系的建设作出贡献。

7.2.3　支持准备

组织应确定并提供建立、实施、维护和持续改进信息安全管理体系所需的资源，包括能力、意识、沟通、文件化信息等。

1. 能力要求与教育培训

所有涉及信息安全管理工作的人员，要求具有相应的能力，组织应对其作出适当的规定，制定与实施相应的教育与培训计划。

1) 人员能力的要求

信息安全管理相关人员应具有适应其工作并承担责任的能力，这种能力以教育、培训和经验为基础。应根据岗位职责的需要，就各岗位的能力提出具体的可评价的要求，并将这些要求写在书面的任职条件中，作为人员招聘、上岗和转岗的条件和依据，当然，这些条件或依据应该随着组织环境、岗位要求等因素的变化而变化。

一般来说，对各种不同的信息安全相关的人员都需要有一定的教育背景、培训和经历等要求。

(1) 教育：从事不同的对信息安全有影响的工作所需要的最低学历教育，其目的是使受教育者获得未来用到的知识。

(2) 培训：从事某一岗位之前所需要接受的上岗培训和工作中的继续教育培训，其目的是使受训者获得目前工作所需要的知识与技能。

(3) 经历：为更有效完成工作而需要的相关工作经验和专业实践技能。

2) 教育培训的要求

教育和培训对于提高信息安全管理体系的质量、保持其稳定性和促进其发展等方面都发挥着重要作用。所有的雇员以及相关第三方都应接受相关的教育与培训，包括法律责任、专业技能、安全需求、业务控制以及正确使用信息处理设备等。

(1) 确定教育与培训的需求：根据工作岗位对从业者现在与将来的知识与能力要求、从业者本身的实际能力以及从业者所面临的信息安全风险，确定信息安全管理教育与培训需求，或者说，信息安全管理教育与培训应考虑不同层次和不同阶段的职责、能力、文化程度以及所面临的风险。

(2) 编制教育与培训的计划：主管部门根据各部门提出的岗位信息安全管理教育与培训需求，以及组织对教育与培训的相关基本要求，编制信息安全管理教育与培训计划，包括教育与培训对象、项目与要求、主要内容、责任部门(人)、日程表、考核方式等。

(3) 确定教育与培训的内容和方式：教育与培训的内容包括信息安全相关的专业继续教育，相关的法律法规、规章制度、政策和标准的培训，信息安全知识和安全技能的培训，信息安全意识的培训等。另外，可采用内部培训、外部培训、实习、自学和学术交流等不同方式来实现教育与培训的计划。

2. 文件化信息

组织的信息安全管理体系应包括为实现信息安全管理体系有效性所必需的所有文件化信息，以信息安全管理体系文件展现。

信息安全管理体系文件是按照信息安全管理标准的要求建立管理模型的依据，同时也是伴随 ISMS 体系建设过程产生的一系列的体系文件，即作为管理的证据，信息安全管理体系需要编写各种层次的 ISMS 文件，这是建立信息安全管理体系的重要基础性工作，也是 ISO/IEC 27001 等标准的明确要求。

1) ISMS 文件的作用

(1) 阐述声明的作用。ISMS 文件是客观描述信息安全管理体系的法规性文件，为组织的全体人员了解信息安全管理体系提供了必要的条件，有的 ISMS 文件还起到了对外声明的作用，例如企业向客户提供的《信息安全管理手册》等。

(2) 规定和指导的作用。ISMS 文件规定了组织员工应该做什么和不应该做什么的行为准则，以及如何做的指导性意见，对员工的信息安全行为也起到了规范和指导的作用。

(3) 记录和证实的作用。ISMS 文件中的记录具有记录和证实信息安全管理体系运行有效的作用，其他文件则具有证实信息安全管理体系客观存在和运行适用性的作用。

2) ISMS 管理文件的层次

信息安全管理体系文件没有刻意的描述形式，但根据 ISO 9000 的成功经验，在具体实施中，为便于运作并具有操作性，建议把 ISMS 管理文件分成以下几个层次：

(1) 适用性声明。

适用性声明(SoA，Statement of Applicability)是组织为满足安全需要而选择的控制目标和控制措施的评论性文件。在适用性声明文件中，应明确列出组织根据信息安全要求从 ISO/IEC 27001:2005 或 GB/T 22080-2008 附录 A 中选择控制目标与控制措施，并说明选择与不选择的理由，如果有额外的控制目标和控制措施也要一并说明。

（2）ISMS 管理手册。

ISMS 管理手册是阐明 ISMS 方针，并描述 ISMS 管理体系的文件。ISMS 管理手册应至少包括：信息安全方针的阐述；ISMS 的体系范围；信息安全策略的描述；控制目标与控制措施的描述；程序或其引用；关于手册的评审、修改与控制等的规定。

（3）程序文件。

程序是为进行某项活动所规定的途径或方法。程序文件应描述安全控制或管理的责任及其相关活动，是信息安全政策的支持性文件，是有效实施信息安全政策、控制目标和控制措施的具体方法。

信息安全管理的程序文件包括为实施控制目标和控制措施的安全控制(例如防病毒控制)程序文件，以及为覆盖信息安全管理体系的管理与动作(例如风险评估)的程序文件。程序文件的内容通常包括活动的目标与范围(Why)、做什么(What)、谁来做(Who)、何时(When)、何地(Where)、如何做(How)，应使用什么样的材料、设备和文件，如何对活动进行控制与记录，即所谓"5W1H"

（4）作业指导书。

作业指导书是程序文件的支持性文件，用以描述具体的岗位和工作现场如何完成某项工作任务的详细做法，包括规范、指南、报告、图样、表格等，例如系统控制规程或维护手册。作业指导书可以被程序文件所引用，是对程序文件中整个程序或某些条款的补充或细化。

由于组织的规模与结构、被保护的信息资产、风险环境等因素的不同，运行控制程序的多少、内容也不同，即使运行控制程序相同，但由于其详略程度不同，其作业指导书的多少也不尽相同。

（5）记录。

作为 ISMS 运行结果的证据，记录是一种特殊的文件。在编写信息安全方针手册、程序文件和作业指导书时，应根据安全控制与管理要求确定组织所需要的信息安全记录，组织可以利用现在的记录、修订现有的记录和增加新的记录。

记录可以是书面记录，也可以是电子记录，每一种记录应进行标识，并保持可追溯性，其内容和格式也应该符合组织业务动作的实际过程，并反映活动结果，同时要方便使用。

7.3　信息安全管理体系的建立

信息安全管理体系的建立，包含了 GB/T 22080—2016 或 ISO/IEC 27001:2022 标准中的关于规划的要求内容，主要涉及应对风险和机会的措施，以及为处理风险选择控制目标和实现措施等。

建立信息安全管理体系首先要建立一个合理的信息安全管理框架。根据 ISO/IEC 27001 从信息系统的所有层面进行整体安全建设，进行有效的风险分析，选择控制目标与控制措施，并对控制项的选择声明其适用性，参见图 5-5。

7.3.1　实施 ISMS 风险评估

风险评估是进行安全管理必须要做的最基本的一步，它为 ISMS 的控制目标与控制措施的选择提供依据，也是对安全控制的效果进行测量和评价的主要方法。

组织应考虑评估的目的、范围、时间、效果、人员素质等因素，确定适合 ISMS、适合相关业务的信息安全和法律法规要求的风险评估方法。这些评估方法可以参照 SP 800-30 Rev.1《风险评估指南》《信息安全技术　信息安全风险评估方法》(GB/T 20984—2022)等提供的风险评估的步骤和方法，另外，还可以利用一些组织提出的风险评估工具，例如卡内基·梅隆大学软件工程研究所下属的 CERT 协调中心开发的可操作的关键威胁、资产和薄弱点评估工具 OCTAVE(Operationally Critical Treat，Asset，and Vulnerability Evaluation)、Microsoft 公司提供的安全风险评估工具 MSAT(Microsoft Security Assessment Tool)、英国政府中央计算机与电信局(CCTA，Central Computer and Telecommunications Agency)开发的一种支持定性分析的定量风险分析工具 CRAMM(CCTA Risk Analysis and Management Method)、美国国家标准技术局(NIST)发布的一个可用来进行安全风险自我评估的自动化工具 ASSET(Automated Security Self-Evaluation Tool)等。

风险评估的质量，直接影响着 ISMS 建设的成败。BS 7799 把风险定义为特定的威胁利用资产的一种或一组薄弱点，从而导致资产的丢失或损害的潜在可能性。风险评估是对信息和信息处理设施的威胁、影响和薄弱点及三者发生的可能性评估，即利用适当的风险评估工具，包括定性和定量的方法，确定资产风险等级和优先控制顺序等。

风险评估的过程主要包括风险识别和风险评估两大阶段。在风险评估过程中，首先要对 ISMS 范围内的信息资产进行鉴定和估价，然后对信息资产面对的各种威胁和脆弱性进行评估，同时对已存在的或规划的安全控制措施进行鉴定。

1. 风险识别

需要识别的风险范围包括以下三个方面：

(1) ISMS 范围内的信息资产及其估价，以及资产负责人。

资产识别是对被评估信息系统的关键资产进行识别和合理分类，并进行价值估计。

在识别过程中，需要详细识别核心资产的安全属性，重点识别出资产在遭受泄密、中断、损害等破坏时所遭受的影响，为资产影响分析及综合风险分析提供参考数据。

(2) 信息资产面临的威胁，及威胁发生的可能性与潜在影响。

威胁识别是根据资产所处的环境条件和资产以前遭受威胁损害的情况来判断资产所面临的威胁，识别出威胁是由谁或什么事物引发以及威胁影响的资产是什么，即确认威胁的主体和客体。

威胁评估涉及管理、技术等多个方面，所采用的方法多是问卷调查、问询、IDS 取样、日志分析等，可以为后续的威胁分析及综合风险分析提供参考数据。

(3) 可被威胁利用的脆弱性及被利用的难易程度。

脆弱性识别是针对每一项需要保护的信息资产找出每一种威胁所能利用的脆弱性，并对脆弱性的严重程度进行评估，或者说，就是对脆弱性被威胁利用的可能性进行评估，并最终为其赋予相对等级值。

2. 风险评估

风险评估的主要内容有以下 4 点：

(1) 评估因安全故障或失效而可能导致的组织业务损害，考虑因资产的机密性、完整性、可用性等的损失而导致的潜在后果。

(2) 评估与这些资产相关的主要威胁、脆弱性和造成此类事故发生的现实可能性，以及已经实施的安全控制措施。

(3) 测量风险的大小，并确定优先控制等级。

(4) 根据风险接受准则，对风险评估结果进行评审，判断风险是否可接受或需要处理。更详细的风险评估过程与方法可参见第 8 章相关内容。

7.3.2　进行 ISMS 风险处置

根据风险评估的结果，以及相关的法律法规、合同和业务的需要，可以通过以下四种方法进行风险处置：

1. 接受风险

接受风险是在确切满足组织策略和风险接受准则的前提下，不做任何事情，不引入控制措施，有意识地、客观地接受风险。一般情况下，是应该采取一定的措施来避免安全风险和产生安全事故，防止由于缺乏安全控制而对正常业务运营造成损害。特殊情况下，当决定接受高于可接受水平的风险时，应获得管理层的批准。如果认为风险是组织不能接受的，那么就需要考虑其他的方法来应对这些风险。

2. 避免风险

避免风险是组织决定绕过风险。例如，通过放弃某种业务活动或主动从某一风险区域撤离，从而达到规避风险的目的，另外，还有以下诸多规避风险的方式：

(1) 如果没有足够的保护措施，就不处理特别敏感的信息。

(2) 由于接入 Internet 可能会招致黑客的攻击，于是放弃使用 Internet。

(3) 把办公场所设在有防雷设施的高层建筑内，以防止洪水、雷电等灾害。

(4) 做好重要信息数据的备份工作。

采用避免风险的措施时，需要在业务需求与资金投入等方面进行权衡。

尽管有黑客的威胁，但由于有业务的需要，组织不可能完全放弃使用 Internet，这时可考虑降低风险的方式，而把整个组织撤离到安全场合可能会需要巨大的投入，这时可考虑采用转移风险的方式。

3. 降低风险

降低风险是通过选择控制目标与控制措施来降低评估确定的风险。为了使风险降低到可接受的水平，需要结合以下各种控制措施来降低风险：

(1) 减少威胁发生的可能性。

(2) 减轻并弥补系统的脆弱性。

(3) 把安全事件的影响降低到可接受的水平。

(4) 检测意外事件，并从意外事件中恢复。

4. 转移风险

转移风险是组织在无法避免风险时的一种可能的选择，或者在减少风险很困难、成本很高时采取的一种方法。例如，对已评估确认的价值较高、风险较大的资产进行保险，把风险转移给保险公司，另外，还有以下转移风险的方式：

(1) 把关键业务处理过程外包给拥有更好的设备和更高水平的专业人员的第三方组织。要注意的是在与第三方签署服务合同时要详细描述所有的安全需求、控制目标与控制措施，以确保第三方提供服务时也能提供足够的安全。尽管这样，在许多外包项目的合同条款中，外购的信息及信息处理设施的安全责任大部分还是落在组织自己身上，对这一点要有清醒的认识。

(2) 把重要资产从信息处理设施的风险区域转移出去，以减少信息处理设施的安全要求。比如，一份高度机密的文件使得存储与处理该文件的网络的风险倍增，将该文件转移到一个单独的 PC 机上，风险也就显著降低。

在风险被降低或转移后，还会有残余风险，对于残余风险，也应该有相应的控制措施，减少其不利的影响或被扩大的可能性。

更详细的风险处置过程可参见第 8 章相关内容。

7.3.3　选择控制目标与措施

信息安全控制措施是组织为解决某方面信息安全问题的目的、范围、流程和步骤的集合，可以理解为信息安全策略，例如防病毒策略、防火墙策略、访问控制策略等。

组织应根据信息安全风险评估的结果，针对具体风险，制定相应的控制目标，并实施相应的控制措施。选择控制目标与控制措施时，应考虑组织的文件以及策略的可实施性。控制措施的选择可以参考"第 6 章 信息安全管理控制规范"相关内容，当然也可以根据组织的实际情况选择其他的控制措施。

对控制目标与控制措施的选择应当由安全需求来驱动，选择过程应该是基于最好的满足安全需求，同时要考虑风险平衡与成本效益的原则，并且要考虑信息安全的动态系统工程过程，对所选择的控制目标和控制措施要及时加以校验和调整，以适应不断变化的情况，使信息资产得到有效的、经济的、合理的保护。

更详细的选择控制目标与措施的方法可参见第 8 章相关内容。

7.3.4　适用性声明

《信息技术　安全技术　信息安全管理体系—要求》(GB/T 22080-2016)的附录 A 给出了推荐使用的一些控制目标和控制措施 A.5 至 A.18(对应 ISO/IEC 27001:2022《信息安全、网络安全和隐私保护　信息安全管理体系　要求》的附录 A 中的 A.5 至 A.8)。ISO/IEC 27002:2022《信息安全、网络安全和隐私保护　信息安全控制》的第 5 章至第 8 章也提供了最佳实践建议的指南，它们与本书第 6 章第 6.2 节至 6.5 节相对应。

组织可以只选择适合本机构使用的部分，而不适合使用的，可以不选择。对于这些选择和不选择，都必须做出声明，即建立 SoA 文件。

SoA 文件中记录了组织内相关的风险控制项和针对各控制项所采取的控制措施，并包括这些控制措施的被选择或没有被选择的原因。表 7-2 给出了一个适用性声明的示例。

表 7-2 适 用 性 声 明

控制项 (ISO/IEC 27001:2022 附录 A)	是否 选择	说　　明
A.5.1 信息安全策略	是	参见《×××公司信息安全方针》，编号：XXX-001
A.8.15 日志	是	在系统出现异常或故障时，利用日志信息追溯原因非常重要。使用适当的方法保护记录日志的设施和日志信息，是实施的基本控制手段之一
A.8.22 网络隔离	是	使用网关(如防火墙、过滤路由器)在边界进行控制，尤其对于敏感环境，外部用户无线接入具有高风险性，视为外部连接并进行网络隔离。直到该接入通过符合网络控制的网关，再授予对内部系统的接入，这是实施的基本控制手段之一
……	……	……
A.8.30 外包开发	否	公司没有这类保护要求，这项控制不适用

SoA 文件内容应简明扼要，不泄露组织的保密信息。SoA 文件的准备，是对组织内的员工声明对信息安全风险的态度，特别是向外界表明，组织已全面、系统地审视了信息安全系统，并将所有应该得到控制的风险控制在可被接受的范围内。

7.4　信息安全管理体系的实施与运行

信息安全管理体系的实施与运行，包含了 GB/T 22080—2016 或 ISO/IEC 27001:2022 标准中的关于运行的要求内容，主要涉及运行规划和控制，以及运行过程中的动态风险评估与处置。

7.4.1　运行规划和控制

信息安全管理体系的规范建立和有效运行是实现信息安全保障的有效手段。信息安全管理体系建立之后，经过审核与批准，并发布实施，代表信息安全管理体系进入运行阶段。

在运行期间，要在实践中体验 ISMS 的充分性、适用性和有效性。特别是在初期阶段，组织应加强管理力度，通过实施 ISMS 手册、程序、作业指导书等体系文件，以及教育培训计划、风险处理计划等，评价控制措施的有效性，充分发挥体系本身的各项职能，及时发现存在的问题，找出问题的根源，采取纠正措施，并按照控制程序对体系进行更改，以达到进一步完善 ISMS 的目的。

在实施 ISMS 的过程中，必须充分考虑各种因素，例如宣传贯彻、实施监督、考核评审、信息反馈与及时改进等，还要考虑实施的培训费、报告费等各项费用，以及解决员工工作习惯的冲突、不同机构/部门之间的协调等问题。

在具体的实施和运行 ISMS 过程中，应该做好以下工作：

(1) 动员与宣传。

在实施 ISMS 的前期应召开全体员工会议，由上层管理者做宣传动员，承诺对组织中实施 ISMS 的支持，带头执行 ISMS 的有关规定，并明确提出对各级员工信息安全的职责要求。

(2) 实施培训和意识教育计划。

ISMS 文件的培训是体系运行的首要任务，培训工作的好坏直接影响体系运行的结果。组织应通过合适的方式，对全体员工实施各种层次的培训，内容包括信息安全意识、信息安全知识与技能和 ISMS 运行程序等，以确保有关 ISMS 职责的人员具有相应的执行能力。这些方式包括：

① 确定从事影响 ISMS 工作的人员所必要的能力。

② 提供培训或采取其他措施(例如聘用有能力的人员)以满足这些需求。

③ 评价所采取措施的有效性。

④ 保持教育、培训、技能、经历和资格的记录。

⑤ 确保所有相关人员意识到他们的信息安全活动有相关性和重要性，以及如何做出贡献。

(3) 制定与实施风险处置计划。

为管理信息安全风险，制定风险处置计划，以识别适当的管理措施、资源、职责和优先顺序，并实施该计划，以达到已识别的控制目标，包括资金安排、角色和职责的分配等。

(4) 实施所选择的控制措施，并评价其有效性。

实施风险分析之后选择的控制措施，以满足控制目标的需要，并确定如何测量所选择的控制措施的有效性，以使管理者和员工确定控制措施达到既定控制目标的程度，另外，还要指明如何用这些测量措施来评估控制措施的有效性，以产生可比较的和可再现的结果。

(5) 管理 ISMS 的运行。

实施对 ISMS 的运行管理，包括以下内容：

① 制定流程标准，并根据标准实施过程控制。

② 管理 ISMS 的资源。

③ 对有关体系运行的信息进行收集、分析、传递、反馈、处理、归档等管理，在必要的范围内提供文件化信息，以确保过程已按计划进行。

④ 建立信息反馈与信息安全协调机制，对异常信息进行反馈和处理，对出现的体系设计不周、项目不全等问题加以改进，完善并保证体系的持续正常运行。

⑤ 确保外部提供的与信息安全管理体系相关的过程、产品或服务得到控制。

⑥ 实施能够迅速检测安全事件和响应安全事故的程序，以及其他控制措施等。

(6) 保持 ISMS 的持续有效。

ISMS 毕竟只是提供一些原则性的建议，如何将这些建议与组织自身状况结合起来，构建符合实际情况的 ISMS，并保持其有效运行，才是真正具有挑战性的工作。

7.4.2　动态风险评估与处置

一方面，在信息安全管理体系的实施与运行过程中，组织应按计划的时间间隔，或当重大变更提出或发生时，执行信息安全风险评估，并保留信息安全风险评估结果的文件化信息。同时，组织应实施信息安全风险处置计划，并保留信息安全风险处置结果的文件化信息。

另一方面，组织可以通过 ISMS 的监视和定期的审核来验证 ISMS 的有效性，对发现的问题采取有效的纠正措施并验证其实施结果。ISMS 的运行环境是不可能保持不变的，当组织的信息系统、组织结构等发生重大变更时，应根据风险评估的结果对 ISMS 进行适当的调整。

7.5 信息安全管理体系的监视和评审

信息安全管理体系的监视和评审，包含了 GB/T 22080—2016 和 ISO/IEC 27001:2022 标准中关于绩效评价的要求内容，主要涉及监视、测量与分析、ISMS 内部审核以及 ISMS 管理评审。

7.5.1 监视、测量与分析

信息安全管理体系的监视和评审能够识别出与 ISMS 要求不符合的事项，进而识别出不符合发生和潜在不符合发生的原因，并提出需实施的应对措施。这个过程是 ISMS 的 PDCA 过程的"C"处置阶段，组织在此阶段应该做到以下工作：

(1) 确定需要监控和测量的内容，包括：信息安全流程和控制；监控、测量、分析和评估的方法(如适用)，以确保有效的结果；何时进行监视和测量；由谁进行监测和测量；何时分析和评估监测和测量结果；谁将分析和评估这些结果。

(2) 执行监视、测量与分析规程和其他控制措施，以达到如下目的：迅速检测过程运行结果中的错误；迅速识别试图的和得逞的安全违规和事故；使管理者能够确定分配给人员的安全活动或通过信息技术实施的安全活动是否如期执行；通过使用指示器等，帮助检测安全事件并预防安全事故；确定解决安全违规的措施是否有效。

(3) 在考虑安全审核结果、事件、有效性测量结果、所有相关方的建议和反馈的基础上，定期评审 ISMS 的有效性，包括满足 ISMS 方针和目标以及安全控制措施的评审。

(4) 测量控制措施的有效性以验证安全要求是否被满足。

(5) 定期进行风险评估的评审，以及对残余风险和已确定的可接受的风险级别进行评审，并且要考虑各方面的变化，如组织情况、技术情况、业务目标和过程、已识别的威胁、已实施的控制措施的有效性、外部事态、法律法规环境的变更、合同义务的变更和社会环境的变更等。

(6) 定期进行 ISMS 内部审核和管理评审。表 7-3 给出了它们的不同目的、依据等区别。

(7) 保留适当的文件化信息作为监视和测量结果的证据。

表 7-3　ISMS 的内部审核与管理评审的比较

	ISMS 内部审核	ISMS 管理评审
目的	确保 ISMS 运行的符合性、有效性	确保 ISMS 持续的适宜性、充分性、有效性
依据	ISO/IEC 27001 标准、体系文件、法律法规	法律法规、相关方的期望、内部审核的结论
结果	提出纠正措施并跟踪实现	改进 ISMS，提高信息安全管理水平
执行者	与审核领域无直接关系的审核员	最高管理者

7.5.2 ISMS 内部审核

组织应该按照计划的时间间隔进行 ISMS 内部审核，以保证它的文件化过程、信息安全活动以及实施记录能够满足 ISO/IEC 27001 等标准要求和声明的范围，检查信息安全实施过程是否符合组织的方针、目标和计划要求，并向管理者提供审核结果，为管理者提供信息安全决策的依据。

组织内部审核要确定 ISMS 的控制目标、控制措施、过程和程序是否达到如下要求：

(1) 符合标准，以及相关法律法规的要求。

(2) 符合已识别的信息安全要求，例如安全目标、安全漏洞、风险控制等。

(3) 得到有效的实施和保持。

(4) 按期望运行。

内部审核方案应做好策划，规定审核的目的、范围、准则、时间安排和方法等，并考虑被审核过程和区域的状况及重要性，以及上次审核的结果，对审核方案做出适时调整。

选择审核员和实施审核过程应保证客观和公正，审核员不能审核自己的工作。

受审核区域的负责人应确保立即采取措施以消除发现的不符合因素及其原因。

应形成文件化的程序，以规定策划和实施审核、报告结果和保持记录的职责和要求，并保持对审核活动跟踪、采取措施验证等的报告。

最终的内部审核报告应该是正式的，这是审核的关键成果，其内容应包括审核的目的及范围、审核准则、审核部门及负责人、审核组成员、审核时间、审核情况、审核结论、分发范围等。表 7-4 给出了一个内部审核报告的示例。

表 7-4 ISMS 的内部审核报告

<table>
<tr><td colspan="1">×××公司信息安全管理体系审核报告</td></tr>
<tr><td>
一、审核目的

　　对×××公司现有的信息安全管理体系作全面审核，了解其信息安全管理体系运行的有效性和符合性，评价其是否具备申请 ISO/IEC 27001 认证的条件。

二、审核范围

　　ISO/IEC 27001 所要求的相关活动及所有相关职能部门。

三、审核准则

　　1. ISO/IEC 27001 标准。

　　2. ISMS 信息安全手册、程序文件及其他相关文件。

　　3. 组织适用的 ISMS 法律法规及其他要求。

四、审核组成员

　　审核组长：马××

　　审核员：刘××、李××、谢××、林××、张××

五、审核时间

　　2022 年 2 月 13 日-2022 年 2 月 15 日

六、审核概况

　　按公司计划，审核组 6 人于 2022 年 2 月 13 日开始进行了为期 3 天的现场审核。
</td></tr>
</table>

审核组检查了公司信息安全管理体系有关的各个部门，包括信息中心、研发部、技术服务部、市场部、行政人事部、财务部等，查看了公司的各生产现场和设施，并同总经理、信息安全管理经理、部门主管和普通员工等 20 余人进行了交谈，对所有 ISO/IEC 27001 的要求进行了抽样取证。

通过检查，审核组发现，×××公司的信息安全管理体系在文件规定和实际行动方面已按照 ISO/IEC 27001 标准的要求建立起来，但各部门对 ISO/IEC 27001 标准、程序文件的熟悉方面尚存在一定的差距，需要进一步完善和提高，例如：……这些不符合已得到责任部门的确认，详细见附件 1。

需要指出的是，审核是抽样的，可能有些实际存在的问题未被发现，……各部门要按照 ISO/IEC 27001 标准和公司信息安全管理体系要求进行自查和措施改进。

七、审核结论

1．×××公司的信息安全管理体系运行有效，具体表现在：……。

2．×××公司的信息安全管理体系基本符合 ISO/IEC 27001 的标准要求。

3．审核组建议：×××公司在 30 天内对本次审核提出的不符合项目完成纠正后，可以申请 ISO/IEC 27001 的正式认证。

八、本报告分发范围

1．正、副总经理，信息安全管理经理，信息中心

2．受审核部门成员

3．审核组成员

九、附件

1．×××公司信息安全管理体系审核不符合报告。

2．审核会议记录。

审核组长：马××

2022 年××月××日

7.5.3 ISMS 管理评审

组织的最高管理者应该按照计划的时间间隔(至少每年一次)评审信息安全管理体系，以确保其持续的适宜性、充分性和有效性。管理评审过程应确保收集到必要的信息，以供管理者对包括 ISMS 改进的机会和变更的需要，以及安全方针和安全目标等在内进行评价，评审结果应清楚地写入文件，并保持记录。

1．管理评审的时机

一般而言，每年进行一次管理评审是适宜的，有的认证机构每半年接受一次监督审核，因此企业每六个月进行一次管理评审。但如果发生以下情况之一时，应适时进行管理评审：在进行第三方认证之前；企业内、外部环境(例如组织结构、产品结构、标准、法律法规等)发生较大变化时；新的 ISMS 进行正式运行时；其他必要的时候，例如发生重大信息安全事故时。

2．评审输入

包含评审输入的报告应在评审前 2 周提交给信息安全管理经理。

管理评审的输入应考虑以下方面内容：

(1) 先前管理评审的行动状态。

(2) 与信息安全管理体系相关的外部和内部问题的变化。

(3) 与信息安全管理体系相关方的需求和期望的变化。

(4) 信息安全绩效反馈，包括不符合项和纠正措施、监视和测量结果、审计结果、要实现的信息安全目标。

(5) 相关方的反馈。

(6) 风险评估结果和风险处理计划状态。

(7) 持续改进的机会。

3. 评审输出

管理评审的结果应包括与持续改进机会相关的决策以及信息安全管理体系变更的任何需求，并以文件化信息作为管理评审结果的证据。

管理评审的输出应包括与以下方面有关的任何决定和措施：

(1) ISMS 的适宜性、充分性和有效性的测量结论。

(2) 组织机构是否需要调整。

(3) 信息安全方针、控制目标、控制措施、风险等级和风险接受准则是否需要修改。

(4) 更新风险评估和风险处置计划。

(5) 资源配置是否充足，是否需要调整。

(6) 改进测量控制措施有效性的方式。

7.6 信息安全管理体系的保持和改进

信息安全管理体系的保持和改进，包含了 GB/T 22080—2016 或 ISO/IEC 27001:2022 标准中的关于改进的要求内容，主要涉及不符合的纠正措施、预防措施，控制不符合项和持续改进。

在信息安全管理体系的监视和评审的结果中会确定针对与 ISMS 要求不符合的应该实施的纠正措施、改进措施和预防措施等。信息安全管理体系的保持和改进就是要实施这些措施，其中改进措施主要通过纠正与预防性控制措施来实现，同时对潜在的不符合采取预防性控制措施，并以此持续改进。

7.6.1　纠正措施

组织应采取措施，消除不合格的、与 ISMS 要求不符合的因素产生的原因，以防止问题再次发生。纠正措施应形成文件，并规定以下方面的要求：

(1) 识别在实施和运行 ISMS 过程中的不符合因素。

(2) 确定这些不符合因素的原因。

(3) 对确保这些不符合不再发生所需的措施进行评价。

(4) 确定和实施所需要的纠正措施，并记录结果。

(5) 评审所采取的纠正措施。

7.6.2　预防措施

组织应针对潜在的和未来的不合格因素确定预防措施，以防止其发生。所采取的预防措施应与潜在问题的影响程度相适应。预防措施应形成文件，并规定以下方面的要求：

 (1) 识别潜在的不符合因素的原因。

 (2) 对预防这些不符合因素发生所需的措施进行评价。

 (3) 确定和实施所需要的预防措施，并记录结果。

 (4) 评审所采取的预防措施。

 (5) 识别发生变化的风险，并通过关注变化显著的风险来识别预防措施的要求。

 (6) 应根据风险评估的结果来确定预防措施的优先级。

7.6.3　控制不符合项

  对于轻微的不符合，可采取口头纠正和辅导，不必采取更进一步的纠正与预防措施。而对于严重的不符合，信息安全管理部门应积极采取补救措施，下达纠正与预防措施任务给相关责任部门，并要求在规定的时间内完成相关原因分析和确定纠正与预防措施后回传，以减少或消除其不利影响。所涉及的相关责任部门要负责分析其原因，并制定详细的纠正与预防措施，明确责任人和完成日期，经信息安全管理部门审核，确保其可行性和不产生新的 ISMS 风险，并在其监督检查和协调指导下验证纠正与预防措施的执行。

  表 7-5 给出了一个纠正与预防不符合的措施要求表的示例。

表 7-5　纠正与预防不符合的措施要求表

下达纠正与预防措施：
(1) 不符合项的来源：
(2) 不符合项事实的陈述：
(3) 不符合项信息严重性评价：
(4) 纠正与预防措施任务的下达：
•责任部门：
•时间要求：
•建议的纠正与预防措施：
填写人/日期：   审核人/日期：   信息安全管理经理/日期：
制定纠正与预防措施：
(1) 不符合项的原因：
(2) 纠正与预防措施任务的制定：
•责任人：
•预定完成日期：___年____月___日
•制定的纠正与预防措施：
编制人/日期：   审核人/日期：   信息安全管理经理/日期：
验证纠正与预防措施：
□ 已按期在____年____月____日完成，效果简述：
□ 未按期完成，推迟至____年____月____日完成，推迟原因：
□ 其他：
验证人/日期：   核实人/日期：

7.6.4　持续改进

组织应持续改进信息安全管理体系的适宜性、充分性和有效性。有以下适用于大部分组织的建议：

(1) 审查和更新 ISMS 的信息安全政策与方针，流程和指南。

(2) 通过定期的 ISMS 风险评估和内部审核，确定 ISMS 各方面的缺点和改进机会。

(3) 组织提供教育和培训，使员工了解 ISMS 的过程、策略和目标。

(4) 鼓励对 ISMS 提出的问题和建议进行反馈，对此类反馈进行处理并采取适当行动。

(5) 参与行业和政府的信息安全管理体系相关标准和最佳实践，以确保其标准符合业界水平。

(6) 管理人员需要向组织高层汇报有关 ISMS 及其效果的指标，并定期讨论如何改进 ISMS。

(7) 根据这些结果实施持续改进计划，并在给定时间内监控和测量计划的执行。

7.7　信息安全管理体系的认证

按照 ISO 和 IEC 的定义，认证(Certification)是由国家认可的认证机构证明一个组织的产品、服务、管理体系等符合相关标准、技术规范(TS)或其强制性要求的合格评定活动。认证的基础是标准，认证的方法包括对产品的特性抽样检验和对组织体系的审核与评定，认证的证明方式是认证证书与认证标志。

7.7.1　认证的目的

认证是第三方所从事的活动，是一个组织证明其信息安全水平和能力符合国际标准要求的有效手段，它将帮助组织节约信息安全成本，增强客户、合作伙伴等相关方的信心和信任，提高组织的公众形象和竞争力。具体来说，ISMS 认证可以给组织带来如下收益：

(1) 使组织获得最佳的信息安全运行方式。

(2) 保证组织业务的安全。

(3) 降低组织业务风险、避免组织损失。

(4) 保持组织核心竞争优势。

(5) 提升组织业务活动中的信誉。

(6) 增强组织竞争力。

(7) 满足客户要求。

(8) 保证组织业务的可持续发展。

(9) 使组织更加符合法律法规的要求。

目前，世界上普遍采用的信息安全管理体系的认证标准是 ISO/IEC 27001。该标准适用于所有类型的组织(例如商业企业、政府机构、非营利组织)。ISO/IEC 27001 从组织的整体业务风险的角度，为建立、实施、运行、监视、评审、保持和改进文件化的 ISMS 规定了要求。它规定了为适应不同组织或其部门的需要而定制的安全控制措施的实施要求。

实施信息安全管理体系的认证，就是根据 ISO/IEC 27001 标准，建立完整的信息安全管理体系，达到动态的、系统的、全员参与的、制度化的、以预防为主的信息安全管理方式，用最低的成本，达到可接受的信息安全水平，并从根本上保证业务的持续性。

7.7.2　前期工作

1. 确定认证范围

认证范围(Certification Scope)的确定应该与信息安全管理体系所涉及的范围保持一致，如果存在多个系统或异地多节点关系的时候，也要一并考虑。

确定好的认证范围将作为认证机构确定评审计划的基础，并以此选择需要评审的内容、功能和活动安排，以及选择相关的评审员和技术专家。

认证范围应该是对条理清晰的关键活动的概要声明，并保持完整性和准确性。在确定认证范围时，应考虑以下因素：

(1) 适用性声明的相关文件。

(2) 组织的地理位置和业务相关范围。

(3) 信息系统的应用及其平台和边界。

(4) 组织的相关活动。

(5) 信息系统的相关活动。

(6) 需获得认证机构对认证范围的认可。

2. 检查基本条件

确保已按照 ISO/IEC 27001 标准和相关的法律法规要求建立并实施文件化的信息安全管理体系，并达到以下方面的条件：

(1) 遵循相关法律法规的努力已得到相关机构的认可。

(2) 当前的 ISMS 已被有效实施运行 3 个月以上，即组织已在风险评估的基础上，识别出需要保护的关键信息资产、制定出信息安全方针、确定好安全控制目标、实施了安全控制措施、至少完成一次内部审核和管理评审并采取了适当的纠正和预防措施。

(3) ISMS 运行期间及建立体系前的一年内未受到主管部门行政处罚。

3. 寻求信息安全管理体系认证机构

在具备信息安全管理体系认证的基本条件后，组织就可以寻求信息安全管理体系认证机构进行体系认证。

国际认可论坛(IAF, International Accreditation Forum)作为有关国家认可机构(包括中国 CNAS，英国 UKAS，美国 ANAB，荷兰 RVA 等)参加的多边合作组织，主要目标是协调各国认证认可制度，通过统一规范各成员单位的审核员资格要求、认证标准及管理体系认证机构的评定和认证程序，使其在技术运作上保持一致，确保有效的国际互认。IAF 的各成员单位很早就在质量管理体系(QMS)、环境管理体系(EMS)等方面签订了互认协议。

由于信息安全管理体系(ISMS)涉及安全等敏感问题，直到 2017 年，作为 IAF 17 个发起成员单位和主要协调单位之一，中国合格评定国家认可委员会(CNAS)才与 IAF 签署了信息安全管理体系多边互认协议，标志着我国的信息安全管理体系认证认可制度正式加入

IAF 多边互认体系。CNAS 信息安全加入 IAF 互认体系后，获得 CNAS 认可的认证机构所颁发的信息安全管理体系认证证书，将得到 IAF 成员的承认和接受，这将进一步提高认证证书的效用，有助于促进国际贸易的便利化。

我国相关的机构情况如下：

首先，中国国家认证认可监督管理委员会(CNCA，Certification and Accreditation Administration of the People's Republic of China)是国务院授权的履行行政管理职能，统一管理、监督和综合协调全国认证认可工作的主管机构，由国家市场监督管理总局管理。

其次，中国合格评定国家认可委员会(CNAS，China National Accreditation Service for Conformity Assessment)，是由国家认证认可监督管理委员会(CNCA)批准设立并授权的国家机构，统一负责对认证机构、实验室和检验机构等相关机构的认可工作。

最后，国内的机构可以申请中国合格评定国家认可委员会(CNAS)的认可，通过后可获得 ISMS 认证资质，成为 ISMS 认证机构，如中国网络安全审查技术与认证中心(原中国信息安全认证中心)、中国质量认证中心、广州赛宝认证中心服务有限公司、华夏认证中心有限公司、兴原认证中心有限公司等，相关被认可的认证机构及其认证范围的清单可查询 CNCA 下设的"全国认证认可信息公共服务平台"。

组织建立并实施有效的信息安全管理体系，满足相关的认证条件后，可寻求认证机构(各认证机构被认可的认证范围可能不同，寻求认证的组织需要根据实际情况对此做出评价和选择)，与之联系并提交认证申请书、申请书要求提供的资料，以及提供审核所需要必要信息的规定或承诺，在双方协商一致的情况下签订认证合同。认证合同中应确认机构保守组织的商业机密，并遵守组织的有关信息安全规章的要求。如果认证通过，将获得带有 IAF 标志的 ISMS 认证证书。

相关的认证机构及授予证书如图 7-2 所示。

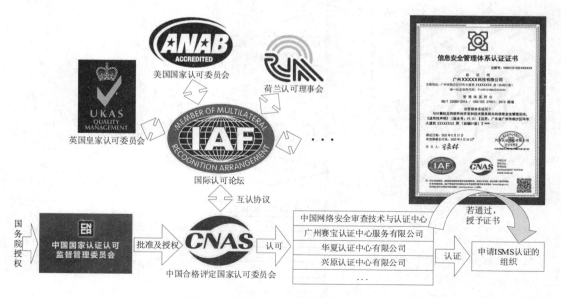

图 7-2 ISMS 认证机构及授予证书

7.7.3　认证过程

ISMS 的认证过程如图 7-3 所示。

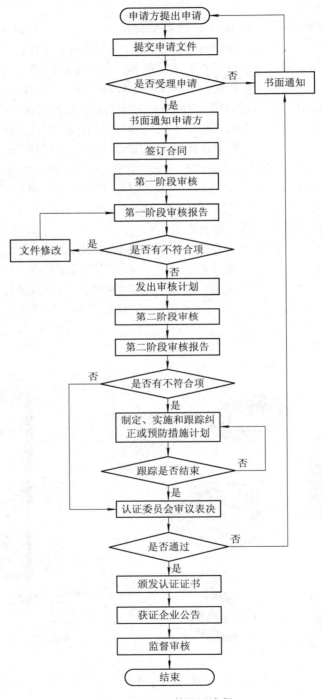

图 7-3　ISMS 的认证流程

1. 第一阶段审核

第一阶段主要是文件审核与初访，从总体上了解受审核方的 ISMS 基本情况，包括其活动、产品或服务的全过程，判断风险评估与管理的状况，并对内总审核等情况进行初步审查，确认是否具备认证审核的条件，确定第二阶段审核的可行性和审核的重点，为第二阶段的审核策划提供依据。

第一阶段审核的重点在于审核 ISMS 文件是否符合 ISO/IEC 27001 标准的要求。

审核的范围包括受审核方的 ISMS 文件有关资料，以及与重要信息资产及高风险源有关的现场，审核的内容包括以下要点：

(1) 适用的法律、法规的识别与满足的基本情况。

(2) 风险评估、风险管理方法策划的充分性。

(3) 安全方针、控制目标和控制措施的连贯性、适宜性。

(4) 对实现信息安全方针与控制目标的策划。

(5) 组织内部审核与管理评审的实施情况。

第一阶段审核完成之后，审核组应编制审核报告，包括审核结论、发现问题和下一步的工作重点。其中审核结论主要是对体系策划的充分性、风险评估和法律要求的符合性，以及体系文件的符合性进行评价，如果存在不符合项，则要求受审核方进行相关修改，否则发出第二阶段审核计划。

2. 第二阶段审核

第二阶段审核是对受审核方 ISMS 的全面审核与评价，目的是验证 ISMS 是否按照 ISO/IEC 27001 标准和组织体系文件要求有效实施，组织的安全风险是否被控制在可接受的水平之内，根据审核对 ISMS 的运行状况是否符合标准与文件规定做出判断，并据此对受审核方能否通过信息安全管理体系认证做出结论。

第二阶段审核的重点在于考查受审核方对不符合项情况的纠正情况。

审核的范围包括所有的现场和有关的文件与资料，因此审核的内容包括受审核方的所有部门和涉及标准的全部要素。

第二阶段审核完成之后，审核组应编制审核报告，对体系的符合性、有效性和适应性进行全面评价，做出审核结论。对于仍存在不符合项情况，要跟踪受审核方的纠正措施与预防措施的制定与实施计划，跟踪结束后，将审核报告提交给认证机构、申请方等。

第二阶段的审核结论有以下三种情况：

(1) 信息安全管理体系已建立，运行有效，无严重不符合项和轻微不符合项，同意推荐认证通过。

(2) 信息安全管理体系已建立并正常运行，在审核过程中发现少量轻微不符合项或个别严重不符合项，要求组织在规定的时间内实施纠正措施，同意在验证纠正措施的实施后推荐认证通过。

(3) 信息安全管理体系存在缺陷，在审核过程中发现较多的不符合项，需要在实施纠正措施后安排复审，本次不予推荐认证通过。

3. 认证证书及标志

在组织通过了认证机构的验证后，认证机构将为组织颁发 ISMS 认证证书，证书包括以下方面的内容：

(1) 信息安全管理体系认证证书名称。

(2) 证书注册号。

(3) 获得证书的组织全称，以及其注册地址、审计地址和邮政编码。

(4) 相关的业务功能、流程与活动。

(5) 关于信息安全系统满足 ISO/IEC 27001 认证标准的声明。

(6) 该证书覆盖的认证范围。

(7) 适用性声明和特定版本的描述。

(8) 证书的有效期限。

(9) 接受年度审核的说明。

(10) 认证机构的标志、印章及签名。

(11) 其他认可机构的标志。

只有当认证机构认可了组织的认证范围和资质，才能在证书上显示认可标志，如 IAF、CNAS 标志。另外，某些认证机构颁发的认证证书同时提供中、英文两种版本。

4. 认证的维持

在组织通过审核并获得认证证书后，并不代表认证的结束。认证机构将通过执行每年至少一次的监督审核，继续监控 ISMS 符合标准的情况。这期间如果组织未能持续满足认证要求，根据《中华人民共和国认证认可条例》第二十六条"认证机构应当对其认证的产品、服务、管理体系实施有效的跟踪调查，认证的产品、服务、管理体系不能持续符合认证要求的，认证机构应当暂停其使用直至撤销认证证书，并予公布"的规定，认证机构将公告撤销其认证证书。

认证证书的有效期一般为 3 年，到期之后，系统需要认证机构重新进行认证审核。

被审核方有义务通知认证机构所发生的可能影响到系统或证书的变更，如组织变更、人员变更、核心业务变更、技术变更等，并且要定期进行自我评估活动，以监督和检查 ISMS 的实施情况，这些活动包括：

(1) 检查 ISMS 的范围是否充分。

(2) 审查各种 ISMS 的规程文档的规范性。

(3) 评估 ISMS 运行的有效性，考虑审核的结果、时间、人员的反馈和建议等。

(4) 审查可接受的风险水平，考虑组织变更、技术和业务目标的变化等。

(5) 实施 ISMS 的改善及影响情况。

(6) 采取适当的纠正或预防行动。

本 章 小 结

信息安全管理体系是组织在一定范围内建立的信息安全方针和目标，以及为实现这些方针和目标所采用的方法和文件体系，其实施过程采用了 PDCA 循环控制模型，相关的实施依据是 BS 7799-2、GB/T 22080 或 ISO/IEC 27001 等标准。

在建设信息安全管理体系之前，要了解组织的背景和需求，制定工作计划、安全策略与方针，确定 ISMS 的范围与边界，做好相关的组织与人员建设，同时制定好切实可行的工作和教育培训计划，并明确各种层次的 ISMS 文件规范等一系列工作。

　　建立信息安全管理体系首先要建立一个合理的信息安全管理框架，并从信息系统本身出发，进行有效的风险分析，选择控制目标与控制措施，并进行适用性声明，从而建立规范的信息安全管理体系。

　　在信息安全管理体系的实施和运行期间，要注意宣传贯彻、信息反馈等事项，并充分考虑工作习惯的纠正、部门间的协调等问题，同时要在实践中体验 ISMS 的充分性、适用性和有效性，实施动态风险评估与处置，以达到进一步完善 ISMS 的目的。

　　信息安全管理体系的监视和评审强调组织的 ISMS 内部审核和管理评审过程，能够识别出与 ISMS 要求不符合的事项，进而识别出不符合发生和潜在不符合发生的原因，并提出需要实施的应对措施。

　　在信息安全管理体系的保持和改进阶段，要通过实施纠正与预防性控制措施来实现系统的持续改进，并对潜在的不符合采取预防性控制措施。

　　实施信息安全管理体系的认证，是根据相关标准建立完整的信息安全管理体系，达到动态的、系统的、全员参与的、制度化的、以预防为主的信息安全管理方式，用最低的成本，达到可接受的信息安全水平，并从根本上保证业务的持续性。这是一个组织证明其信息安全水平和能力符合国际标准要求的有效手段，能帮助组织节约信息安全成本，增强客户、合作伙伴等相关方的信心和信任，提高组织的公众形象和竞争力。

思　考　题

1. 什么是信息安全管理体系？
2. 简述信息安全管理体系的 PDCA 过程内容。
3. 信息安全管理体系包括哪些文件？
4. 如何确定信息安全管理体系的信息安全方针？
5. 什么是 SoA？在建设信息安全管理体系的过程中，SoA 文件有什么要求？
6. 如何实施和运行信息安全管理体系？
7. ISMS 内部审核与管理评审的区别是什么？
8. 如何保持和改进信息安全管理体系？
9. 信息安全管理体系的认证有什么好处？
10. 简述信息安全管理体系的认证过程。

第 8 章

信息安全风险评估

如果说，凡事要实事求是，信息安全工程与管理的建设也必须从实际出发，坚持需求主导、突出重点，那么通过风险评估掌握当前风险状况，就是这一原则在实际工作中的重要体现。所有信息安全建设都应该基于信息安全风险评估，只有正确、全面地理解风险，才能在控制风险、转移风险和降低风险之间作出正确的判断，决定调动多少资源、以什么代价、采取什么样的安全策略去化解、控制风险。

持续的风险评估工作可以成为检查信息系统本身乃至信息系统拥有单位的绩效的有力手段，要从实际出发，坚持分级防护、突出重点，就必须正确地评估风险，以便采取科学、客观、经济和有效的措施。本章提供了在组织范围内开展符合相关法律法规和标准的信息安全风险评估方法。

本章围绕信息安全风险评估展开。8.1 节概述风险评估的概念、目的、原则和意义；8.2 节详细介绍风险评估的基本要素的内容及相互关系；8.3 节围绕资产识别与赋值、威胁识别与赋值、脆弱性识别与赋值等核心过程，详述风险评估中风险识别、风险分析与风险评价的具体内容和要求；8.4 节主要阐述风险管理方法；8.5 节举例给出信息安全风险要素的计算方法；8.6 节对风险评估的工作方式进行说明；8.7 节对风险评估相关工具进行介绍。

学习目标

- 了解风险的目的及意义。
- 掌握风险评估的规范化流程。
- 熟练使用信息安全风险要素计算方法。
- 了解并合理选择与使用风险评估相关工具。

思政元素

通过检查风险提高自我认识，意识到风险评估工具本身具有的风险，引导树立知己知彼的理念，遵纪守法，增强时代使命感和社会责任感。

8.1　概　　述

　　一个完整的信息安全体系和安全解决方案是根据信息系统的体系结构和系统安全形势的具体情况来确定的，没有一个通用的信息安全解决方案。信息安全关心的是保护信息资产免受威胁，避免安全事件的发生，或者安全事件发生后如何减少损失。绝对的安全是不可能的，只能通过一定的措施把风险降低到一个可接受的程度。

　　因此，信息系统的安全风险评估是指了解信息系统的安全状况，估计威胁利用弱点导致安全事件发生的可能性，计算由于安全事件引起的信息系统资产价值的潜在损失。作为风险管理的基础，风险评估是组织确定信息安全需求的一个重要途径，其最终目的是帮助选择安全防护措施，将风险降低到可接受的程度，提高信息安全保障能力。这个过程是信息安全管理体系的核心环节，是信息安全保障体系建设过程中的重要评价方法和决策机制。

　　信息安全风险是指特定威胁利用单个或一组资产脆弱性的可能性，以及由此可能给组织带来的损害，它以事态的可能性及其后果的组合来度量。

　　风险评估是风险识别、风险分析和风险评价的整个过程。

　　随着信息技术的快速发展，关系国计民生关键信息的基础设施规模和信息系统的复杂程度越来越大。近年来，各个国家越来越重视以风险评估为核心的信息安全评估工作，提倡信息安全风险评估的制度与规范化，通过出台一系列相关的法律、法规和标准来保障建立完整的信息安全管理体系，例如美国的 SP 800 系列、英国的 BS 7799《信息安全管理指南》、德国联邦信息安全办公室(BSI)的《IT 基线保护手册》、日本的 ISMS《安全管理系统评估制度》等。

　　我国在 2004 年 3 月启动了信息安全风险评估指南和风险管理指南等标准的编制工作，2005 年完成了《信息安全评估指南》和《信息安全管理指南》的征求意见稿，2006 年完成了《信息安全评估指南》送审稿，并分别于 2007 年和 2009 年通过了国家标准化管理委员会的审查批准成为国家标准。随着社会和技术的发展，我国发布或更新了一系列信息安全风险评估相关的标准，比如：

　　《信息安全技术　信息安全风险评估方法》(GB/T 20984—2022)

　　《信息安全技术　信息安全风险处理实施指南 》(GB/T 33132—2016)

　　《信息安全技术　信息安全风险评估实施指南》(GB/T 31509—2015)

　　《信息技术　安全技术　信息安全风险管理》(GB/T 31722—2015)

　　《信息安全技术　信息安全风险管理指南》(GB/Z 24364—2009)

　　《信息安全技术　工业控制系统风险评估实施指南》(GB/T 36466—2018)

　　《信息安全技术　ICT 供应链安全风险管理指南》(GB/T 36637—2018)

8.1.1　信息安全风险评估的目标和原则

　　信息安全风险评估的目标是：

　　(1) 了解信息系统的体系结构和管理水平，以及可能存在的安全隐患。

　　(2) 了解信息系统所提供的服务及可能存在的安全问题。

(3) 了解其他应用系统与此信息系统的接口及其相应的安全问题。

(4) 网络攻击和电子欺骗的模拟检测及预防。

(5) 找出目前的安全控制措施与安全需求的差距，并为其改进提供参考。

信息安全风险评估的原则有：

(1) 可控性原则。

包括人员可控(资格审查备案与工作确认)、工具可控(风险评估工具的选择，以及对相关方的知会)、项目过程可控(重视项目的管理沟通，运用项目管理科学方法)。

(2) 可靠性原则。

要求风险评估要参考有关的信息安全标准和规定，例如《信息安全技术　信息安全风险评估方法》(GB/T 20984—2022)等，做到有据可查。

(3) 完整性原则。

严格按照委托单位的评估要求和指定的范围进行全面的信息安全风险评估服务。

(4) 最小影响原则。

风险评估工作不能妨碍组织的正常业务活动，应从系统相关的管理和技术层面，力求将风险评估过程的影响降低到最小。

(5) 时间与成本有效原则。

风险评估过程花费的时间和成本应该具有合理性。

(6) 保密原则。

受委托的评估方要对评估过程进行保密，应与委托的被评估方签署相关的保密和非侵害性协议，未经允许不得将数据泄露给任何其他组织和个人。

8.1.2　实施信息安全风险评估的好处

信息安全风险评估是加强信息安全保障体系建设和管理的关键环节、实施信息安全风险评估的好处有：

(1) 风险评估是建立信息安全风险管理策略的基础。如果一个管理者不进行风险评估就选择了一种安全防护措施(设备或方法)，也许会造成浪费，也许已实施的安全防护无法直接减少确定存在的风险。

(2) 风险评估有利于在员工内部建立信息安全风险意识，提高工作人员对安全问题的认识和兴趣，以及他们对信息安全问题的重视程度。

(3) 风险评估能使系统的管理者明确他们的信息系统资源所存在的弱点，让管理者对系统资源和系统的运行状况有更进一步的了解。

(4) 风险评估在信息系统的设计阶段最为有用，可以确认潜在损失，并且，从一开始就明确安全需求，远比在信息系统运行之后更换相关控制节省成本得多。

8.2　信息安全风险评估的基本要素

从信息安全的角度来讲，风险评估是对信息资产所面临的威胁、存在的脆弱性、造成的对资产价值的影响，以及三者的综合作用在当前安全措施控制下所带来与安全需求不符合的风险可能性评估。作为风险管理的基础，风险评估是组织进一步确定信息安全需求和改进信息安全策略的重要途径，属于组织信息安全管理体系策划的过程。

风险评估的基本要素包括资产、威胁、脆弱性、安全措施和安全风险，并基于以上要素开展安全风险评估。

8.2.1 风险评估的相关要素

1. 资产

资产(Asset)是指对组织具有价值的信息或资源，是安全策略保护的对象。

资产按层次可划分为业务资产、系统资产、系统组件与单元资产三种，如图 8-1 所示。

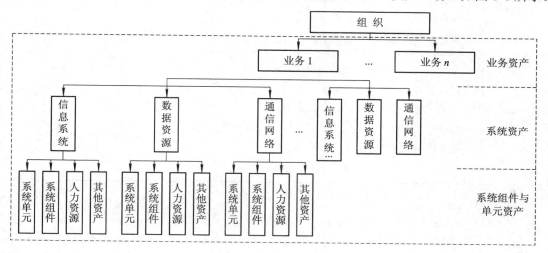

图 8-1 资产层次图

业务资产，是指实现组织发展规划的具体业务活动。系统资产包括信息系统、数据资源和通信网络，它们承载了业务，具有业务承载性。系统组件与单元资产包括系统单元、系统组件、人力资源和其他资产。

系统组件与单元资产以多种形式存在，包括有形的或无形的、硬件或软件、文档或代码，也有服务或形象等诸多表现形式。在信息安全管理体系范围内为资产编制清单是一项重要工作，每项资产都应该清晰地定义、合理的估价，并明确资产所有权关系，进行安全分类，记录在案。系统组件与单元资产的分类及示例如表 8-1 所示。

表 8-1 系统组件与单元资产的识别内容(分类及示例)

分 类	示 例
系统单元	计算机设备：大/小型机、服务器、工作站、台式机、笔记本电脑等
	存储设备：磁带/机、磁盘阵列、光盘、软盘、移动硬盘、U 盘等
	智能终端设备：感知节点设备(物联网感知终端)、移动终端等
	网络设备：路由器、网关、交换机等
	传输线路：光纤、双绞线等
	安全设备：Firewall、IDS、VPN、指纹识别系统等

分　类	示　例
系统组件	应用系统：提供某种业务服务的应用软件集合 应用软件：办公软件、工具软件、移动 App 等 系统软件：操作系统、数据库管理系统、中间件、语言包、开发系统、各种库/类等 支撑平台：云计算平台、大数据平台等 服务接口：云计算 PaaS 层服务向其他信息系统提供的服务接口等
人力资源	运维人员：对平台、系统、数据等进行运维的网络管理员、系统管理员等 业务操作人员：对业务系统进行操作的业务人员或管理员 安全管理人员：安全管理员、安全管理领导小组等 外包服务人员：外包运维人员、外包安全服务或其他外包服务人员等
其他资产	数据资料：源代码、数据库数据、系统文档、计划、报告、用户手册、各类纸质文档等 办公设备：打印机、复印机、扫描仪、传真机等 保障设备：UPS、变电设备、空调、保险柜、门禁、消防设备等 服务：信息服务、网络通信服务、办公服务以及照明、电力、空调、供热等服务 知识产权：版权、专利、商标等 其他：企业形象与声誉、客户关系等

2. 威胁

威胁(Threat)是指可能对组织或资产导致损害的潜在原因。

威胁有潜力导致不期望发生的安全事件发生，从而对系统、组织、资产造成损害。这种损害可能是偶然性事件，但更多的可能是蓄意对信息系统和服务所处理信息的直接或间接攻击行为，例如非授权的泄露、修改、停机等。

威胁主要来源于环境、意外和人为等因素。

(1) 环境因素：指静电、断电、灰尘、潮湿、火灾、水灾、虫害、电磁干扰、地震、意外事故等环境危害或自然灾害。

(2) 意外因素：非人为因素导致的软/硬件、数据、通信线路等方面的故障，或依赖的第三方平台或信息系统等方面的故障。

(3) 人为因素：人为因素导致资产的保密性、完整性和可用性等遭到破坏。

根据威胁来源，威胁的种类及对应的威胁行为示例如表 8-2 所示。

表 8-2　威胁种类、威胁行为及威胁来源

种类	威　胁　行　为	威胁来源
物理损害	静电、灰尘、潮湿、火灾、水灾、污染、腐蚀、冻结、温度、虫害	环境、意外、人为
	电磁辐射、热辐射、电磁脉冲	
	重大事故、设备或介质损害	
自然灾害	地震、火山、洪水、气象灾害	环境

续表

种类	威 胁 行 为	威胁来源
信息损害	窃听、对阻止干扰信号的拦截、远程侦探、设备偷窃、回收或废弃介质的检索、硬件篡改、位置探测、信息被窃取、个人隐私被泄露、社会工程事件、邮件勒索、数据篡改、恶意代码	人为
	内/外信息泄露、来自不可信源数据、软件篡改	人为、意外
技术失效	空调/供水系统故障、外部网络故障	人为、意外
	电力供应失去	环境、人为、意外
	设备失效/故障、软件故障	意外
	信息系统饱和、信息系统可维护性破坏	人为、意外
未授权行为	未授权的设备使用、软件的伪造复制、数据损坏、数据的非法处理	人为
	假冒或盗版软件的使用	人为、意外
功能损害	操作失误、维护错误	意外
	网络攻击、权限伪造、行为否认、媒体负面报道	人为
	权限滥用	人为、意外
	人员可用性破坏	环境、人为、意外
供应链失效	供应商失效	人为、意外
	第三方运维问题、第三方平台故障、第三方接口故障	

3. 脆弱性

脆弱性(Vulnerability)是指可能被威胁所利用的资产或若干资产的薄弱环节。例如操作系统存在漏洞、数据库的访问没有访问控制机制、系统机房没有门禁系统等。

脆弱性是资产本身存在的，如果没有相应的威胁，单纯的脆弱性本身不会对资产造成损害，而且如果系统足够强健，则再严重的威胁也不会导致安全事件造成损失。这说明，威胁总是要利用资产的脆弱性来产生危害。

资产的脆弱性具有隐蔽性，有些脆弱性只在一定条件和环境下才能显现，这也是脆弱性识别中最为困难的部分。要注意的是，不正确的、起不到应有作用的或没有正确实施的安全控制措施本身就可能是一个脆弱性。

脆弱性主要表现在技术和管理两个方面。技术脆弱性是指信息系统在设计、实现和运行时，涉及 IT 环境的物理层、网络层、系统层、应用层等各个层面的安全问题或隐患。管理脆弱性则是指组织管理制度、流程等方面存在的缺陷或不足，可分为技术管理脆弱性和组织管理脆弱性两方面，前者与具体技术活动相关，后者与管理环境相关。

脆弱性的分类及识别如表 8-3 所示。

表 8-3 脆弱性的识别内容(分类及识别)

类 型	对 象	识 别 方 面
技术 脆弱性	物理环境	机房场地、机房防火、机房供配电、机房防静电、机房接地与防雷、电磁防护、通信线路的保护、机房区域防护、机房设备管理等
	网络结构	网络结构设计、边界保护、外/内部访问控制策略、网络设备安全配置等
	系统软件	补丁安装、物理保护、用户账号、口令策略、资源共享、事件审计、访问控制、新系统配置、注册表加固、网络安全、系统管理等
	应用中间件	协议安全、交易完整性、数据完整性等
	应用系统	审计机制、审计存储、访问控制策略、数据完整性、通信、鉴别机制、密码保护等
管理 脆弱性	技术管理	物理和环境安全、通信与操作管理、访问控制、系统开发与维护、业务连续性等
	组织管理	安全策略、组织安全、资产分类与控制、人员安全、符合性等

4. 安全措施

安全措施(Security Control Measure)是指为保护组织资产、防止威胁、减少脆弱性、限制安全事件的影响、加速安全事件的检测及响应而采取的各种实践、过程和机制。

有效的安全通常是为了提供给资产多级的安全，而应用不同安全控制措施的综合，以实现检测、威慑、防止、限制、修正、恢复、监测和提高安全意识的功能。例如，一个信息系统的安全访问控制，往往是人员管理、角色权限管理、审计管理、数据库安全、物理安全以及安全培训等共同支持的结合。有些安全控制措施已作为环境或资产固有的一部分存在，或已存在于系统或组织之中。

安全控制措施的实施领域包括组织控制、人员控制、物理控制和技术控制四大方面，详细的安全控制的实施规范内容参见第 6 章。

5. 安全风险

安全风险(Security Risk)是指威胁利用脆弱性直接或间接造成资产损害的一种潜在的影响，并以威胁利用脆弱性导致一系列不期望发生的安全事件来体现。

资产、威胁和脆弱性是信息安全风险的基本要素，是信息安全风险存在的基本条件，缺一不可。没有资产，威胁就没有攻击或损害的对象；没有威胁，如果资产很有价值，脆弱性很严重，安全事件也不会发生；系统没有脆弱性，威胁就没有可利用的切入点，安全事件也不会发生。

通过确定资产价值以及相关的威胁和脆弱性水平，在不考虑安全措施的情况下，就可以得出最初的信息安全风险的量度值。

根据以上分析，安全风险是关于资产、威胁和脆弱性的函数，即安全风险可以形式化表示为：$R = R(a, t, v)$，其中 R 表示安全风险，a 表示资产，t 表示威胁，v 表示脆弱性。

8.2.2 风险要素的相互关系

图 8-2 描述了风险要素之间的关系。

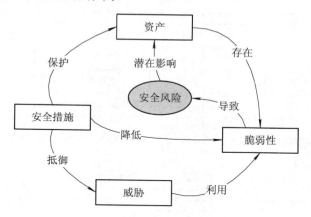

图 8-2 风险要素及其相互关系

风险评估围绕着资产、威胁、脆弱性和安全措施等基本要素展开。风险要素之间存在着以下关系：

(1) 风险要素的核心是资产，而资产存在脆弱性。

(2) 通过实施安全措施降低资产脆弱性被利用的难易程度，抵御外部威胁，以实现对资产的保护。

(3) 威胁通过利用资产存在的脆弱性导致风险。

(4) 风险转化成安全事件后，会对资产的运行状态产生影响。

进行风险评估时，要综合考虑资产、脆弱性、威胁和安全措施等基本要素，采用以"保业务资产"为核心、"御威胁"为牵引的风险评估方法。

8.3 风险评估

详细的风险评估方法在流程上可能有一些差异，但基本上都是围绕资产识别，以及针对资产的威胁、面向资产保护的已有安全措施、资产存在的脆弱性等展开识别与评价，进一步分析不期望事件发生的可能性及对组织的影响，获得风险等级值。信息安全风险评估的流程如图 8-3 所示。

从总体上看，风险评估过程分为四个阶段，第一阶段为风险评估准备，包括确定风险评估的目标、对象、范围和边界，组建评估团队，前期调研，确定评估依据，建立风险评价准则，制定评估方案；第二阶段是风险识别，包括资产识别、威胁识别、已有安全措施识别和脆弱性识别；第三阶段是风险分析，依据识别的结果计算得到风险值；第四阶段是风险评价，依据风险评价准则确定风险等级。

沟通与协商、评估过程文档的管理贯穿于整个风险评估过程。风险评估工作是持续性的活动。当风险评估对象的政策环境、外部威胁环境、业务目标、安全目标等发生变化时，应重新开展风险评估。

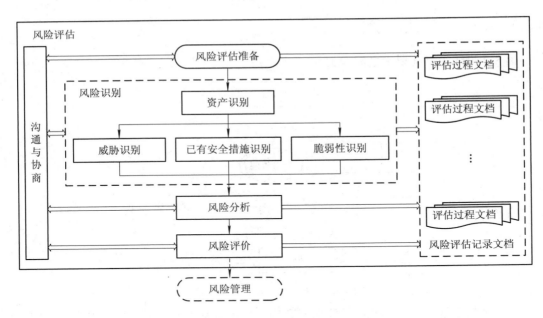

图 8-3　信息安全风险评估流程

　　风险评估的结果能够为风险管理(包括接受风险、规避风险、转移风险、降低风险等)提供决策支撑。

8.3.1　风险评估准备

　　风险评估准备是整个风险评估过程有效性的保证。组织实施风险评估是一种战略性考虑，其结果将受到组织的业务战略、业务流程、安全需求、系统规模与结构等方面的影响，因此，在风险评估实施前，应做好以下准备工作：

　　(1) 确定风险评估的目标。

　　根据组织在业务持续性发展的安全性需要、法律法规的规定等内容，识别出现有信息系统及管理上的不足，以及可能造成的风险大小。

　　(2) 明确风险评估的范围。

　　风险评估的范围可能是组织全部的信息及信息处理相关的各类资产、管理机构，也可能是某个独立的信息系统、关键业务流程、与客户知识产权相关的系统或部门等。

　　(3) 组建团队。

　　由管理层、相关业务骨干、信息技术人员等组成风险评估小组，必要时，还要组建由评估方、被评估方领导和相关部门负责人参加的风险评估领导小组，并聘请相关专业技术专家和技术骨干组成专家小组。

　　(4) 确定风险评估的依据和方法。

　　利用问卷调查、现场面谈等形式进行系统调研，确定风险评估的依据，并考虑评估的目的、范围、时间、效果、人员素质等因素来选择具体的风险计算方法和风险评估工具，并使之能与组织环境和安全要求相适应。

（5）建立风险评价准则。

组织应在考虑国家法律法规要求及行业背景和特点的基础上，建立风险评价准则，以实现对风险的控制与管理。风险评价准则应满足：符合组织的安全策略或安全需求、满足利益相关方的期望、符合组织业务价值。建立风险评价准则的目的在于能对风险评估的结果进行等级化处理、能实现对不同风险的直观比较、能确定组织后期的风险控制策略。

（6）获得支持。

上述所有内容确定之后，应形成较为完整的风险评估实施方案，得到组织最高管理者的支持和批准，并传达给管理层和技术人员，在组织范围内就风险评估相关内容进行培训，以明确有关人员在风险评估中的任务和责任。

8.3.2 风险识别

风险识别包括资产识别、威胁识别、已有安全措施识别和脆弱性识别。

1. 资产识别

资产识别是指基于业务的范围和边界，分别对业务资产、系统资产、系统组件与单元资产进行识别与分析赋值。业务资产成为风险评估的最高管控对象。因此，资产识别应从三个层次进行识别。

1）业务资产识别与赋值

业务资产的识别内容包括业务的属性、定位、完整性和关联性识别，这是风险评估的关键环节。其中，属性包括业务的功能、对象、流程、范围等；定位是指业务在发展规划中的地位；完整性是指为独立业务还是非独立业务；关联性是指与其他业务之间的关系。业务资产的识别内容如表 8-4 所示。

业务识别过程中的数据应来自熟悉业务结构的业务人员或管理人员，通过访谈、文档查阅、资料查阅、总结整理等方式获得。

表 8-4 业务资产的识别内容

识别内容	示　例
属性	业务功能、业务对象、业务流程、业务范围、覆盖地域等
定位	发展规划中的业务属性与职能定位、业务布局中的位置与作用、竞争关系中的竞争能力等
完整性	独立业务：业务独立、整个业务流程和环节闭环 非独立业务：业务属于业务环节中的一部分，可能与其他业务有关联性
关联性	关联类别：并列关系(如业务间相互依赖、共用同一信息系统等)、父子关系(业务间存在包含关系等)、间接关系(通过其他业务产生关联性等) 关联程度：紧密关联(若业务遭到重大损害，会造成关联业务无法正常开展)、非紧密关联

业务资产的赋值是指根据业务的重要程度进行等级划分，并对其重要性进行赋值。业务资产的赋值方法如表 8-5 所示。

表 8-5   业务资产的赋值方法

赋值	重要性标识	业务资产的赋值描述
5	很高	业务在发展规划中极其重要，在发展规划中的业务属性和职能定位具有重大影响，在规划的中短期目标或长期目标中占据极其重要的地位
4	高	业务在发展规划中较为重要，在发展规划中的业务属性和职能定位具有较大影响，在规划的中短期目标或长期目标中占据极其重要的地位
3	中等	业务在发展规划中具有一定重要性，在发展规划中的业务属性和职能定位具有一定影响，在规划的中短期目标或长期目标中占据重要的地位
2	低	业务在发展规划中具有一定重要性，在发展规划中的业务属性和职能定位影响较低，在规划的中短期目标或长期目标中占据一定的地位
1	很低	业务在发展规划中具有一定重要性，在发展规划中的业务属性和职能定位影响较低，在规划的中短期目标或长期目标中占据较低的地位

2) 系统资产识别与赋值

系统资产的识别内容包括资产分类和业务承载性识别两个方面，如表 8-6 所示。

表 8-6   系统资产的识别内容

识别内容	示 例
分类	信息系统：由计算机软/硬件、网络和通信设备等组成，并按一定的应用目标和规则进行信息处理或过程控制的系统，如门户网站、业务系统、云计算平台、工控系统等
	数据资源：具有或预期具有价值的电子或非电子形式的信息记录，应将数据活动(如数据的采集、传输、存储、处理、交换、销毁等)及其关联的数据平台进行整体评估
	通信网络：以数据通信为目的，按特定的规则和策略，将数据处理结点、网络设备设施等互连的网络，如电信网、广电网、专用通信网等
业务承载性	承载类别：系统资产承载业务信息的采集、传输、存储、处理、交换、销毁中的环节
	关联程度：与业务关联程度、与其他资产关联程度等

系统资产的赋值是指根据其保密性、完整性和可用性，结合业务承载性、业务重要性进行综合计算，进行等级划分，并对其重要性进行赋值。系统资产的赋值方法如表 8-7 所示。

表 8-7   系统资产的赋值方法

赋值	重要性标识	系统资产的赋值描述
5	很高	综合评价等级为很高，安全属性被破坏后对组织造成非常严重的损失
4	高	综合评价等级为高，安全属性被破坏后对组织造成比较严重的损失
3	中等	综合评价等级为中等，安全属性被破坏后对组织造成中等程度的损失
2	低	综合评价等级为低，安全属性被破坏后对组织造成较低的损失
1	很低	综合评价等级为很低，安全属性被破坏后对组织造成很小的损失，甚至可忽略

3) 系统组件与单元资产识别与赋值

系统组件与单元资产的内容应按系统单元、系统组件、人力资源和其他资产进行分类识别，其识别内容如表 8-1 所示。

系统组件与单元资产识别是风险识别的必要环节，其任务是对系统组件与单元资产进行详细的标识，并建立资产清单。

识别系统组件与单元资产的方法主要有访谈、现场调查、文档查阅等。在识别的过程中要注意不能遗漏无形资产，同时要注意不同资产之间的相互依赖关系，例如：

(1) 识别软件和硬件。

组织可查阅资产购买清单和固定资产清单来帮助了解其现有的软件和硬件情况。目前市场上可以购买到大量的软件包和各种信息安全硬件设备，选择最适合组织安全需要的软件和硬件正是 CIO(首席信息官，Chief Information Officer)或 CISO(首席信息安全官，Chief Information Security Officer)的职责之一。因此，可通过向他们咨询来了解关于软件和硬件资产及其属性要求。

按计划识别软件和硬件，通过数据处理过程以建立相关的信息资产清单，并明确每一种信息资产的哪些属性需要在使用过程中受到追踪，而这需要根据组织及其风险管理工作的需要，以及信息安全技术团体的需要和偏好来做出决定。当确定每一种信息资产需要追踪的属性时，应考虑以下潜在的属性：

① 名称：程序或设备的名单。

② IP 地址：对网络硬件设备很有用。

③ MAC 地址：电子序列号或硬件地址，具有唯一性。

④ 资产类型：描述每一种资产的功能或作用。

⑤ 产品序列号：识别特定设备的唯一序列号。

⑥ 制造商：有助于与生产厂家建立联系并寻求帮助。

⑦ 型号或编号：能正确识别资产。

⑧ 版本号：在资产升级或变更时，需要这些版本值。

⑨ 物理位置：指明何处可使用该资产。

⑩ 逻辑位置：指定资产在组织内部网络中的位置。

⑪ 控制实体：控制资产的组织部门。

(2) 识别服务、流程、数据、文档、人员和其他。

与软件和硬件不同，服务、流程、数据、文档和人力资源等信息资产不易被识别和认证，因此，应该将这些信息资产的识别、描述和评估任务分配给拥有必要知识、经验和判断能力的人员。一旦这些资产得到识别，就要运用一个可靠的数据处理过程来记录和标识它们，如同在软件和硬件中使用一样。

对这些信息资产的维护记录应当较为灵活，在识别资产的过程中，要将资产与被追踪的信息资产的属性特征联系起来，仔细考虑特定资产中哪些属性需要跟踪。以下列出这些资产的一些基本属性：

① 服务：包括服务的描述、类型、功能、提供者、服务面向的对象、满足服务的附加条件等。

② 流程：包括流程的描述、功能、相关的软件/硬件/网络要素、参考资料的存储位置、更新数据的存储位置等。

③ 数据：包括数据的类别、数据结构及范围、所有者/创建者/管理者、存储位置、备

份流程等。

④ 文档：包括文档的描述、名称、密级、制定时间、制定者/管理者，及纸质的各种文件、传真、财务报告、发展计划、合同等。

⑤ 人员：包括姓名/ID/职位、入职时间、技能等。

系统组件与单元资产的赋值是指根据其保密性、完整性和可用性赋值进行综合计算，进行等级划分，并对其重要性进行赋值。系统组件与单元资产的赋值方法如表 8-8 所示。

表 8-8　系统组件与单元资产的赋值

赋值	重要性标识	系统组件与单元资产的赋值描述
5	很高	综合评价等级为很高，安全属性被破坏后对业务和系统资产造成非常严重的影响
4	高	综合评价等级为高，安全属性被破坏后对业务和系统资产造成比较严重的影响
3	中等	综合评价等级为中，安全属性被破坏后对业务和系统资产造成中等程度的影响
2	低	综合评价等级为低，安全属性被破坏后对业务和系统资产造成较低的影响
1	很低	综合评价等级为很低，安全属性被破坏后对业务和系统资产造成很小的影响，甚至可忽略

2. 威胁识别

威胁识别是指从威胁的来源、主体、种类、动机等角度出发，根据威胁的行为能力和频率，结合威胁的不同时机进行识别与分析赋值。

(1) 对威胁分类前，应识别威胁的来源，包括环境、意外和人为三种。

(2) 根据来源，威胁划分为物理损害、信息损害、未授权行为等种类，如表 8-2 所示。

(3) 威胁的主体依据人为和环境区分，人为的分为国家、组织团体和个人，环境的分为一般的自然灾害、较为严重的自然灾害和严重的自然灾害。

(4) 威胁的动机是指引导、激发人为威胁进行某种活动，对组织业务、资产产生影响的内部动力和原因，可划分为恶意和非恶意：

① 恶意：挑战、叛乱、地位、金钱利益、信息销毁、非法泄露、未授权数据更改、勒索、摧毁、复仇、政治利益、间谍、攻击、破坏、窃取等。

② 非恶意：误操作、好奇心、自负等。

(5) 威胁的时机可划分为普通时期、特殊时期、自然规律。

(6) 威胁的频率应根据经验和有关统计数据进行判断，综合考虑以下因素，形成特定评估环境中的各种威胁出现的频率：

① 以往安全事件报告中出现过的威胁及其频率统计。

② 实际环境中通过检测工具以及各种日志发现的威胁及其频率统计。

③ 实际环境中监测发现的威胁及其频率统计。

④ 近期公开发布的社会或特定行业威胁及其频率统计，以及发布的威胁预警。

威胁的赋值是指基于威胁行为，依据威胁的行为能力和频率，结合威胁发生的时机进行综合计算，进行等级划分，并对其重要性进行赋值。威胁的赋值方法如表 8-9 所示。

表 8-9　威胁的赋值方法

赋值	重要性标识	威胁的赋值描述
5	很高	根据威胁的行为能力、频率和时机，综合评价等级为很高
4	高	根据威胁的行为能力、频率和时机，综合评价等级为高
3	中等	根据威胁的行为能力、频率和时机，综合评价等级为中
2	低	根据威胁的行为能力、频率和时机，综合评价等级为低
1	很低	根据威胁的行为能力、频率和时机，综合评价等级为很低

其中，一方面，威胁的行为能力是指威胁来源完成对组织业务、资产产生影响的活动所具备的资源和综合素质。组织及业务所处的地域和环境决定了威胁的来源、种类、动机，进而决定了威胁的行为能力。应对威胁的行为能力进行等级划分，级别越高表示威胁能力越强，如表 8-10 所示。

表 8-10　威胁行为能力的赋值

赋值	重要性标识	威胁行为能力的赋值描述
3	高	恶意动机高，可调动资源多；严重自然灾害
2	中等	恶意动机高，可调动资源少；恶意动机低，可调动资源多；非恶意或意外，可调动资源多；较严重自然灾害
1	低	恶意动机低，可调动资源少；非恶意或意外；一般自然灾害

另一方面，威胁出现的频率应进行等级化处理，不同等级分别代表威胁出现频率的高低。等级数值越大，威胁出现的频率越高，如表 8-11 所示。在实际的评估中，威胁频率的判断依据应在评估准备阶段根据历史统计或行业判断予以确定，并得到被评估方的认可。

表 8-11　威胁频率的赋值

赋值	重要性标识	威胁频率的赋值描述
5	很高	出现的频率很高（≥1 次/周），或在大多数情况下几乎不可避免，或可证实经常发生
4	高	出现的频率较高（≥1 次/月），或在大多数情况下很有可能会发生，或可证实多次发生
3	中等	出现的频率中等（>1 次/半年），或在某种情况下可能会发生，或被证实曾经发生过
2	低	出现的频率较小，或一般不太可能发生，或没有被证实发生过
1	很低	威胁几乎不可能发生，或可能在非常罕见和例外的情况下发生

3. 已有安全措施识别

已有安全措施分析识别是指将安全措施进行保护性和预防性的分类，结合威胁对已有安全措施的有效性进行分析。

预防性安全措施可以降低威胁利用脆弱性导致安全事件发生的可能性，例如 IDS，而保护性安全措施可以减少因安全事件发生后对组织或系统造成的影响，例如业务持续性计划。在识别脆弱性的同时，评估人员应对这些已采取的安全措施的有效性进行确认。该步骤的主要任务是，对当前信息系统所采取的安全措施进行标识，并对其预期功能、有效性进行分析，再根据检查的结果来决定是否保留、去除或替换现有的安全措施。

安全措施的确认应评估其有效性，即是否真正地降低了系统的脆弱性，抵御了威胁。对有效的安全措施继续保持，以避免不必要的工作和费用，防止安全措施的重复实施。对确认为不适当的安全措施应核实是否应被取消或对其进行修正，或用更合适的安全措施替代。

已有安全措施的确认与脆弱性的识别存在一定的联系。一般来说，安全措施的使用将减少系统技术或管理上的脆弱性，但确认安全措施并不需要像脆弱性识别过程那样具体到每个资产、组件的脆弱性，而是一类具体控制措施的集合，为风险管理计划的制定提供参考。

4. 脆弱性识别

脆弱性识别是指从管理和技术两个角度出发，对脆弱性被威胁利用的难易程度以及脆弱性被威胁利用后对资产价值造成的影响程度进行分析和赋值。

脆弱性的识别内容是以资产为核心，针对每一项需要保护的资产，识别可能被威胁利用的脆弱性，其识别内容如表 8-3 所示。

识别脆弱性的方法主要有问卷调查、工具检测、人工核查、渗透性测试和文档查阅等。在识别的过程中要注意其数据应来自资产的所有者、使用者，以及相关业务领域的专家和软硬件方面的专业人员等。

脆弱性的赋值包括两部分：其一是脆弱性被威胁利用难易程度(脆弱性利用度)的赋值，其二是脆弱性被威胁利用后对资产影响程度(脆弱性影响度)的赋值。

(1) 脆弱性被威胁利用难易程度(脆弱性利用度)的赋值。

脆弱性被威胁利用难易程度的赋值需要综合考虑已有安全措施的作用。一般来说，安全措施的使用将降低系统技术或管理上脆弱性被威胁利用的难易程度，但安全措施确认并不需要和脆弱性识别过程那样具体到每个资产、组件的脆弱性，而是一类具体措施的集合。

依据脆弱性和已有安全措施识别结果，得出脆弱性被威胁利用的难易程度，并进行等级化处理，不同的等级代表脆弱性被威胁利用程度的高低。脆弱性被威胁利用难易程度的赋值方法如表 8-12 所示。

表 8-12　脆弱性利用度的赋值

赋值	重要性标识	脆弱性被威胁利用难易程度的赋值描述
5	很高	实施了控制措施后，脆弱性仍然很容易被利用
4	高	实施了控制措施后，脆弱性较容易被利用
3	中等	实施了控制措施后，脆弱性被威胁利用难易程度一般
2	低	实施了控制措施后，脆弱性难被利用
1	很低	实施了控制措施后，脆弱性基本不可能被利用

(2) 脆弱性被威胁利用后对资产价值影响程度(脆弱性影响度)的赋值。

影响程度的赋值是指脆弱性被威胁利用导致安全事件发生后对资产价值所造成影响的轻重程度分析并赋值的过程。识别和分析资产可能受到的影响时，需要考虑受影响资产的层面，可以从业务层面、系统层面、系统组件与单元三个层面进行分析。

影响程度赋值需要综合考虑安全事件对资产保密性、完整性和可用性的影响。可以根据脆弱性对信息资产的暴露程度、技术实现的难易程度、流行程度等，采用等级方式对已识别的脆弱性被威胁利用后对资产的影响程度进行处理，不同的等级代表对资产影响的高低。由于很多脆弱性反映的是某种同一方面的问题，或可能造成相似的后果，评估时应综合考虑这些脆弱性，以确定这一方面脆弱性的严重程度。脆弱性被威胁利用后对资产的影响程度赋值方法如表 8-13 所示。

表 8-13　脆弱性影响度的赋值

赋值	重要性标识	脆弱性被威胁利用后对资产影响程度的赋值描述
5	很高	如果脆弱性被威胁利用，将对资产造成特别重大损害
4	高	如果脆弱性被威胁利用，将对资产造成重大损害
3	中等	如果脆弱性被威胁利用，将对资产造成一般损害
2	低	如果脆弱性被威胁利用，将对资产造成较小损害
1	很低	如果脆弱性被威胁利用，将对资产造成的损害可以忽略

5. 风险识别总结

通过以上风险识别的过程，我们可以得到关于资产、威胁和脆弱性的赋值，如表 8-14 所示。

表 8-14　风险识别后获得的赋值

风险识别阶段	获得的赋值	设　定		描　述
资产识别	资产的赋值	V_a	V_{ba}	业务资产的赋值
			V_{sa}	系统资产的赋值
			V_{ua}	系统组件与单元资产的赋值
威胁识别	威胁的赋值	V_t		威胁的赋值
脆弱性识别	脆弱性的赋值	V_u		脆弱性利用度的赋值
		V_i		脆弱性影响度的赋值

8.3.3　风险分析

在风险识别的基础上，开展风险分析，依据风险计算模型对资产的风险进行风险值的计算。如前所述，风险是关于资产、威胁和脆弱性的函数，实际表现为威胁利用脆弱性导致安全事件发生的可能性及该安全事件发生所造成的一切损失的函数。

显然，威胁利用脆弱性导致安全事件发生的可能性与威胁的赋值和脆弱性被威胁利用难易程度的赋值有关，而该安全事件发生所造成的一切损失与资产的赋值和脆弱性被威胁利用后对资产价值影响程度的赋值有关。当然，风险分析计算中还要减去一个常数，即已有安全措施使得风险降低的值。

因此，风险计算模型可描述为

$$R = R(A，T，V) - R_c = R(P(V_t，V_u)，L(V_a，V_i)) - Rc$$

其中：

R——安全风险；

A——资产；

T——威胁；

V——脆弱性；

R_c——已有安全措施减少的风险；

P——威胁利用资产脆弱性导致安全事件发生的可能性；

L——安全事件发生后造成的损失；

V_t、V_u、V_a、V_i——含义如表 8-14 所示。

由于 R_c 是一个常数，在函数表示式中可以省略，故风险计算模型可简化为

$$R = R(P(V_t,\ V_u),\ L(V_a,\ V_i))$$

风险分析的具体计算过程如下：

(1) 计算安全事件发生的可能性 P。

根据威胁赋值(能力和频率)，以及脆弱性被威胁利用的难易程度，计算威胁利用脆弱性导致安全事件发生的可能性，即：安全事件发生的可能性 $P = P$(威胁的赋值，脆弱性利用度的赋值) $= P(V_t,\ V_u)$。

在具体评估中，应综合攻击者的技术能力(专业技术程度、攻击设备等)、脆弱性被威胁利用的难易程度(可访问时间、设计和操作知识公开程度等)、资产吸引力、威胁出现的可能性、脆弱点的属性、安全措施的效能等因素来判断安全事件发生的可能性。

可能性分析方法可以是定量的，也可以是定性的。定量方法可将发生安全事件的可能性表示成概率形式，而定性方法将安全事件发生的可能性给予如"极高、高、中等、低、很低"等类似的等级评价。

(2) 计算安全事件发生后造成的损失 L。

根据资产的赋值和安全事件造成的影响程度，计算安全事件发生后对评估对象造成的损失，即：安全事件造成的损失 $L = L$(资产的赋值，脆弱性影响度的赋值) $= L(V_a,\ V_i)$。根据评估对象的不同，V_a 可以是 V_{ba}、V_{sa} 或 V_{ua}。

安全事件的发生所造成的损失不仅仅针对该资产本身，还可能影响业务的连续性。不同安全事件的发生对组织造成的影响也是不同的。

部分安全事件造成的损失判断还应参照安全事件发生可能性的结果，对发生可能性极小的安全事件(如处于非地震带的地震威胁、在采取完备供电措施状况下的电力故障威胁等)可以不计算其影响或损失。

由于安全事件对组织影响的多样性，相关数据也比较缺乏，目前这种事件造成的影响或损失的定量计算方法还不成熟，更多的是采用定性的分析方法，根据经验对安全事件发生后所造成的影响或损失进行等级划分，给予"极高、高、中等、低、可忽略"等评价。

(3) 计算系统资产 S 的风险值 R_s。

根据计算出的安全事件发生的可能性以及安全事件发生后造成的损失，计算系统资产 S 的风险值，即：系统资产 S 的风险值 $R_s = R_s$(安全事件发生的可能性，安全事件造成的系统资产的损失) $= R_s(P(V_t,\ V_u),\ L(V_{sa},\ V_i))$。

(4) 计算业务资产风险值 F。

根据业务所涵盖的系统资产的风险值，综合计算出业务风险值，即：业务风险值 $F = F$(系统资产 S_1 的风险值，系统资产 S_2 的风险值，…，系统资产 S_n 的风险值)$=F(S_1,\ S_2,\ \cdots,\ S_n)$。

其中：

　　F——业务风险计算函数；

　　S_1，S_2，…，S_n——业务所涵盖的系统资产的风险值。

　　评估者可根据自身情况选择相应的风险计算方法(如矩阵法或相乘法)计算风险值，将安全事件发生的可能性与安全事件发生后造成的损失进行运算得到风险值。

　　矩阵法通过构造一个二维矩阵，形成安全事件发生的可能性与安全事件发生后造成的损失之间的二维关系；相乘法通过构造经验函数，将安全事件发生的可能性与安全事件发生后造成的损失进行运算得到风险值。详细的矩阵法和相乘法的风险计算示例参见第 8.5 节。

8.3.4　风险评价

　　风险评价是指依据风险计算模型对单个资产的风险进行风险值的计算，对计算结果进行等级划分，并按照一定的规则，从资产的风险现状推断出业务的风险情况。

1. 系统资产风险评价

　　根据风险评价准则对系统资产风险计算结果进行等级处理。一种系统资产风险等级的划分处理如表 8-15 所示。

表 8-15　系统资产风险等级划分

等级	标识	系统资产风险状况描述
5	很高	风险发生的可能性很高，对系统资产产生很高的影响
4	高	风险发生的可能性很高，对系统资产产生中等及高影响；风险发生的可能性高，对系统资产产生高及以上影响；风险发生的可能性中，对系统资产产生很高影响
3	中等	风险发生的可能性很高，对系统资产产生低及以下影响；风险发生的可能性高，对系统资产产生中及以下影响；风险发生的可能性中，对系统资产产生高、中、低影响
2	低	风险发生的可能性中，对系统资产产生很低影响；风险发生的可能性低，对系统资产产生低及以下影响；风险发生的可能性很低，对系统资产产生中、低影响
1	很低	风险发生的可能性很低，对系统资产几乎无影响

　　系统资产风险等级与风险值计算函数图的关系如图 8-4 所示。

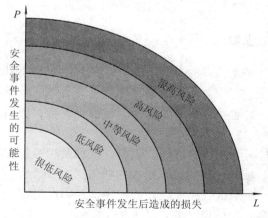

图 8-4　系统资产风险等级与系统资产风险值计算函数图的关系

通过风险计算，位于"很高风险"区域的风险对组织的安全水平有着显著的影响，是应当主要加以控制的风险；位于"高风险"区域的风险要加以控制；位于"中等风险"和"低风险"区域的风险要根据组织接受风险的能力适当加以控制；位于"很低风险"区域的风险只要是处于组织可接受的水平，一般可以忽略。

2. 业务资产风险评价

根据风险评价准则对业务风险计算结果进行等级处理，在进行业务资产风险评价时，可从社会影响和组织影响两个层面进行分析。其中社会影响包含国家安全，社会秩序，公共利益，公民、法人和其他组织的合法权益等方面；组织影响包含职能履行、业务开展、触犯法律法规和财产损失等方面。一种基于后果的业务风险等级的划分处理如表8-16所示。

表 8-16　业务风险等级划分

等级	标识	层面	业务风险状况描述
5	很高	社会影响	对国家安全、社会秩序和公共利益造成影响；对公民、法人和其他组织的合法权益造成严重影响
		组织影响	导致职能无法履行或业务无法开展；触犯法律法规；造成非常严重的财产损失
4	高	社会影响	对公民、法人和其他组织的合法权益造成较大影响
		组织影响	导致职能履行或业务开展受到严重影响；造成严重的财产损失
3	中等	社会影响	对公民、法人和其他组织的合法权益造成影响
		组织影响	导致职能履行或业务开展受到影响；造成较大的财产损失
2	低	组织影响	导致职能履行或业务开展受到较小影响；造成一定的财产损失
1	很低	组织影响	造成较少的财产损失

8.3.5　沟通与协商

在风险评估过程中，风险评估实施团队应与内部相关方和外部相关方保持沟通并对沟通内容予以记录。沟通的内容应包括：

(1) 为理解风险及相关问题和决策而就风险及其相关因素相互交流信息和意见。

(2) 相关方表达的对风险事件的关注、意见和相应的反应。

8.3.6　风险评估文档记录

风险评估文档是指在整个风险评估过程中产生的评估过程文档和评估结果文档，至少包括以下文档：

(1) 风险评估方案：阐述风险评估的目标、范围、人员、评估方法、评估结果的形式和实施进度等。

(2) 风险评估程序：明确评估的目的、职责、过程及相关的文档要求，以及实施本次评估所需要的各种资产、威胁、脆弱性识别和判断依据。

(3) 资产识别清单：根据组织在风险评估程序文档中所确定的资产分类方法进行资产识别，形成资产识别清单，明确资产的责任人/部门。

(4) 重要资产清单：根据资产识别和赋值的结果，形成重要资产清单，包括重要资产名称、描述、类型、重要程度、责任人/部门等。

(5) 威胁列表：根据威胁识别和赋值的结果，形成威胁列表，包括威胁名称、种类、来源、动机及出现的频率等。

(6) 脆弱性列表：根据脆弱性识别和赋值的结果，形成脆弱性列表，包括具体脆弱性的名称、描述、类型及严重程度等。

(7) 已有安全措施确认表：根据对已采取的安全措施确认的结果，形成已有安全措施确认表，包括已有安全控制措施的名称、类型、功能描述及实施效果等。

(8) 风险评估报告：对整个风险评估过程和结果进行总结，详细说明被评估对象，风险评估方法，资产、威胁、脆弱性的识别结果，风险分析、风险评价及结论等内容。

(9) 风险评估记录：根据风险评估程序，要求风险评估过程中的各种现场记录可复现评估过程，并作为产生歧义后解决问题的依据。

记录风险评估过程的相关文档，应至少符合以下要求：

(1) 确保文档发布前是得到批准的。

(2) 确保文档的更改和现行修订状态是可识别的。

(3) 确保文档的分发得到适当的控制，并确保在使用时可获得有关版本的适用文档。

(4) 防止作废文档的非预期使用，若因任何目的需保留作废文档时，应对这些文档进行适当的标识。

(5) 规定文档的标识、存储、保护、检索、保存期限以及处置所需的控制。

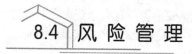

8.4 风险管理

8.4.1 选择安全控制措施

经过风险评估后，就可以对不可接受的风险情况引入新的适当的安全控制措施，对风险实施管理与控制，将风险降低到可以接受的程度。

选择安全控制措施时，要考虑以下因素：

(1) 控制的成本费用。

控制的选择要基于安全平衡的原则，要考虑技术的、非技术的控制因素，也要考虑法律法规的要求、业务的需求以及风险的要求。

如果实施与维护这些控制的费用要高于资产遭受威胁所造成损失的预期值，那么所选择的控制措施是不适当的；如果控制费用比组织计划的安全预算还要高，也是不适当的。但如果因为控制费用预算的不足使得控制措施的数量与质量下降，又会使系统产生不必要的风险，所以对此要特别注意。

(2) 控制的可用性。

在使用所选择的安全控制措施时，有时候会发现有些控制因为技术、环境等原因，实施和维护起来非常困难，或者根本就不可能进行实施和维护。另外，如果用户对某些控制存在不可操作或无法接受的情况，那么这些控制也是不可行的。所以，在选择安全控制措施时，一定要注意控制的可用性，比如可以采取相近的技术控制或非技术的物理、人员、过程等措施来替代或弥补那些可行性差的技术控制，或作为技术控制的备用项。

(3) 已存在的控制。

所选择的安全控制措施应当与组织中已存在的控制有机地结合起来，共同服务于安全目标。因此，需要注意它们之间的协调关系：

① 当已存在的控制不能提供足够的安全保障时，在选择新的安全控制措施之前，组织应先对是否取消原有的控制或是补充现有的控制做出决策。这种决策依赖于控制的成本大小、更新是否必须、安全需求是否迫切等因素。

② 所选择的控制与已存在的控制是否兼容，不存在冲突。例如物理访问控制可以用来补充逻辑访问控制机制，它们的结合可以提供更可靠的安全保障。

(4) 控制功能的范围和强度。

主要是要求所选择的安全控制措施能满足所有的控制目标与安全需求，要求控制措施的功能类型应该全面，如预防、探测、监控、威慑、纠正、恢复等功能，并能使得风险减少后的残余风险达到可接受的水平。

总之，无论选择什么样的安全控制措施，最终结果只能是降低风险到可接受的水平，或做出正式的管理决策接受风险。选择安全控制措施，就是为了控制风险。控制风险的方法包括：避免风险、转移风险、降低风险和接受风险。

8.4.2　避免风险

避免风险是一种风险控制战略，即防止信息资产的脆弱性受到威胁的利用。因为是力求避免风险，而不是发现风险后再去处理，所以它是一种可以优先选择的方案。可以通过以下方式来避免风险：

(1) 政策的应用。

应用政策可以强制性地使各管理层按照一定的制度和要求的程序进行安全工作。例如，如果组织需要更严格地进行系统准入机制，那么在各个信息系统是均可以实施高强度的身份识别和访问权限的控制政策。当然，单独的政策是不够的，有效的管理总是将政策的改变与对员工的训练、教育和技术的应用结合起来。

(2) 培训和教育的应用。

让员工知道新的或修改后的政策，这可能不足以保证他们能遵守这些政策。进行安全意识提升的培训和教育，对于建立一种更安全、更可控的信息系统环境，并在避免风险方面发挥积极作用。

(3) 打击威胁。

打击对某种信息资产的威胁，或者使该信息资产不直接面对威胁，就可以使得该信息资产避免风险。消除一种威胁虽然很困难，但抵制和打击一些威胁还是可能的。例如，如果系统容易遭受网络黑客的攻击，就必须采取一些法律和技术措施来对抗他们，避免潜在攻击。

(4) 实施安全技术。

任何信息安全系统都时时刻刻需要一些安全技术解决方案来有效地减少和避免风险，

这些技术甚至涉及信息系统使用中的每个过程与步骤，而且有时候，还要采取一些主动规避或放弃一些业务活动、主动撤离一些风险区域的方式来避免风险。

8.4.3　转移风险

转移风险是一种风险控制方法，它是组织在无法避免风险时，或者减少风险很困难，成本也很高时，将风险转向其他的资产、过程或组织。可以通过重新考虑如何提供服务、修改配置模型、执行项目外包并完善合同、购买保险等方式来实现该目标。

任何组织都不会将精力花在业务涉及的所有的方面，它们只会关注自己最擅长的方面，并依靠专家顾问或承包商来提供其他的专业建议。如果组织在安全管理方面经验不足，就应该雇用具备专业水平的人员或公司来加以解决，甚至将一些复杂系统的管理风险转移到有相关管理经验的组织身上。例如，许多组织需要网站服务，可以直接雇用 ISP 来解决，由 ISP 来对网站负责，并根据服务等级协议，保证服务器和网站正常运行。

8.4.4　降低风险

降低风险是一种风险控制方法，主要是通过实施各种预防和应急响应计划来减少因脆弱性而带来的攻击对资产的损害。降低风险的方法主要包括以下三种计划：

(1) 事件响应计划。

事件响应计划是在事故或灾难尚未发生时，组织事先制定好的在事件发生时应该快速实施的措施列表。

(2) 灾难恢复计划。

灾难恢复计划是在灾难事件发生时，组织用来限制损失的一些措施，例如恢复丢失数据、重建丢失服务、关闭过程以保护系统等。

(3) 业务持续性计划。

业务持续性计划是在确定灾难会影响组织后续业务运营时，组织执行的确保总体业务持续性的措施。

8.4.5　接受风险

当信息系统的威胁和脆弱性已被尽可能控制时，通常仍然残留着一定的风险，这些风险并未被消除、转移或本来就处于控制计划之外，这被称为残余风险。残余风险的重要性要针对具体的组织环境来考虑。毕竟，信息安全的目标并不是要将残余风险完全消除，而是将残余风险降为最低。如果管理者已经确定残余风险的存在，而且组织中相关的决策部门也决定让这些残余风险适度存在，即接受风险，那么信息安全也算是实现了其首要目标。

接受风险是一个对残余风险进行确认和评价的过程。在实施安全控制措施之后，组织应该对风险的降低和残余的风险进行判断，就是否接受风险做出业务决策：增加安全控制措施和控制费用将风险降低到可接受的水平，或者接受风险，并承担随之发生的任何后果。

接受风险不一定是一种明智的商业决策。一般来说，只有当组织完成了以下工作，接受风险才是一项正确的战略：

(1) 确定影响信息资产的风险等级。

(2) 评估发生威胁和产生脆弱性的可能性。

(3) 近似地计算了该类攻击每年发生的概率。

(4) 估计攻击所造成的潜在损失。

(5) 进行了全面的成本-效益分析。

(6) 评估使用的每一项安全控制措施。

组织在完成了风险识别与计算、风险管理和控制之后，可以将风险控制在一个可以接受的水平，但这并不意味着风险评估工作的结束。事实上，随着时间的推移和组织业务环境的变化，新的威胁和新的脆弱性会不断增加或显现，有关的法律法规也在变化，所以风险也是不断变化的。风险管理是一个动态的、持续改进的过程，组织需要进行动态的风险评估与风险管理，这也是动态安全观的要求。

8.5　信息安全风险要素计算方法

在风险分析过程中，需要计算风险值。风险计算需要确定影响风险的要素、要素之间的组合方式，以及具体的计算方法。将风险要素按照组合方式使用具体的计算方法进行计算，即可得到风险值。

目前通用的风险评估中风险值计算涉及的要素一般为资产、威胁和脆弱性，其关系见第 8.3.3 节，即由威胁和脆弱性利用度确定安全事件发生的可能性，由资产和脆弱性影响度确定安全事件的影响(即造成的损失)，以及由安全事件发生的可能性和安全事件的影响来确定风险值。

常用的计算方法为矩阵法和相乘法。在实际应用中，可以将这两种方法结合使用。

假设： 有以下信息系统中资产面临威胁利用脆弱性的情况：

共有两项系统组件资产：资产 A_1 和资产 A_2；

资产 A_1 面临两个主要威胁 T_1 和 T_2；

资产 A_2 面临一个主要威胁 T_3；

威胁 T_1 可以利用资产 A_1 存在的两个脆弱性，脆弱性 V_1 和脆弱性 V_2；

威胁 T_2 可以利用资产 A_1 存在的一个脆弱性 V_3；

威胁 T_3 可以利用资产 A_2 存在的两个脆弱性，脆弱性 V_4 和脆弱性 V_5；

资产的赋值分别是：资产 $A_1 = 2$，资产 $A_2 = 4$；

威胁的赋值分别是：威胁 $T_1 = 2$，威胁 $T_2 = 4$，威胁 $T3 = 3$；

脆弱性 $V_1 \sim V_5$ 的利用度的赋值分别是：$V_{u1} = 3$，$V_{u2} = 5$，$V_{u3} = 4$，$V_{u4} = 4$，$V_{u5} = 5$。

脆弱性 $V_1 \sim V_5$ 的影响度的赋值分别是：$V_{i1} = 2$，$V_{i2} = 4$，$V_{i3} = 3$，$V_{i4} = 4$，$V_{i5} = 4$。

以下分别用矩阵法和相乘法来计算其风险。

8.5.1　矩阵法计算风险

1. 矩阵法原理

矩阵法主要适用于由两个要素值确定一个要素值的情形。

首先需要确定二维计算矩阵，矩阵内各个要素的值根据具体情况和函数递增情况采用数学方法确定，然后将两个元素的值在矩阵中进行比对，行列交叉处即为所确定的计算结果，即 $z=f(x,y)$，函数 f 可以采用矩阵法计算。

矩阵法的原理是：

$$x = \{x_1, x_2, \cdots, x_i, \cdots, x_m\}, \quad 1 \leqslant i \leqslant m, \quad x_i \text{ 为正整数,}$$

$$y = \{y_1, y_2, \cdots, y_j, \cdots, y_n\}, \quad 1 \leqslant j \leqslant n, \quad y_j \text{ 为正整数.}$$

以 x 和 y 构建一个二维矩阵，如表 8-17 所示。矩阵行值为要素 y 的所有取值，矩阵列值为要素 x 的所有报值。矩阵内 $m \times n$ 个值为要素 z 的取值，即 $z = \{z_{11}, z_{12}, \cdots, z_{ij}, \cdots, z_{mn}\}$，$1 \leqslant i \leqslant m$，$1 \leqslant j \leqslant n$，$z_{ij}$ 为正整数。

表 8-17　二维矩阵构造

x	y					
	y_1	y_2	$\cdots$	y_j	$\cdots$	y_n
x_1	z_{11}	z_{12}	$\cdots$	z_{1j}	$\cdots$	z_{1n}
x_2	z_{21}	z_{22}	$\cdots$	z_{2j}	$\cdots$	z_{2n}
$\cdots$	$\cdots$	$\cdots$	$\cdots$	$\cdots$	$\cdots$	$\cdots$
x_i	z_{i1}	z_{i2}	$\cdots$	z_{ij}	$\cdots$	z_{in}
$\cdots$	$\cdots$	$\cdots$	$\cdots$	$\cdots$	$\cdots$	$\cdots$
x_m	z_{m1}	z_{m2}	$\cdots$	z_{mj}	$\cdots$	z_{mn}

采用以下公式来计算 z_{ij}：

$$z_{ij} = x_i + y_j \quad \text{或} \quad z_{ij} = x_i y_j \quad \text{或} \quad z_{ij} = \alpha x_i + \beta y_j$$

其中 α 和 β 为正常数。

z_{ij} 的计算要根据实际情况确定，矩阵内的 z_{ij} 值不一定遵循统一的计算公式，但必须具有统一的增减趋势，即如果 f 是递增函数，那么 z_{ij} 的值应随着 x_i 与 y_j 的值递增，反之亦然。

矩阵法的特点在于通过构造两两要素计算矩阵，可以清晰反映要素的变化趋势，具备良好灵活性。

在风险值计算中，通常需要根据两个要素来确定另一个要素值，例如由威胁和脆弱性利用度确定安全事件发生的可能性值、由资产和脆弱性影响度确定安全事件的影响值(即损失值)等，同时需要整体掌握风险值的确定，因此矩阵法在风险分析中得到广泛应用。

2. 矩阵法计算示例

1) 计算资产的风险值

这里以资产 A_1 为例使用矩阵法计算其风险值，其他资产计算方法类似。

资产 A_1 面临两个主要威胁 T_1 和 T_2，威胁 T_1 可以利用资产 A_1 的两个脆弱性，威胁 T_2 可以利用资产 A_1 的一个脆弱性，因此，资产 A_1 存在三个风险值。这三个风险值的计算过程类似。以资产 A_1 面临的威胁 T_1 可以利用资产 A_1 的脆弱性 V_1 为例进行计算：

(1) 计算安全事件发生的可能性。

T_1 威胁的赋值：威胁 $T_1 = 2$；

V_1 脆弱性利用度的赋值：$V_{u1} = 3$。

首先根据矩阵法原理，构建安全事件发生的可能性矩阵，如表 8-18 所示。

表 8-18　安全事件发生的可能性矩阵

威胁的赋值	脆弱性利用度				
	1	2	3	4	5
1	2	4	7	10	13
2	3	6	10	13	16
3	5	9	12	16	19
4	7	11	14	18	22
5	8	12	17	20	25

那么根据威胁的赋值为 2 和脆弱性利用度为 3，在矩阵中对照，可确定安全事件发生的可能性值为 10。

因为安全事件发生的可能性是风险计算函数的一个参数，所以在构建风险矩阵前，先对安全事件发生的可能性进行等级划分，如表 8-19 所示，此时可知安全事件发生的可能性等级为 2。

表 8-19　划分安全事件发生的可能性等级

安全事件发生的可能性值	1～5	6～11	12～16	17～21	22～25
安全事件发生的可能性等级	1	2	3	4	5

(2) 计算安全事件的影响。

A_1 资产的赋值：资产 $A_1 = 2$；

V_1 脆弱性影响度的赋值：$V_{i1} = 2$。

首先根据矩阵法原理，构建安全事件的影响矩阵，如表 8-20 所示。

表 8-20　安全事件的影响矩阵

资产的赋值	脆弱性影响度				
	1	2	3	4	5
1	2	4	7	11	14
2	3	6	9	13	16
3	5	9	12	16	19
4	7	11	14	18	22
5	9	12	17	21	25

那么根据资产的赋值为 2 和脆弱性影响度为 2，在矩阵中对照，可确定安全事件的影响值为 6。

因为安全事件的影响是风险计算函数的一个参数，所以在构建风险矩阵前，还要对安全事件的影响进行等级划分，如表 8-21 所示，此时可知安全事件的影响等级为 2。

表 8-21　划分安全事件的影响等级

安全事件的影响值	1～5	6～10	11～16	17～21	22～25
安全事件的影响等级	1	2	3	4	5

(3) 计算风险值。

此时，已计算出：安全事件发生的可能性 ＝ 2，安全事件的影响 ＝ 2。

同样，可根据矩阵法原理，构建风险矩阵，如表 8-22 所示。

表 8-22　风 险 矩 阵

安全事件的影响	安全事件发生的可能性				
	1	2	3	4	5
1	3	6	9	12	16
2	5	7	10	13	18
3	7	9	12	16	21
4	9	11	15	20	23
5	10	12	17	22	25

那么根据安全事件发生的可能性为 2 和安全事件的影响为 2，在矩阵中对照，可确定风险值为 7。

按同样的方法，可计算得出资产 A_1 的其他风险值，以及资产 A_2 的风险。

2）结果判定

先确定风险等级划分的标准，如表 8-23 所示。

表 8-23　划分风险的等级

风险值	1～5	6～12	13～17	18～22	23～25
风险等级	1	2	3	4	5

根据计算出的风险值，结合表 8-23 可知，资产 A_1 面临的威胁 T_1 可以利用资产 A_1 的脆弱性 V_1 的风险等级为 2。

以此类推，可计算出两项系统组件资产的其他风险值，并根据表 8-23 确定出各自的风险等级结果，如表 8-24 所示。

表 8-24　风 险 结 果

资　产	威　胁	脆 弱 性	风 险 值	风 险 等 级
资产 A_1	威胁 T_1	脆弱性 V_1	7	2
		脆弱性 V_2	12	2
	威胁 T_2	脆弱性 V_3	13	3
资产 A_2	威胁 T_3	脆弱性 V_4	15	3
		脆弱性 V_5	20	4

8.5.2　相乘法计算风险

1. 相乘法原理

相乘法主要适用于由两个或多个要素值确定一个要素值的情形。即 $z=f(x,y)$，函数 f 可以采用相乘法。

相乘法的原理是：

$$z=f(x,y)=x\otimes y$$

当 f 为增量函数时，$\otimes$ 可以为直接相乘，也可以为相乘后取模等，例如：

$$z=f(x,y)=x\times y$$

或

$$z = \sqrt{x \times y}$$

或

$$z = [\sqrt{x \times y}]$$

或

$$z = \left[\frac{\sqrt{x \times y}}{x + y} \right]$$

相乘法提供了一种定量的计算方法，直接使用两个要素值进行相乘得到另外一个要素值，它简单明确，直接按统一的公式计算，便可得到所需的结果。

在风险值计算中，通常需要根据两个要素来确定另一个要素值，例如由威胁和脆弱性利用度确定安全事件发生可能性值、由资产和脆弱性影响度确定安全事件的影响值(即损失值)等，因此相乘法在风险分析中也得到了广泛应用。

2. 相乘法计算示例

1) 计算资产的风险值

这里以资产 A_1 为例使用相乘法计算其风险值，其他资产计算方法类似。

资产 A_1 面临两个主要威胁 T_1 和 T_2，威胁 T_1 可以利用资产 A_1 的两个脆弱性，威胁 T_2 可以利用资产 A_1 的一个脆弱性，因此，资产 A_1 存在三个风险值。这三个风险值的计算过程类似。以资产 A_1 面临的威胁 T_1 可以利用资产 A_1 的脆弱性 V_1 为例进行计算，其中计算公式采用：

$$z = f(x, y) = \sqrt{x \times y}$$

并对 z 的值四舍五入取值。

(1) 计算安全事件发生的可能性。

T_1 威胁的赋值：威胁 $T_1 = 2$；

V_1 脆弱性利用度的赋值：$V_{u1} = 3$。

计算安全事件发生的可能性 $= \sqrt{2 \times 3} = \sqrt{6}$。

(2) 计算安全事件的影响。

A_1 资产的赋值：资产 $A_1 = 2$；

V_1 脆弱性影响度的赋值：$V_{i1} = 2$。

计算安全事件的影响 $= \sqrt{2 \times 2} = \sqrt{4}$。

(3) 计算风险值。

安全事件发生的可能性 $= \sqrt{6}$。

安全事件的影响 $= \sqrt{4}$。

风险值 $= \sqrt{6} \times \sqrt{4} \approx 5$。

2) 结果判定

先确定风险等级划分的标准，可参考表 8-23。

因此，资产 A_1 面临的威胁 T_1 可以利用资产 A_1 的脆弱性 V_1 的风险等级为 1。

以此类推，可计算出两项系统组件资产的其他风险值，并根据风险等级划分标准确定出各自的风险等级结果，如表 8-25 所示。

表 8-25　风 险 结 果

资　产	威　胁	脆弱性	风 险 值	风 险 等 级
资产 A_1	威胁 T_1	脆弱性 V_1	5	1
		脆弱性 V_2	9	2
	威胁 T_2	脆弱性 V_3	10	2
资产 A_2	威胁 T_3	脆弱性 V_4	14	3
		脆弱性 V_5	15	3

8.6　风险评估的工作方式

根据发起者的不同，风险评估的工作方式可分为自评估和检查评估两种形式。

自评估是风险评估的主要形式，是指评估对象的拥有、运营或使用单位发起的对本单位进行的风险评估，以发现评估对象现有弱点。检查评估是指评估对象上级管理部门组织的或国家有关职能部门开展的风险评估，是通过行政手段加强信息安全的重要措施。

风险评估应以自评估为主，检查评估在自评估过程记录与评估结果的基础上，验证和确认系统存在的技术、管理和运行风险，以及实施自评估后采取风险控制措施取得的效果。自评估和检查评估应相互结合、互为补充，二者都可依托自身技术力量进行，也可委托具有相应资质的第三方机构提供技术支持。

1. 自评估

自评估是风险评估的基础，应落实"谁主管谁负责，谁运营谁负责"的原则，按照风险评估的相关管理规范和技术标准，结合评估对象特定的安全需求实施风险评估。

由于具体单位的信息系统各具特性，这些个性化的过程和要求往往是敏感的，没有长期接触相关行业和部门的人难以在短期内熟悉和掌握，而且只有拥有者对威胁及其后果的体会最深切。由于受到行业知识技能及业务了解的限制，对评估对象的了解，尤其是在业务方面的特殊要求存在一定的局限。另外，由于引入风险评估服务技术支持方本身就是一个风险因素，因此，对其背景与资质、评估过程与结果的保密要求等方面应进行控制。

自评估有以下优点：

(1) 有利于保密。

(2) 有利于发挥行业和部门内的人员的业务特长。

(3) 有利于降低风险评估的费用。

(4) 有利于提高本单位的风险评估能力、信息安全知识及相关安全政策的落实。

但自评估的缺点也很明显：

(1) 如果没有统一的规范和要求，在缺乏风险评估专业人才的情况下，自评估的结果可能不深入、不规范、不到位。

(2) 也可能会存在某些不利的干预，影响评估结果的客观性，降低评估结果的置信度。

(3) 某些时候，即使自评估的结果比较客观，也必须与管理层进行沟通。

因此，在自评估中可以采用一些改进办法，比如邀请专家指导或委托专业评估组织参与部分工作、委托具有相应资质的第三方机构提供技术支持等。

在具体工作中，如果已周期性地开展了自评估，那么可以在评估流程上适当简化，重点针对上次评估后评估对象发生变化后引入的新威胁，以及脆弱性的完整性识别，从而有利于两次评估结果的对比。

2. 检查评估

检查评估是由信息安全主管部门或业务主管部门发起，旨在依据相关法规和标准，检查被评估单位是否满足了这些法规或标准。在形式上，检查评估有安全保密检查、生产安全检查、专项检查等。被查单位应配合评估工作的开展。由于检查评估代表了主管机关，涉及评估对象也往往较多，因此，要对实施检查评估机构的资质进行严格管理。

检查评估的实施可以多样化，既可以依据法规或标准的要求，实施完整的风险评估过程，也可以在对自评估的实施过程、风险计算方法和评估结果等重要环节的科学合理性进行分析的基础上，对关键环节或重点内容实施抽样评估，涉及以下内容：

(1) 自评估队伍及技术人员的审查。

(2) 自评估方法的检查。

(3) 自评估过程控制与文档记录的检查。

(4) 自评估资产列表、威胁列表和脆弱性列表的审查。

(5) 已有安全措施有效性检查。

(6) 自评估结果审查与采取相应措施的跟踪检查。

(7) 自评估技术技能限制未完成项目的检查评估。

(8) 上级关注或要求的关键环节和重点内容的检查评估。

(9) 软硬件维护制度及实施状况的检查。

(10) 突发事件应对措施的检查。

8.7　风险评估工具

风险评估工具是风险评估的辅助手段，是保证风险评估结果可信度的一个重要因素。风险评估工具的使用不但在一定程度上解决了手动评估的局限性，最主要的是它能够将专家知识进行集中，使专家的经验知识被广泛地应用。

从功能应用的角度和目标而言，风险评估工具可分为预防、检测和响应三类。通常情况下，技术人员会把漏洞扫描工具称为风险评估工具，因为可以用它来发现系统存在的漏洞、不合理配置等问题，根据漏洞扫描结果提供的线索，利用渗透性测试分析系统存在的风险，所以漏洞扫描工具在对信息基础设施进行风险评估过程中发挥着不可替代的作用。

随着人们对信息资产的深入理解，发现信息资产包括软件、硬件、服务、流程、数据、文档、人员等广泛的类型，因此解决信息安全的问题在于预防这些复杂信息资产的安全问题。在此基础上，许多国家和组织都建立了针对预防安全事件发生的风险评估指南和方法。基于这些方法，开发出了一些工具，例如 CRAMM 等。这些工具主要从管理的层面上，考虑包括信息安全技术在内的一系列与信息安全有关的问题，例如安全规定、人员管理、通信保障、业务持续性以及法律法规等各方面的因素，对信息安全有一个整体宏观的评价。

而且人们也认识到一个完整的风险评估所考虑的问题不只是关键资产在是某个时间状态下的威胁、脆弱性情况，过去的攻击、威胁和安全事故都可作为确定风险的客观支持，那么对这些事件的检测和记录工具也是风险评估过程中不可缺少的工具，因此将 IDS 也作为风险评估工具的一种。

需要注意的是，虽然风险评估工具作为人们了解信息网络安全，掌握系统风险状况的有力辅助手段，但其本身的应用也可能会对通信网络安全、主机设备安全、应用和数据安全等带来负面影响，成为新的风险，因此，应通过合理途径获得风险评估工具，在使用过程中要注意遵守《网络安全法》《数据安全法》及《个人信息保护法》等相关法律法规。

根据在风险评估过程中的主要任务和作用原理的不同，风险评估工具可以分成风险评估与管理工具、信息基础设施风险评估工具、风险评估辅助工具三类。

8.7.1　风险评估与管理工具

风险评估与管理工具是一套集成了风险评估各类知识和判据的管理信息系统，以规范风险评估的过程和操作方法，或者是用于收集评估所需要的数据和资料，基于专家经验，对输入输出进行模型分析，通常在进行风险评估后有针对性地提出风险控制措施。

这种工具根据信息所面临的威胁的不同分布进行全面考虑，在风险评估的同时根据面临的风险提供相应的控制措施和解决办法。此类工具通常建立在一定的算法之上，风险由关键信息资产、资产所面临的威胁以及威胁所利用的脆弱性三者来确定。也有通过建立专家系统，利用专家经验进行风险分析，给出专家结论，在生命周期内需要不断进行知识库的扩充，以适应不同的需要。

根据实现方法的不同，风险评估与管理工具可以分为以下三种：

(1) 基于相关标准或指南的风险评估与管理工具。

目前，国际上存在多种不同的风险评估或分析的标准或指南，不同方法侧重点有所不同，例如 NIST SP 800-30、BS7799、ISO/IEC 13335 等。以这些标准或指南的内容为基础，分别开发和建立相应的评估工具，完成遵循标准或指南的风险评估过程。例如英国推行基于 BS 7799 标准认证并开发了 CRAMM、美国 NIAP(National Information Assurance Partnership，美国国家信息安全保障合作组织)根据 CC 进行信息安全自动化评估的 CC Toolbox、美国 NIST 根据 SP 800-26 进行 IT 安全自动化自我评估的 ASSET 等，其中 ASSET 可免费使用。

(2) 基于知识的风险评估与管理工具。

基于知识的风险评估与管理工具并不仅仅遵循某个单一的标准或指南，而是将各种风险分析方法进行综合，并结合实践经验，形成风险评估知识库，以此为基础完成综合评估。它还涉及来自类似组织(包括规模、商务目标和市场等)的最佳实践，主要通过多种途径采集相关信息，识别组织的风险和当前的安全措施，并与特定的标准或最佳实践进行比较，从中找出不符合的地方，同时产生专家推荐的安全控制措施。例如 Microsoft 公司推出的基于专家系统的 MSAT(Microsoft Security Assessment Tool)、英国 C&A System Security Ltd.推出的自动化风险评估与管理工具 COBRA(Consultative，Objective and Bi-Functional Risk Analysis)等，并且 COBRA 和 MSAT 可免费使用或试用。

（3）基于定性或定量的模型算法的风险评估与管理工具。

风险评估根据对各要素的指标量化以及计算方法不同分为定性和定量的风险分析工具。基于标准或基于知识的风险评估与管理工具，都使用了定性分析方法或定量分析方法，或者将定性与定量相结合。这类工具是在对信息系统各组成部分、安全要素充分分析的基础上，对典型信息系统的资产、威胁和脆弱性建立定性的或量化、半量化的模型，并根据收集信息输入，得到风险评估的结果。例如英国 BSI 根据 ISO 17799 进行风险等级和控制措施的过程式分析工具 RA/SYS(Risk Analysis System)、国际安全技术公司(International Security Technology，Inc.)提供的半定量（定性与定量方法相结合）的风险评估工具 CORA(Cost-of-Risk Analysis)等。

表 8-26 给出了常见的风险评估与管理工具的对比情况。

表 8-26　常见的风险评估与管理工具的对比

工具	国家/组织	标准/方法	定性/定量	数据输入	结果输出
CRAMM	英国 CCTA	BS 7799	定性/定量结合	过程	结果报告、风险等级、控制措施
ASSET	美国 NIST	SP 800-26	定量	调查文件	决策支持信息
CC Toolbox	美国 NIAP	CC	定性/定量结合	调查问卷	评估报告
COBRA	英国 C&A 系统安全公司	ISO 17799、专家知识	定性/定量结合	调查文件	结果报告、风险等级、控制措施
MSAT	美国 Microsoft	专家知识	定性/定量结合	调查文件	风险管理措施与意见
RA/SYS	英国 BSI	ISO 17799、过程式算法	定量	过程	风险等级、控制措施
CORA	国际安全技术公司	过程式算法	定性/定量结合	调查文件	决策支持信息

8.7.2　信息基础设施风险评估工具

信息基础设施风险评估工具包括脆弱性扫描工具和渗透性测试工具，主要用于对信息系统的主要部件(例如操作系统、数据库系统、网络设备等)的脆弱性进行分析，或实施基于脆弱性的攻击。

1. 脆弱性扫描工具

脆弱性扫描工具也称为安全扫描、漏洞扫描器，评估网络或主机系统的安全性并且报告系统脆弱性。这些工具能够扫描网络、服务器、防火墙、路由器和应用程序并发现其中的漏洞。通常情况下，这些工具能够发现软件和硬件中已知的安全漏洞，以决定系统是否易受已知攻击的影响，并且寻找系统脆弱点，比如安装方面与建立的安全策略相悖等。

脆弱性扫描工具是目前应用最广泛的风险评估工具，主要完成对操作系统、数据库系统、网络协议、网络服务等的安全脆弱性检测功能。

一般的脆弱性扫描工具可以按照目标系统的类型分为以下三种：

（1）面向主机的扫描器：用来发现主机的操作系统、特殊服务和配置的细节，发现潜在用户行为的风险，如密码强度不够，也可实施对文件系统的检查。其原理主要是根据已披露的脆弱性特征库，通过对特定目标发送指令并获得反馈信息来判断该漏洞是否存在。

(2) 基于网络监测的扫描器：通过旁路或串联入网络关键节点，针对网络中的数据流检测如防火墙配置错误或连接到网络上易受到攻击的网络服务器的关键漏洞。其原理是通过分析网络数据流中特定数据包的结构和流量，分析存在的漏洞。

(3) 数据库脆弱性扫描器：对数据库的授权、认证和完整性进行详细的分析，也可以识别出数据库系统中潜在的脆弱性。其原理是根据数据库典型漏洞库和分析数据库访问语法特点来判断是否存在脆弱性。

目前常见的脆弱性扫描工具有 Nmap、X-scan、Nessus 和 Fluxay 等。

(1) Nmap(Network Mapper)是在自由软件基金会的 GNU General PublicLicense (GPL, 通用公共许可证)下发布的一款免费的网络探测和安全审计工具，是网络管理员必用的软件之一。它能够扫描大规模网络以判断存活的主机及其所提供的 TCP、UDP 网络服务，支持流行的 ICMP、TCP 及 UDP 扫描技术，并提供一些较高级的服务功能，如服务协议指纹识别(fingerprinting)、IP 指纹识别、隐秘扫描(避开入侵检测系统的监视，并尽可能不影响目标系统的日常操作)以及底层的滤波分析等。

Nmap 通过使用 TCP/IP 协议栈指纹来准确地判断出目标主机的操作类型。首先，Nmap 通过对目标主机进行端口扫描，找出正在目标主机上监听的端口，嗅探所提供的网络服务；其次，Nmap 对目标主机进行一系列的测试，利用响应结果建立相应目标主机的 Nmap 指纹；最后，将此指纹与指纹库中的指纹进行查找匹配，从而得出目标主机类型、操作系统类型、版本以及运行服务等相关信息。

(2) X-scan 是一款运行在 Windows 平台下免费的网络脆弱性扫描工具。它采用多线程方式对指定的 IP 地址段(或单个主机)进行安全漏洞检查，支持插件功能，提供了图形界面和命令行两种操作方式，扫描内容包括远程服务类型、操作系统类型及版本、各种弱口令漏洞、后门、应用服务漏洞、网络设备漏洞、拒绝服务漏洞等二十几个大类。

X-Scan 采用由 NASL(Nessus Attack Script Language)脚本语言设计的插件库，共有两千多个插件。X-San 对 NASL 插件库进行筛选和简化，去除了许多不常用的插件，同时把多个实现同一扫描功能的插件筛选成一个插件，大大地简化了插件库，极大地提高了扫描的效率。X-Scan 把扫描报告与安全焦点网站(http://www.xfocus.net)相连接，对扫描到的每个漏洞进行"风险等级"评估，并提供漏洞描述、解决方案及详细描述链接，以方便网络管理员测试和修补漏洞。

(3) Nessus 是在 1998 年由法国青年 Renaud Derasion 提出的一款基于插件的 C／S 构架的脆弱性扫描器。它采用多线程方式，完全支持 SSL(Secure Socket Layer)，能自行定义插件，拥有很好的 GTK(GIMP Toolkit，跨平台的图像处理工具包)界面，提供完整的电脑漏洞扫描服务，具有强大的报告输出能力，支持输出 HTML、XML、LaTeX 和 ASCII 等格式的安全报告，并且会为每一个发现的安全问题提出解决建议。与传统的漏洞扫描软件不同之处在于，Nessus 可同时在本地(已授权的)或远程端上遥控，进行系统的漏洞分析扫描，其运行效能还能随着系统的资源而自行调整。

Nessus 是目前最流行和最有能力的脆弱性扫描器之一，特别是针对 Unix 操作系统。最初它是免费和开源的，但分别在 2005 年和 2008 年停止开放源代码和提供注册版(Registered Feed)，但可以下载一个功能有限的免费家庭版(Home Feed)试用。

Nessus 也是采用 NASL 插件库，最新版有超过 46000 个插件，而且还在不断增加，所有的插件都是由 Nessus 官方网站进行维护。这些插件很多都是由全世界的网络安全爱好人员编写的，他们把写好的插件发给 Nessus 官方网站，然后工作人员再对这些插件进行测试，测试通过的就分配一个全球唯一的 ID 号，这样，就构成了针对不同操作系统、不同服务的强大的插件库。也正因为此，许多插件实现的其实是同一功能的扫描。

(4) Fluxay(流光)是一款既能实现脆弱性扫描，又能进行渗透性测试的国产免费工具。其工作原理是，首先，获得计算机系统在网络服务、版本信息、Web 应用等相关信息，采用模拟攻击的方法，对目标主机系统进行攻击性的安全漏洞扫描，例如弱口令测试。如果模拟攻击成功，则视为系统存在脆弱性。或者，根据事先定义的漏洞库对可能存在的脆弱性进行逐项检测，按照匹配规则将扫描结果与漏洞库进行比对，如果满足匹配条件，则视为系统存在脆弱性。最后，根据检测结果向系统管理员提供安全分析和安全策略建议报告，并作为系统和网络安全整体水平的评估依据。

2. 渗透性测试工具

渗透性测试工具是根据脆弱性扫描工具扫描的结果进行模拟攻击测试，判断被非法访问者利用的可能性。这类工具通常包括黑客工具、脚本文件等。渗透性测试的目的是检测已发现的脆弱性是否真正会给系统或网络带来影响，能直观地让管理人员知道自己网络所面临的问题，了解当前系统的安全性，了解攻击者可能利用的途径，以便对危害性严重的漏洞及时修补。通常渗透性测试工具与脆弱性扫描工具一起使用，并且可能会对被评估系统的运行带来一定影响。

目前常见的渗透性测试工具有 Core Impact、Canvas 和 Metasploit 等。

1) Core Impact

Core Impact 渗透测试工具是全球公认最强的入侵检测和安全漏洞利用工具。它拥有一个强大的定时更新的专业漏洞数据库，是评估网络系统、站点、邮件用户和 Web 应用安全的最全面解决方案。

Core Impact 具有以下特点：

(1) 通过使用渗透测试技术，能检测出新出现的关键性威胁，并追踪出对重要信息资产的威胁或攻击路径。

(2) 从攻击者的角度，通过可靠的测试方法，找出网络、Web 应用程序和用户方面的安全漏洞，例如：

① 在网络服务器和工作站中，对防护漏洞进行渗透，确定出可被利用的漏洞和服务。

② 测试用户对钓鱼、垃圾邮件和其他电子邮件威胁的反应。

③ 测试 Web 应用安全，如通过 SQL 注入和远程文件包含技术访问后端数据来控制 Web 应用，呈现基于 Web 攻击造成的后果。

④ 从误报中区分出真正的威胁，以加速和简化补救措施。

⑤ 配置和测试 IDS、IPS、防火墙以及其他安全设施的有效性。

⑥ 确认系统的升级、修改和补丁的安全性。

⑦ 建立和保持脆弱性管理办法的审计跟踪。

Core Impact 是商业软件，价格较高。如果资金有限，可以考虑价格较便宜的 Canvas

或免费的 Metasploit。当然，三个工具同时使用能达到更好的效果。

2）Canvas

Canvas 是 Aitel's ImmunitySec 推出的一款专业的渗透测试工具。它包含了 150 个以上的漏洞利用，以及操作系统、应用软件等方面的大量安全漏洞。对于渗透测试人员来说，Canvas 常被用于对 IDS 和 IPS 的检测能力的测试。Canvas 支持的安装平台有 Windows、Linux、MacOSX，以及其他 Python 环境(如移动手机、商业 Unixs)。有些平台下只能通过命令行的操作方式，有些可以通过 GUI 界面来操作使用。Canvas 工具在兼容性设计上比较好，可以使用其他团队研发的漏洞利用工具，例如使用 Gleg、Ltd's VulnDisco、the Argeniss Ultimate0day 漏洞利用包。

Canvas 具有以下特点：

(1) 能自动对网络、操作系统、应用软件等进行扫描，找出漏洞并自动进行攻击，并且在攻击成功后，自动返回目标系统的控制权。

(2) 扫描网络中的风险状况，具有针对远程攻击、应用程序攻击、本地攻击、Web 攻击和数据库攻击等的渗透测试功能。

(3) 其漏洞库每天都进行更新，包含了大量的 0day 以及未公开的漏洞，并可以指定漏洞对目标系统进行攻击测试。

Canvas 每个月会把稳定的版本及时发布，通过 Web 站点进行更新，同时更新漏洞利用模块和引擎程序，并且会及时发邮件提醒和指导用户使用。

3）Metasploit

Metasploit 是一款开源的、免费的安全漏洞检测工具。Metasploit Framework(MSF)在 2003 年以基于 Perl 脚本语言的开源方式发布，后来又用 Ruby 编程语言重新编写，提供了一个开发、测试和使用恶意代码、验证漏洞并进行安全评估的环境，它将负载控制、编码器、无操作生成器和漏洞整合在一起，使 Metasploit Framework 成为一种研究高危漏洞的途径，为渗透测试、shellcode 编写和漏洞研究提供了一个可靠平台，并集成了大量的当前流行的操作系统和应用软件的 exploit 和 shellcode，并且不断更新。

Metasploit 主要基于 Linux 系统运行，也用于 Windows 操作系统，Metasploit 使用简单，但功能强大。作为安全工具，Metasploit 在安全检测和渗透测试中发挥着不容忽视的作用，并为漏洞自动化探测和及时检测系统漏洞提供了有力保障。

8.7.3　风险评估辅助工具

在风险评估过程中，可以利用一些辅助性的工具和方法来收集评估所需要的数据和资料，帮助完成风险的现状分析和趋势分析。例如 IDS 帮助检测各种攻击试探和误操作，并作为一个警报器，提醒管理员发生的安全状况。另外，安全漏洞库、知识库也都是风险评估不可或缺的支持手段。

风险评估辅助工具能实现对数据的采集、现状分析和趋势分析等单项功能，为风险评估各要素的赋值、定级提供依据。

常见的风险评估辅助工具有以下几种类型：

(1) 国家漏洞库、专业机构发布的漏洞与威胁统计数据。

（2）检查列表：基于特定标准或基线建立的，对特定系统进行审查的项目条款。通过检查列表，可以快速定位系统目前的安全状况与基线要求之间的差距。

（3）入侵检测系统：通过部署检测引擎，收集和处理整个网络中的通信信息，以检测对网络或主机的入侵攻击、试图攻击或误操作事件，并提供报警功能。

（4）态势感知系统：通过综合分析网络安全要素，评估安全状况，预测其发展趋势，以可视化的方式展现给用户，并给出相应报表和应对措施。该报表可作为安全现状数据，并用于分析威胁情况。

（5）安全审计工具：用于记录网络行为，分析系统或网络安全现状，审计记录可以作为风险评估中的安全现状数据，并可用于判断被评估对象威胁信息的来源。

（6）拓扑发现工具：通过接入点接入被评估网络，完成被评估网络中的资产(主要是针对网络硬件设备)发现功能，并提供网络资产的相关信息。

（7）资产信息收集系统：通过提供调查表形式，完成被评估信息系统数据、管理、人员等资产信息的收集功能，用来了解组织的主要业务、重要资产、威胁、管理上的缺陷、采用的安全控制措施和安全策略的执行情况。

（8）机房检测工具：对机房环境进行检测的工具，用以发现当前机房的情况，包括温度检测、温度检测、噪声检测等。

（9）其他：用于评估过程参考的评估指标库、知识库、漏洞库、算法库、模型库等。

8.7.4　风险评估与管理工具的选择

在选择与使用风险评估与管理工具时就考虑以下要求：

（1）风险评估与管理工具提供的依据、方法和功能应符合信息安全方针，并与风险评估与管理的方法相适应。

（2）在满足选择可靠的、成本有效的安全控制措施的同时，能够对风险评估与管理的结果形成清晰的、无歧义的、精确的报告。

（3）提供数据收集、分析和输出功能，并能保存和维护历史记录。

（4）要与信息系统中的硬件和软件协调和兼容。

（5）具有充分的使用培训和相关的帮助文件，保证相关工具的安装和使用过程的安全。

（6）应用风险评估与管理工具的行为本身有一定的风险，注意要遵守相关法律法规。

本 章 小 结

信息系统的安全风险评估是用来了解信息系统的安全状况，估计威胁利用弱点导致安全事件发生的可能性，计算由于安全事件导致信息系统的资产价值的潜在损失，并帮助选择安全防护控制措施，将风险降低到可接受的程度，提高信息安全保障能力。

从信息安全的角度来讲，风险评估是对信息资产所面临的威胁、存在的脆弱性、造成的对资产价值影响，以及三者的综合作用在当前安全措施控制下所带来与安全需求不符合的风险可能性评估。

风险评估的基本要素包括资产、威胁、脆弱性、安全措施和安全风险，并基于以上要素开展安全风险评估。风险评估主要包括风险识别、风险分析和风险评价等过程。风险评估的结果能够为风险管理(包括接受风险、规避风险、转移风险、降低风险等)提供决策支撑。

目前通用的风险评估中风险值计算涉及的要素一般为资产、威胁和脆弱性,即由威胁和脆弱性利用度确定安全事件发生的可能性,由资产和脆弱性影响度确定安全事件的影响(即造成的损失),以及由安全事件发生的可能性和安全事件的影响来确定风险值。常用的计算方法为矩阵法和相乘法。在实际应用中,可以将这两种方法结合使用。

根据发起者的不同,风险评估的工作方式可分为自评估和检查评估两种形式。自评估是风险评估的主要形式。在实际工作中,自评估和检查评估应相互结合、互为补充,二者都可依托自身技术力量进行,也可委托具有相应资质的第三方机构提供技术支持。

根据在风险评估过程中的主要任务和作用原理的不同,风险评估工具可以分成风险评估与管理工具、信息基础设施风险评估工具、风险评估辅助工具三类。

思 考 题

1. 概述信息安全风险评估的概念、目的、原则和意义。
2. 风险评估的基本要素是什么?它们之间有何关系?
3. 风险评估中的资产有何层次性?
4. 简述威胁种类、威胁行为及威胁来源。
5. 脆弱性的含义是什么?描述脆弱性的分类及内容。
6. 画出风险评估的流程图,并简述其过程。
7. 解释风险计算模型,并说明利用风险要素计算方法进行风险分析的过程。
8. 风险评估文档主要包括哪些?
9. 风险管理是什么?
10. 风险评估的工作方式有几种?各有什么特点?
11. 简述风险评估工具的种类,并举例说明。
12. 开展风险评估为什么要遵守法律法规?

第 9 章

信息安全策略

　　经过风险评估之后，就可以对不可接受的风险情况引入新的适当安全控制措施，对风险实施管理与控制，将风险降低到可以接受的程度。这些安全控制措施属于信息安全策略的范畴。在制定一整套安全策略时，应当参考一份近期的风险评估或信息审计，以便于清楚了解组织当前的安全需求。

　　通过制定和实施安全策略，以达到减少风险，遵从法律和规则，确保组织运作的连续性，以及信息的保密性、完整性和可用性等目的。安全策略有相关的格式、内容和制定原则等要求，本章通过讲解 PPDR 模型、信息安全策略的制定过程、管理框架和管理工具等介绍了信息安全策略的管理。

　　本章围绕信息安全策略展开。9.1 节概述安全策略的概念与相关安全模型。9.2 节主要说明安全策略在信息安全管理中的重要性。9.3 节给出安全策略的格式要求。9.4 节基于安全策略的内容，分别阐述总体安全策略和专题安全策略的要求、组成要素、范围和应用形式。9.5～9.6 节重点叙述采用系统开发生命周期(SDLC)过程来指导安全策略的制定和相关的制定原则。9.7 节描述策略管理的自动化方法，包括策略管理框架和策略发布模型，以及常见的一些策略管理工具。9.8 节提出许多对安全策略认知上的一些偏见，带动思考如何做好信息安全策略工作。9.9 节以一个具体的应急处置与响应策略案例展示安全策略的制定与实施过程。

学习目标

- 理解信息安全策略的重要性，掌握其基本概念和制定原则。
- 掌握安全策略的内容和制定方法与过程。
- 了解常见的专题安全策略的主题及范围，以及应用形式。
- 了解策略管理的自动化过程方法及相关工具。
- 摒弃对安全策略的一些偏见，树立信息安全工程与管理的正确理念。

思政元素

　　学习掌握策略分层方法，坚持整体与局部相联系，引导增强行业凝聚力，牢固树立大局意识和看齐意识。

9.1　概　　述

信息安全策略(ISP, Information Security Policy)是一个有效的信息安全项目的管理基础,规定了在信息安全工程与管理的实践中所允许的政策、规范与安全要求。风险评估为安全策略的制定、选择和实施提供决策依据,安全策略的选择与使用为风险处理提供方法。从信息安全领域中发生的事件来看,安全策略的核心地位正变得越来越明显,也正如此,信息安全策略成为 PPDR(或 P2DR)模型的核心。

PPDR 模型是美国 ISS(Internet Security Systems)公司提出的动态网络安全体系的代表模型,也是动态安全模型的雏形。PPDR 模型与 PDRR 模型都是重要的动态防御模型,强调的是网络信息系统在受到攻击的情况下,网络系统的稳定运行能力。

PPDR 模型包括四个主要部分:策略(Policy)、防护(Protection)、检测(Detection)和响应(Response)。

PPDR 模型描述如下:

(1) 策略。策略是模型的核心,所有的防护、检测和响应都是根据安全策略实施的。信息安全策略一般分为总体安全策略(或信息安全策略)和专题安全策略两种类型。

(2) 防护。防护是根据系统可能出现的安全问题而采取的预防措施,这些措施通过传统的静态安全技术实现,例如数据加密、身份认证、访问控制、授权和虚拟专用网(VPN)、防火墙、安全扫描和数据备份等。

(3) 检测。当攻击者穿透防护系统时,检测功能就发挥作用,它与防护系统形成互补。检测是动态响应的依据。

(4) 响应。系统一旦检测到入侵,响应系统就开始工作,进行事件处理。响应包括应急响应和灾难恢复,灾难恢复又包括系统恢复和信息恢复。

PPDR 模型是在整体的安全策略的控制和指导下,在综合运用防护工具(例如防火墙、身份认证、加密等)的同时,利用检测工具(例如脆弱性扫描、入侵检测等)了解和评估系统的安全状态,通过适当的反应将系统调整到"最安全"和"风险最低"的状态。防护、检测和响应组成了一个完整的、动态的安全循环,在安全策略的指导下保证信息系统的安全,如图 9-1 所示。

图 9-1　PPDR 安全模型

PPDR 模型以基于时间的安全理论(Time Based Security)为理论基础,即认为,信息安全相关的所有活动，不管是攻击行为、防护行为、检测行为和响应行为等等都要消耗时间。因此可以用时间来衡量一个体系的安全性和安全能力，并且认为，"及时的检测和响应就是安全""及时的检测和恢复就是安全"，所以这也为解决安全问题提出了明确的方向：提高系统的防护时间、降低检测时间和响应时间。

根据 PPDR 模型，安全策略是整个网络信息安全的依据。不同的网络环境需要不同的安全策略，在制定安全策略以前，需要全面考虑如何实现局域网上的网络层安全性、如何控制远程用户访问的安全性、如何保证广域网上的数据传输的安全性和用户的认证等问题。对这些问题做出详细回答，并确定相应的防护手段和实施办法，就是针对企业网络的一份完整的安全策略。

9.2　安全策略的重要性

在网络信息安全中人是最活跃的因素。人的因素比技术因素更为重要。对人的管理包括法律、法规与政策的约束、安全指南的帮助、安全意识的提高、安全技能的培训、人力资源的管理、企业文化的影响等，这些功能的实现都是以完备的安全策略的制定作为前提。安全策略作为安全管理的核心和指导，本身具有重要的意义。

(1) 安全策略是制定一个有效的信息安全项目必要基础。

从信息安全领域中实际发生的各种事件来看，信息安全策略的核心地位越来越明显，对于保证组织信息安全的途径具有很强烈的指导作用。例如，除非有一套条款清晰的信息安全策略，否则系统管理员将不能安全地安装防火墙、入侵检测设备等。这些策略规定了所允许的信息传输的服务类型、如何阻止某些连接、如何侦测和处理系统的异常等事件。如果没有制定信息安全策略，就不能有效地开展信息安全技能培训和安全意识提升等工作，因为安全策略也提供了技能和意识培训中所使用的基本内容。

(2) 任何一个信息安全项目的成功在于其安全策略的制定和实施。

对信息资产保护的成功依赖于所采用的安全策略，也依赖于管理层对系统中信息的保护态度。作为策略的制定者，应当明确信息保护的基调，强调信息安全在组织中发挥的重要作用。安全策略制定者的主要责任就是为组织制定信息资产安全策略达到减少风险、遵从法律法规、确保组织业务的持续性、信息的保密性和完整性等目标。正确地制定和贯彻实施安全策略，不但能促进全体员工参与到保障信息安全的活动中来，而且还能有效地降低由于人为因素造成的对信息安全项目的损害。

(3) 应用安全策略的主要优势在于改善了信息安全管理的可扩展性和灵活性。

信息安全管理的复杂性取决于信息资产的数量和种类。传统的管理模式一般是应对式、以技术为中心的信息安全对策，是静态的、局部的、突击和事后纠正式的方法。为了应对不同的威胁和不断变化的环境，这种过程大多盲目、效率低、难以控制。作为分布式系统安全管理领域新的方向，基于策略的信息安全管理从以设备为中心的管理解放出来，通过定义高层次的安全规则来控制和调整低层次的系统行为，将系统中的安全管理和执行职能分开，扩充和调整过程灵活，能实现自动化、分布式以及动态自适应的安全管理。

9.3　安全策略的格式

安全策略在格式上主要包括策略的目标、范围、内容、角色与责任、执行纪律、相关专业术语等。

1. 安全策略的目标

安全策略的总体目标是建立信息系统安全，定义信息安全的管理结构和提出对组织成员的安全要求，是一个组织对于所保护的资源要达到的安全目标而进行的描述。

创建并执行安全策略时，必须有明确的目标，比如保护资源、认证、授权、完整性、机密性、不可抵赖性、审计安全活动等。安全策略的目标必须有一定的透明度并得到高层管理者的支持。

2. 安全策略的范围

安全策略应当有足够的范围广度，不局限于单一的技术或管理方面，包括组织的所有相关的信息资源、软/硬件、人员等，比如物理安全策略、网络安全策略、数据加密策略、数据备份策略、病毒防护策略、身份认证及授权策略、密钥管理策略等。每一种安全策略又涉及相关的安全范围，比如网络安全策略包括网络结构、网络设备管理、网络安全访问、安全扫描、远程连接、识别/认证等。

3. 安全策略的内容

根据 ISO 17799 的定义，安全策略的描述主要集中于保障信息的保密性、完整性和可用性等安全属性，因此，在安全策略内容中应当明确与这些特性相关的安全需求，以员工所熟悉的活动、信息、术语等来体现支持安全策略目标的相关内容。

4. 角色与责任

安全策略应当在组织中定义各种角色并分配责任，明确要求。担任特定角色的团体或个人应具备该角色所需的知识和技能，同时要注意理顺各角色之间的关系，以避免在职责和责任领域出现冲突。

5. 执行纪律

安全策略中应当描述对安全策略的损害行为及相应的惩戒办法，作为一种威慑手段，防止员工和其他相关利益方违反安全策略。要考虑到违反安全策略的行为是否有意、普遍发生等情况，从而考虑策略是否需要调整、是否需求预先措施(在合理的期限内，增加对员工进行教育与培训)等。

6. 相关专业术语

对安全策略中涉及的专业术语作必要的描述，避免对安全策略不理解或产生歧义。

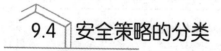 9.4　安全策略的分类

安全策略是由管理层批准，发布，传达给相关人员和利益相关方并得到他们的认可，

并在计划的时间间隔和发生重大变化时进行审查。按照制定与实施的层次，可分为总体安全策略(或称总体策略)和专题安全策略(或称专题策略)两类。其中，总体安全策略为最高级别，也是由最高管理层批准，规定了组织管理其信息安全的总体目标、战略要求、活动原则、适用范围、责任指派、法律与标准等。专题策略为较低层次，旨在满足组织内特定目标群体的需求，或者涵盖特定的安全领域，但必须与总体安全策略保持一致，对总体安全策略起到支持和补充的作用。

9.4.1　总体安全策略

1. 总体安全策略的要求

总体安全策略是为整体个组织机构的安全工作制定战略方向、范围和策略基调，具体来说，它为信息安全的各个领域分配责任，包括信息安全策略的维护、策略的实施、最终用户的责任等，另外，总体安全策略还规定了信息安全项目的制定、实施和管理的安全控制要求。

总体安全策略应当支持组织的预定目标和任务声明，而不能相互抵触。假如一个组织的任务声明能促进学术自由、独立研究和相对不受限制的知识探索，那么该组织的总体安全策略就应该允许使用组织技术、应该保护知识产权，也应当反映对深奥研究领域的理解程度和探索知识的自由性，例如，不应当限制访问网站，否则这样的总体安全策略就没有可实施性。

2. 总体安全策略的组成要素

不同组织的总体安全策略一般是有差别的，但大多数的总体安全策略包含以下要素：
(1) 关于组织安全理念的总体看法。
(2) 组织的信息安全部门结构和实施信息安全策略人员的信息。
(3) 组织所有成员共同的安全责任。
(4) 组织所有成员明确的、特有的安全责任。
总体安全策略的组成框架如表 9-1 所示。

表 9-1　总体安全策略的组成框架

组 成 部 分	描　　　　　述
目的声明	确定全面的安全策略和方向
信息技术的安全要素	定义这保护信息的保密性、完整性、可用性等而采取的各类措施，包括技术控制策略、教育和培训等
信息安全的必要性	强调信息安全的重要性，明确保护重要信息安全的国家、社会、组织和个人责任
相关角色和责任	定义支持信息安全的组织结构，明确各类机构成员的信息安全责任
相关参考规范	表明与相关法律、法规、标准、合同等的符合性要求

参考 Charles Cresson Wood 在 *Information Security Policies Made Easy* 一书中介绍的企业总体安全策略的样例，并结合表 9-1 的总体安全策略框架，具体的总体安全策略组成要素如表 9-2 所示，它提供了组织制定总体安全策略的参考指南。

表 9-2　总体安全策略的组成要素

信息的保护	(1) 策略：信息保护的能力级别必须与它的价值、重要性和敏感度等相符合。 (2) 对象：技术人员。 (3) 注释：不管信息的存储媒介、存储位置、处理信息的人或技术如何，都应当采取该策略来保护信息
信息的访问、处理和使用	(1) 策略：信息必须只被用于经管理层明确授权的业务目标，同时要求所有对组织的信息的访问、处理和使用都必须遵守策略和标准的规定。 (2) 对象：全体人员。 (3) 注释：该策略为其他大量的信息安全策略设定了基调，一般被纳入首项策略中，并成为对信息安全控制措施的需求推动力
异常策略	(1) 策略：进行风险评估以调查策略异常的原因。 (2) 对象：数据所有者和管理层。 (3) 注释：管理层批准并公布异常策略，声明发生异常时应采取的措施，以及数据所有者或管理层应负担的责任
责任免除策略	(1) 策略：组织为保护信息的安全做出了必要的努力，或者遭受到不可抗拒的自然因素导致的对信息的损害，那么组织可以否认对信息的损害负责任。 (2) 对象：全体人员。 (3) 注释：该策略用于告之用户在某些情况下不能让组织对信息损害承担责任
信息使用权的撤销	(1) 策略：组织保留随时可撤销用户对信息的使用权。 (2) 对象：终端用户。 (3) 注释：该策略为组织提供了撤销用户对信息的使用权的准则
安全策略的使用	(1) 策略：组织的所有信息安全文档，除了明确用于外部业务过程之外，其他的都必须归类于"仅供内部使用"。 (2) 对象：全体人员。 (3) 注释：该策略防止员工将保护信息安全的细节透漏给外人
法律起诉	(1) 策略：管理层必须慎重考虑对所有已知违法行为的起诉活动。 (2) 对象：管理层。 (3) 注释：该策略用于起诉滥用职权和犯罪的行为，对相关人员具有行为和意识的约束能力
法律冲突	(1) 策略：组织的安全策略必须符合相关法律法规，或满足更高的要求。 (2) 对象：全体人员。 (3) 注释：该策略为信息安全策略的安全需求设定了基调，策略的内容必须支持相关法律法规，并表示遵守法律法规的意愿
信息安全标准	(1) 策略：组织的信息系统必须采用具体的行业信息安全标准。 (2) 对象：技术人员。 (3) 注释：该策略要求系统的设计、开发和运行维护过程要遵循相关的标准

　　总体安全策略方案建立了组织的整体信息安全环境。对于具体的安全问题需要更具体的安全策略，这需要由专题安全策略来陈述这些要求。

9.4.2　专题安全策略

1. 专题安全策略的要求

专题安全策略是为组织成员如何使用基于技术的信息系统提供了详细的、目标明确的指南。专题安全策略表明了组织的基本技术理念，是技术选择的方向、范围和性能上的指导，允许员工在一定范围内任意选择各种类型的技术，从而明确工作目标，提高工作效率。所以，专题安全策略应当完成以下目标：

(1) 明确指出组织期望员工如何使用基于技术的信息系统。

(2) 确定并记录基于技术的信息系统的控制过程。

(3) 当由于员工的使用不当或非法操作而造成的损失，组织不为其承担责任。

2. 专题安全策略的组成要素

如果构建了一个非常全面的策略，但如果它包括的要素在技术上不可行，那也毫无用处，或者因过度限制而导致更高的安全成本，也很难落实。所以，在经过风险评估后确定的最小安全需求在安全策略的制定与实施时必须得到满足，制定一组最优的专题安全策略必须明确相关组成要素的需求。

专题安全策略的组成要素如表 9-3 所示。

表 9-3　专题安全策略的组成要素

目标声明		(1) 策略的范围、服务目标和适用性。 (2) 定义所涉及的技术。 (3) 实施策略的责任
内容	访问授权和使用设备	(1) 用户是否可以访问信息资产及用于什么目的。 (2) 公正和负责任地使用设备等资产。 (3) 对个人信息和隐私的保护
	禁止使用设备	(1) 破坏性地使用或误用。 (2) 冒犯或侵扰设备运行。 (3) 侵犯版权、未经批准的或用于其他目的犯罪活动。 (4) 其他限制
	系统管理	(1) 储存介质的管理。 (2) 授权雇主的监控。 (3) 病毒防护。 (4) 信息的加密。 (5) 信息的物理安全。 (6) 用户和系统管理员的责任
	…	…
违反策略		(1) 通报违规的过程。 (2) 对违规的惩罚
策略检查和修改		(1) 定期检查过程和时间表。 (2) 修改的过程
责任声明		(1) 责任的声明。 (2) 拒绝对某些行为承担责任

3. 专题安全策略的范围

专题安全策略的主题分类及其范围如表 9-4 所示。

表 9-4 专题安全策略的主题分类及其范围

主 题	范 围
访问控制策略	入网访问控制、操作权限控制、目录安全控制、属性安全控制、服务器安全控制、网络监测与锁定控制、防火墙控制等
物理和环境安全策略	环境安全、物理设施安全、资产物理分布、物理安全区域管理等
资产管理策略	资产清单、资产使用、资产返还等
终端配置与处理策略	终端安全配置、用户责任、个人设备、无线连接等
网络安全策略	网络结构、网络设备管理、网络安全访问、安全扫描、远程连接、识别/认证等
安全事件管理策略	事故评估管理与决策、角色和责任、应急处置与响应、证据收集等
备份与恢复策略	备份方式、备份设施(存储)及保护、数据恢复机制等
密钥管理策略	密码算法、密钥管理等
信息分类和处理策略	信息分类及标签、信息传递方式及安全等
漏洞管理策略	漏洞识别、漏洞评估、漏洞处理等
安全开发策略	编码安全、安全性测试、外包开发安全等

4. 应用中的专题安全策略

在实际应用中，专题安全策略往往表现为在配置和维护系统时，对人、技术和操作的管理指南和技术规范的形式，例如针对网络防火墙的功能配置和技术操作规程的策略等。

1) 管理指南

用于指导技术和操作的实现的管理指南由管理层制定，它规定了组织内部人员支持信息安全的行为准则。例如，应当按照管理者事先制定的信息安全方针来进行防火墙的构建和实现，假如信息安全方针里不允许员工在工作时间利用公司网络访问某些网站，此时应该按照这种要求来配置防火墙。

当然，防火墙并不是专题安全策略唯一考虑的领域，任何影响信息安全的技术，都必须经过管理层的评估和确认，在指导配置和技术维护的时候寻求安全性和业务发展的平衡。

管理指南主要用来表明专题安全策略的技术要求，技术规范则指出了具体的安全策略的技术实现方法。

2) 技术规范

可能需要制定不同的技术策略来实现管理指南的安全要求，表现为各种不同的设备都具有独自的技术规范，用于将管理目标变为可以实施的技术方法。例如，管理指南可能要求用户的密码必须符合复杂性要求，在长度、有效期等上有相关的要求，那么系统管理员就可以在一个具体应用中实施技术控制来执行这个策略。例如 Windows 的本地安全策略中密码策略的设置，如图 9-2 所示。

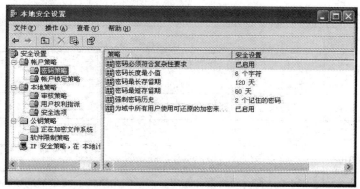

图 9-2　Windows 密码策略

一般来说，用以实现管理指南的技术规范有两种：访问控制列表和配置规则。

(1) 访问控制列表。

访问控制列表(ACLs，Access Control Lists)包括用户访问列表、矩阵和权限列表等，它们控制了用户的权限和特权，亦是控制着对系统功能、文档存储系统、中间设备或其他网络设备的访问。一个权限控制列表详细规定了哪些设备、功能操作可以让哪些用户访问或执行等方面的内容，例如：

① 授权谁可以使用系统。

② 授权用户在何时何地可以访问什么。

③ 授权用户怎样访问系统，包括读、写、创建、修改、删除、拷贝等。

在 Windows 中，利用访问控制列表可以很好地控制用户的能力和使用类似文件和文件夹等资源的过程。实际上，管理 ACLs 实际上是一个比较有挑战性的工作。历史悠久的 cacls.exe 命令行工具在 Windows 中已更新为 Icacls.exe，它们可以显示或修改 ACLs，并能执行所有的标准授权/拒绝/删除等操作。当然，Windows 中也提供了访问控制列表操作的用户界面(ACL UI)，如图 9-3 所示，它显示了 Windows 是如何实现不同用户对文件夹"File"的 ACL 安全模型的。

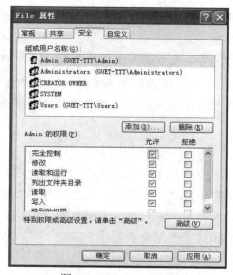

图 9-3　Windows ACL

在一般的应用系统中，也常利用访问控制列表进行权限的管理控制。权限列表反映了不同用户角色对各种系统设备或功能的访问能力，图 9-4 显示了安全审计员角色对系统功能的操作权限是否允许的情况。

图 9-4　权限控制列表

(2) 配置规则。

配置规则是输入到安全系统中指定的系统或设备的配置脚本或代码，这些代码在具体的系统或设备上执行，用来实现特定的安全功能，即告诉它们在处理信息的时候执行哪种相应的操作。

配置脚本以代码形式存在，为方便用户操作，一般以用户界面方式接受管理员的配置规则要求，在系统底层转换为系统或设备可以接受并执行的代码。图 9-5 和图 9-6 分别给出了防火墙和扫描器的配置规则用户界面。

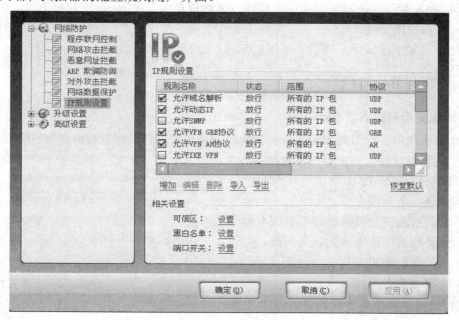

图 9-5　防火墙配置规则

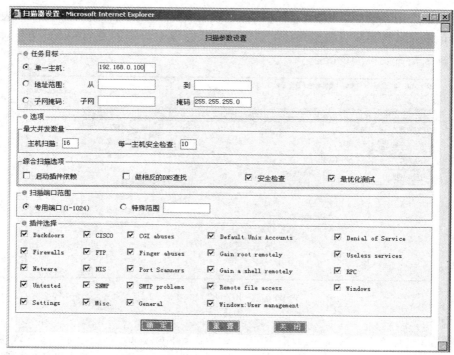

图 9-6　扫描器配置规则

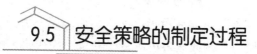

9.5　安全策略的制定过程

通常，将安全策略的制定以系统工程建设来对待是很有用的。系统开发生命周期(SDLC)是实现这个目标的一种途径。

当进行制定一项安全策略时，可以用 SDLC 过程对其进行指导。

9.5.1　调查与分析阶段

1. 组建安全策略制定小组

首先要组建好安全策略制定小组，明确权限和落实责任，如策略的起草、检查、测试、发布、实施与管理等。安全策略制定小组应由以下人员组成：

(1) 高级管理人员。

(2) 信息安全管理人员。

(3) 负责信息安全策略执行的管理人员。

(4) 熟悉相关法律事务的相关人员。

(5) 用户部门的相关负责人。

(6) 工程监理人员。

2. 理解组织的企业文化和业务特征

对于任何一个组织来说，由于都有自己特殊的环境条件和历史传统，从而也形成了自己独特的哲学信仰、意识形态、价值取向和行为方式，于是每个组织也都有自己特定的企业文化。对企业文化及员工状况的了解有助于了解员工的安全意识、心理状况和行为状况，并有利于制定合理的信息安全策略。

组织的业务特征包括业务的内容、性质、目标及其价值等。只有了解这些业务特征，才能充分发现和分析组织业务的风险环境，从而提出合理的、与业务目标一致的、有效的信息安全保障策略。在信息安全中，业务一般表现为资产的形式。风险管理理论认为，对业务资产的适当保护对业务的成功至关重要。而对资产进行有效的保护，必须要先对资产有清晰的了解。

3. 获得管理层的支持与承诺

一项好的具体的安全策略，只有得到高层管理人员的支持，才能引起中层管理人员对策略实施的重视，以及用户对策略执行的遵守。获得策略层的支持和承诺，能促使制定的安全策略与组织的业务目标保持一致，能让安全策略能得到有效的贯彻实施，并能保证安全策略在制定和实施过程中所需的必要的资金和人力资源等的支持。

4. 确定信息安全策略的目标和范围

组织应该根据自己的实际安全需求和业务需要，明确阐述信息安全策略的预期目标和要涉及的范围。结合组织的 ISMS 范围情况，安全策略可以是面向整个组织范围内，也可是在某些部门或领域内。

5. 相关资料的收集与分析

(1) 收集与现有安全策略相关的信息资料，包括需要增加或修改的策略、所面临的威胁和存在的脆弱性等情况资料等。这些安全策略资料一般存在于人力资源部门、财务部门或组织的安全部门等地方。

(2) 进行组织的信息安全管理状况调查、风险评估和信息安全审计等工作。这些工作的成果资料是制定信息安全策略的基础与关键。

(3) 根据风险评估或审计结果，选择合适的控制目标和控制措施，这些是制定信息安全策略的直接依据。

9.5.2　设计阶段

(1) 起草拟定安全策略。

根据风险评估和所选择的控制目标和控制措施等情况，起草拟定安全策略，包括总体安全策略和专题安全策略这些安全策略应当覆盖所有的风险与控制，对于没有涉及的方面，则应该说明原因。

(2) 测试与评审安全策略。

初步制定出安全策略之后，需要进行充分的用户测试与专家评估，以评审安全策略的完备性、正确性、易用性等，并确定安全策略是否能达到信息安全方针规定的信息安全目标，可以提出以下问题来帮助评审安全策略：

① 安全策略是否符合相关的法律、法规、技术标准及合同的要求？

② 安全策略是否得到了管理层的批准和支持承诺？

③ 安全策略是否损害了组织、员工及第三方的利益？

④ 安全策略是否覆盖全面，满足各方面的安全要求？

⑤ 安全策略是否实用、可操作并可以在组织中全面实施？

⑥ 安全策略是否已传达给相关各方，并得到了他们的同意？

在安全策略的设计过程中，容易忽视的是应当确保策略的可实施性和可读性。比如如果规定禁止员工之间讨论私人事务，这实际上是不可行的、是无效的策略，而如果策略的描述使用了太多的专业技术和管理术语，其可读性就会变得很差，容易造成理解困难或出现模棱两可的策略理解，这些显然都是不合适的安全策略。

在安全策略的评审过程中，或许会对策略带来许多修改，通常这么做也是必要的。我们应该将这看成是模块化的过程，而不应当认为是个人行为。如果使用的是多重评审的机制，那么这只会让安全策略变得更加清晰、简洁并能对主流形势作出反映，所以评审的结果或观点会让策略受到更大程度地接受。

9.5.3　实施阶段

安全策略通过测试与评审之后，需要由管理层正式批准实施。在实施阶段，应当确保安全策略能顺利地发布到每个员工与相关利益方，并得到正确地理解，明确到各自的安全责任与义务。

安全策略的发布工作，并非是想象中进行公告的那样简单。这需要在组织中开展各种各样的宣传、安全意识教育，并形成一个良好的企业安全文化的氛围。安全策略在最终用户获知之前，不能强制执行。与刑法和民法不同的是，对策略的忽视，在其宣传不力时，是可以接受的。所以，在某些情况下，为了保证安全策略的顺利地、正确地实施，必须极力宣传安全策略，或用其他多种语言和形式向广大员工和相关利益方提供安全策略。

管理层常常会以为广大员工的行为当然会以组织的最佳利益为重，实际上这是欠考虑的危险假设。所以在宣传策略的实施过程中，管理层应当善于引导员工接受并实施策略，认识到这些安全策略的实施能提供工作与个人发展的机会，并认识他们的利益与组织的利益是一致的，只有建立这样适当而有效的服从机制，安全策略才会被认真贯彻实施。

9.5.4　维护阶段

在维护阶段，组织应当实时监控、定期评审、调整和持续改进安全策略，以确保其始终是对付威胁变化的有效工具。因为组织所处的内外环境在不断变化，信息资产所面临的威胁和风险也不是固定的，组织中人的思想和观念也是不断地变化，在这个不断变化的世界中，要想将风险控制在一个可接受的范围内，就必须对安全策略和相应的安全控制措施进行持续的改进，使之在理论上、标准上和方法上与时俱进。

9.6　安全策略的制定原则

不同组织开发的信息系统在结构、功能和目标等方面会有较大的差距。因此，对于不同的信息系统采取的是不同的安全策略，同时要考虑到安全策略的控制成本、策略自身的安全保障，以及策略的可靠性与业务的灵活性等方面的平衡。一般而言，在制定信息安全策略时，应当遵循如下原则：

(1) 与法律法规的符合性原则。

安全策略不能与法律法规相冲突。如果受到质疑，在法庭上安全策略也应站得住脚，安全策略必须被恰当地支持和管理。

(2) 需求、威胁、风险与代价的平衡原则。

制定信息安全策略，应当根据系统的实际情况(包括系统的结构、任务、功能和工作状况等)、需求、威胁、风险与代价进行定性和定量相结合地分析，找出脆弱点，制定相应的策略规范。安全策略的具体内容往往是以上因素相互影响、相互平衡和折中的结果。

(3) 安全可靠性与业务灵活性的平衡原则。

实施安全策略来进行的安全控制在大多数情况下是对员工安全行为的约束或限制，但这不能影响业务的正常运行。因为过于严格的安全控制，很可能会阻碍安全策略的执行，最后大家只好敷衍了事，结果适得其反，策略无法执行，并可能产生更多的安全问题。因此，应当掌握好安全控制的强度，在安全可靠性与业务灵活性之间取得平衡。

(4) 完整性原则。

一套安全策略系统代表了系统安全的总体目标，包括组织安全、人员安全、资产安全、物理与环境安全等内容，并贯穿于整个安全管理的始终。完整的安全策略系统符合建设完备的信息安全保障体系的要求，通过多层次机制相互提供必要的冗余和备份，并通过使用不同类型的系统、不同等级的系统获得多样化的防御。

(5) 易操作性原则。

信息系统的许多安全策略的控制措施都需要人工去完成。如果操作过于复杂，以至于对完成工作的人在素质、技能、熟练性等方面要求很高，要么操作容易失误，要么会产生抵触心理而不去执行，这样都将降低安全性。例如，过于复杂的密钥管理，会产生许多问题。

(6) 可评估性原则。

安全策略应该能被评估，并且应当有相应的评价规范和准则。这种评估过程是对安全策略的检验，并作为策略进行调整的依据之一。

(7) 坚持动态性。

信息安全本身就是动态的。动态安全观是信息安全领域人员必须具体的安全理念，反映了信息安全在时间和空间上的动态发展性，所以信息安全策略也应该是动态的，随着技术的发展和组织内外环境的变化而变化。因此，制定安全策略将会是一个不断的策略制定、策略评估和策略调整的发展过程。

9.7　策略管理的自动化工具

9.7.1　策略管理框架

在 DMTF 工作组(Distributed Management Task Force)提出的 CIM(Common Information Model，公共信息模型)基础上，IETF 工作组(Internet Engineering Task Force)提出了

PCIM(Policy Core Information Model，策略核心信息模型)，并因此制定了策略管理框架基本模型，该模型与它的具体实现技术无关，是一个可扩展的通用模型，主要包括四个组件：策略管理工具、策略知识库、策略决策点(PDP, Policy Decision Point)和策略执行点(PEP, Policy Enforcement Point)，如图 9-7 所示。该框架最根本的优点是符合分布式管理的单一控制点要求，允许从一个控制点来管理众多的网络资源。

图 9-7　IETF 策略管理框架

  (1) 策略管理工具：操作策略管理系统的接口，除了允许通过该接口创建、配置和存储策略外，应该可以监控应用策略的网络系统状态，从而建立安全设备之间的关联，并能够提供一定的验证机制来检测和消除可能存在的策略冗余、冲突等异常情况。

  (2) 策略知识库：策略管理框架中的核心和基础，用于存放和检索策略及相关信息。

  (3) 策略决策点：接受 PEP 提出的策略请求，存取策略知识库中的策略，并根据策略知识做出决策，返回给 PEP。实际上对于同时获取的多种策略知识，应该要求 PDP 有一定的策略变化检测和策略选择的能力。

  (4) 策略执行点：接受并执行 PDP 发送来的策略决策的网络设备，例如交换机、路由器、扫描器、防火墙等，并能反馈执行的结果和网络设备状态信息。

  在四个组件之间，IETF 定义了两个关键协议：LDAP(Lightweight Directory Access Protocol)和 COPS(Common Open Policy Service)协议：

  LDAP 协议基于 X.500 标准，不但简单而且可以根据需要定制，它是一个特殊的数据库，为读、浏览和搜索进行了优化，与 X.500 不同的是，LDAP 支持 TCP/IP，这对于访问 Internet 是必须的。在策略管理框架中，用树型结构将策略知识的各种对象属性值作为条目(Entry)存储在 LDAP 数据库中，通过 LDAP 协议实现对策略知识库的操作，支持了复杂的策略知识过滤搜索能力。LDAP 协议的模式规定了数据库的结构，而条目是模式的实现。模式有两个重要的元素：属性类型和对象类(Object Class)。

  COPS 协议用于在 PDP 和 PEP 之间交换策略请求和策略决策，具有 PDP、PEP 和 LPDP(本地策略决策点)三个逻辑实体，其中 LPDP 备份 PDP 决策，当 PEP 与 PDP 连接中断时，LPDP 可代替 PDP 做出决策，但 PDP 有最终的裁决权。作为专用的策略传输协议，COPS 在可靠的传输和同步机制、扩展性、消息的安全保证等方面具有优良的性能。

  当然，在组件之间还有其他开放方法可以实施协议，这些方法建立在简单对象访问协议(SOAP)、超文本传输协议(HTTP)、传输控制协议(FTP)、简单网络管理协议(SNMP)等基础上，但是，对于策略管理工具与策略决策点之间，以及多个策略执行点之间的策略传输协议没有明确。

9.7.2　自适应策略管理及发布模型

  自适应策略管理及发布模型基于 IETF 策略管理框架，主要由策略管理中心、策略知识库、策略服务器、事件监视管理器及策略执行代理组成，如图 9-8 所示。

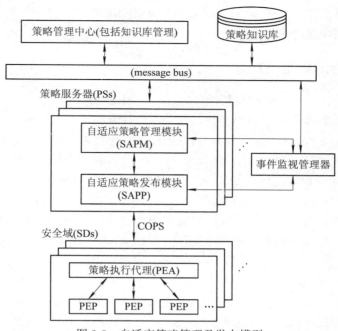

图 9-8　自适应策略管理及发布模型

(1) 策略管理中心：为策略管理员提供安全设备注册、策略编辑、查找等一系列工具，包括策略知识库管理，是一个图形化的应用操作环境。每一个系统功能模块都对应一个或多个管理组件，能根据需要通过管理组件对配置文件进行加载，满足可扩展性要求。

(2) 策略知识库(PR，Policy Repository)：保存了策略规则知识及策略实例等信息，是策略管理模型的基础。策略知识库可以按照管理域或网络规模情况建立多个，相互之间通过 LDAP 协议保持同步，组成内容分布式系统，这样当策略知识库发生改变时，可以在所有的知识库中反映出来，并保持一致性，一旦某个策略知识库发生故障时，其他的知识库可作为备用库提供策略服务。

(3) 策略服务器(PSs)：主要包括自适应策略管理(SAPM，Self-Adaptive Policy Management)和策略发布(SAPP，Self-Adaptive Policy Publish)模块。SAPM 模块主要负责管理、执行自适应管理策略(SAP，Self-Adaptive Policy)，通过对系统事件进行分析，触发相应的 SAP，从而实现根据不同的环境动态地调整系统自身或修改其他策略，此外，该模块也能完成一般的对普通策略(CP，Common Policy)的 PDP 决策功能；SAPP 模块实现策略决策的发布功能，能根据发布的历史情况和策略发布影响因素确定适当的策略发布方式，并对发布的数据进行加密。策略服务器可以有多个，用来平衡系统中的策略数据流量，通过一定的协议来同步策略执行代理中的策略。

(4) 事件监视管理器：负责监视策略管理中心、策略知识库、策略服务器等发生的各种事件或状态变化，能够对事件进行序列化或复合处理，并将其转交给注册过的自适应策略管理模块，用来触发自适应管理策略。

(5) 策略执行代理(PEA)：负责转发安全设备的策略请求，并接收来自策略服务器的策略决策，按照与策略发布模块一致的格式对策略决策进行解码，转化为本地命令在安全设备上执行。PEA 管理的可以是防火墙、IDS、扫描器、VPN 网关等安全设备。为了方便管理、增加系统的灵活性和可扩展性，按照安全域(SDs)建立不同的 PEA，因为多个 PEA 的存在，并不明显影响系统的性能。

9.7.3　策略管理的应用工具

在很多组织内，信息系统的复杂性使很多员工很难管理这些系统。为了处理这些复杂性，出现了一些新的专业的策略管理的工具。在这些应用工具上的研究，形成了基于策略的网络管理(PBNM，Policy-Based Network Management)技术。国内外已有不少公司开始研究开发基于策略的网络管理方案，推出了一些策略应用的产品。这些产品较多的是基于 IETF 策略管理框架对网络配置和 QoS 服务质量的管理，比较典型的有：

Cisco 的 Qos Policy Manager(QPM)从 1.0 发展到 4.1 版本，一直作为公司的 CiscoAssure 基于策略的网络管理创新的研究目标。QPM 能够保证企业网络的端到端的服务质量，通过集中的 QoS 监测，实现策略控制和转换过程的自动化，通过网络基础设施，支持 DiffServ，自动化的 QoS 配置和部署，确保商业网络语音、图像传输和企业应用的可靠性能，降低经营成本。

3Com 的 Transcend 系统软件增强了一个虚拟局域网策略服务(VLAN Policy Services)的功能，利用 Transcend 软件和 VLAN Policy Services，管理人员可以集中设置 VLAN 策略，强制各个网络交换机执行 VLAN 策略，监督和报告 VLAN 性能，简单化了网络管理，提高网络的安全性和最终用户的工作效率。虚拟局域网策略服务是由常驻于几种产品中的软件共同完成的，包括 VLAN 管理工具、VLAN 策略设定软件、用于保存全局 VLAN 图数据库的一个或多个 VLAN Server、以及负责执行 VLAN 策略的 SmartAgent 软件，过程较复杂。

BayNetworks 公司的 Optivity 系列网络管理产品 Optivity Network Management System 和 Optivity Policy Services，提供由单一的平台控制的可升级的基于策略的网络管理方案，管理人员可以根据实际情况，通过策略管理器制定规则，动态地给用户和应用分配资源，并通过 BayNetworks 公司的全线产品为其提供 QoS 服务和安全服务。

也有一些策略管理产品支持安全管理，包括对防火墙、路由器、VPN、扫描器、反病毒、数据库以及 Web 服务器访问控制的管理，典型的有：

凯创公司的 NetSight Atlas 策略管理器是基于角色的企业系统管理，为整个企业提供图形化管理工具，与 NetSight Atlas 路由服务管理器的结合，可以配置、监控、管理凯创网络所有的防火墙，与多个设备捆绑在一起，这样只需一步操作就可以配置整个网络系统。

Astaro 公司的配置管理器(ACM，Astaro Configuration Manager)是一个可视化的集中策略管理平台，可以对多个 Astaro 的防火墙以及 VPN 设备的安全策略进行图形化设计并实施，而且能够自动收集并上载相应的配置。管理员可以在 ACM 中直接创建远程设备的所有安全策略，基于角色的权限管理功能和中央策略库允许多个系统管理员共同管理大范围网络，只不过用户定义的是全局的安全策略，而不是单独设备的安全策略。

国内对策略管理系统的研究刚刚起步，较成熟的产品有：

北京理工大学"金海豚"网络安全综合监控平台 NSMP(Network Security Monitoring Platform)以网络安全需求为核心，以安全产品为工具，以安全策略为手段，来保障企业信息安全，具有支持多厂商网络安全设备，提供实时的网络安全监控功能，具备安全事件的及时获取、综合审计、数据关联分析功能和较完善的动态安全策略管理等机制，并支持多级分布式控制中心的安全策略定制、下发和执行能力。

天融信安全策略管理系统(TopPolicy)，可以对整个网络进行集中策略管理，该系统对网络设备进行集中统一的管理，监控网络状态，收集、过滤、分析各种安全产品的事件信息，并根据安全风险调整网络安全策略，做出快速的响应。作为用户端的安全管理大脑，能够轻松实现统一对多达上万台安全网关产品进行集中管理及自动化配置，具备实时监测预警安全威胁、梳理、优化安全策略、安全合规分析、批量升级等功能，为安全管理者提供风险评估和应急响应的决策支撑。

绿盟安全管理平台 ESP(Enterprise Security Planning)的核心思想是实现对整个企业信息安全链的有效管理，通过事先计划和事中控制，保障安全计划、安全实施、安全策略等功能在信息安全链的处理流程中实现，集安全态势感知与预警、威胁检测与响应、漏洞发现与管理、日志收集与审计等全面的安全管理能力于一体，强调人与人之间的合作精神。

启明星辰泰合信息安全运营中心系统-业务支撑安全管理系统 BSM(Business Support Management System BSM)集 IT 综合网管、业务支撑系统监控、虚拟化监控、安全分析等功能为一身，其安全策略配置管理，为全网安全运行管理人员提供统一的安全策略，为各项安全工作的开展提供指导，有效解决因缺乏口令、认证、访问控制等方面策略而带来的安全风险问题。

9.8 关于安全策略的若干偏见

(1) 信息安全是个技术问题。

如果加密方针是"所有的数据都必须用 WhizBang 4.3 和 128 位密钥加密"，那就应该重新审视一下加密策略。应该认识到，安全策略不是技术手册。

信息安全策略能够反映贵公司维护信息安全的手段，是公司管理层对下级的指示。当然，安全策略是不会具体描述如何去完成某项任务的，尤其对于总体安全策略和专题安全策略而言，它们只是大概地指出所要完成的目标是什么。例如，加密敏感信息的安全策略可能只有一句话："机密或者高度机密的信息在公共网络的计算机上保存和传输时，必须使用公司信息安全部门认可的硬件或者软件对信息进行加密"。从这段描述可以了解到：

- 描述很简洁，而且不是技术性的，类似于行政命令式的安全要求和指导性原则。
- 申明了要达到的目标和为达到该目标公司高层的因素。
- 没有具体指出使用何种技术，如何配置它。
- 是可以评估的。当检查的时候，可以对各个部门执行的表现和成绩打分。
- 不会因为某种新的加密算法已经发布(或旧的被废除)，或者加密算法提供商破产而需要修改策略。

(2) 信息安全工作的首先要做的事情就是建立信息安全策略。

信息安全策略的建立至少应该放在风险评估的后面进行。应当先开发出一种能对组织信息安全风险进行正确评估和量化的方法。应该非常明确需要保护的是什么，以及保护的费用相对它本身的价值而言是否值得。这就需要能够先对所保护的信息系统和数据的价值和保密费用作出正确地比较和评估，进而直接影响是否需要制定安全策略。

（3）为支持信息安全策略，安全策略需要多层次的文档支持。

不要因为在制定这些策略上投入了大量的时间和精力，就会认为其他员工也会而且愿意投入大量的时间和精力。一旦您的安全策略确定了，要制定一套标准向有关人员和部门解释如何才能遵守这些策略，而且，这套标准应该能容易理解，不能让所有员工都觉得制定的访问控制、加密算法和防火墙规则设定等得让人摸不着头脑。不需要太多、太复杂的文档，只需要让员工们能够比较容易地找到实际的安全问题解决方法，而不是面对大量无用的信息。

（4）新的策略的制定实施会遇到新的麻烦。

对于很多员工来说，对新公布的安全策略可能会感到迷惑、焦虑甚至愤怒，觉得是个"大灾难"，因为他们考虑的都是执行这些策略时自己必须做的额外工作和增加的预算，所以，新的信息安全策略不应该让人感到惊讶。制定安全策略的过程应该是集体的活动，从一开始就要包括来自公司各个部门的人员，使员工们了解新的策略对他们的工作方式会有什么影响。例如，如果最初的安全策略拒绝任何非公司的计算机连接到公司的网络上，但是在实际工作中，住在公司的一些员工使用自己的笔记本电脑，而且许多员工将工作带回家通过 VPN 从私人的系统连接到公司的网络。如果预算中没有考虑为这些人购买专门的计算机，就应该修改这条策略，以在安全和预算中找到平衡，让策略真正是切实可行的。

（5）适当制造一定的安全威胁对新安全策略的推广往往是很有效的。

实际上，员工对于新的安全策略总有抵触心理，毕竟它是对自己行为的约束，要想赢得员工对新策略的支持，并且让他们都遵守它是很难的。于是，策略制定者或管理层可能会利用人们的恐惧心理来推销新的信息安全策略。这在最初的阶段或许有效，警告员工放松安全警惕的严重后果可能会促使他们采用新的安全策略。但是，如果每一次新病毒产生、每一次 IIS 有漏洞发现都发出警报，这样时间长了的结果可能是让大家变得麻木、见怪不怪了。所以，在推广新的安全策略时要冷静，要集中于策略能解决问题的本身，让员工相信信息的巨大价值，新策略能让信息得到更好地保护。

新策略制定完后，让组织的高层来宣布新的安全策略。这一步完成之后，真正的安全工作才开始。首先，需要进行大量的宣传、教育和指导等工作，让员工了解到信息安全的重要性和实施信息安全策略的必要性。其次，安全策略制定后并不是一劳永逸的，安全策略的制定过程不可能完全符合其制定原则，它需要在实践中得到不断的调整和修改。

9.9　应急处置与响应策略的案例

应急处置与响应策略，属于专题安全策略的范畴，与安全事件管理策略主题相关。以下以应急处置与响应策略的完整流程，来说明安全策略的制定与实施过程。

9.9.1　策略调查与分析

1. 准备工作

一方面，组建策略制定相关团队人员，包括管理人员、技术人员、熟悉或了解相关法务的人员，确定相关职责和权限。另一方面，针对策略相关的资料进行收集，包括涉及信息网络系统的结构、资产、面临的威胁、脆弱性等风险评估资料，以及有关网络设备分布、安全管理状况调查、已有安全策略的落实等信息。

2. 了解业务背景与需求

当前，许多地区和单位已经初步建立了网络安全预警机制，实现了对一般网络安全事件的预警和处置。但是，由于网络与信息安全技术起步相对较晚，发展时间较短，与其他行业领域相比，其专项应急预案、应急保障机制和相关的技术支撑平台都还在不断发展中。根据中网办发文〔2017〕4 号关于印发《国家网络安全事件应急预案》的通知，要求各政府机构、人民团体、企业根据自身情况，设计服务于自身的网络与信息安全应急预案，建立有相应的制度流程和保障队伍，但相关的应急流程和保障措施普遍存在有自动化程度低、与实践脱节等共性问题。在面对重大网络与信息安全事件时，现有机制还是凸显出一定的不足：机制尚显薄弱，难以有效整合资源，或是难以实现从预警到评判，再到应急处置的快速反应处置机制。

基于现实困境，在充分运用既有研究、建设成果的基础上，应当进一步实现信息汇聚、信息分析、联合研判、辅助决策、应急指挥、应急演练、预案管理等核心处置流程，确保一旦发生重大信息安全事件，能够迅速研判，形成预案，迅速指挥调度相关部门执行应急预案，做好应对措施，避免给国家和社会造成重大影响和损失，防止威胁国家安全的情况发生。

因此，在网络安全应急响应方面，需要在特定网络和系统面临或已经遭受突然攻击行为时，进行快速应急反应，提出并实施应急方案。作为一项综合性工作，网络安全应急响应不仅涉及入侵检测、事件诊断、攻击隔离、快速恢复、网络追踪、计算机取证、自动响应等关键技术，对安全管理也提出更高的要求。

3. 确定应急处置与响应策略的目标和范围

根据前期的调查和需求，确定应急处置与响应策略的目标和范围，确保该策略平台能够适应新型网络环境，应对复杂网络攻击，在组织范围内给予平台所承载的业务系统获得实时和整体的动态安全保护。

9.9.2　应急处置与响应策略的设计

1. 总体框架

为了实时监控受控目标，当受控目标发生被攻击的安全事件时，应急处置与响应平台能向受控目标下发应急处置策略，并实现应急响应联动。其关键是能及时发现威胁业务系统的安全事件，并调控系统平台各个子系统协同工作，解决安全问题，确保业务系统安全稳定高效地运行。

因此，应急处置与响应平台整合了应急单元、指挥机构、联动与响应、中心管理控制台等模块，其总体架构如图 9-9 所示，各模块包含了相应的安全策略。

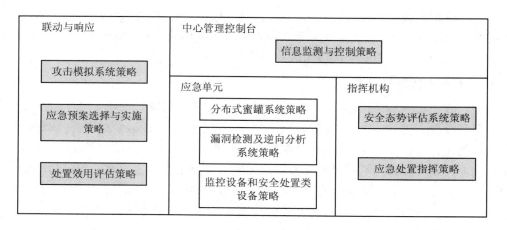

图 9-9　应急处置与响应平台架构

2. 应急处置与响应策略的设计

1）目标声明

应急处置与响应策略面向组织所有业务范围内的信息网络安全，对整体网络及资产进行监测、处理和响应。

相关的安全术语和安全技术由策略团队、网管中心技术人员负责解释。

策略的制定由策略团队负责人负责，策略的实施由网管中心经理及相关部门经理负责。

2）策略内容

应急处置与响应策略包括应急单元策略、指挥机构策略、中心管理控制台策略、联动与响应策略等安全策略体系。

(1) 应急单元策略涉及分布式蜜罐系统策略、漏洞检测及逆向分析系统策略以及监控设备和安全处置类设备策略(如 IPS、备份恢复系统)等。

① 分布式蜜罐系统策略：

· 能模拟组织真实的业务网络。

· 有诱骗攻击者渗透并采集其攻击行为能力。

· 有一定的数据处理能力，能为态势评估策略系统提供数据支持。

· 与组织业务网络有严格的隔离(如采用物理断开、网闸、单向设备控制等措施)。

② 漏洞检测及逆向分析系统策略：

· 能对组织网络进行漏洞扫描，不影响或不太影响组织业务网络的运营。

· 有对组织内网络应用程序的静态代码分析能力。

· 有对可执行文件的逆向分析能力。

· 能针对发现的操作系统漏洞、基础软件漏洞和业务应用软件漏洞等进行综合分析和提供处理报告。

· 对于有重大影响或严重威胁的漏洞有应急设备联动措施(如断开连接、禁止登录、修改防火墙配置等)及实时预警(如发起警报、发送邮件或短信给管理员)能力。

③ 监控设备和安全处置类设备策略：

· 设备本身运行相关参数的正确配置。

- 具有有效的监控和数据分析能力。

(2) 指挥机构策略涉及安全态势评估系统策略、应急处置指挥策略等。

① 安全态势评估系统策略：

- 能融合多源格式数据，包括安全事件、安全漏洞、日志信息等。
- 能对数据进行预处理(如归一化)和事件关联。
- 能识别网络威胁。
- 能对未来一段时间(如一天、一周等)的安全趋势进行预测。
- 对于有重大影响或严重威胁的安全态势有应急设备联动措施(如断开连接、禁止登录、修改防火墙配置等)及实时预警(如发起警报、发送邮件或短信给管理员)能力。

② 应急处置指挥策略：

- 具有对安全事件的获取、整体分析和掌握的能力。
- 对不同安全事件有不少于 2 种的应急预案。
- 能协调、调动整个应急处置与响应平台策略，特别是对应急预案选择与实施策略的指挥能力。

(3) 中心管理控制台策略主要涉及信息监测与控制策略。

- 具有实时监测网络和重要信息系统的能力，比如 IPS、安全网关等安全硬件设备的运行状态、业务系统日志、分布式蜜罐的安全事件报告、逆向分析关于资产漏洞的信息。
- 当网络遭受 DOS、网络流量攻击等安全问题时，能将 IPS、安全网关等网络安全硬件设备异常运行状态报告及时提交给安全态势评估系统。
- 当黑客入侵业务系统被成功诱导到分布式蜜罐系统时，能采集攻击者的真实攻击行为，然后提交给安全态势评估系统。
- 当黑客对业务系统成功入侵或其他行为导致业务系统日志异常时，能将相关报告提交至安全态势评估系统。
- 漏洞检测是逆向分析系统通过对业务系统进行网络漏洞扫描、静态源代码分析、可执行文件逆向分析等发现漏洞时，能将相关漏洞报告提交至安全态势评估系统。

(4) 联动与响应策略涉及攻击模拟系统策略、应急预案选择与实施策略、处置效用评估策略等。

① 攻击模拟系统策略：

- 具有攻击端和目标端设计，其中攻击端具有真实的检测、扫描和攻击的能力，目标端能够通过入侵检测，发现受到网络攻击，并对受到的扫描、攻击等行为进行动态模拟。
- 能够通过信息收集、主机漏洞检测、Web 应用分析、数据库安全分析等了解目标的系统、应用、服务、端口、存在的漏洞等信息。
- 具有常见的 Hash 字符串破解、网络身份认证扫描、SOL 注入攻击、缓冲区溢出攻击和中间件攻击等攻击手段。
- 集成字典生成、Webshell 下载等资源。

② 应急预案选择与实施策略：

- 具有对安全事件的甄别、分类和确认等级的能力。

- 有正确选择最合理的相应应急预案的能力。
- 能实施相应的应急预案，如传输层链接阻断、防火墙配置联动、备份恢复、流量清洗、多级认证、账号锁定等。

③ 处置效用评估策略：
- 能评估应急预案的实施效用，即是否达到了预计效用、是否解决了安全问题等。
- 如果未达到预期的效用，则反馈给应急处置指挥系统更换采取预案。
- 重新对安全问题进行处理，直到问题得到解决。

3) 违反策略的管理

对违反策略，但未造成对系统和业务的损害的，当场口头警告、提示或帮助纠正。

对违反策略，造成部分系统或设备故障，对一般数据或业务有一定损害的，在部门或小组会议上进行提示或公开说明，并帮助纠正。

对违反策略，造成系统或设备重大故障，对核心数据或关键业务有一定损害的，在组织范围内提出公开说明，并令其纠正。

对违反策略，造成系统或设备重大故障，对核心数据或关键业务有较严重及以上损害的，提交组织最高管理层处理。

4) 策略的检查、评估与改进

每周对策略进行检查。当出现重大漏洞、重大威胁或安全事件时，应立即对策略进行检查。

综合与策略相关的组织管理制度、平台和系统的风险评估、管理评审和审计等结果，对策略的效用进行评估。

当一项策略发生变化时，应考虑对其他相关策略进行评估和更新，以保持一致性。

对策略进行改进时，要考虑业务战略、技术环境、相关法律法规与合同、安全风险、一些事故教训。

5) 责任声明

对于因个人原因，导致对组织业务、系统数据等的损害，直接的相关人员负次要责任，相关人员所在部门的领导负主要责任。

对于遭受不可抗拒的自然因素导致对组织业务、系统数据等的损害，相关人员不承担相关责任；另外，本策略用于对组织内部信息网络的安全防御，不可用于其他用途，否则后果自负。

9.9.3 应急处置与响应策略的实施

应急处置与响应策略设计完成后，经相关团队技术人员测试与和管理评审后，由管理层正式批准，进入发布与实施阶段。

确保应急处置与响应策略能顺利地发布到每个相关部门和员工，以及相关利益方，必要时进行相关培训，让策略能被正确地理解，了解策略相关平台或模块逻辑结构、部署、运行和维护等过程，并明确各自的安全责任与义务。

例如，应让员工了解应急处置和响应平台的逻辑结构，如图 9-10 所示。

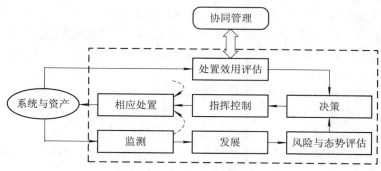

图 9-10 应急处置和响应平台的逻辑结构

也应让员工了解应急处置与响应平台及其策略的部署情况，如图 9-11 所示。

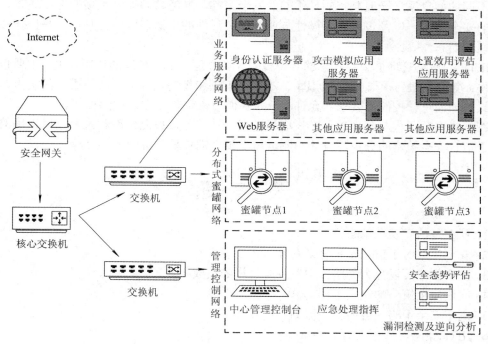

图 9-11 应急处置与响应平台及其策略的部署情况

9.9.4 应急处置与响应策略的维护

应急处置与响应策略在实施的过程中，要持续开展对策略进行检查、评估与改进工作，具体而言是要求组织实时监控、定期评审、调整和持续改进安全策略，以确保安全策略始终是对付威胁变化的有效工具。应急处置与响应策略本身就是不断变化，不断改进的过程。

本 章 小 结

安全策略是一个有效的信息安全项目的管理基础，是 PPDR 模型的核心，规定了在信息安全工程与管理的实践中所允许的政策、规范与安全要求。

作为安全管理的核心和指导，安全策略对于保证组织信息安全的途径具有很强烈的指导作用，是信息安全项目的成功关键，应用安全策略的主要优势在于改善了信息安全管理的可扩展性和灵活性。

按照制定与实施的层次，安全策略可分为总体安全策略(或称总体策略)和专题安全策略(或称专题策略)两类。其中，总体安全策略为最高级别，规定了组织管理其信息安全的总体目标、战略要求、活动原则、适用范围、责任指派、法律与标准等。专题策略为较低层次，旨在满足组织内特定目标群体的需求，或者涵盖特定的安全领域，但必须与总体安全策略保持一致，对总体安全策略起到支持和补充的作用。

制定安全策略时，可以用系统开发生命周期(SDLC)过程对其进行指导。

不同的信息系统一般制定的是不同的安全策略，要考虑到安全策略的控制成本、策略自身的安全保障，以及策略的可靠性与业务的灵活性的平衡、坚持完整性、易操作性、可评估性和动态性等原则。

IETF 的策略管理框架与具体的实现技术无关，是一个可扩展的通用模型，主要包括四个组件：策略管理工具、策略知识库、策略决策点和策略执行点，其最根本的优点是符合分布式管理的单一控制点要求，允许从一个控制点来管理众多的网络资源。

在信息安全工程与管理项目中，应当摒弃一些偏见，按照标准和规范，以正确的态度贯穿于信息安全策略的分析与设计、制定与实施、维护与改进的完整过程。

思 考 题

1. 什么是信息安全策略？

2. 安全策略对于信息系统来说有什么重要意义？

3. 安全策略可以分为哪些类型？各有怎样的组成要素？

4. 简述安全策略的制定过程。

5. 制定安全策略应遵循哪些原则？

6. IETF 策略管理框架有哪些组件？

7. 自适应策略管理及发布模型有些什么特点？

8. 了解当前市场上的一些策略管理的应用工具。

9. 如何以正确的态度对待信息安全策略？

10. 在应急处置与响应策略案例中，对于多种来源的安全事件，如何有效地进行快速的安全分析，确定事件的真实性，并选择与实施正确的应对措施？

11. 如何处理执行安全策略与可能对业务系统产生负面影响之间的关系？

参 考 文 献

[1] 沈昌祥. 网络空间安全导论[M]. 北京：电子工业出版社，2018.

[2] 程工. 国外网络与信息安全战略研究[M]. 北京：电子工业出版社，2014.

[3] 赵志云，孙小宁，徐旻敏，等. 全球网络空间安全战略与政策研究(2019)[M]. 北京：人民邮电出版社，2020.

[4] 葛自发，孙立远，胡英. 全球网络空间安全战略与政策研究(2020—2021)[M]. 北京：人民邮电出版社，2021.

[5] 夏冰. 网络空间安全与关键信息基础设施安全[M]. 北京：电子工业出版社，2020.

[6] 唐皇凤，杨婧. 新时代中国共产党维护国家安全的主要成就与基本经验[J]. 江汉论坛，2022(7)：5-11.

[7] 刘振宇. 国家大剧院信息安全保障体系探索[J]. 信息安全与技术，2014，5(5)：80-82，93.

[8] 卢英佳. 北约打造全方位的信息安全保障体系——追踪北约《国家网络空间安全框架》[J]. 中国信息安全，2013(4)：72-75.

[9] 国家计算机网络应急技术处理协调中心[R/OL]. 2021 年上半年我国互联网网络安全检测数据分析报告. https://www.cert.org.cn/publish/main/upload/File/first-half　year cyberseurity report 2021.pdf.

[10] 中国互联网络信息中心[R/OL]. 第 50 次中国互联网络发展状况统计报告. http://www.cnnic.net.cn/NMediaFile/2022/0926/MAIN1664183425619U2MS433V3V.pdf.

[11] 林英，康雁，张一凡，等. 信息安全工程[M]. 北京：清华大学出版社，2019.

[12] 严承华，陈璐，赵俊阔，等. 信息安全工程[M]. 北京：清华大学出版社，2017.

[13] 吕欣. 电子政务信息资源共享与安全保障机制[M]. 北京：电子工业出版社，2017.

[14] 王瑞锦. 信息安全工程与实践[M]. 北京：人民邮电出版社，2017.

[15] 黎连业，张晓冬，吕小刚. 软件能力成熟度模型与模型集成基础[M]. 北京：机械工业出版社，2011.

[16] 姚相振，赵梓桐，周睿康，等. 《信息安全技术　工业控制系统信息安全防护能力成熟度模型》国家标准解读[J]. 自动化博览，2022，39(7)：48-52.

[17] 陆秀平，顾燕燕. 基于系统安全工程能力成熟模型的信息系统风险评估[J]. 低碳世界，2017(25)：89-90.

[18] 叶兰. 数据管理能力成熟度模型比较研究与启示[J]. 图书情报工作，2020，64(13)：51-57.

[19] 王晓光. 能力成熟度模型(CMM)在 Java 案例化教学中的应用研究[J]. 教育现代化，20196(83)：89-93.

[20] 任雁. 基于 SSE-CMM 模型的信息系统安全工程管理[J]. 电子测试，2014(4)：49-50.

[21] 刘浩，戴剑勇. 基于 SSE-CMM 的电力生产系统安全性评估[J]. 绿色科技，2016(8)：108-112.

[22] 沈昌祥. 信息系统安全等级化保护原理与实践[M]. 北京：人民邮电出版社，2017.

[23] 李劲，张再武，陈佳阳. 网络安全等级保护 2.0：定级、测评、实施与运维[M]. 北京：人民邮电出版社，2021.

[24] 郭鑫. 信息安全等级保护测评与整改指导手册[M]. 北京：机械工业出版社，2020.

[25] 夏冰. 网络安全法和网络安全等级保护2.0[M]. 北京：电子工业出版社，2020.

[26] 第旭刚，谢宗晓. 网络安全等级保护及其相关标准介绍[J]. 中国质量与标准导报，2019(9)：12-15.

[27] 马力，陈广勇，祝国邦. 网络安全等级保护2.0国家标准解读[J]. 保密科学技术，2019(7)：14-19.

[28] 郝君婷. 等保2.0标准发布 网络安全呈现新生态——网络安全等级保护制度2.0国家标准宣贯会侧记[J]. 保密科学技术，2019(7)：8-11.

[29] 马忠. 《网络安全法》中等级保护对互联网发展的意义[J]. 信息技术，2018(6)：142-146.

[30] 王建华. 信息安全等级保护标准现状及其在网络安全法作用下的发展[J]. 中国金融电脑，2018(3)：72-74.

[31] 周虎. 网络安全等级保护实施经验[J]. 网络安全和信息化，2019(7)：112-115.

[32] 黄倩. 网络信息安全与管理[M]. 北京：中国原子能出版社，2021.

[33] 赵刚. 信息安全管理与风险评估[M]. 北京：清华大学出版社，2020.

[34] 李文立，陈昊. 企业员工的信息安全行为管理研究[M]. 北京：科学出版社，2018.

[35] 汤永利. 信息安全管理[M]. 北京：电子工业出版社，2017.

[36] 迟俊鸿. 网络信息安全管理项目教程[M]. 北京：电子工业出版社，2020.

[37] 黄水清，任妮，韩正彪. 数字图书馆信息安全管理标准规范[M]. 北京：北京大学出版社，2019.

[38] 郑丽敏. 高校信息安全管理现状及开展策略[J]. 科技资讯，2022，20(9)：10-12.

[39] 贾焰宇. 能源企业信息安全管理研究[J]. 中国管理信息化，2022，25(18)：112-114.

[40] 张婉妮. 企业信息安全管理现状与策略研究[J]. 现代工业经济和信息化，2022，12(1)：123-124，127.

[41] 郭皓. 计算机网络信息安全管理的重要性[J]. 电子技术与软件工程，2021(2)：251-252.

[42] 黄祺. IT行业中的信息安全管理研究[J]. 信息记录材料，2021，22(1)：36-37.

[43] 谢宗晓. 信息安全管理体系实施案例[M]. 北京：中国质检出版社，2017.

[44] Meng-Chow Kang(江明灶)，M78 走马. 响应式安全：构建企业信息安全体系[M]. 北京：电子工业出版社，2018.

[45] 袁小明，吴福明，刘福博. "互联网+"时代下网络与信息安全管理规范体系研究[J]. 江苏通信，2016，32(5)：12-14.

[46] 赵丽华，张磊. 信息安全管理体系系列标准的应用实践[J]. 信息技术与标准化，2022(5)：145-148，151.

[47] 顾穗珊，刘姗姗. 信息安全管理体系构建与对策研究[J]. 情报科学，2019，37(8)：108-113，151.

[48] 李建华，陈秀真. 信息系统安全检测与风险评估[M]. 北京，机械工业出版社，2021.

[49] 王晋东. 信息系统安全风险评估与防御决策[M]. 北京：国防工业出版社，2017.

[50] 郭鑫. 信息安全风险评估手册[M]. 北京：机械工业出版社，2017.

[51] 林明. 信息安全风险评估模型及研究方法[J]. 中国管理信息化，2022，25(9)：86-88.

[52] 戴传祇. 信息安全风险评估现状及完善对策研究[J]. 数字通信世界，2020(6)：254-255.

[53] 张益，霍珊珊，刘美静. 信息安全风险评估实施模型研究. 信息安全研究[J]，2018，4(10)：934-939.

[54] 谭春晖，陈红梅. 信息安全风险评估方法研究[J]. 保密科学技术，2017(10)：40-43.

[55] 雷万云. 信息安全保卫战：企业信息安全建设策略与实践[M]. 北京：清华大学出版社，2013.

[56] 王一楠，郝芳. 从功能角度谈信息安全策略的概念定位[J]. 科技风，2020(19)：72-73.

[57] 赵贤. 如何制定有效的信息安全策略[J]. 网络安全和信息化，2020(4)：114-116.

[58] 吕韩飞，王钧. 信息安全策略实施困难的原因与对策[J]. 浙江海洋学院学报(自然科学版)，2011，30(3)：275-278.